U0291945

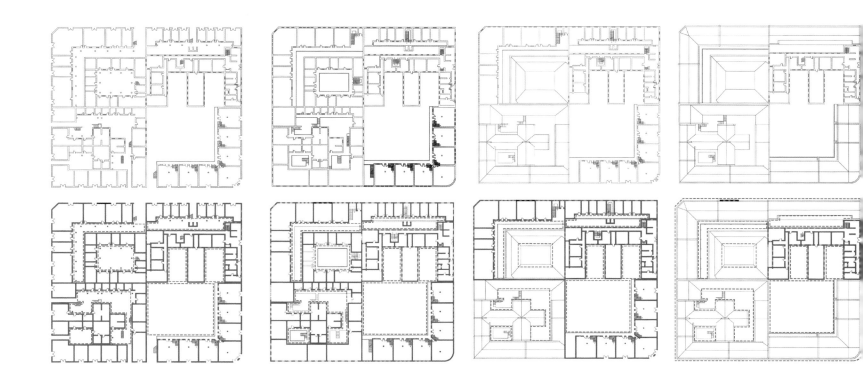

里院的楼

大鲍岛历史建筑调查与活化

慕启鹏 著

中国建材工业出版社

图书在版编目(CIP)数据

里院的楼：大鲍岛历史建筑调查与活化/慕启鹏著.
--北京：中国建材工业出版社,2018.9
ISBN 978-7-5160-2214-6

Ⅰ.①里…　Ⅱ.①慕…　Ⅲ.①民居-建筑艺术-研究
-青岛Ⅳ.①TU241.5

中国版本图书馆CIP数据核字(2018)第067736号

里院的楼

大鲍岛历史建筑调查与活化

慕启鹏　著

出版发行：中国建材工业出版社
地　　址：北京市海淀区三里河路1号
邮　　编：100044
经　　销：全国各地新华书店
印　　刷：北京天恒嘉业印刷有限公司
开　　本：889mm×1194mm　1/12
印　　张：45
字　　数：1200千字
版　　次：2018年9月第1版
印　　次：2018年9月第1次
定　　价：498.00元

本社网址：www.jccbs.com　　微信公众号：zgjcgycbs
本书如出现印装质量问题，由我社市场营销部负责调换。
联系电话：(010)88386906

前言

大鲍岛是青岛最早的里院街区。1898 年 9 月，德国人公布了占领青岛后的第一版规划，其中就已经将大鲍岛地区规划为"中国人城"。虽然这一版的规划因遭到太多的争议而未被实施，但是里院规划的雏形却由此确定。在 1899 年 5 月 4 日公布的第二版青岛城市建设规划方案里，大鲍岛的里院规划已经颇具规模，今天保留下来的许多里院建筑还依然能在这张图纸里找到自己最初的样子。

2017 年 12 月 15 日，72 处里院建筑被列入青岛保护建筑名单，其中大部分都分布在大鲍岛街区。原来被列为棚户区改造的建筑终于在各方的努力下被列为历史建筑保护起来，至少我们不必再为它们是否会因破败而被拆除担心了，这是值得肯定的进步。加之同年规划局早些时候公布的 13 处青岛市历史文化街区，基本已经将青岛目前所剩的大部分里院片区囊括在内。这样一来，从历史名城到历史街区再到街区内的文物建筑和历史保护建筑，一个完整的保护体系终于成型，后面就是该如何保护与再生了。

这就说到了我三年前做这两本书的初衷，一方面山东建筑大学建筑学专业当时刚刚确立了山东省内第一个历史建筑遗产保护设计的培养方向，由我来负责培养方案的整体设计和其中专业课的课程教案。该方向从四年级开始招生，所以我们的学生只有一年的时间在学校接受系统的遗产保护教育，但是因为在此之前学生都已经得到了良好的建筑学基础训练，我们对大四这一年的教学计划做了精心的设计和安排。上学期是历史街区的研究和活化设计，下学期则是从上学期的基地中选择一处历史建筑或院落来做建筑研究和保护设计。与新建类设计不同，遗产保护需要在严谨的调查基础之上，先提出价值分析，再明确保护原则和策略，最后才是保护方案设计。为了能够让学生在较短的时间内掌握更多关于遗产保护的基础知识和工作方法，我们尽可能地将工作切分成小体量的具体任务，目的是为了让负责的小组在方案前期做到具有一定研究性的深度。这套教学思路几乎是照搬了柏林工业大学遗产保护研究生培养体系，用一年的时间让学生从大到小系统地针对一个对象完成整套的保护设计。另一方面作为青岛人，总是在一种莫名的情怀驱动下思考如何能够让青岛中山路一带的"老街里"重新活起来。青岛的里院改造并非全无实践，例如 2008 年的劈柴院改造，今天看来与改造的初衷大相径庭，很难称得上是成功的案例。这说明一般的城市设计和历史街区的保护设计在本质上还是有着很大的不同。里院的保护和再生是两件不同阶段的事情，保护是原则，活化是目标，这中间需要从严谨的价值分析去推导出改造策略，劈柴院的失败就是缺少此中间环节。而当我们面临更大规模的里院改造时，对里院价值的分析就显得格外重要。青岛里院的坎坷命运和尴尬处境很大程度上来自于对遗产价值概念上的混淆与判断上的偏差。这种偏差并不代表对遗产价值的无知，而是因为这种价值判断直接来自于使用和利益的诉求，相比于单纯的学术上的判断反而显得更加务实。举例来说，一方面在青岛本地文史学者眼中，里院的价值和意义集中体现在其是青岛市民社会的成型和平民关怀的物质遗存，即平民社会的安顿与愉悦，向着现代文明、自由社会不息前行的历史标本。可是这样的观点在面对政府"棚户区改造以改善居民生活条件"的目标口号时，几乎毫无反驳的余地。我们在调研的过程中也没少因为强调里院的遗产价值而受到当地居民的斥责，甚至辱骂和抱怨。另一方面投资方真金白银的投入必然有资格提出能够满足自己回报的要求，历史人文关怀上的理想在资本面前变得高高在上和遥不可及。这就要求必须在遗产保护的专业领域内作出全面的价值梳理，才能让更多人认识到青岛里院的价值绝非仅止于此。两下结合便催生出了这两本小册子。

这两本册子做完后，曾自行印刷装订作为个人研究和教学的成果送给部分师友指正，虽然知道书中还有太多的错误和不足，但是承蒙大家的厚爱仍在小范围内获得了一些肯定，也有多人询问过出版事宜。青岛市城乡规划展示中心曾想以书中内容为主题做一次学术展览，还为此专门组织了学术筹备会，但最终因各种原因未能办成。青岛市城乡规划学会也曾向我借阅这两本册子，想参考书中内容为里院的未来保护寻找思路，可由于打印成本我也只能借阅却未能送予。现在想来虽然有遗憾，但却都是对我工作的一种莫大肯定和鼓励。此次在山东建筑大学建筑城规学院和中国建材工业出版社的大力帮助下，此书稿终于能够交付出版，也算是对所有参与此事和关心此事的人们的一个交代。

在此需要特别感谢本书的责任编辑沈慧女士，还要感谢第一届建筑遗产班的所有同学，他们是李京奇、庞靓、马祥鑫、刘婉婷、朱贝贝、陈宝成、王硕、李坤、孔德硕、胡博、邵波、邢玉婷、谭平平、王兴娟和周宫庆。

慕启鹏
2018 年 1 月 2 日
于青岛寓所

目录

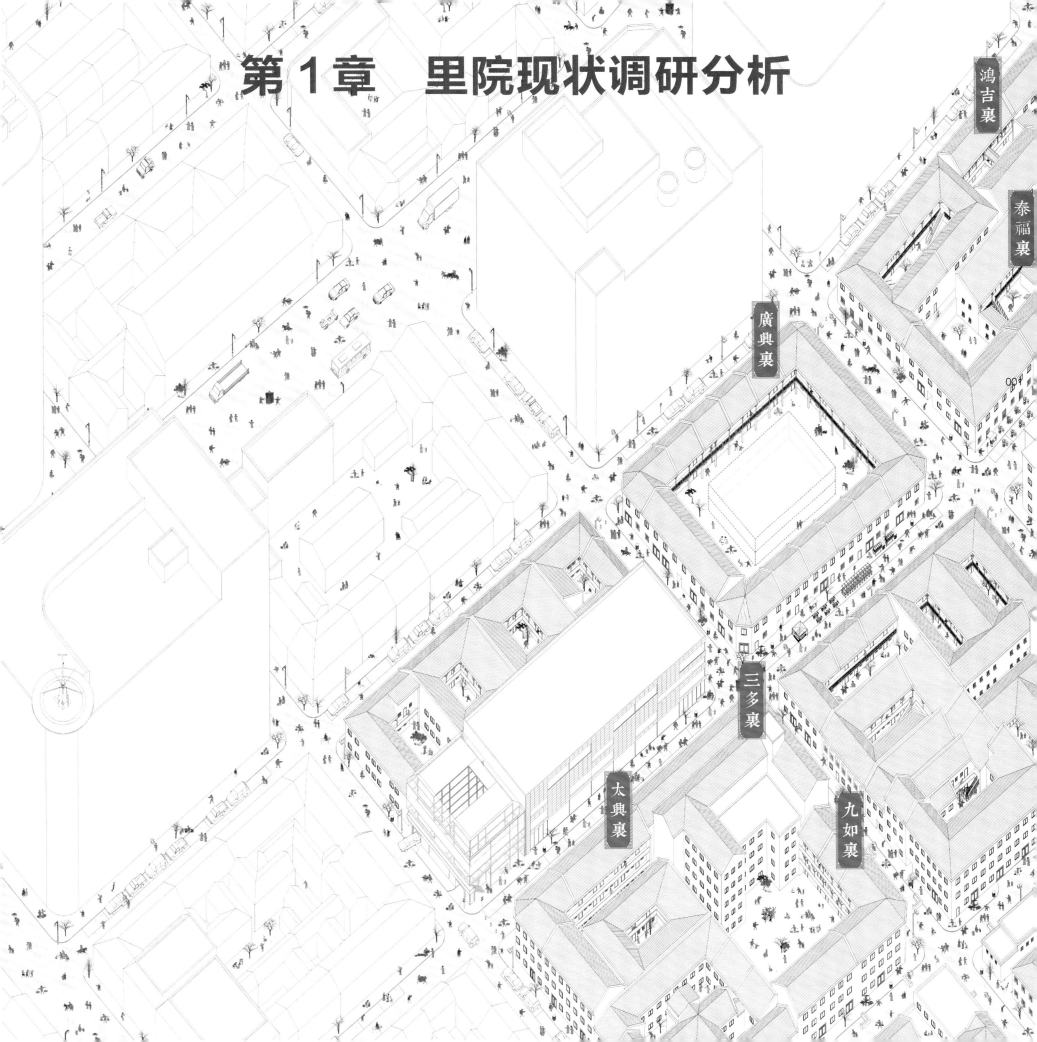

第 1 章　里院现状调研分析

鸿吉裏

泰福裏

廣興裏

三多裏

太興裏

九如裏

项目分类 里院编号	1. 基础数据							
	里院位置	主入口位置	层数与层高	建筑面积	建筑密度	现有居住居民	可容居民总和	居住率
A-1				一层：256.32m² 二层：256.32m² 总计：512.64m²	72.82%	 一层商家为 4 户，住家为 1 户，共 5 户 二层无人居住	12+12=24 户	20.83%
A-2				一层：345.25m² 二层：345.25m² 总计：690.50m²	86.00%	 一层商家为 4 户，住家为 1 户，共 5 户 二层无人居住	14+16=30 户	16.67%
A-3				一层：345.25m² 二层：345.25m² 总计：690.50m²	86.00%	 一层商家为 1 户，住家为 0 户，共 1 户 二层无人居住	12+15=27 户	3.70%
A-4				一层：317.00m² 二层：317.00m² 总计：634.00m²	84.76%	 一层商家为 4 户，住家为 0 户，共 4 户 二层无人居住	16+20=36 户	11.11%
A-5				一层：624.37m² 层数：7 层 总计：4370.59m²	80.51%	 一层商家为 8 户，住家为 0 户，共 8 户 二层商家为 0 户，住家 11 户，三层商家为 0 户，住家为 4 户，四层至七层无人居住	17+7×6=59 户	39.00%
A-6			新建停车场，共 9 层。地下停车场 3 层，地上自动化停车场 6 层，地上停车场整体高度为 13m。新停车场建成后，可以停放机动车 156 辆	一层：352m² 层数：6 层 总计：2112m²	92.63%	—	—	—

项目分类 里院编号	2.现状平面			
	里院位置	平面图	加建现状	新旧商业平面对比
A-1				原始一层业态分布图　　新规划一层业态分布图
A-2				
A-3				原始二层业态分布图　　新规划二层业态分布图
A-4				
A-5			无加建	原始三层业态分布图　　新规划三层业态分布图
A-6				

项目分类 里院编号	3. 现状矛盾与简要功能分析				
	里院位置	主要问题	流线分析	前期功能设想	功能细化设想
A-1		院内乱搭乱建十分严重，环境差，基础设施不全面，居民生活十分艰苦		 ■ 零售 ■ 休闲类商业 ■ 住宅	 ■ 零售 ■ 休闲类商业 餐饮 ■ 住宅
A-2		基础生活设施不够完善，院内环境较差		 ■ 零售 ■ 住宅 ■ 服务类	 ■ 零售 餐饮 ■ 住宅
A-3		基础生活设施不够完善		 ■ 休闲类商业 ■ 住宅	 ■ 休闲类商业 餐饮 ■ 住宅
A-4		乱搭建情况严重，基础设施缺失		 ■ 休闲类商业 餐饮 ■ 住宅	 ■ 零售 ■ 休闲类商业 餐饮 ■ 住宅
A-5		局部空间细小狭长，并伴有采光的缺陷		 ■ 休闲类商业	 ■ 小型中高端商业 ■ 自由创意工业区 ■ 中高端住宅
A-6		此区域原始状态为快捷酒店		 ■ 服务类	 ■ 停车场

项目分类 里院编号	4.建筑构件					
	里院位置	楼梯类型		屋顶现状	材料	地面	材料

里院编号	里院位置	楼梯类型		屋顶现状	材料	地面	材料
A-1			单跑楼梯，属于建筑外加建		牛舌瓦		里院内部地面初始铺设材料为石板。在石板损毁后，采用彩色薄石板、人行横道砖等较为常见的材料进行补铺
A-2			单跑楼梯，属于建筑外加建		牛舌瓦		
A-3			双分转角楼梯，属于建筑外加建		除牛舌瓦铺设屋面外，从屋顶延伸出来的烟囱为混凝土材料		
A-4			单跑楼梯，属于建筑外加建		坡屋顶所开的老虎窗，窗顶也采用牛舌瓦铺设		
A-5			室内双跑楼梯，属于基本设施		屋顶材料为混凝土		
A-6			停车场外楼梯，方便使用者走动		穿孔板		

1.2 B区

项目分类 里院编号	1.基础数据		
	里院位置	主入口位置	层数与层高
B			4层（局部地下一层；地上两层，阁楼层） 地上：4160mm 局部：4700mm 局部地下：2380~4860mm

项目分类 里院编号	地势走向	建筑面积	建筑密度
B		地下：929.05m² 一层：1293.32m² 二层：1293.32m² 阁楼：1062.13m² 共计：4577.82m²	42%

项目分类 里院编号	可容居民总和	现有居住居民	居住率
B	145 户 （地下：34 户；地上：111 户）	共 6 户	4.14%

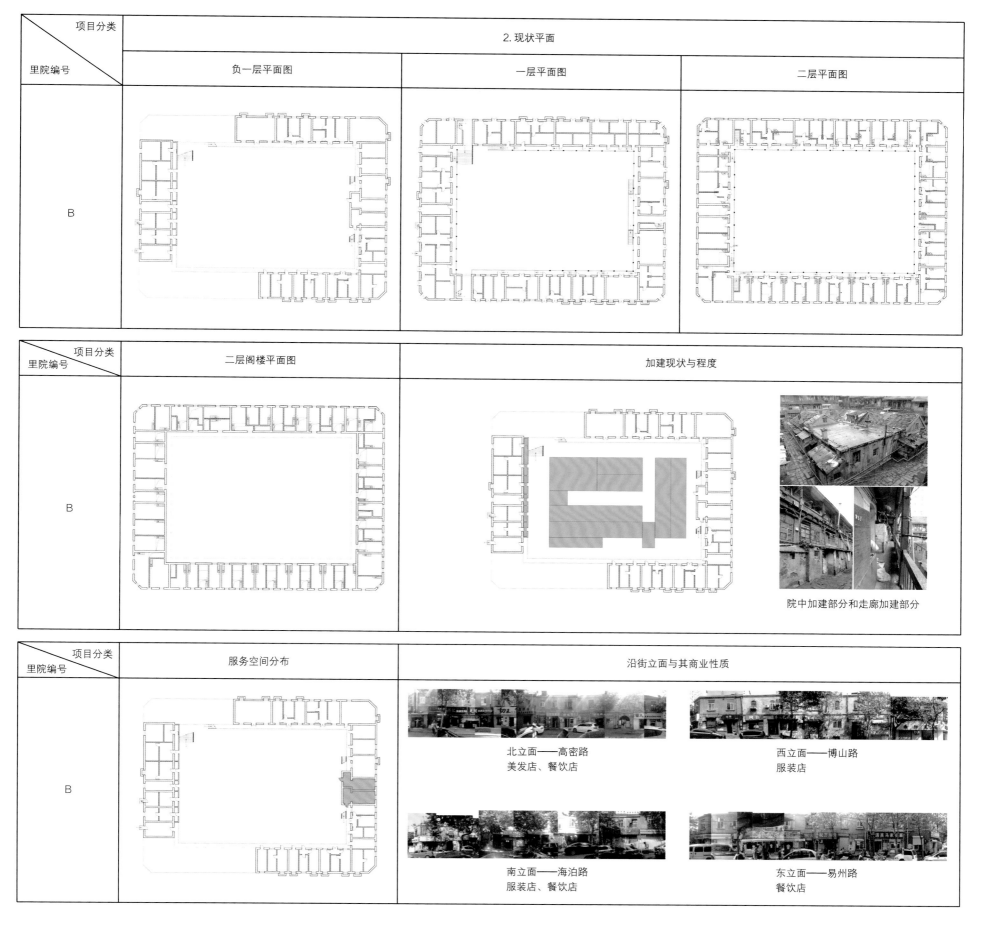

项目分类 里院编号	2.现状平面		
	负一层平面图	一层平面图	二层平面图
B			

项目分类 里院编号	二层阁楼平面图	加建现状与程度
B		院中加建部分和走廊加建部分

项目分类 里院编号	服务空间分布	沿街立面与其商业性质
B		北立面——高密路 美发店、餐饮店　　西立面——博山路 服装店 南立面——海泊路 服装店、餐饮店　　东立面——易州路 餐饮店

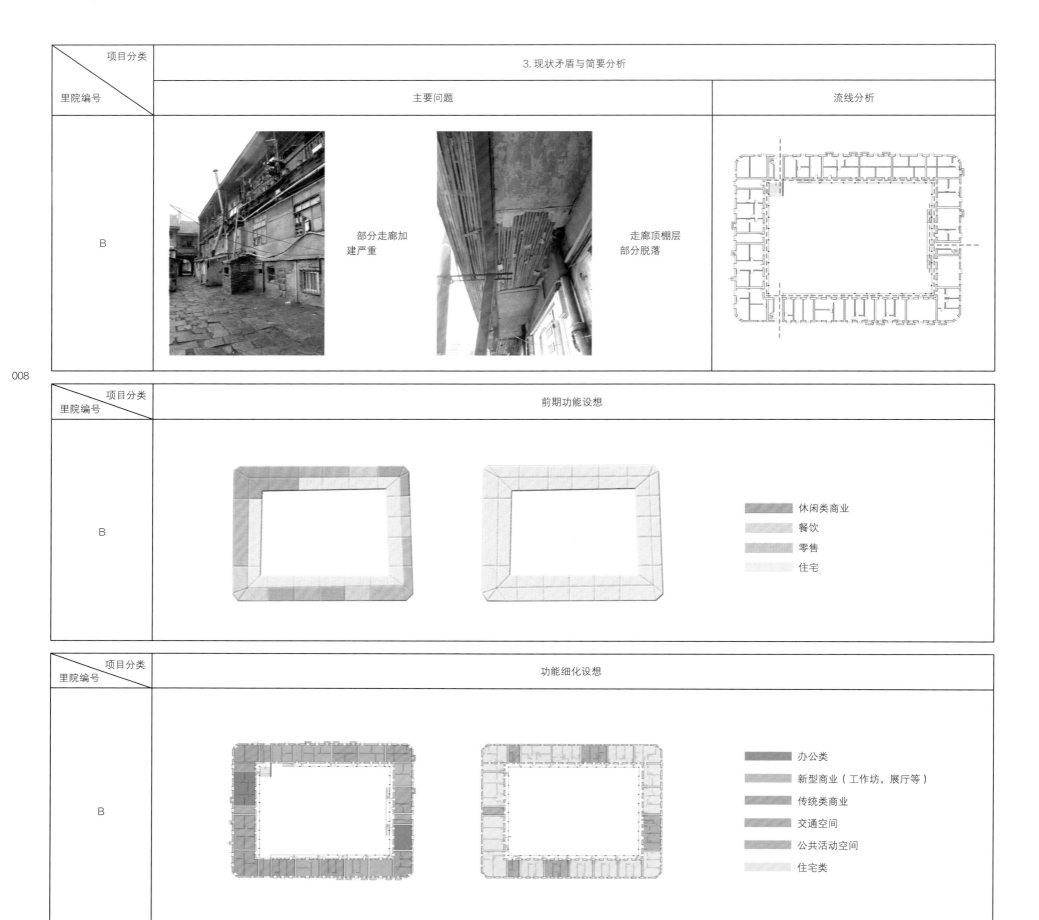

项目分类 里院编号	3. 现状矛盾与简要分析	
	主要问题	流线分析
B	部分走廊加建严重　走廊顶棚层部分脱落	

项目分类 里院编号	前期功能设想
B	休闲类商业　餐饮　零售　住宅

项目分类 里院编号	功能细化设想
B	办公类　新型商业（工作坊，展厅等）　传统类商业　交通空间　公共活动空间　住宅类

项目分类	4.建筑构件
里院编号	楼梯类型

B	

砌体楼梯   走廊木质楼梯   室内阁楼木质楼梯

项目分类	屋顶现状	地面铺装
里院编号		

B		

屋面上的瓦多为较新的黏土瓦，个别破损脱落   部分屋顶无防水层，在木檩条上直接搭瓦   随机砌筑的麻石地面

项目分类	结构样式	材料
里院编号		

B	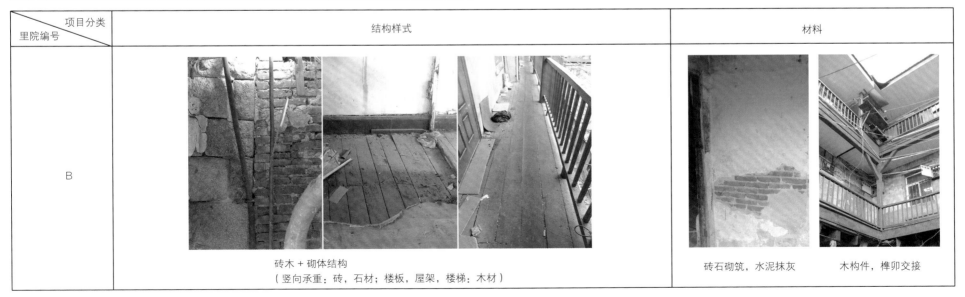	

砖木＋砌体结构
（竖向承重：砖，石材；楼板，屋架，楼梯：木材）

砖石砌筑，水泥抹灰   木构件，榫卯交接

1.3 C区

里院编号	里院位置	主入口位置	层数与层高	建筑面积	建筑密度	现有居住居民	可容居民总和	居住率
				1. 基础数据				
C-1			全部两层 一层：3.5m 二层：3m	一层：520 ㎡ 二层：520 ㎡ 共计：1040 ㎡	84.9%		一层：16 户 二层：16 户 共计：32 户	15%
C-2			全部两层 一层：3.5m 二层：3m	一层：325 ㎡ 二层：325 ㎡ 共计：650 ㎡	74.7%		一层：12 户 二层：12 户 共计：24 户	15%
C-3			南北侧建筑两层； 东西侧建筑一层 一层：3.5m 二层：3m	一层：430 ㎡ 二层：320 ㎡ 共计：750 ㎡	83.3%		一层：12 户 二层：8 户 共计：20 户	5%
C-4			东西侧建筑两层； 南侧建筑一层 一层：3.5m 二层：3m	一层：220 ㎡ 二层：100 ㎡ 共计：320 ㎡	70%		一层：12 户 二层：7 户 共计：21 户	50%
C-5			东西侧建筑两层； 南侧建筑一层 一层：3.5m 二层：3m	一层：290 ㎡ 二层：200 ㎡ 共计：490 ㎡	68%		一层：12 户 二层：4 户 共计：16 户	0%
C-6			南北侧建筑两层； 东西侧建筑一层 一层：3.5m 二层：3m	一层：370 ㎡ 二层：290 ㎡ 共计：660 ㎡	84.7%		一层：16 户 二层：8 户 共计：24 户	15%
C-7			全部两层 一层：3.5m 二层：3m	一层：265 ㎡ 二层：265 ㎡ 共计：530 ㎡	65.7%		一层：5 户 二层：7 户 共计：12 户	30%

里院编号	里院位置	平面图	加建现状与程度	服务空间分布	沿街立面的商业性质
			2.现状平面		
C-1				无公共服务空间，各住户在自己家中加建厕所	北：美容美发、书店、服装店；西：餐饮
C-2				无公共服务空间，各住户在自己家中加建厕所	美容美发
C-3				由于房屋处于征收状态，无法进入里院内部，情况未知	北：美容美发；东：餐饮－网吧
C-4					幼儿园
C-5					纱窗店、美发店、按摩店、保健、舞蹈服饰
C-6					美容美发、茶叶店
C-7					南：餐饮、美容美发；西：百货、餐饮

项目分类 里院编号		3. 现状矛盾与简要功能分析				
	里院位置	主要问题	流线分析	前期功能设想		功能细化设想
C-1		私搭乱建、破坏了里院基本空间形态		■ 零售 ■ 餐饮 ■ 住宅 ■ 服务类		基本与前期设想一致，但由于二层部分采光不佳且房间进深较小，因此有部分要作为低一级住宅（如单身公寓等）进行布置
C-2		部分建筑构件破损、立面破旧不美观		■ 住宅 ■ 休闲类商业		一层沿街做商业模式，里院内侧和二层做居住，由于此院落保存较好，且采光良好，可以作为较独立的高级住宅使用
C-3		未进入，立面多次涂抹遮盖了原有立面		■ 住宅 ■ 休闲类商业 ■ 餐饮		一层休闲类商业做艺术品商店，与二层住宅组成一个单元。东侧由于做餐饮类业态，对整个里院影响很大，因此将整个区域改做餐饮、咖啡厅使用。南侧建筑较独立，但进深过大不适宜做住宅使用，将与C-4一起做幼儿活动区域
C-4		未进入，立面多次涂抹遮盖了原有立面		■ 住宅 ■ 休闲类商业 ■ 零售		保留原有幼儿园，但改作社区幼儿活动中心使用
C-5		私搭乱建、破坏了里院基本空间形态		■ 海鲜类商业		面积较大且较独立，作为海鲜类或其他中餐厅使用，在里院中可做较好景观
C-6		私搭乱建、部分构件破损、存在消防隐患		■ 海鲜类商业 ■ 低一级住宅		基本与设想相同，以住宅为主
C-7		私搭乱建严重、卫生条件差、结构构件皆有破损		■ 住宅 ■ 休闲类商业		基本与设想相同，一层为商业，二层以住宅为主

项目分类 / 里院编号	4. 建筑构件					
	里院位置	楼梯类型	屋顶现状	地面铺装	结构样式	材料
C-1		三部室外石梯：一部为直角折跑楼梯，两部为直跑楼梯 一部室内木梯：平行双跑楼梯，红色木质		水泥地面	砖木混合结构	外墙面：灰色抹灰 里院内墙面：土黄色抹灰
C-2		两部室外石梯：均为直跑楼梯，铁质扶手，呈东西对称设置		未知	砖石结构	外立面上部黄色饰面、下贴砖；里院内立面上部为红砖、下部花岗岩
C-3		未进入		未知	砖木混合结构	外立面黄色涂料，做工较精美
C-4		未进入		未知	砖木混合结构	外立面蓝色涂料、灰色和红砖
C-5		一部室内木质楼梯，为平行双跑楼梯，灯光昏暗且加建严重，行走不便		室内为木地面 室外为石地面	砖木混合结构	外立面上部红砖、下部灰色抹灰 里院内立面土黄色抹灰
C-6		室外楼梯半石材半木材，平行双跑；室内为木梯，平行双跑		石材地面	砖木混合结构	外立面：灰色抹灰 里院内立面：黄色、白色抹灰
C-7		室内为水泥楼梯，直跑；室外为石质楼梯，直角折跑楼梯		石材地面	砖木混合结构	外立面灰色抹灰 里院内立面土黄色抹灰

1.4　D区

里院编号	里院位置	主入口位置	层数与层高	建筑面积	建筑密度	现有居住居民	可容居民总和	居住率
				1.基础数据				
D-1			院内建筑：2层，8.3m 沿街建筑：3层，13.6m	内院： 330×2=660m² 沿街： 460×3=1380m² 总计：2040m²	72.2%	无数据	无数据	无数据
D-2			北侧建筑：3层，12m 南侧建筑：5层，20.5m	北侧： 240×3=720m² 南侧： 500×5=2500m² 总计：3220m²	71.1%	无数据	无数据	无数据
D-3			沿街建筑：3层，13m	总计： 540×3=1620m²	50%	无数据	无数据	无数据
D-4			整体建筑：2层，8m	总计： 900×2=1800m²	80%	仅沿街商铺有营业 9 户	27+27=54 户	16.67%

项目分类 里院编号	2. 现状平面			
	里院位置	平面图	加建现状程度	沿街立面
D-1	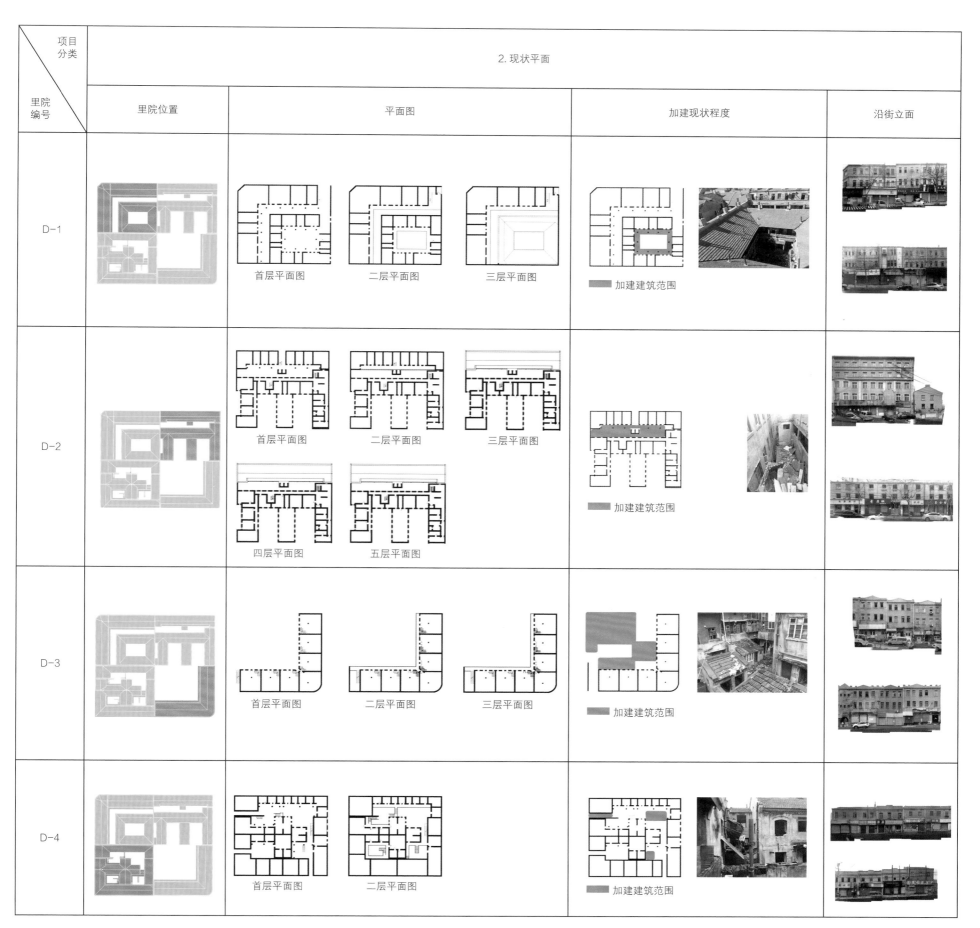	首层平面图　　二层平面图　　三层平面图	加建建筑范围	
D-2		首层平面图　　二层平面图　　三层平面图 四层平面图　　五层平面图	加建建筑范围	
D-3		首层平面图　　二层平面图　　三层平面图	加建建筑范围	
D-4		首层平面图　　二层平面图	加建建筑范围	

项目分类 / 里院编号	3.现状矛盾与简要分析			
	里院位置	主要问题（除加建及垃圾问题外）	流线分析	前期功能及功能细化设想
D-1		墙皮剥落严重，墙上基本没有破坏性改造 入口较少 窗洞只剩洞口 建筑间距过小，院落过窄，不适合居住 两栋建筑缺乏联系		由于尺度较为合适，沿街部分可作为工作室配套住宅或者工作室 通过某方式联系沿街部分及内部部分，加强里外联系 由于采光太差，内部部分作为整体工作室，使用人工采光
D-2		墙皮完好，基本无损坏情况 窗户玻璃损坏严重 设备齐全完好 建筑过高，在基地里处于制高点，既是优势也是略势 建筑内部设施及空间过于陈旧		恢复澡堂功能，变成有纪念意义的老字号式招牌澡堂 三至五层做宾馆，用独特的视角让游客感受青岛里院 将北边部分联系起来，作为宾馆的入口
D-3		墙皮小面积剥落，墙上基本没有破坏性改造 走廊、院子中大量违章建筑，基本失去院落空间 窗户玻璃破损严重 排水管破坏严重，烟囱良好 内部空间改造情况普遍，失去原有空间划分		保持居住功能，在院内新建功能平台，将四个大部分通过院落联系起来，营造D区里院核心，营造文化、休闲空间，为社区居民、白领、澡客、游客、老人创造一个相互交流的公共区域 加大走廊尺寸
D-4		墙皮或者混凝土大范围小面积剥落，墙上破洞较多 窗洞没有窗户，并且毁坏或者改造严重 排水和烟囱的破坏严重 房屋支撑构架良好，部分地板有破洞 吊顶全部损毁 地面标高差异大，影响排水 个别房间尺寸过小		作为老年公寓，更倾向于老年服务中心，为社区内老人提供服务

项目分类 里院编号	里院位置	楼梯类型及位置	屋顶现状	地面铺装	结构央视	材料
			4.建筑构件			
D-1		双跑楼梯 材质：混凝土 性质：半室外　　双跑楼梯 材质：木质 性质：半室外	屋顶良好 烟囱位置混乱 排水槽缺失	无资料	沿街与内部部分：砖木结构 沿街部分连廊：钢筋混凝土结构 内部部分连廊钢筋混凝土及木结构	
D-2		双跑楼梯 材质：混凝土 性质：半室外　双跑楼梯 材质：混凝土 性质：半室外　单跑曲梯 材质：木质 性质：室内	南侧建筑北向屋顶修复过 烟囱位置较整齐 排水管等排水设施齐全	无资料	北边部分：砖木结构 南边部分：钢筋混凝土结构	
D-3		单跑折梯 材质：木质 性质：室内　单跑折梯 材质：木质 性质：室内　直跑楼梯 材质：混凝土 性质：半室外 单跑折梯 材质：木质 性质：室内　单跑折梯 材质：木质 性质：室内	屋顶良好 烟囱位置混乱 排水槽缺失，排水管连接不合理	水泥铺装	建筑：砖木结构 连廊：钢筋混凝土	
D-4		单跑折梯 材质：花岗岩 性质：室外　双跑折梯 材质：花岗岩 性质：室外　直跑楼梯 材质：铁质 性质：室外 单跑折梯 材质：花岗岩 性质：室外　直跑楼梯 材质：混凝土 性质：室外　踏步 材质：混凝土 性质：室外	屋顶部分修复过 烟囱位置混乱 排水槽缺失	水泥铺装	建筑：砖木结构 连廊：钢筋混凝土及木结构	

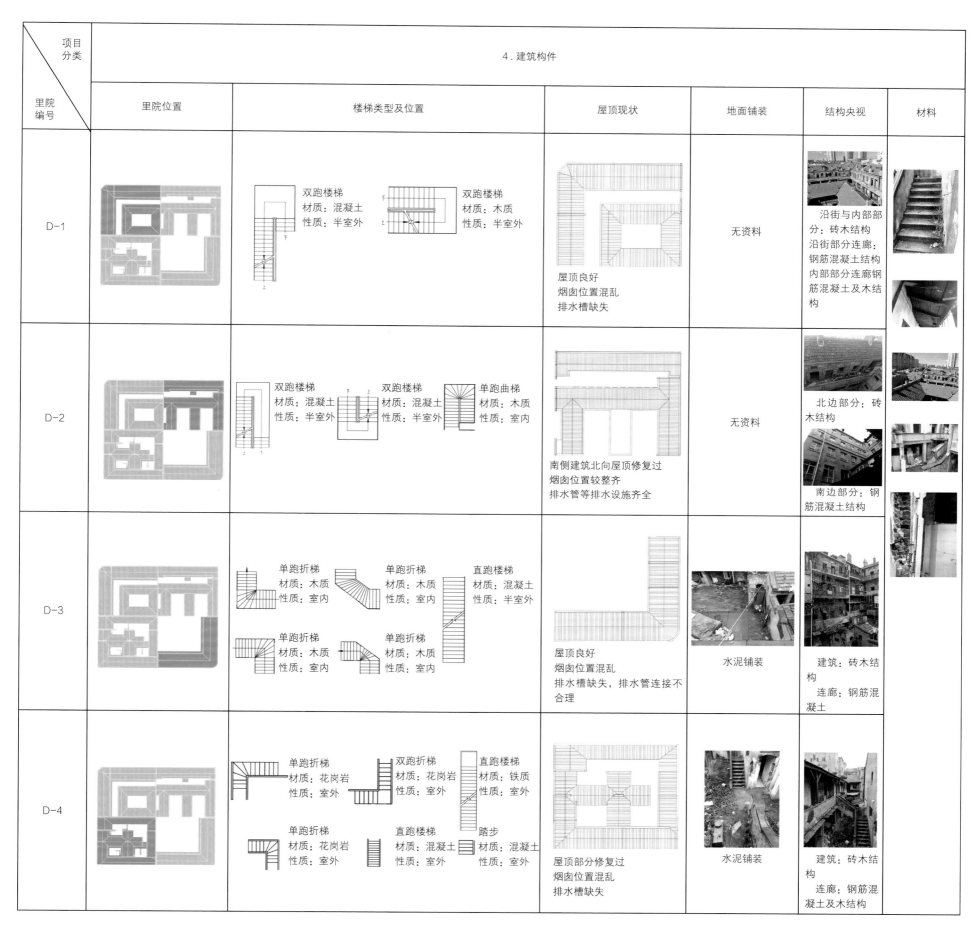

1.5 E1区

里院编号＼项目分类	1.基础数据							
	里院位置	主入口位置	层数与层高	建筑面积	建筑密度	现有居住居民	可容居民总和	居住率
E1-1				一层：360m² 二层：360m² 总计：720m²	82.7%	1层为10户，2层为5户，1号院目前共计15户	20户	75.00%
E1-2				一层：356m² 二层：356m² 三层：156m² 总计：868m²	87.6%	1层为16户，2层为12户，3层为9户，2号院目前共计37户	52户	71.15%
E1-3			无	一层：138m² 二层：156m² 三层：156m² 总计：450m²	65.4%	1层为4户，2层为5户，3层为5户，3号院目前共计14户	15户	93.33%
E1-4				一层：458m² 二层：458m² 三层：458m² 总计：1374m²	65.9%	1层为10户，2层为12户，3层为12户，4号院目前共计34户	36户	94.44%

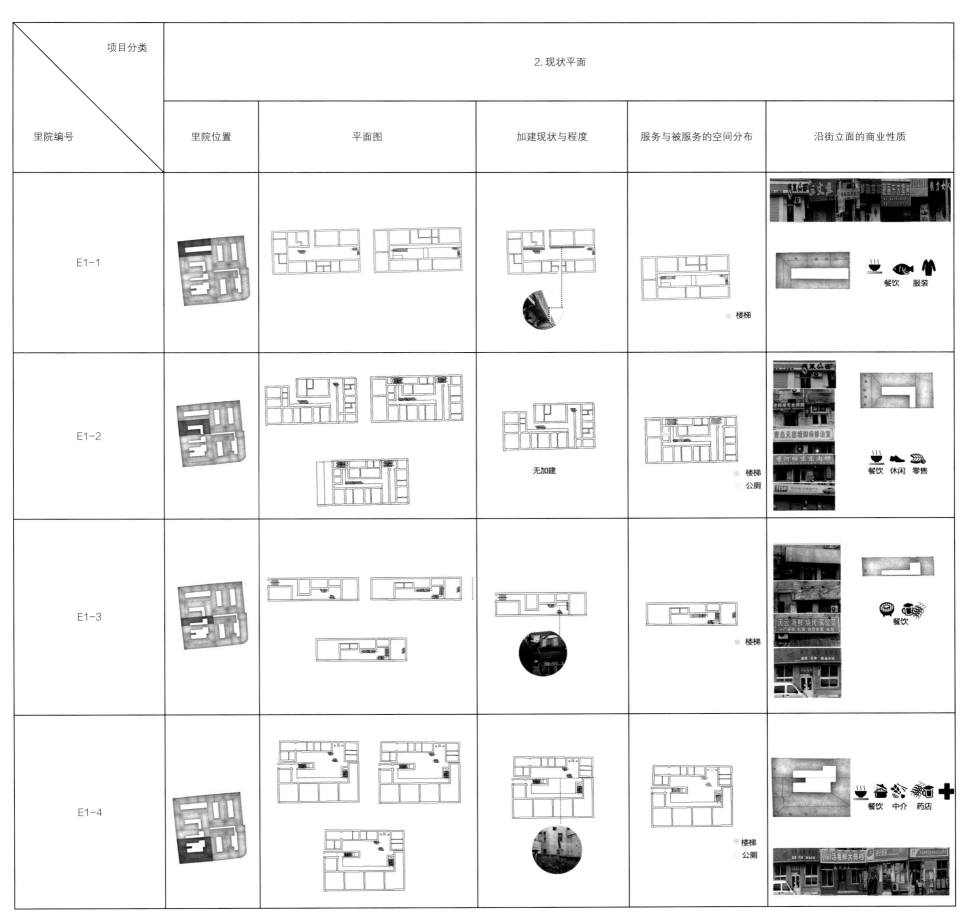

项目分类 \ 里院编号	3.现状矛盾与简要功能分析				
	里院位置	主要问题	流线分析	前期功能设想	功能细化设想
E1-1	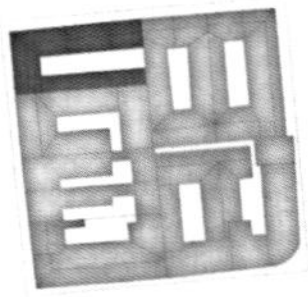	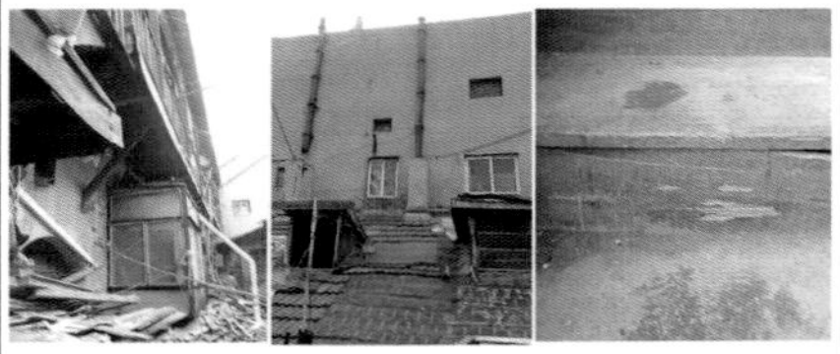	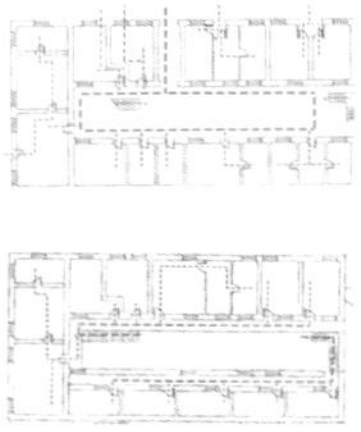	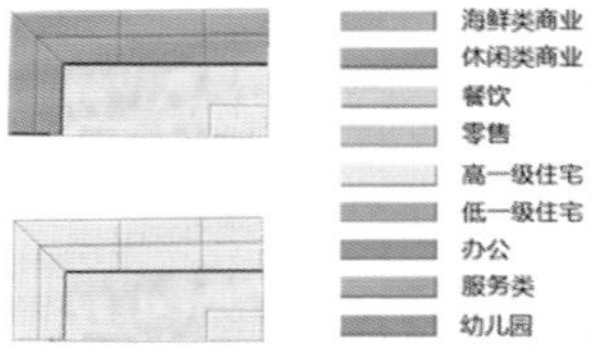	拆除加建还原院落空间，将商业空间延伸至里院内，打造不同的里院特色空间
E1-2	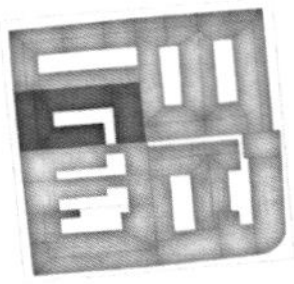	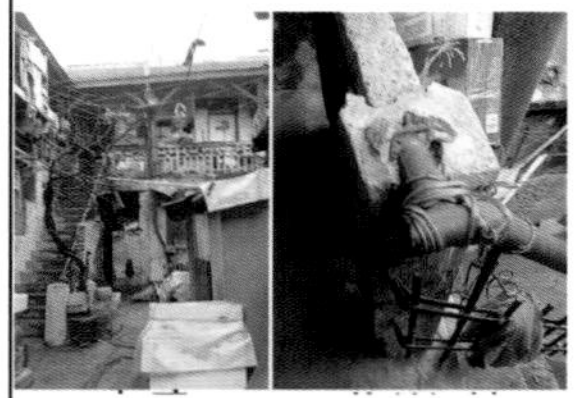	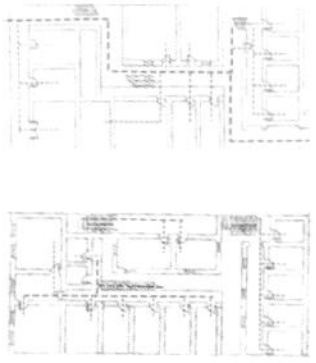	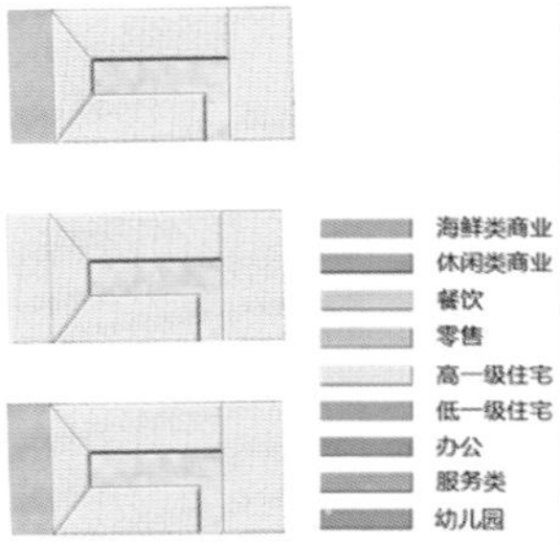	进行户型改造，打掉现有内隔墙，根据目标人群确定基本功能，提高居住面积
E1-3	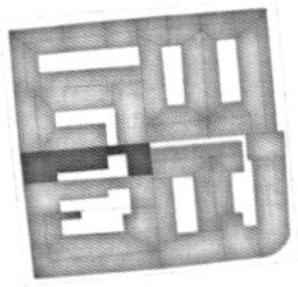	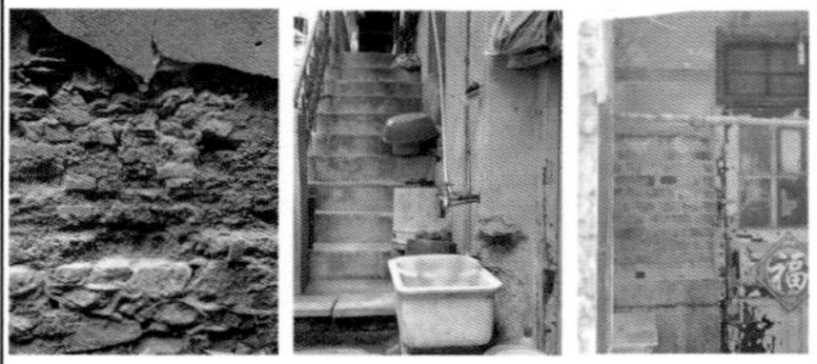	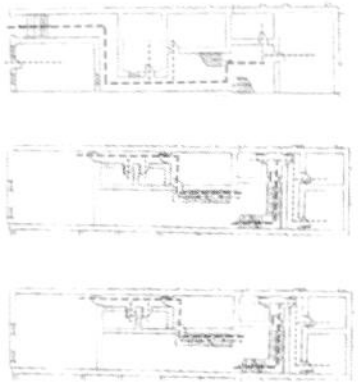	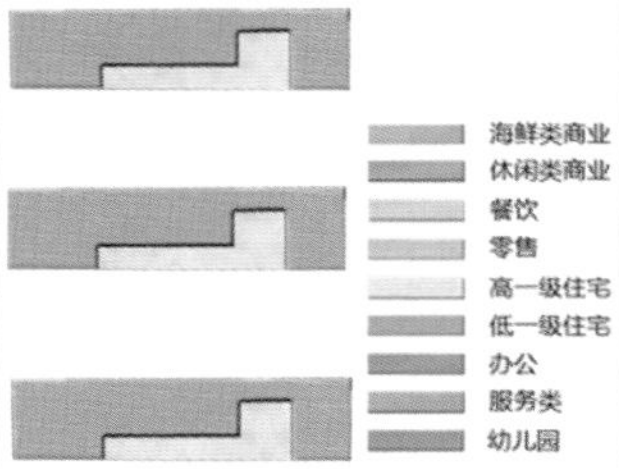	公共资源共享，以小户型改造为主，部分户型打通上下楼层，进行垂直空间的改造
E1-4	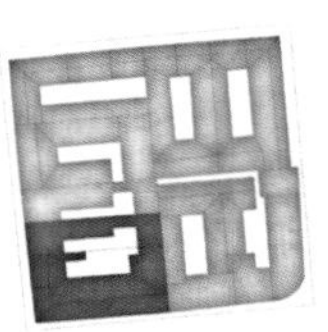	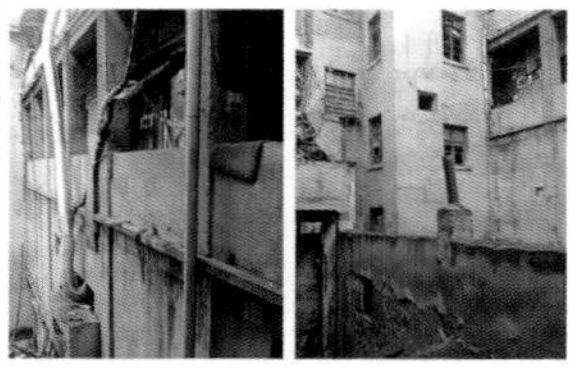	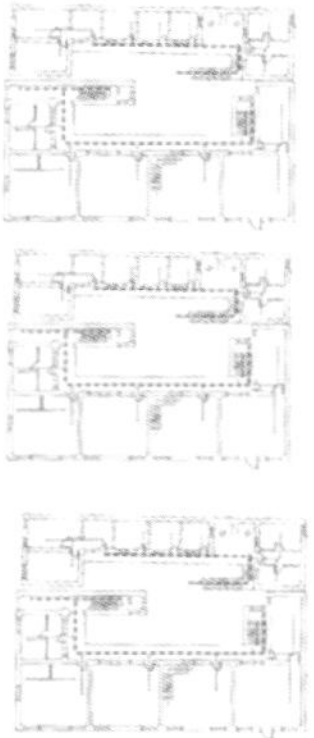	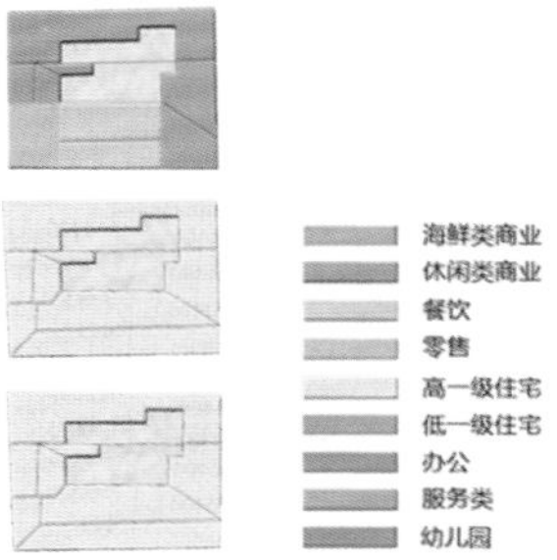	打造商住两用的院落空间，院内二三层以玻璃廊道进行连通

前期功能设想图例：海鲜类商业、休闲类商业、餐饮、零售、高一级住宅、低一级住宅、办公、服务类、幼儿园

项目分类 里院编号	4. 建筑构件					
	里院位置	楼梯类型	屋顶现状	地面铺装	构造方式	材料
E1-1			 等级：3 沿街双坡屋顶和一侧单坡屋顶围合感较弱	 水泥地面，路面低洼，无饰面层	 底层为砖混结构，二层为砖木结构	 一层砖砌体加石灰砂浆抹面，二层外廊柱子砧木嫁接
E1-2			 等级：2 双坡屋顶和单坡屋顶围合感较弱 内向指向性较强	 水泥地面，地面平坦整洁，容易积水	 砖混结构	 砖墙外抹水泥饰面，钢筋混凝土框架
E1-3			 等级：4 平屋顶，有女儿墙屋顶围合感较弱	 粗糙石板路	 底层为砖混结构，二层为砖木结构	 一层砖砌墙体加石灰砂浆抹面，顶层外廊柱子砧木嫁接，栏板为木质
E1-4			 等级：2 双坡屋顶和单坡屋顶围合感较弱 内向指向性较强	 水泥路面，上层做沥青	 砖木结构	 一层砖砌墙体加石灰砂浆抹面，顶层外廊柱子砧木嫁接，栏板为石质

021

1.6　E2区

里院编号	里院位置	主入口位置	层数与层高	建筑面积	建筑密度	现有居住居民	可容居民总和	居住率
项目分类	1.基础数据							
E2-1				一层：320m² 二层：350m² 总计：670m²	77%	 一层约为13户，二层约为12户，共计25户	13+13=26 户	96.15%
E2-2				一层：331m² 二层：340m² 总计：671m²	83%	 一层约为7户，二层约为6户，共计13户	9+9=18 户	72.22%
E2-3				一层：332m² 二层：351m² 总计：683m²	82%	 一层约为13户，二层约为14户，共计27户	13+14=27 户	100%
E2-4				底层：105m² 一层：378m² 二层：395m² 三层：296m² 四层：296m² 总计：1470m²	84%	 底层一般为储藏室，一层约为12户，二层约为10户，三层约为5户，四层约为2户，共计29户	13+13+8+8=42 户	69.05%

项目分类 里院编号	2. 现状平面				
	里院位置	平面图	加建现状与程度	服务与被服务的空间分布	沿街立面的商业性质
E2-1				★ 被服务空间 ● 服务空间	
E2-2				★ 被服务空间 ● 服务空间	
E2-3			几乎无加建	无服务与被服务空间	
E2-4				无服务与被服务空间	

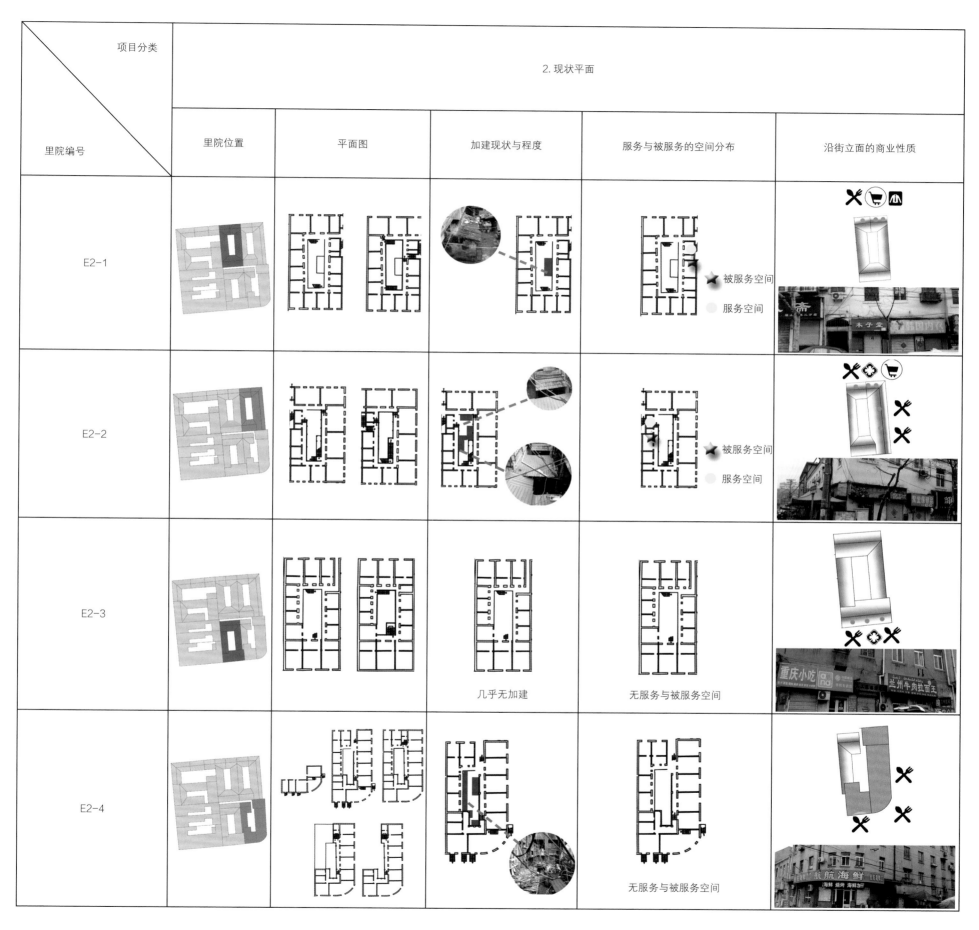

项目分类 / 里院编号	3. 现状矛盾与简要功能分析				
	里院位置	主要问题	流线分析	前期功能设想	功能细化设想
E2-1		室外连廊被围合占有，使空间显得拥挤、杂乱		▨ 餐饮　▨ 高一级住宅	1号院仅一面临街，受外来影响较小，私密性更强，主要用于高档住宅
E2-2		加建严重，被当做后厨使用		▨ 高一级住宅　▨ 零售　▨ 休闲类商业	该里院现在餐饮业为主，院落内部公共活动多、私密性较差临街商业、内部公寓类住宅
E2-3		较整洁交通被占用		▨ 高一级住宅　▨ 休闲类商业　▨ 低一级住宅	由于与E1区打通之，巷道的人流量将大为增加，所以休闲商业将成为主要模式
E2-4		加建严重脏乱管线复杂、凌乱		▨ 餐饮　▨ 低一级住宅　▨ 休闲类商业　▨ 高一级住宅	作为唯一多层建筑，又具有优越的位置优势，所以可能发展高端特色旅店，对院落内部也要进行细致设计

项目分类 里院编号	4.建筑构件					
	里院位置	楼梯类型	屋顶现状	地面铺装	结构方式	材料
E2-1			 传统红瓦坡屋顶	 矩形大理石板铺地	 木结构承重、砖墙填充	 木材、红砖
E2-2			 传统红瓦坡屋顶	 六边形石板铺地	 木结构承重、砖墙填充 局部砖混结构	 木材、红砖、钢筋
E2-3			 传统红瓦坡屋顶	 普通水泥铺地	 木结构承重、砖墙填充	 木材、红砖
E2-4			 传统红瓦坡屋顶 + 平屋顶	 石沙铺地	 木结构承重、砖墙填充 局部砖混结构	 木材、红砖、钢筋

项目分类 F1 区编号	1. 基础数据							
	里院位置	主入口位置	层数与层高	建筑面积	建筑密度	现有居住居民	可容居民总和	居住率
A 里院	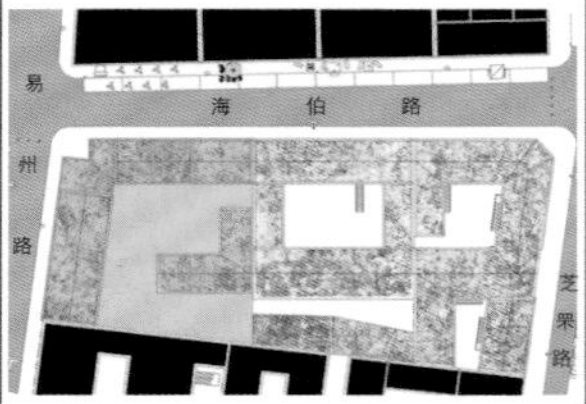		 	一层：312m² 二层：248m² 三层：248m² 四层：248m²	52%	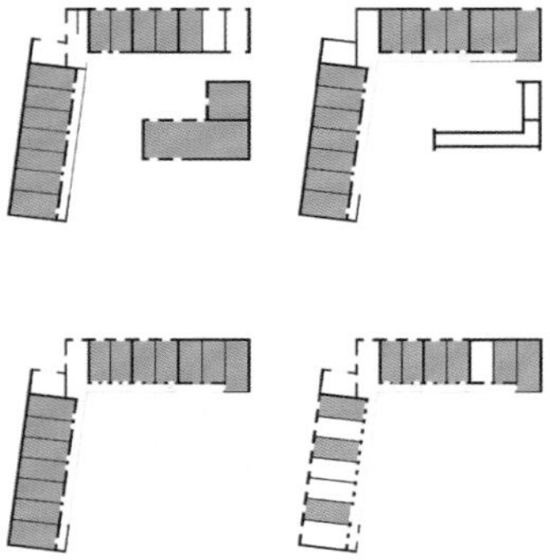	14+14+14+14=52 户	88.46%
B 里院	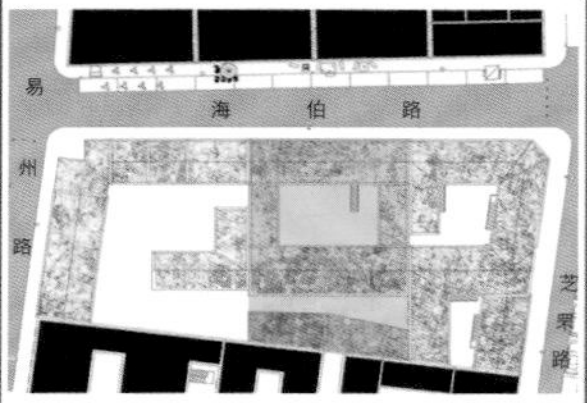	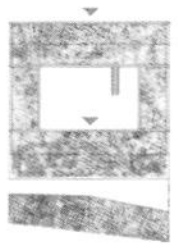	 	一层：448m² 二层：468m²	75%	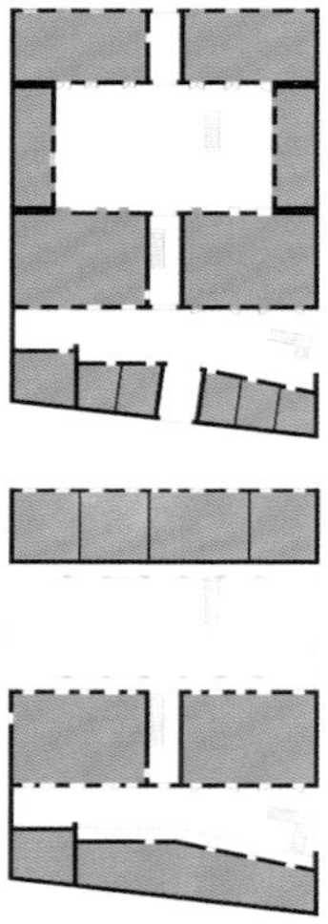	33+29=62 户	100%
C 里院	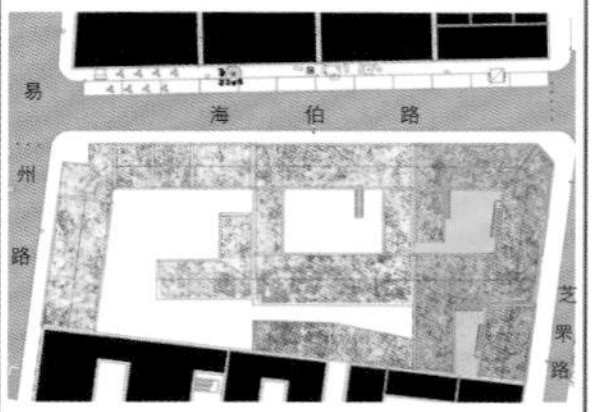		 	一层：360m² 二层：380m²	82%		17+17=34 户	67.65%

项目分类	2.现状平面				
F1 区编号	里院位置	平面图	加建现状与程度	服务空间	沿街立面的商业性质
A 里院		一层平面　　二层平面 三层平面　　四层平面			胖子烧烤 烧烤一条街 烧烤一条街
B 里院		一层平面 二层平面			零售、办公等休闲类 外贸童装 缝纫、服装等休闲类
C 里院		一层平面　　二层平面			纺织商场 餐饮、休闲类商业 餐饮、零售 整洁的立面

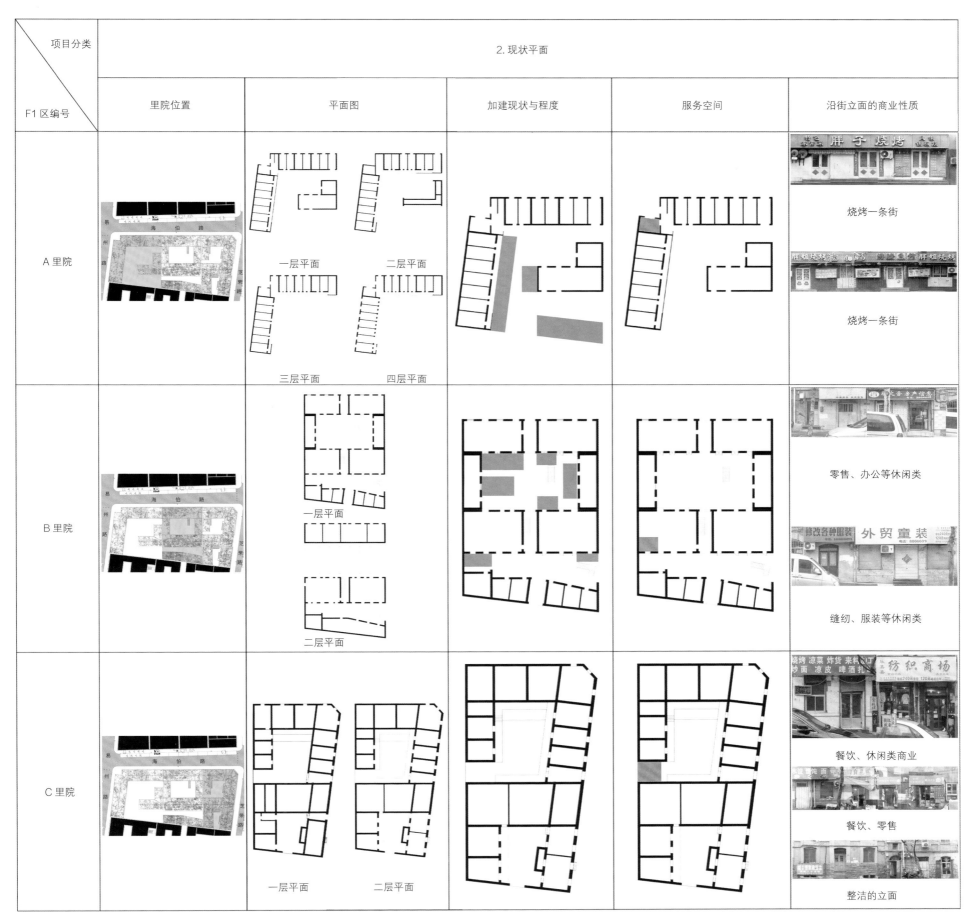

项目分类	3.现状矛盾与简要分析				
F1 区编号	里院位置	主要问题	流线分析	前期功能设想	功能细化设想
A 里院		结构需要加固 遮阳防风 晒衣服 屋顶的保温 公共空间利用		零售 休闲类商业 餐饮 高级住宅	通过对里院内部功能进行置换,将改造后的新建筑作为休闲类商业使用。该里院主要是高品质住宅,所以对娱乐功能的需求会比较大,因此改造后的建筑将会成为里院内部的娱乐中心
B 里院		采光问题 屋顶的改造 晒衣服 公共空间的利用		零售 休闲类商业 餐饮 高级住宅	该里院是一个内敛型里院,主要服务于定居于此的住户,因此商业或娱乐对其的影响并不深重。内部的多个建筑将改造成高档住宅
C 里院		置入的功能体与原有建筑的协调 屋顶的改造 公共空间的利用		零售 休闲类商业 餐饮 高级住宅	该里院是内敛型里院,原有的生活气息浓厚。因此,该里院不做改造,只进行功能的完善,置入新的功能体等

项目分类	4.建筑构件					
F1区编号	里院位置	楼梯类型	屋顶现状	地面铺装	结构样式	材料
A里院		入口双跑楼梯 内部单跑楼梯	瓦片完好无损 屋架结构完好，唯一不足是缺少保温层通风层	基本是水泥地面，虽然能用但是并不美观，不能满足高级功能需求 水泥地面，设有饰面层。路面很多坑坑洼洼，需要进行改造更新	建筑整体结构为钢筋混凝土结构 承重结构为钢筋混凝土，维护结构为砖石结构	砖石构筑，水泥抹灰
B里院		内部单跑楼梯 入口单跑楼梯　入口单跑楼梯	瓦片比较完整，但屋面受损较多，加建的窗户，需要解决屋顶的采光和防水问题 瓦片有较多损坏，需要更新。屋架结构出现问题，需要修复	未经处理的水泥地面，容易积水，需要更新 未经处理的水泥地面，容易积水，需要更新	木梁直接架在墙上 屋顶的细部构造，缺少保温隔热 楼梯、廊道一般都是木制	木材和混凝土混合 木制构件，以榫卯交接
C里院		入口处左右下单跑楼梯 入口处单跑楼梯	瓦片完好无缺，屋架结构完好 瓦片、屋架结构完好。不需要额外做更新改造处理	大部分是水泥地面，局部花岗岩铺地。对住户的居住生活不影响，因此不需要做额外更新修复 水泥地面无损坏或影响使用的部分，可保留原样	主体结构是砖混结构。廊道部分是木结构 木结构廊道都是木制工艺	木制雕花、额枋

项目分类 里院编号	1. 基础数据							
	里院位置	主入口位置	层数与层高	建筑面积	建筑密度	现有居住居民	可容居民总和	居住率
F2-1-1			一层：420m² 二层：420m² 三层：420m² 四层：420m² 总计：1280m²		73%	四层 三层 二层 一层	71 户	100%
F2-1-2			一层：180m² 二层：180m² 三层：180m² 四层：180m² 总计：520m²		55%	四层 三层 二层 一层	31 户	100%
F2-1-3			一层：335m² 二层：335m² 三层：335m² 总计：1050m²		68%	三层 二层 一层	42 户	100%
F2-2			一层：585m² 二层：520m² 总计：1105m²		70%	二层 一层	43 户	100%

项目 分类 里院 编号	2. 现状平面				
	里院位置	平面图	加建现状与程度（紫色为居民自行加建部分）	服务与被服务的空间分布（褐色为公厕位置，黄色为水龙头位置）	沿街立面的商业性质
F2-1-1		一层平面	一层平面	一层平面	西面商业以餐饮为主，面馆与包子铺
F2-1-2		二层平面	二层平面	二层平面	南面商业以休闲商业及零售商业为主
F2-1-3		三层平面 四层平面	三层平面 四层平面	三层平面 四层平面	F2 区主要的商业立面分布在南侧，里院主入口也在南侧。南侧也将迎接主要的人流
F2-2		公厕 里院入口 里院 一层平面 公共走廊 二层平面	一层平面 二层平面	一层平面 二层平面	南沿街商业以餐饮为主 东沿街商业以休闲商业与零售为主

项目分类 / 里院编号	3.现状矛盾与简要功能分析				
	里院位置	主要问题	流线分析	前期功能设想	功能细化设想
F2-1-1		 里院空间较完整，但杂物堆积较多，且居民随意晾晒衣物使里院更显拥挤		 一层平面 二层平面 三层平面 四层平面	 一层平面 二层平面 三层平面
F2-1-2		 空间完整，里面其中一个楼梯弃置，墙面显得很陈旧破败，毫无生气，铺装破坏严重			
F2-1-3		 同前面两个里院，杂物堆积严重，且有一定的加建墙体，地面铺装也破坏严重，整体破旧不堪	一层	休闲商业 餐饮 零售 高级居住 低级居住	四层平面 剖面图 在前期功能定位的基础上，根据位置及建筑的面积和周围建筑的功能定位等深化功能设计
F2-2		 里院空间较大，且完整，但院子随意加建严重，地面非常不平整	 轴侧	 一层平面　二层平面 休闲商业 餐饮 零售 高级居住 低级居住	 一层居住单元　一层功能平面 二层居住单元　二层功能平面 二层全部为居住，将部分与一层打通，改造为复式住宅。一层商业为多家服装店与一家餐饮速食店

项目分类　　里院编号	4. 建筑构件					
	里院位置	楼梯类型	屋顶现状	地面铺装	结构样式	材料
F2-1-1			屋顶大部分为防水卷材，局部抹了水泥砂浆，屋顶现状较好，拥有较少的裂缝，屋顶上有的烟道正常使用，大部分烟道已闲置。但屋顶上也加建了部分一层建筑，与四层连通，为居民为增大居住面积私自加建			
F2-1-2				现有地面铺装大体有四种，大理石石板、六边形砖块、黏土砖及沥青铺地，四种铺装都破坏较严重，其中大理石铺装最有保留价值，且大部分石块较完整	砖混结构	混凝土，砖，木，钢
F2-1-3				屋顶表面为油毡防水卷材		
F2-2			屋顶现状良好，其中烟道大多弃置不用，个别老虎窗损坏严重	大理石地面铺装保存较好，且石材形制也较完整	砖木结构	木，大理石，花岗岩

1.9 G1 区

项目分类 里院编号	1. 基础数据		
	里院位置	主入口	基地鸟瞰
G1			

项目分类 里院编号	层数与层高	基地尺寸	实景鸟瞰
G1	10.000 7.000 3.500 0.000	单位：mm 45000 32000 24000 14500 3300C	

项目分类 里院编号	建筑面积	用地面积	容积率	户数与居住率
G1	一层：2050m² 二层：670m² 总计：2720m²	3300m²	0.83	100 0% 已搬迁

项目分类	2. 现状平面		
里院编号	里院位置	一层平面图	二层平面图
G1		四方路 潍县路 	

项目分类	基地户型类型分布	基地户型类型	加建现状与程度
里院编号			
G1		单位：mm 	

项目分类	服务空间分布	四方路沿街立面商业性质	四方路沿街立面商业性质
里院编号			
G1		 ● 餐饮类 零售类 服装类 ● 医疗类	 ● 餐饮类 零售类 服装类 ● 医疗类

项目分类	3. 现状矛盾与简要分析		
里院编号	里院位置	室内空间状况差	室外空间狭小
G1	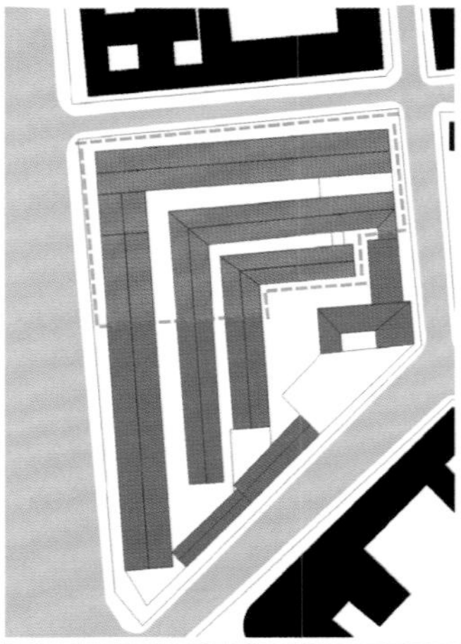	 	 
项目分类	门加建严重	外墙损坏	木结构破损
里院编号			
G1	 	 	 
项目分类	流线设计	一层平面功能细化	二层平面功能细化
里院编号			
G1	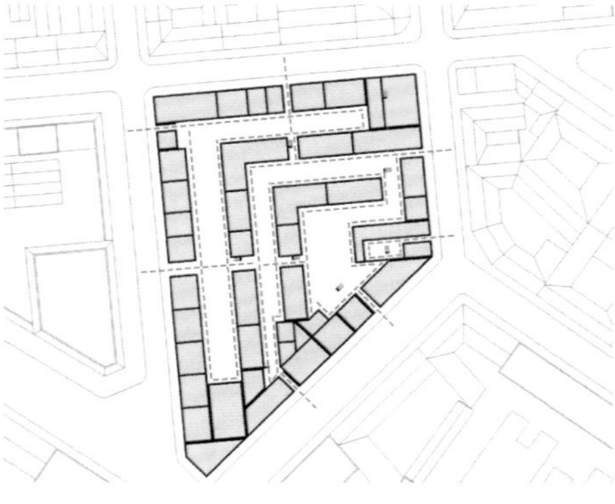	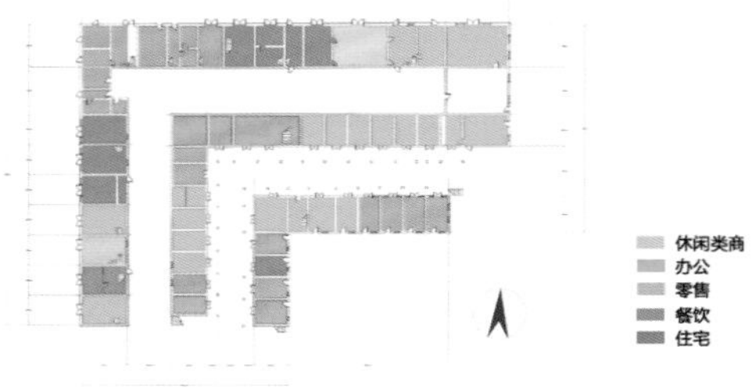	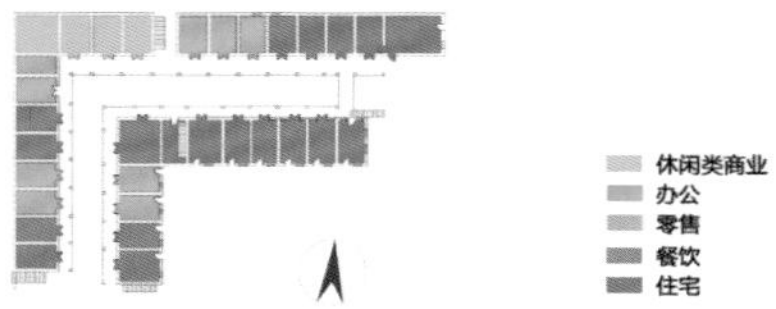

项目分类	4.建筑构件		
里院编号	里院位置	楼梯类型	屋顶现状
G1	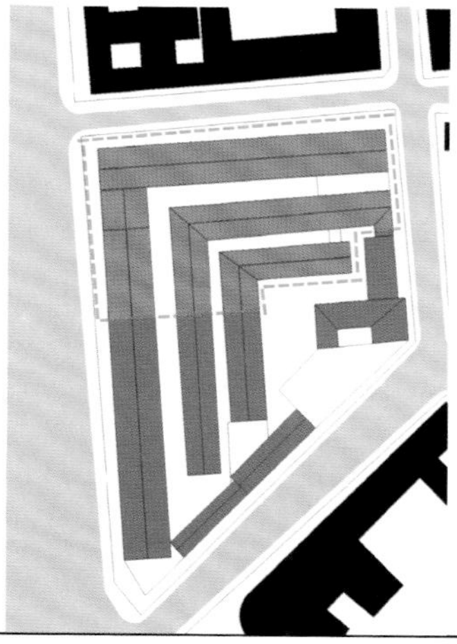	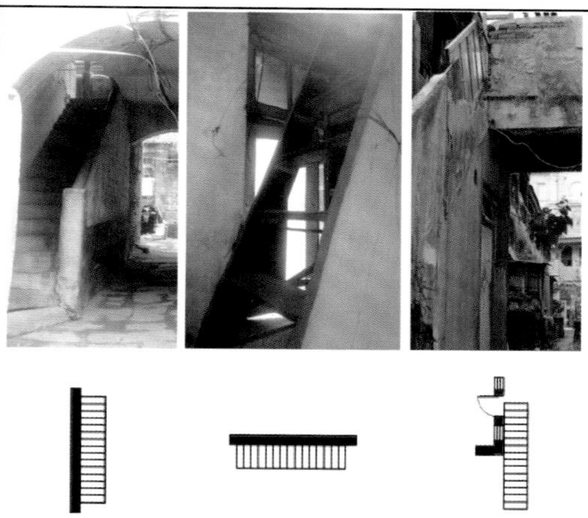	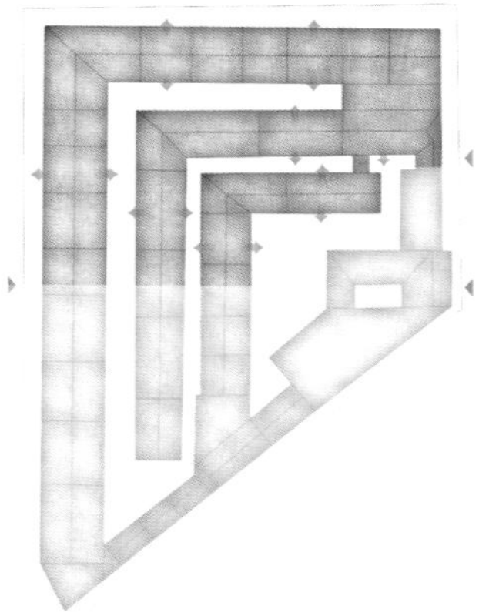

项目分类	地面铺装	门窗样式	屋顶加建
里院编号			
G1			

项目分类	材料	结构样式	
里院编号			
G1			

1.10 G2 区

项目分类 / 里院编号	1.基础数据						
	位置	位置层数与层高	建筑面积	建筑密度	现有居住居民	可容居民总和	居住率
G2-1			一层：250m²	65%		3+3+4=10 户	50%
G2-2			一层：200m² 二层：200m² 总计：400m²	83%		0 户	0%
G2-3			一层：50m² 二层：50m² 总计：100m²	90%		0 户	0%
G2-4			一层：300m² 二层：100m² 三层：50m² 总计：450m²	75%		2+3=5 户	10%
G2-5			一层：200m² 二层：150m² 总计：350m²	80%		2+3+1=6 户	20%

项目分类 里院编号	2.现状平面				
	位置	平面图	加建情况与程度	服务空间	沿街立面商业性质
G2-1	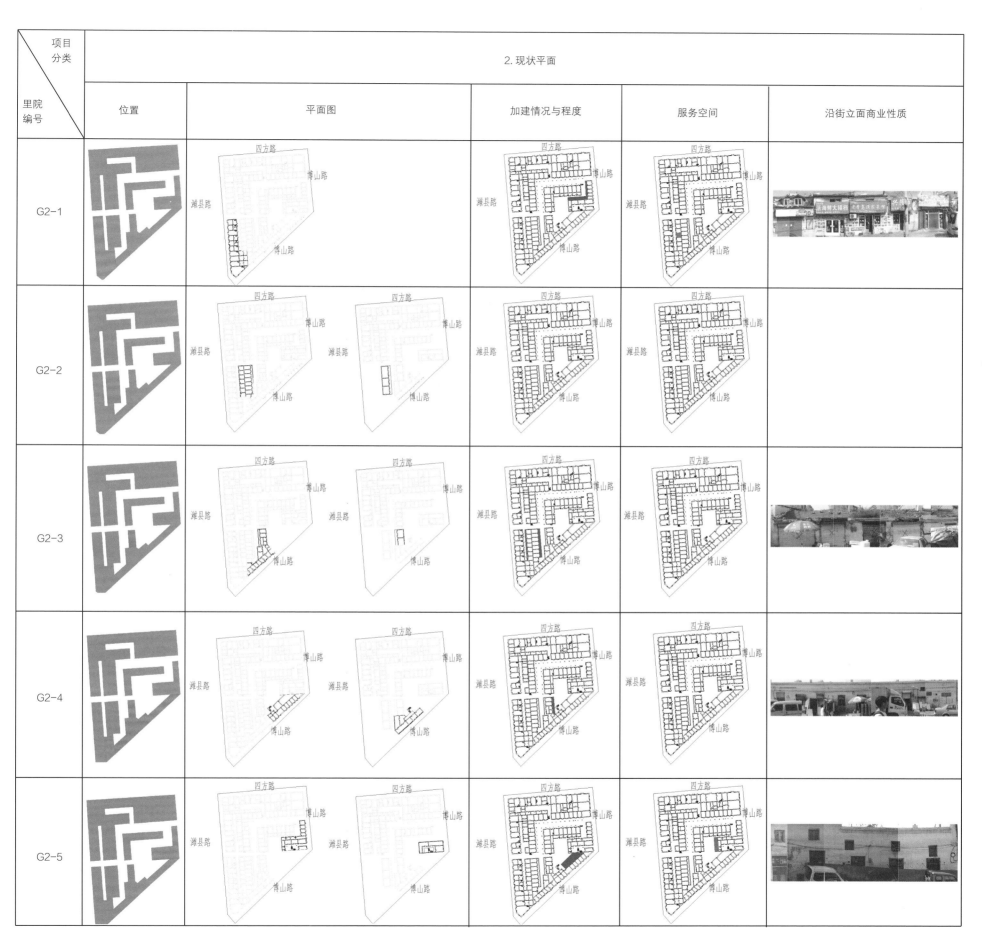				
G2-2					
G2-3					
G2-4					
G2-5					

项目分类 里院编号	3. 现状矛盾与简要分析				
	位置	主要问题	流线分析	前期功能设想	功能细化设想
G2-1		 房屋破损最为严重，无法继续使用			A 区域面向于街道，基地总体定位为特色风情街，所以沿街主要是餐饮和娱乐为主
G2-2		 加建部分较多，需要拆除较多			B 区域较小，为两层建筑，考虑到上下打通，将两层的功能连接，主要可以做办公和住宅
G2-3		 没有风貌特点，从外侧看是平屋顶，立面破损严重			C 区域较小，只考虑做小的零售，不会占用太多的面积就可以运作的功能
G2-4		 立面破损严重			D 区域较大，而且有部分三层建筑，主要做住宅和餐饮，餐饮要服务于住宅功能
G2-5		 加建部分较多，需要拆除			E 区域具有一定的封闭性，在整个基地里比较特殊，所以也会考虑做住宅，但是会做功能较丰富的高端住宅

项目分类	4.建筑构件					
里院编号	位置	楼梯	屋顶现状	地面铺装	结构样式	材料
G2-1		图缺（调研时未进入）	A区域的屋顶是破损最严重的部分，可能需要重新铺设瓦片，老虎窗需要保留好	A区域靠近道路，铺装完整，但是不符合风貌特点	A区域都是一层的房屋，属于砖混结构，老虎窗是一个特点	A区域大部分为淡黄色的涂料覆盖在墙体上，里面是砖墙
G2-2		单跑楼梯	B区域的屋顶由于位置高，保存很完整	B区域额铺装以石条为主，但是很多地方缺失，很不完整	B区域发现了楼板下面做了这样的部分，内侧可能是管道	B区域则是这种白色的墙体，下面是石条
G2-3		单跑楼梯	C区域屋顶破损也很严重，大片瓦片脱落丢失	C区域铺装出现了很多水泥，掺杂在石条当中，不美观	在C区域有这种廊柱，作为支撑构建，很有风貌特点	C区域的墙体看起来更像是没有涂料，直接用了抹灰
G2-4		双跑楼梯	D区域屋顶部分破损严重，部分保存完好	D区域靠近院落，铺装已经缺失，都是土路，下雨无法行走	在D区域发现了这种用来加固的部分，非常简陋	D区域的墙体用了砂浆覆盖，颜色退化比较厉害
G2-5		单跑楼梯	E区域屋顶很完整，没有什么破坏	E区域因为之前是一个小的封闭院落，铺装保存较好，是较完整的石条	E区域的廊柱是铁柱，比木柱牢固但是不美观	E区域同样为淡黄色的涂料

1.11　H1 区

项目分类 / 里院编号	1. 基础数据							
	里院位置	主入口位置	层数与层高	建筑面积	建筑密度	现有居住分布	可容居民总和	居住率
H1-1				一层：313m² 二层：324m² 总计：637m²	44%		12+11=23 户	57.5%
H1-2				一层：492m² 二层：463m² 三层：463m² 总计：1408m²	75%		16+15+17=48 户	90.5%
H1-3				一层：300m² 二层：312m² 总计：612m²	50%		11+12=23 户	92%
H1-4				一层：300m² 二层：312m² 总计：612m²	93%		12+14=26 户	86.6%
H1-5				一层：539m² 二层：573m² 三层：545m² 总计：1657m²	93%		13+20+18=51 户	92.7%

项目分类	2.现状平面				
里院编号	里院位置	平面图	加建现状及程度	服务空间	沿街立面的商业属性
H1-1	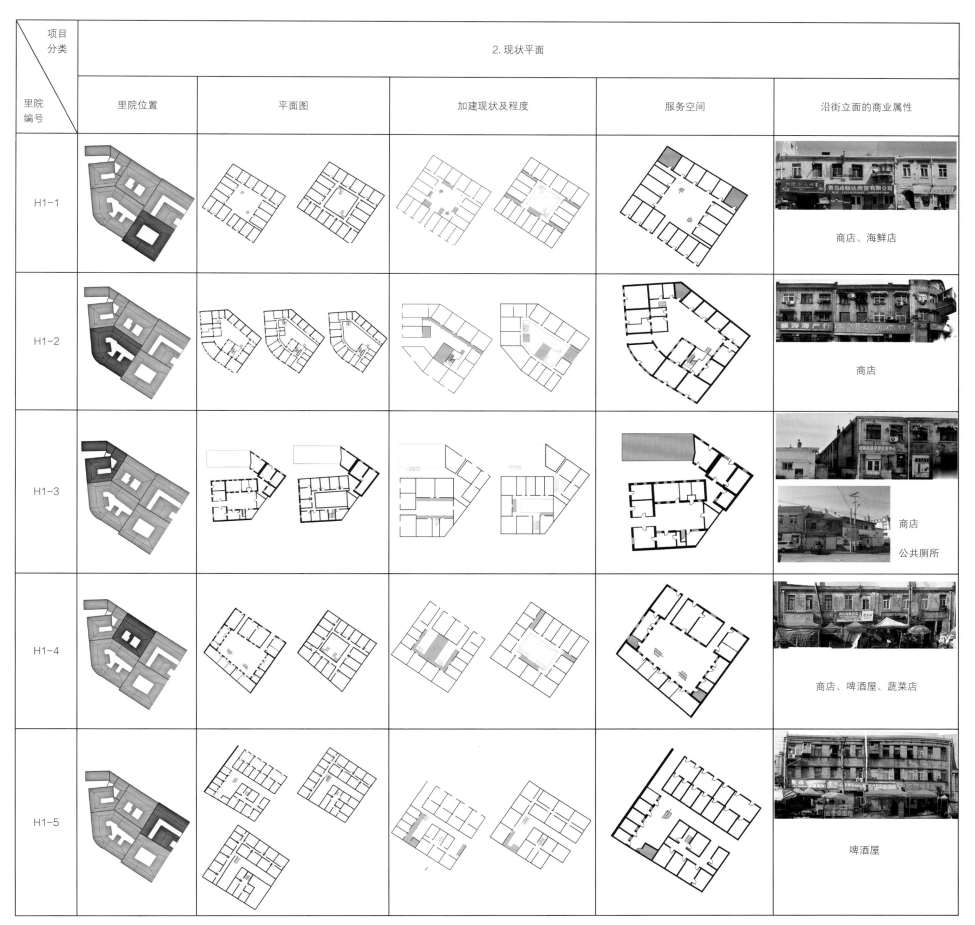				商店、海鲜店
H1-2					商店
H1-3					商店 公共厕所
H1-4					商店、啤酒屋、蔬菜店
H1-5					啤酒屋

项目 分类 里院 编号	3. 现状矛盾与简单分析				
	里院位置	主要问题	流线分析	前期功能设想	功能 细化设想
H1-1		结构需要加固 晒衣服问题 屋顶的保温 公共空间的利用率太低		 低一级住宅 休闲类商业 零售 高一级住宅	1 号院主要以居住为主，一层户型没有发生变化，面积较小，租赁的对象为单人 二层适当打破一些墙面，原来的两户变成了一户，增加了室内的面积，租赁对象为双人或三口之家
H1-2		私搭乱建问题 走廊堆积杂物问题严重		 低一级住宅 休闲类商业 零售 餐饮 高一级住宅 高一级住宅	这个里院的规模较大，原来每家居住面积在 16~26m² 不等，所以设定以后每户的居住面积在 40~60m²
H1-3		电线问题 交织杂乱，外包存在破损，存在安全隐患		 休闲类商业 零售 餐饮 高一级住宅 办公 零售	一层作为商业是因为这个院子的位置的关系，博山路上会有很多从大教堂参观途径的游客，有很好的人流基础，并且院里做了一些打通处理，有很好的空间体验性
H1-4		屋顶的改造 公共空间的利用 屋顶的保温 结构需要加固		 低一级住宅 餐饮 海鲜类商业 零售 高一级住宅	这个院子以小面积居住为主，内部的居住面积在 15~25m² 不等，沿街的店铺面积较大，在 40m² 左右
H1-5		过度的加建破坏了原有的建筑结构 置入的功能体与原有建筑的协调问题		 海鲜类商业 餐饮 休闲类商业 低一级住宅 休闲类商业 餐饮 高一级住宅	此处的休闲商业模式定位为格子铺形式，面积 10~20m² 不等 优势：存在一个小型的庭院，有较强的场地性，便于组织活动和活跃青旅气氛。从总体环境上看，这个里院为这个区域商业布置最为集中的地方，设想把这打造为一个中型的人流聚集点

项目分类 里院编号	4.建筑构件					
	里院位置	楼梯类型	屋顶现状	地面铺装	结构样式	材料
H1-1			瓦片比较完整,但内部没有设保温层、通风层和防水层	地面铺装为青石板,使用不当造成了表面布满泥垢	建筑整体为砖石结构,廊道部分为木结构	建筑底部材料为花岗岩,石青岛本地材料,就地取材
H1-2			瓦片保存完整,但内部没有设保温层、通风层和防水层	此处为砖石铺装,地面整齐,雨天也不会积水	建筑整体为砖石结构,廊道部分为木结构	砖石构筑 水泥抹灰
H1-3			瓦片比较完整,但内部没有设保温层、通风层和防水层	饰面层破坏严重,路面坑坑洼洼,易形成积水,同时存在着安全隐患	建筑整体为砖石结构,廊道部分为木结构	砖石构筑 水泥抹灰
H1-4			瓦片比较完整,但屋面受损较多,加建的窗户很多,需要解决屋顶的采光和防水问题	地面为水泥地面,在雨天易造成路面湿滑,同时不能满足高功能需求	建筑整体为砖石结构,廊道部分为木结构	木制的柱子,在该片区大量出现
H1-5			瓦片有较多的损坏,需要更新,内部没有设保温层、通风层、防水层等	地面为水泥地面,虽然仍可以使用,但不美观,不能满足需求	建筑整体为砖石结构,廊道部分为木结构	木材和混凝土混合

1.12 H2 区

项目 分类 里院 编号	里院位置	主入口位置	层数与层高	建筑面积	建筑密度	现有居住分布	可容居民总和	居住率
			1.基础数据					
H2a 里院				一层：113m² 二层：85m² 总计：198m²	44%	上位规划拆除	上位规划拆除	上位规划拆除
H2b 里院				一层：112m² 二层：492m² 三层：251m² 总计：855m²	75%	待推测	待推测	100%
H2c 里院				一层：121m² 二层：121m² 三层：121m² 总计：363m²	50%		9 户	100%
H2d 里院				一层：300m² 二层：574m² 三层：574m² 四层：404m² 总计：1825m²	93%		42 户	95%

046

项目 分类 里院 编号	里院位置	主入口位置	层数与层高	建筑面积	建筑密度	现有居住分布	可容居民总和	居住率
				1. 基础数据				
H2e 里院				一层：360m² 二层：360m² 总计：720m²	83%		26 户	100%
H2f 里院				一层：463m² 二层：411m² 总计：874m²	83%		61 户	100%
H2g 里院				一层：254m² 二层：254m² 三层：108m² 总计：616m²	44%		29 户	100%
H2h 里院				一层：575m² 二层：575m² 三层：575m² 总计：1725m²	62%		52 户	98%

项目分类	2. 现状平面			
里院编号	里院位置	平面图	加建现状与程度	服务与被服务空间分布
H2a 里院	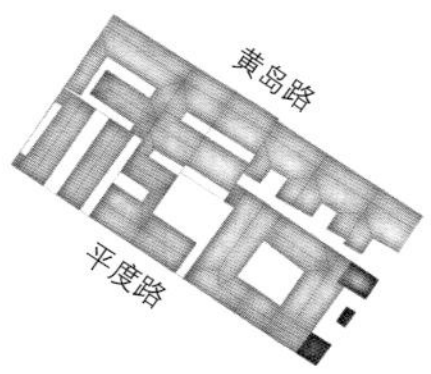	上位规划拆除	上位规划拆除	上位规划拆除
H2b 里院	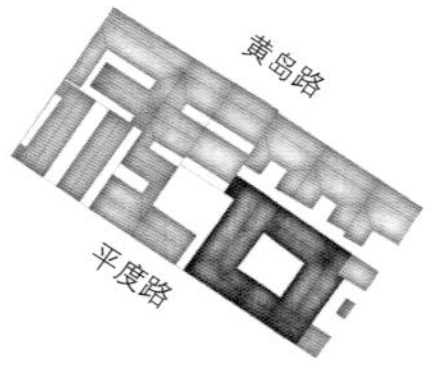	无		无
H2c 里院	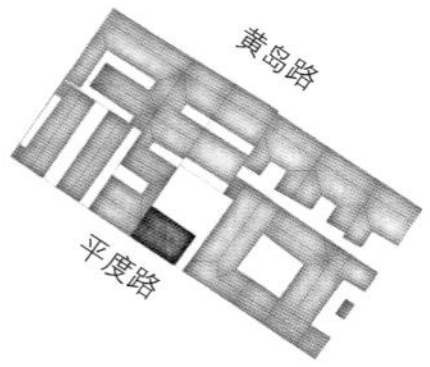	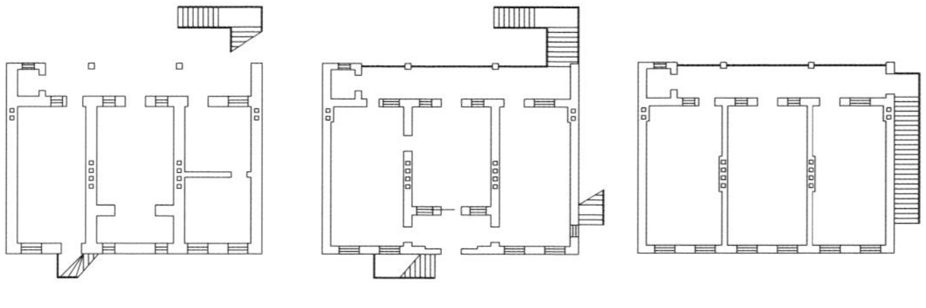 一层平面图　二层平面图　三层平面图		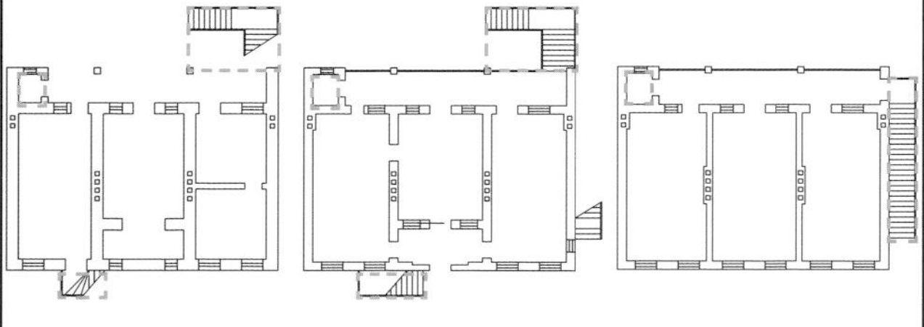 一层平面图　二层平面图　三层平面图 ------ 服务空间
H2d 里院	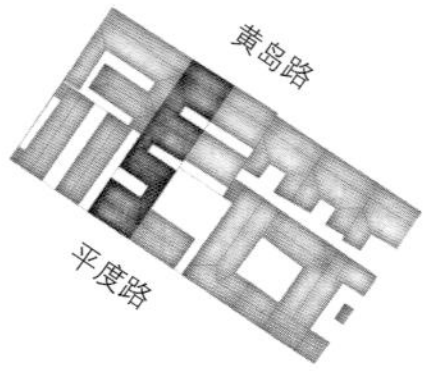	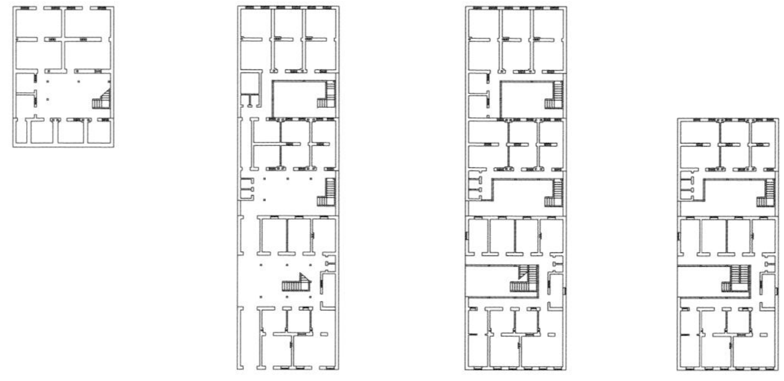 地下一层平面图　一层平面图　二层平面图　三层平面图		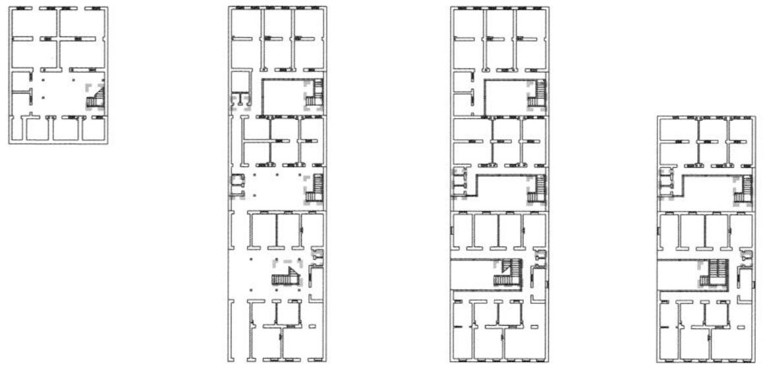 地下一层平面图　一层平面图　二层平面图　三层平面图 ------ 服务空间

项目分类	2. 现状平面			
里院编号	里院位置	平面图	加建现状与程度	服务与被服务空间分布
H2e 里院	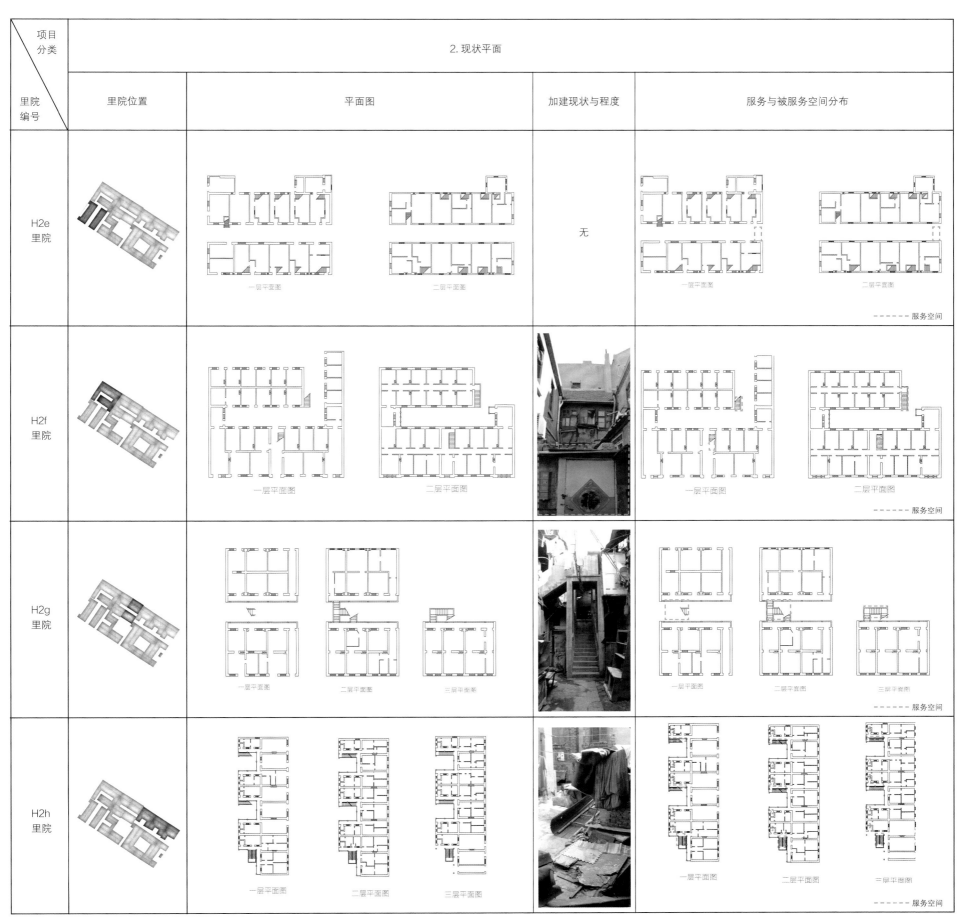	一层平面图　　二层平面图	无	一层平面图　　二层平面图 ------ 服务空间
H2f 里院		一层平面图　　二层平面图		一层平面图　　二层平面图 ------ 服务空间
H2g 里院		一层平面图　二层平面图　三层平面图		一层平面图　二层平面图　三层平面图 ------ 服务空间
H2h 里院		一层平面图　二层平面图　三层平面图		一层平面图　二层平面图　三层平面图 ------ 服务空间

项目分类	3. 现状矛盾与简要功能分析			
里院编号	里院位置	主要问题	流线分析	前期业态规划
H2a 里院		上位规划拆除	上位规划拆除	上位规划拆除
H2b 里院		 两颗水杉树 结构完整 院内部分加建板房	无	 ■ 休闲类商业 ■ 餐饮 ■ 零售 ■ 高一级住宅
H2c 里院		 院子面积较大 独栋楼房 院内部分加建板房	 一层平面图　二层平面图　三层平面图	 ■ 休闲类商业 ■ 高一级住宅
H2d 里院		 里面完整 三个连续的院落 错层的院落	 地下一层平面图　一层平面图　二层平面图　三层平面图	 ■ 海鲜类商业 ■ 休闲类商业 ■ 高一级住宅 ■ 办公 ■ 餐饮

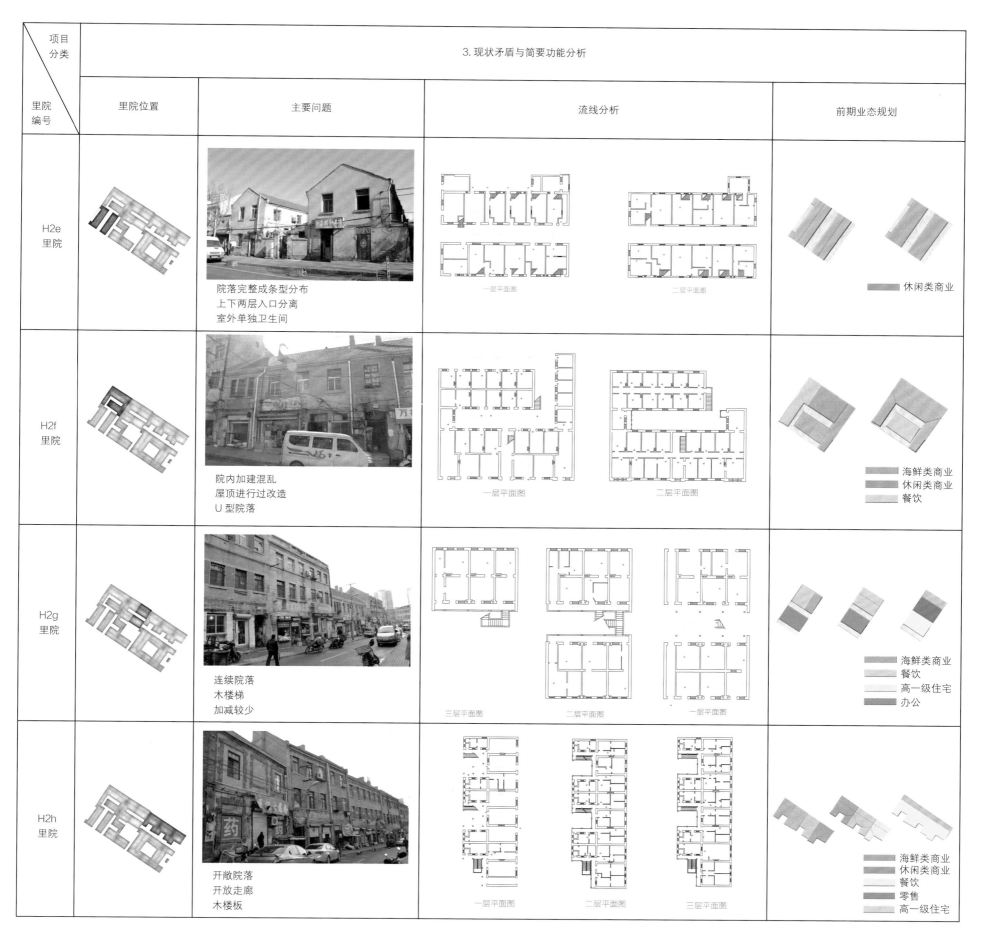

项目 分类	4. 建筑构件			
里院 编号	里院位置	楼梯类型	屋顶现状	地面铺装
H2a 里院	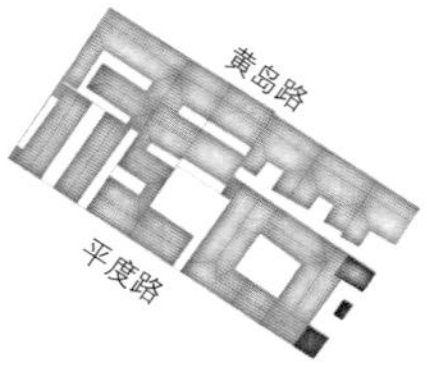	上位规划拆除	上位规划拆除	上位规划拆除
H2b 里院	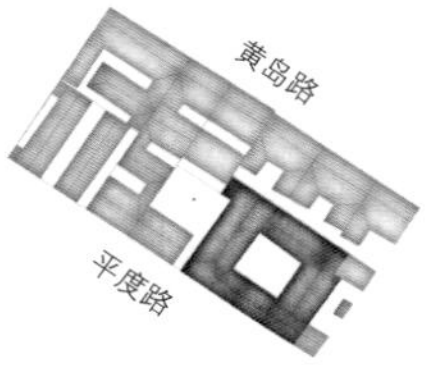			
H2c 里院	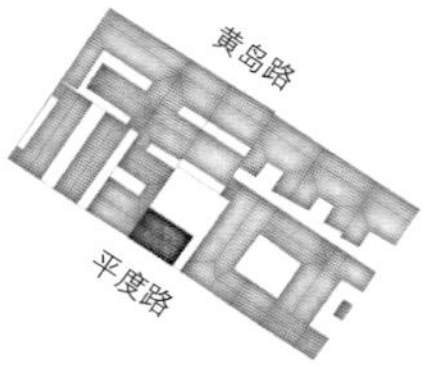	  		
H2d 里院	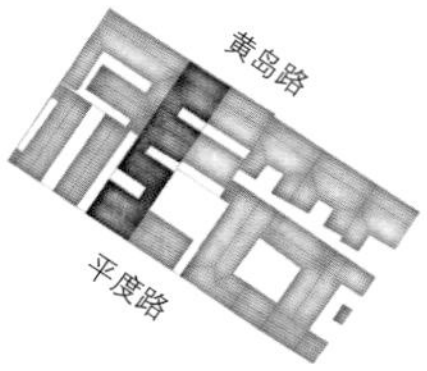	  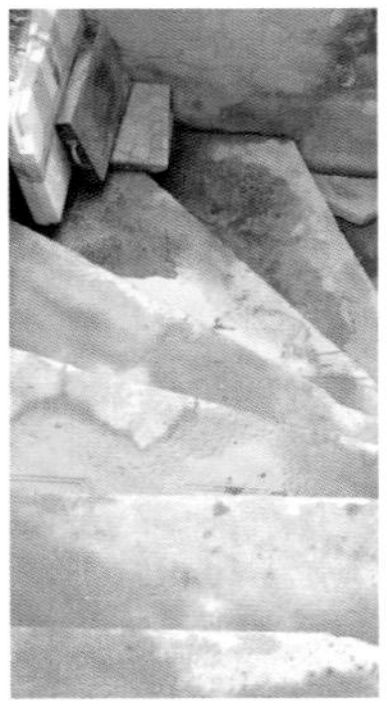		

项目 分类	4. 建筑构件			
里院 编号	里院位置	楼梯类型	屋顶现状	地面铺装
H2e 里院	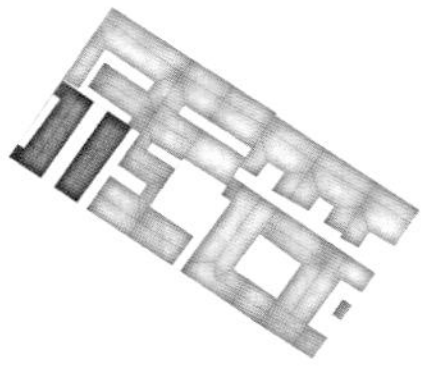			
H2f 里院	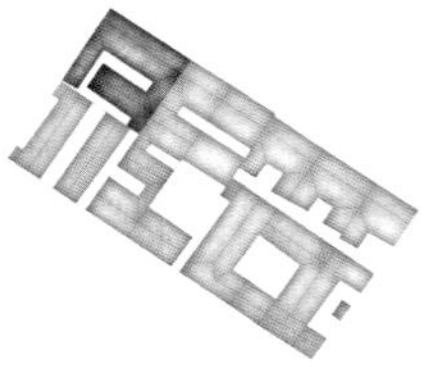	 		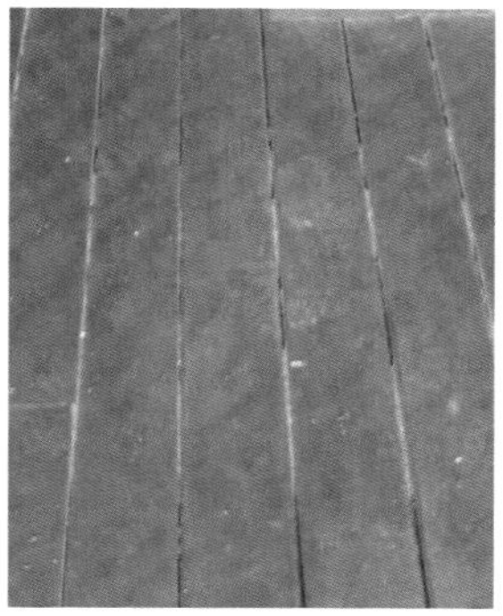
H2g 里院	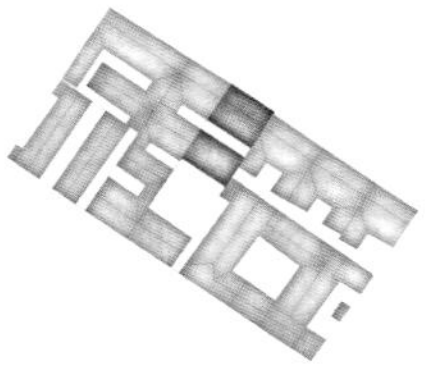			
H2h 里院	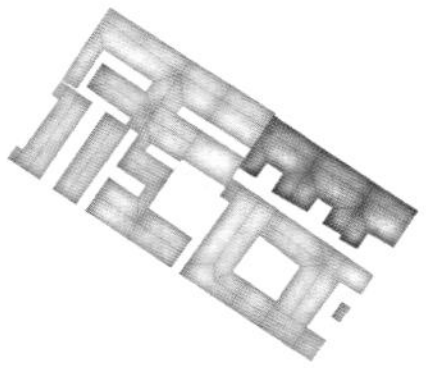	  		

1.13 H3 区

里院编号	里院位置	主入口位置	层数与层高	建筑面积	建筑密度	现有居住分布	可容居民总和	居住率
				1. 基础数据				
H3-1				一层：1080m² 二层：1042m² 三层：867m² 总计：2989m²	79.6%		18+14+8=40 户	100%
H3-2				一层：592m² 二层：563m² 三层：253m² 总计：1408m²	65.4%		12+12+2=26 户	100%
H3-3				一层：482m² 二层：497m² 总计：979m²	72.7%		20+16=36 户	92%

项目 分类	2. 现状平面				
里院 编号	里院位置	平面图	加建现状及程度	服务空间	沿街立面的商业属性
H3-1			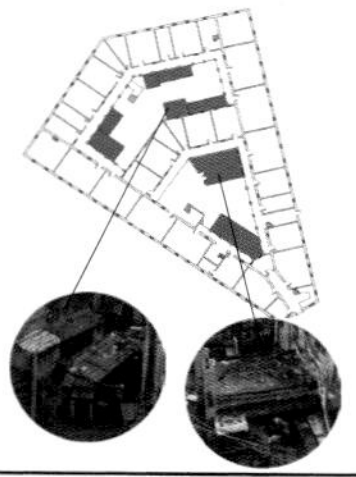	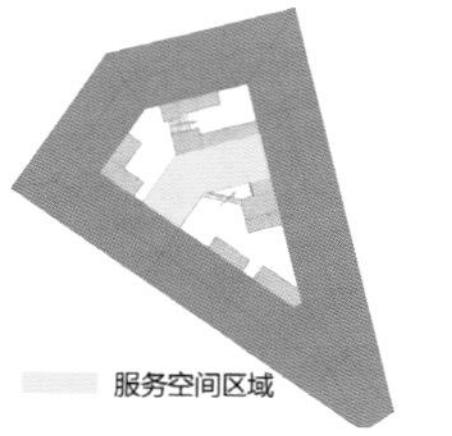 　服务空间区域	面向外来人员，小商铺及餐馆林立  商业　　餐饮
H3-2		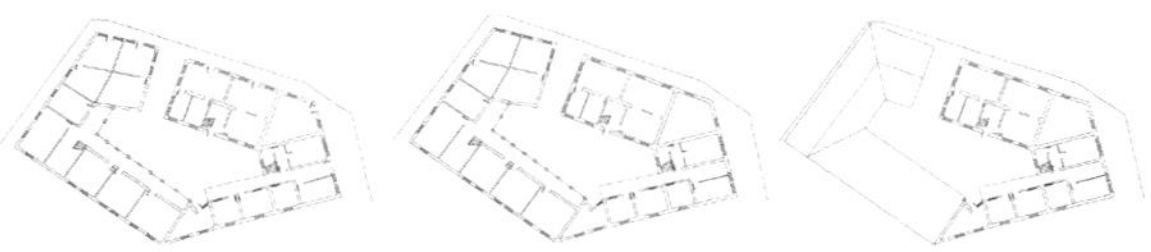	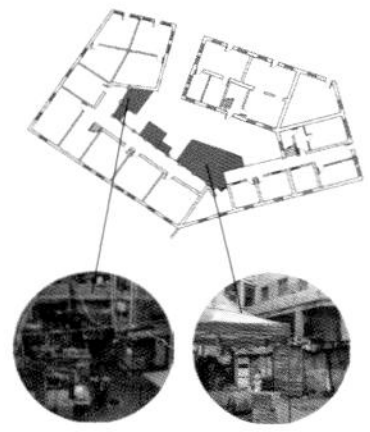	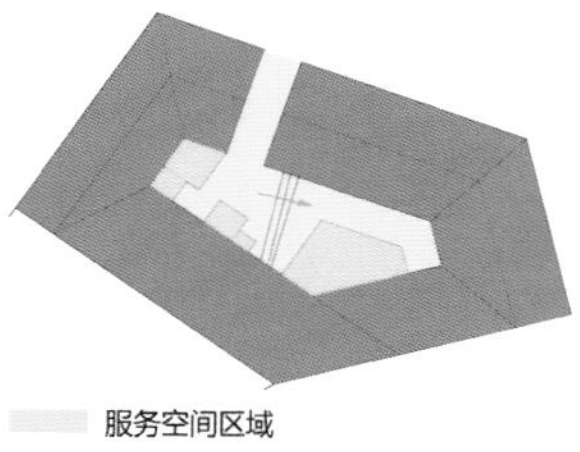 　服务空间区域	街道朝向黄岛路市场，故以海鲜商铺为主  海鲜市场　　药店
H3-3			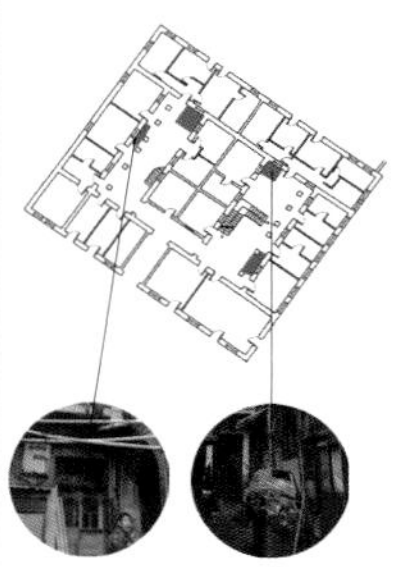	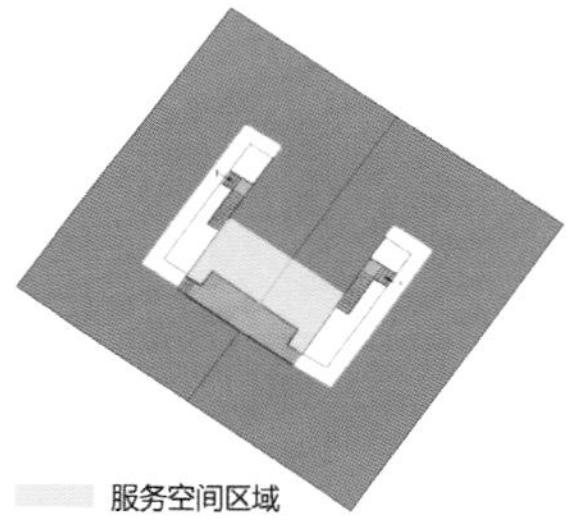 　服务空间区域	小商铺为主  商业

项目分类 里院编号	3. 现状矛盾与简单分析				
	里院位置	主要问题	流线分析	前期功能设想	功能细化设想
H3-1		 院内私自加建严重，影响交通 楼梯构件残损联系不畅	 居住人员流线 购物及就餐人员流线		（1）一层中餐饮单元分为三段，被休闲类商业分隔，相互独立 （2）因为完全高度围合的里院模式，休闲类商业南侧外向型布局较为合理，北侧内外双向布局均可 （3）二层东南侧为居住区，西北侧为商业及办公
H3-2		 加建占据院内空间严重 必要生活设施缺乏	 居住人员流线 就餐人员流线	 海鲜类商业 休闲类商业 餐饮 零售 高一级住宅 低一级住宅 办公 服务类	商业形式在二层平面开始出现变化，以餐饮和休闲两类为主，南侧部分因其分散的平面形式，确定为休闲类商业，通过其位置将餐饮划分为两部分，西侧部分平面分散而且规整，故安排为餐厅包间形式，北侧部分则为小吃及零售部分
H3-3		 院内加建影响交通 院内狭小，采光不足	 居住人员流线 购物及就餐人员流线		（1）一层作为低一级住宅面向低收入及附近学生和打工者，考虑到房间面积过小，仍要下一步继续打通增加相互联系构成几个相对完整独立的户型 （2）二层办公负责办理和咨询相关事宜及提供部分附近住户的休闲娱乐场所，丰富周边居民生活 （3）一层餐饮考虑到周边街道的影响，将厨房部分放置在沿街立面，这样吸引和引导食客前来，并且便于进货和送餐的需要

项目分类 里院编号	4.建筑构件					
	里院位置	楼梯类型	屋顶现状	地面铺装	结构样式	材料
H3-1		楼梯数量：6 楼梯形式：平行双跑，折行双跑，环形			砖木结构，部分为砌体结构	砖材，木材，石材
H3-2		楼梯数量：3 楼梯形式：平行双跑，折行双跑			砖木结构，部分为砌体结构	砖材，木材，石材
H3-3		楼梯数量：2 楼梯形式：折行双跑			砖木结构	砖材，木材，石材

1.14　I1 区

里院编号	里院位置	主入口位置	层数与层高	建筑面积	建筑密度	现有居住居民	可容居民总和	居住率
I1-1 号院				一层：750m² 二层：750m² 三层：300m² 总计：1800m²	78.9%	 一层为 18 户，二层为 6 户，三层为 3 户，总计 27 户	30+30+12=72 户	37.50%
I1-2 号院				一层：560m² 二层：560m² 总计：1120m²	80%	 一层为 6 户，二层为 4 户，总计 10 户	12+8=20 户	50.00%
I1-3 号院				一层：400m² 二层：800m² 总计：800m²	72.7%	 一层为 6 户，二层为 6 户，总计 12 户	6+7=13 户	92.31%
I1-4 号院				一层：400m² 二层：800m² 总计：1200m²	85.1%	 一层为 3 户，二层为 2 户，总计 5 户	4+7=11 户	45.45%
I1-5 号院				一层：150m² 二层：150m² 总计：300m²	75%	 一层为 2 户，二层为 2 户，总计 4 户	4+4=8 户	50.00%
I1-6 号院				一层：650m² 二层：650m² 三层：650m² 四层：650m² 总计：2600m²	81.25%	 一层为 7 户，二层为 10 户，三层为 10 户，四层为 8 户，总计 35 户	18+18+18+18=72 户	48.61%
I1-7 号院				一层：800m² 二层：800m² 三层：800m² 总计：2400m²	80%	 一层为 11 户，二层为 6 户，三层为 6 户，总计 23 户	16+16+16=48 户	47.92%

表头：1. 基础数据

项目分类 / 里院编号	里院位置	2. 现状平面			
		平面图	加建现状与程度	服务与被服务空间分布	沿街立面与其商业性质
I1-1号院	四方路 黄岛路 芝罘路			卫生间 水龙头	
I1-2号院	四方路 黄岛路 芝罘路			卫生间 水龙头	
I1-3号院	四方路 黄岛路 芝罘路			卫生间 水龙头	
I1-4号院	四方路 黄岛路 芝罘路			卫生间 水龙头	
I1-5号院	四方路 黄岛路 芝罘路			卫生间 水龙头	
I1-6号院	四方路 黄岛路 芝罘路			卫生间 水龙头	
I1-7号院	四方路 黄岛路 芝罘路			卫生间 水龙头	

项目 分类 里院 编号	里院位置	主要问题	流线分析	前期功能设想	功能细化设想
			3. 现状矛盾与简要分析		
I 1-1 号院	四方路 黄岛路 芝罘路	 卫生状况堪忧，垃圾无人处理，气味较大		 ■商业 ■餐饮 ■高级住宅 ■低级住宅	 沿街商业依旧面向街道开放，南侧与东侧的餐饮区，朝向庭院开放，延展是室外空间，形成第二层次
I 1-2 号院	四方路 黄岛路 芝罘路	 空调外管线杂乱无章 无节制的乱拉乱扯 距地高度较小 完全外露，易风化受损		 ■商业 ■办公 ■低级住宅	 西北侧始终保持零售的商业属性，北侧为商业，南侧原为居住置换为办公，2号院以行政办公类型主预计与3号院合为一体形成一处功能明晰的办公区
I 1-3 号院	四方路 黄岛路 芝罘路	 人流量少，物品乱堆乱放		 ■办公	 原为居住性质用地现置换为办公，预计与2号院合为一体形成一处功能明晰的办公区，3号院处于里院流线的尽头，可做专业办公建筑，例如设计，科研等
I 1-4 号院	四方路 黄岛路 芝罘路	 电线：杂乱交织；外露，易漏电，存在安全隐患		 ■餐饮	 与5号院连通，做统一餐饮。4号院以大排档等公共餐饮为主
I 1-5 号院	四方路 黄岛路 芝罘路	 整体环境较差，卫生需得以改善		 ■餐饮	 与4号院连通，做统一餐饮。5号院以包厢等形式做较为安静、密环境的餐饮为主
I 1-6 号院	四方路 黄岛路 芝罘路	 房间的开间与进深较小，无法满足生活需求		 ■商业 ■高级住宅 ■低级住宅	 以低端住宅为主，对现有居住环境进行再造，对建筑本身的再造以改善内部居住条件为主
I 1-7 号院	四方路 黄岛路 芝罘路	 加建严重，形制不一		 ■商业 ■高级住宅 ■低级住宅	 沿街处仍以沿街商业为主，住宅区采用低端与高端混杂的方式，在现有居住条件的基础上进行定位与再造

项目分类 / 里院编号	里院位置	4.建筑构件				
		楼梯类型	屋顶现状	地面铺装	结构样式	材料
I1-1号院	四方路 黄岛路 芝罘路		等级2：四面单坡与两面单坡围合，夹角非90°的不同角度内向的指向性，庭院成为不规则形制的空间，屋顶给里院带来的秩序感较强	水泥铺地上加破旧地毯	一层：砖石结构 二层：有结构木柱	一层为水泥混合混凝土加固，二层为砧木嫁接
I1-2号院	四方路 黄岛路 芝罘路		等级1：四面单坡围合，强烈的指向性，庭院成为被围合的中心，屋顶给里院带来的秩序性最强	青石板上加水泥垫水层	一层：砖石结构 二层：有结构木柱	一层为水泥混合混凝土加固，二层为砧木嫁接
I1-3号院	四方路 黄岛路 芝罘路		等级3：三面单坡与左侧片墙围合，三个方向的内向指向性，庭院规整但空间局促，屋顶给庭院带来的秩序感较弱	同2号院	一层：砖石结构 二层：有结构木柱	一层为水泥混合混凝土加固，二层为砧木嫁接
I1-4号院	四方路 黄岛路 芝罘路		等级3：三面单坡与左侧片墙围合，三个方向的内向指向性，庭院规整但空间局促，屋顶给庭院带来的秩序感较弱	实心六边形地砖	砖石结构，无木构架	水泥混合混凝土加固结构柱，多数为砖墙外加抹水泥加固，个别房间外立面采用干粘石工艺
I1-5号院	四方路 黄岛路 芝罘路		等级4：两面单坡与左侧片墙围合，两个方向的内向指向性，庭院的围合性与秩序性最差	同2号院	一层：砖石结构 二层：有结构木柱	一层为水泥混合混凝土加固，二层为砧木嫁接
I1-6号院	四方路 黄岛路 芝罘路		等级3：三面单坡与左侧片墙围合，三个方向的内向指向性，庭院规整但空间狭长，屋顶给里院带来的秩序性较弱	未经抛光的粗糙石板	砖石结构，无木构架	水泥混合混凝土加固结构柱，多数为砖墙外加抹水泥加固，个别房间外立面采用干粘石工艺
I1-7号院	四方路 黄岛路 芝罘路		等级2：四面单坡，具有夹角非90°的庭院成为较为规则形制的空间，屋顶带给里院的秩序性最强	未经抛光的粗糙石板	砖石结构，无木构架	水泥混合混凝土加固结构柱，多数为砖墙外加抹水泥加固，个别房间外立面采用干粘石工艺

I2 区编号	项目分类 / 1. 基础数据							
	里院位置	主入口位置	层数与层高	建筑面积	建筑密度	现有居住居民	可容居民总和	居住率
8 号院				−1层：144m² 1层：482.34m² 2层：482.34m² 总计：1108.68m²	39.99%	−1层：16 户 1层：30 户 2层：31 户 总计：77 户	77 户	100%
9 号院				−1层：56m² 1层：447.28m² 2层：447.28m² 总计：950.56m²	87.95%	−1层：2 户 1层：24 户 2层：24 户 总计：50 户	50 户	100%
10 号院				1层：185.29m² 2层：185.29m² 3层：174.29m² 总计：544.87m²	77.16%	1层：21 户 2层：21 户 3层：15 户 总计：57 户	57 户	100%
11 号院				1层：456.34m² 2层：456.34m² 3层：297m² 总计：1209.68m²	68.70%	1层：20 户 2层：17 户 3层：7 户 总计：44 户	44 户	100%

项目分类 I2区 编号	2. 现状平面				
	里院位置	平面图	加建现状与程度	服务与被服务空间分布	沿街立面的商业性质
8 号院	四方路 / 芝罘路 / 黄岛路			★ 水龙头	粮 粮油店 海鲜店
9 号院	四方路 / 芝罘路 / 黄岛路			★ 水龙头	蛋糕店 海鲜店 水果店
10 号院	四方路 / 芝罘路 / 黄岛路			★ 水龙头	超市
11 号院	四方路 / 芝罘路 / 黄岛路			★ 水龙头	海鲜店 诊所 水果店 饭店

项目 分类 I2区 编号	3. 现状矛盾与简要分析				
	里院位置	主要问题	流线分析	前期功能设想	功能细化设想
8 号院		 乱搭乱建严重 居民取水问题 部分房间进深过小 楼梯踏步过窄		 高级住宅　海鲜类商业 低级住宅　零售 休闲类商业	 该里院沿街 1 层做商业，内部 1 层为低级住宅，主要为单身或者双人公寓；−1 层为储藏；2 层 +loft 为高级住宅，主要服务于 2~4 人的家庭
9 号院		 乱搭乱建严重 院子里无厕所 部分电线裸露 楼梯踏步过窄		 高级住宅　餐饮 低级住宅　海鲜类商业 休闲类商业	 该里院沿街以及北侧的 1 层做商业，内部 1 层为低级住宅，主要为单身或者双人公寓；−1 层为储藏；2 层 +loft 为高级住宅，主要服务于 2~4 人的家庭
10 号院		 乱搭乱建严重 部分电线裸露 居民取水问题 楼梯踏步过窄		 高级住宅　办公 低级住宅　零售	 该里院沿街的 1 层以及 2 层做商业，北侧 1 层以及 2 层为办公；3 层 +loft 为高级住宅，主要服务于 2~4 人的家庭
11 号院		 乱搭乱建严重 部分电线裸露 居民取水问题 楼梯踏步过窄		 高级住宅　海鲜类商业 低级住宅　餐饮 休闲类商业	 该里院沿街的 1 层做商业；北侧一层 +loft 以及西南侧二层 +loft 和 3 层 +loft 为高级住宅，主要服务于 2~4 人的家庭

项目分类 I2区编号	4. 建筑构件					
	里院位置	楼梯类型	屋顶现状	地面铺装	结构样式	材料
8号院			由一面双坡与四面单坡围合	青石板加水泥铺地	一二层为砖石结构，三层为木柱支承，房间隔墙为砖墙	一二层为混凝土柱，三层砖砼木嫁接承重
9号院			由两面双坡与一面单坡围合	红砖铺地	一二层为砖石结构，三层为木柱支承，房间隔墙为砖墙	一二层为混凝土柱，三层砖砼木嫁接承重
10号院			由一面双坡与两面单坡围合	红砖铺地	一二层为砖石结构，三层为木柱支承，房间隔墙为砖墙	一二层为混凝土柱，三层砖砼木嫁接承重
11号院			由三面双坡与一面单坡围合	红砖铺地	一二层为砖石结构，三层为木柱支承，房间隔墙为砖墙	一二层为混凝土柱，三层砖砼木嫁接承重

第 2 章　里院建筑元素价值评估

介壽裏

平康五裏

平和裏

安康裏

建筑质量与风貌价值评估表

基地内现有建筑质量与风貌价值评估表

编号	地址	建筑技术价值			建筑艺术价值					建筑历史人文价值			总分	建筑价值判断	建筑保护倾向
		工艺精湛度	功能完备度	建筑完好度	原貌差异度	建筑设计典型性	建筑设计特色性	建筑设计影响力	建筑环境价值	历史久远度	历史事件名人影响度	文化特色性			
A1	高密路 66 号	0	0	1	0	0	0	0	0	1	0	0	2	价值中	可改造
A2	高密路 58-64 号	0	0	1	0	0	0	0	0	1	0	0	2	价值中	可改造
A3	海泊路 73-79 号	0	1	1	-1	-1	-1	-1	0	-1	-1	-1	-5	价值低	可拆除
B1	高密路广兴里东	1	1	1	1	1	1	1	0	1	1	0	9	价值高	可改造修复
B2	高密路广兴里西	1	0	1	1	1	1	1	0	1	1	0	8	价值高	可改造修复
B3	高密路广兴里南	1	0	0	1	1	1	1	0	1	1	0	7	价值高	可改造修复
B4	高密路广兴里北	1	0	0	1	1	1	1	0	1	1	0	7	价值高	可改造修复
C1	高密路 38 号	0	0	0	0	0	1	0	0	1	0	1	3	价值中	可改造
C2	海泊路 37 号	1	0	1	1	1	1	0	0	1	0	1	7	价值高	可改造修复
C3	海泊路 35 号	1	1	1	0	1	1	0	0	1	0	0	6	价值高	可改造修复
C4	高密路 28 号	1	0	0	0	1	1	0	0	0	0	0	3	价值中	可改造
C5	高密路 30 号	1	0	1	0	0	0	0	0	1	0	0	3	价值中	可改造
C6	易州路 27-31 号	1	0	0	-1	0	0	0	0	0	0	0	0	价值中	可改造
C7	芝罘路 76 号	1	0	0	1	1	1	0	0	1	0	0	5	价值高	可改造修复
C8	海泊路 43 号	1	0	-1	-1	0	0	0	0	1	0	0	0	价值中	可改造
D1	潍县路 43-47 号	1	0	0	1	0	1	0	0	0	0	1	4	价值中	可改造
D2	海泊路 56-72 号	0	0	1	0	0	0	0	0	1	0	0	2	价值中	可改造
D3	潍县路 39-41 号	1	-1	0	1	1	1	0	0	0	0	1	4	价值中	可改造
D4	四方路 62-72 号	1	0	0	1	0	1	0	0	0	0	1	4	价值中	可改造
D5	博山路 54 号	0	1	-1	-1	0	0	0	0	0	0	0	-1	价值低	可拆除
E1	海泊路 52 号	0	0	0	0	0	0	0	0	0	1	0	1	价值中	可改造
E2	博山路 29-33 号	1	0	0	0	0	0	0	0	0	0	0	1	价值中	可改造
E3	海泊路 42 号介寿里北院	1	0	1	1	0	1	0	1	0	0	0	5	价值高	可改造
E4	博山路 23-27 号	0	-1	0	0	0	1	0	1	1	0	0	2	价值中	可改造
E5	博山路 19 号	1	-1	0	1	1	1	0	1	1	0	0	5	价值高	可改造修复
E6	易州路 8 号介寿里南院	0	0	0	-1	0	0	0	-1	1	0	0	-1	价值低	可拆除
E7	博山路 21 号	0	0	1	0	0	0	0	0	0	0	0	1	价值中	可改造
F1	海泊路 28 号	0	0	0	0	0	0	0	0	0	-1	0	0	价值中	可改造
F2	海泊路 22 号	1	0	0	0	1	1	0	0	0	0	0	3	价值中	可改造
F3	芝罘路 70 号	1	0	0	0	1	1	0	0	0	0	0	3	价值中	可改造
F4	四方路 199-25 号	1	1	1	0	0	1	0	0	1	0	0	5	价值高	可改造修复
F5	芝罘路 60 号	1	-1	1	0	0	0	0	1	0	0	0	2	价值中	可改造

基地内现有建筑质量与风貌价值评估表

编号	地址	建筑技术价值			建筑艺术价值					建筑历史人文价值			总分	建筑价值判断	建筑保护倾向
		工艺精湛度	功能完备度	建筑完好度	原貌差异度	建筑设计典型性	建筑设计特色性	建筑设计影响力	建筑环境价值	历史久远度	历史事件名人影响度	文化特色性			
F6	芝罘路 74 号	1	0	1	0	0	0	0	0	1	0	0	3	价值中	可改造
G1	潍县路福增里	0	0	-1	0	0	0	-1	0	0	0	0	-2	价值低	可拆除
G2	潍县路福增里	1	0	-1	0	1	0	0	0	1	0	0	3	价值中	可改造
G3	潍县路福增里	1	0	-1	0	0	0	0	0	1	0	0	3	价值中	可改造
G4	博山路	0	0	-1	0	1	0	0	0	1	0	0	2	价值中	可改造
H1	黄岛 36-50 号安康里	1	0	0	-1	0	0	0	1	1	1	1	4	价值中	可改造
H2	黄岛路 28-38 号德善堂；芝罘路 22-24 号	1	-1	0	-1	0	1	0	0	0	0	1	1	价值中	可改造
H3	芝罘路 6 号和兴里	0	0	-1	-1	0	1	1	0	1	1	0	2	价值中	可改造
H4	平度路 31 号	1	1	0	-1	0	1	0	1	1	0	1	5	价值高	可改造修复
H5	平度路 25-27 号	1	-1	0	-1	0	-1	-1	0	0	0	0	-3	价值低	可拆除
H6	平度路 17-23 号 吉祥里	0	0	0	-1	0	1	0	0	1	0	0	1	价值中	可改造
H7	黄岛路 92 号	-1	1	-1	-1	-1	0	0	0	0	0	-1	-4	价值低	可拆除
H8	黄岛路 90 号	-1	0	-1	1	0	0	0	1	0	0	-1	-3	价值低	可拆除
H9	黄岛路 88 号	1	-1	0	0	1	0	0	1	1	1	0	4	价值中	可改造
H10	平度路 59 号	0	1	0	0	0	0	0	1	0	0	0	2	价值中	可改造
H11	黄岛路 82 号	1	0	0	0	0	0	0	1	0	0	1	4	价值中	可改造
H12	博山路 9-13 号平度路 63-67 号	1	0	0	0	1	1	0	1	1	0	1	6	价值高	可改造修复
H13	黄岛路 68 号	1	1	0	0	0	0	0	1	1	0	0	4	价值中	可改造
H14	平度路 47-49 号	0	0	0	0	0	0	0	1	-1	0	1	1	价值中	可改造
H15	平度路 43-45 号	1	0	1	0	1	1	0	1	1	0	0	6	价值高	可改造修复
H16	黄岛路 56-60 号	0	-1	0	0	1	0	0	1	1	0	0	3	价值中	可改造
H17	平度路 39 号	1	0	1	0	0	1	0	1	1	0	1	6	价值高	可改造修复
H18	博山路 15 号	0	0	0	0	0	0	0	0	0	0	0	1	价值中	可改造
I1	芝罘路 50 号	1	0	1	0	1	1	0	0	1	0	0	5	价值高	可改造修复
I2	四方路 28 号	0	0	0	0	1	0	0	1	1	0	0	3	价值中	可改造
I3	四方路 36 号	1	0	0	-1	1	1	0	1	0	0	0	3	价值中	可改造
I4	黄岛路 33 号	1	1	1	1	0	0	0	1	1	0	0	6	价值高	可改造修复
I5	黄岛路 39 号	1	1	1	1	0	1	0	1	1	0	0	8	价值高	可改造修复
I6	黄岛路 39 号	0	1	0	1	0	1	0	1	1	0	0	6	价值高	可改造修复
I7	芝罘路 40 号/四方路 18 号	1	0	1	0	1	1	0	0	1	1	0	6	价值高	可改造修复
I8	四方路 24 号	0	0	1	1	0	0	0	0	1	0	0	3	价值中	可改造
I9	黄岛路 65 号	0	0	1	1	1	0	0	0	1	0	0	4	价值中	可改造
I10	黄岛路 67 号	0	0	1	0	0	0	0	-1	-1	0	0	-1	价值低	可拆除

2.1 A区

分区详情	
A1 里院	A1 区域因条件限制，没有进入到里院内部，暂无内部详细信息
立面	①高密路立面 ②潍县路立面 立面窗户上方有精致的墙面装饰 部分墙面后期经过维修，涂上了与原立面颜色相近的涂料 解决思路：对于立面来说，维持现状是最好的办法

里院屋顶

屋顶砖瓦保存完整，没有破坏现象

A2 里院

入口为高密路 66 号

高密路立面

立面形式是 A1 里院形式的延续，与 A1 里院相比，没有差异性

入口墙面与院落	  入口处地面残损，内部堆放各种杂物，原本的院落被加建（如水龙头、厨房、卫生间等）占据
楼梯	  比较有价值的石板楼梯因为潮湿和维护不当的原因，已经损坏
栏杆	 内部走廊栏杆做工精细，考虑保留 解决思路：对路面和台阶进行维修，可以进行新材料的使用，内部栏杆结构保留

A3 里院	
高密路立面	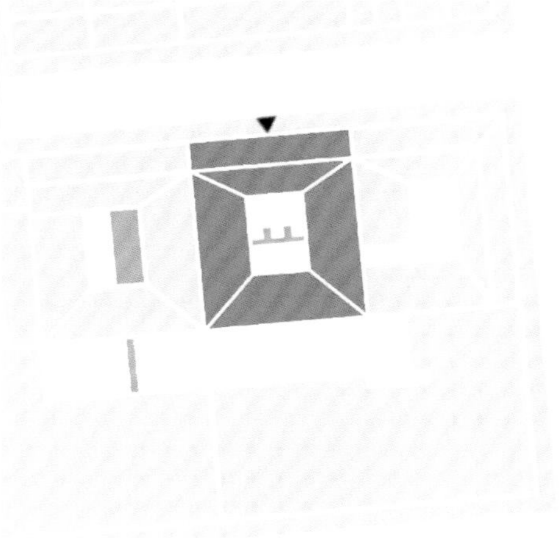 入口为高密路 62 号  立面保存较为完整，几乎没有后期修缮的痕迹，但是墙体脱落情况大量存在，饰面砖损坏也较为严重
内部院落	 内部院落较大，楼梯虽为加建，但是质量做工较好，考虑保留
楼梯与门	 

墙面与窗	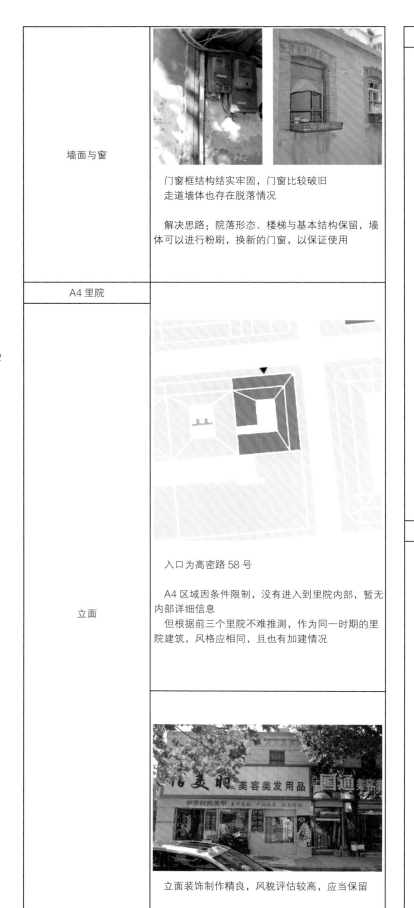门窗框结构结实牢固，门窗比较破旧 走道墙体也存在脱落情况 解决思路：院落形态、楼梯与基本结构保留，墙体可以进行粉刷，换新的门窗，以保证使用

A4 里院

立面

入口为高密路 58 号

A4 区域因条件限制，没有进入到里院内部，暂无内部详细信息
但根据前三个里院不难推测，作为同一时期的里院建筑，风格应相同，且也有加建情况

立面装饰制作精良，风貌评估较高，应当保留

A5 里院

立面与楼梯

入口为博山路 60 号与海泊路 73 号

这是一座现代的居民楼建筑
这座居民楼风貌评估分数不高，保留价值不大，提出的设计方案是进行拆除

A5 里院

A6 区域在前一次设计为停车场。共 9 层，地下 3 层，地上 6 层（自动化停车），地上整体高度为 13m（一层 3m，二至六层各 2m），同时最多可停放 156 辆机动车。此停车场有效缓解了区域内停车难的问题

2.2　B区

里院位置	
门窗洞口大小和位置	门窗洞口整体结构较完好，特殊的洞口形制具有一定的建筑艺术价值和设计特色性——保留（门窗后期考虑替换新型门窗）
承重外墙高差山墙	外墙与山墙结构完好，无大面积破损，没有安全隐患，外墙"回"型的围合形成了广兴里特有的院落空间。建筑立面代表着青岛历史街区特有的文化风貌和城市空间格局，承载着城市记忆。修复措施以清理修缮为主——保留
麻石体面	代表着历史发展痕迹，以修复为主——保留
院落空间	拆除加建后的院落空间（承载着居民的集体记忆，重新作为居民的公共空间使用，据历史记载广兴里院落曾作为小型露天电影院，小剧场，茶社书场使用）——保留
室内隔墙	出现破损和脱落，有安全隐患 为了后期扩大建筑单个室内的使用面积，完善基础设施，提高生活质量要拆除——不保留

楼梯及廊柱

　　现状结构质量完好，无安全隐患，建筑技术价值较高，以局部修缮为主——保留

室内楼板

　　结构出现破损，而且后期考虑进行部分室内上下层改造——不保留

屋顶的支承构件

　　屋顶的支撑构件完好，艺术价值较高，但存在个别破损脱落的瓦片及没有防水层的部位需要修复，所以只保留屋顶的支承构件——保留

门洞形制

　　主要交通通行空间；结构完好；满足小型消防车进入——保留

2.3 C区

分区详情	
C区	
C1	
城市空间格局	 C1区建筑呈回字形，基本完全对称布置，有回字形外廊。空间较有特色，应保留其整体建筑空间形态和城市格局
外墙	 C1区立面朴素，由于建造年代和多次涂抹，使得整体立面不统一。窗户有的老旧破损，有的已自行更换但不美观，需进行统一更换。整体立面价值一般，可以考虑适当改造
楼梯	 室外楼梯有局部破损，但结构较完整，可以保留；室内楼梯为木质，保存度一般，可考虑保留
柱子	 在二层有朱红色木柱，柱础立于水泥之上，柱头较朴素，屋檐下部构造简单完整。柱子局部有破损但结构完整，价值较高，应保留并修复

栏杆	 栏杆为水泥质，有简单的雕花，但部分被破坏或被加建物遮盖。价值较高，可以保留并修复
院落	 内庭院呈长条形，狭长，采光一般，但较有特色，需保留其形态
C2	
城市空间格局	 C2区建筑呈两个长方形，在二层由连廊相连，完全对称布置，有一字型外廊。空间较有特色，应保留其整体建筑空间形态和城市格局
外墙	 C2区立面与C1区立面相似，由于建造年代和多次涂抹，使得整体立面不统一，与周围环境不融合。窗户有的老旧破损，有的已自行更换但不美观，需进行更换。整体外墙价值一般，可以考虑适当改造
楼梯	 有两部对称的室外石梯，工艺较朴素，保存较完好，可考虑保留
C3	
城市空间格局	 C3区建筑呈回字形，围成长方形合院，基本完全对称布置。但建筑体量相对独立，没有较强的统一性。应保留其整体建筑空间形态和城市格局，并可对此院进行复合型功能设置

外墙	 C3区立面较有特色，屋顶形式独特，有山花线脚，做工精致。但被涂料掩盖住原有立面形式，应尽量保留并进行修复，尽可能恢复最初修建原貌	雀替及飞橼	 做工精致，对柱子起连接作用，价值较高，应保留并局部修复
C4			
城市空间格局	 C4区三面围合呈U字形，围合成长方形庭院，应保留其整体建筑空间形态和城市格局	外廊	 木质外廊，朱红色，结构完整但表面木板破损严重，安全性不高。尽量保留并进行修复
外墙	 外立面蓝色涂料、深灰色砖、红砖、灰色涂料。未进入该里院，单从外观看，保存完好且做工精美，价值较高，但由于立面被各种涂料覆盖，需进行修复，尽量保留	院落空间	 院落空间形态应保留，需拆除加建并进行整理设计
C5			
城市空间格局	 C5区三面围合呈U字形，庭院呈T字形，考虑将其形态与其他庭院结合	楼梯	 室内楼梯为木质，但由于私搭乱建破坏了楼梯原有形式，价值较低可以拆除
外墙	 外墙面统一性高，建筑工艺比较细腻，与周围环境融合，历史悠久，尽量保留并进行修复	C6	
地面	 里院内的室外地面由青石板构成，历史悠久，保存较好，可以体现空间特性，应保留	城市空间格局	 C6区建筑围合度高，四面围合为长方形庭院，独立性较强，应保留其整体建筑空间形态和城市格局
内墙	 建筑内部墙体质量相差较大，结构较完整但破损严重，因此保留价值不大，对于建筑内隔墙可以拆除	外墙	 C6区立面朴素，整体立面较统一但美观度不高。窗户有的老旧破损，有的已自行更换，需进行统一更换。门洞开口较小且光线昏暗，不够明显，因此需对门洞进行重新设计。整体立面价值一般，可以考虑适当改造
柱子	 朱红色木柱一层二层都有，柱础为石质，结构有部分破损，历史价值较高，应保留进行修复	楼梯	 室外楼梯较有特色，有顶棚，一半石材一半木材；完整度较高，尽量保留并修复

柱子	 朱红色细柱较独特，结构有破损，柱头与 C1 区相同，价值较高需保留
外廊	 木质外廊，朱红色，结构完整但表面木板破损严重，安全性不高。外廊下构造精美，尽量保留并进行修复
屋顶	 一层屋顶形式较独特，有老虎窗，但已经破损严重，屋面也有曲折，需要保留并进行修复
C7 城市空间格局	 C7 区建筑呈 L 型，围合出长方形庭院，应保留其城市空间格局不变
外墙面	 外墙面立面朴素，由于建造年代和多次涂抹，使得整体立面不统一。窗户有的老旧破损，有的已自行更换但不美观，需进行统一更换。由于招牌混乱，使得立面杂乱，整体立面价值一般，可以考虑适当改造
内廊	 内廊地面为木地板，保存较好，墙面破损严重，不美观，价值一般。可保留内廊形式，但要进行大规模改造

院落	 院落由于过度加建导致形成封闭的方形庭院，同时卫生条件过差，因此只保留空间形态，进行大规模改造
楼梯	 楼梯没有太大特色，完好度一般，有一定破损且不够美观，可以只保留其楼梯形式进行改造，也可以保留下来进行修复

D1	
平面	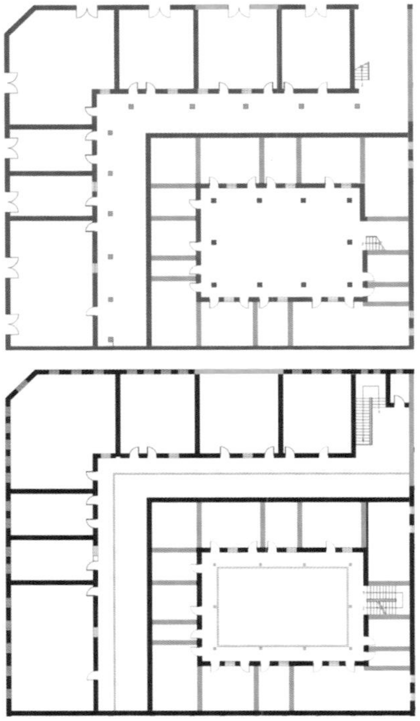 ■ 建筑艺术价值较高或者人文历史 ■ 建筑技术价值较高 ■ 建筑价值相对平庸
墙体	  D1区墙体普遍破坏程度较轻，但人文历史、艺术价值较低，技术价值相对较高 平面图中深灰色墙分为维护里院平面状态的墙以及承担高差带来的屋顶围护一系列问题，因此作为技术价值较高的墙进行改造 该图立面墙有明确的材质区分、平面设计具有相对较高的艺术价值，进行修复保留
柱子	 D1区柱子普遍破坏程度较严重，并且人文历史、价值艺术价值及技术价值相对较低 该图中二楼廊道上布有10根木柱，造型较考究，有较高的人文历史价值，颜色鲜艳与周围屋顶搭配和谐，有一定的艺术价值，因此，进行修复保留
门窗	 D1区门窗基本破坏严重，没有任何价值，但沿街立面窗洞规则分布、整体大小匀称，有一定艺术价值，在历史的发展中，特殊的尺度和形式成为城市空间的记忆，有较高的人文历史价值，因此在一定程度上保留窗洞
楼梯	D1区楼梯性质较差，破坏严重，不保留
屋顶	 D1区屋顶破坏程度较低，与整个基地内屋顶相同材质，有人文历史价值，并且长时间满足功能需要，技术价值也较高，因此全部修复保留

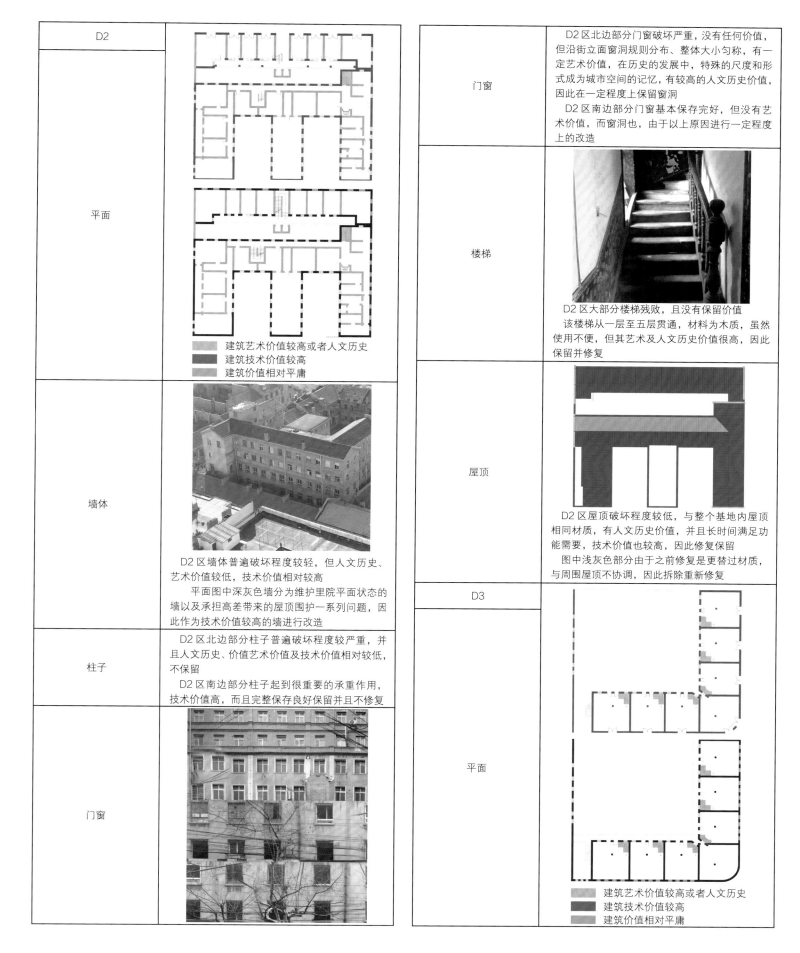

D2	平面
	建筑艺术价值较高或者人文历史 建筑技术价值较高 建筑价值相对平庸
墙体	D2 区墙体普遍破坏程度较轻，但人文历史、艺术价值较低，技术价值相对较高。 平面图中深灰色墙分为维护里院平面状态的墙以及承担高差带来的屋顶围护一系列问题，因此作为技术价值较高的墙进行改造
柱子	D2 区北边部分柱子普遍破坏程度较严重，并且人文历史、价值艺术价值及技术价值相对较低，不保留 D2 区南边部分柱子起到很重要的承重作用，技术价值高，而且完整保存良好保留并且不修复
门窗	

门窗	D2 区北边部分门窗破坏严重，没有任何价值，但沿街立面窗洞规则分布、整体大小匀称，有一定艺术价值，在历史的发展中，特殊的尺度和形式成为城市空间的记忆，有较高的人文历史价值，因此在一定程度上保留窗洞 D2 区南边部分门窗基本保存完好，但没有艺术价值，而窗洞也，由于以上原因进行一定程度上的改造
楼梯	D2 区大部分楼梯残败，且没有保留价值 该楼梯从一层至五层贯通，材料为木质，虽然使用不便，但其艺术及人文历史价值很高，因此保留并修复
屋顶	D2 区屋顶破坏程度较低，与整个基地内屋顶相同材质，有人文历史价值，并且长时间满足功能需要，技术价值也较高，因此修复保留 图中浅灰色部分由于之前修复是更替过材质，与周围屋顶不协调，因此拆除重新修复
D3	平面
	建筑艺术价值较高或者人文历史 建筑技术价值较高 建筑价值相对平庸

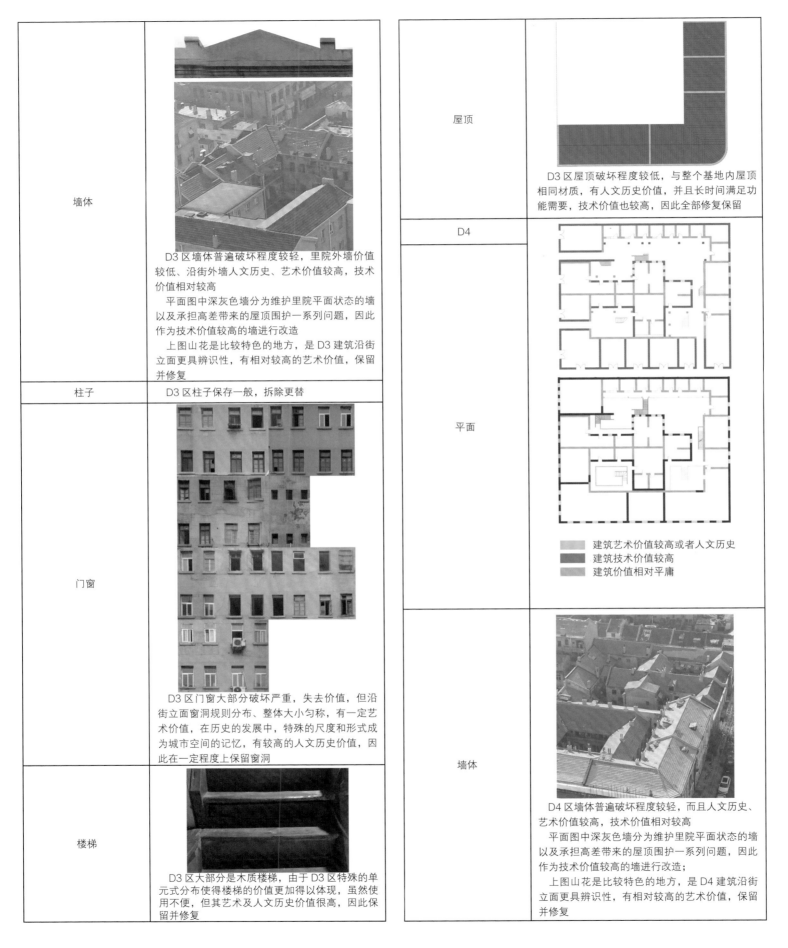

墙体	D3区墙体普遍破坏程度较轻，里院外墙价值较低、沿街外墙人文历史、艺术价值较高，技术价值相对较高 平面图中深灰色墙分为维护里院平面状态的墙以及承担高差带来的屋顶围护一系列问题，因此作为技术价值较高的墙进行改造 上图山花是比较特色的地方，是D3建筑沿街立面更具辨识性，有相对较高的艺术价值，保留并修复
柱子	D3区柱子保存一般，拆除更替
门窗	D3区门窗大部分破坏严重，失去价值，但沿街立面窗洞规则分布、整体大小匀称，有一定艺术价值，在历史的发展中，特殊的尺度和形式成为城市空间的记忆，有较高的人文历史价值，因此在一定程度上保留窗洞
楼梯	D3区大部分是木质楼梯，由于D3区特殊的单元式分布使得楼梯的价值更加得以体现，虽然使用不便，但其艺术及人文历史价值很高，因此保留并修复

屋顶	D3区屋顶破坏程度较低，与整个基地内屋顶相同材质，有人文历史价值，并且长时间满足功能需要，技术价值也较高，因此全部修复保留
D4	
平面	建筑艺术价值较高或者人文历史 建筑技术价值较高 建筑价值相对平庸
墙体	D4区墙体普遍破坏程度较轻，而且人文历史、艺术价值较高，技术价值相对较高 平面图中深灰色墙分为维护里院平面状态的墙以及承担高差带来的屋顶围护一系列问题，因此作为技术价值较高的墙进行改造； 上图山花是比较特色的地方，是D4建筑沿街立面更具辨识性，有相对较高的艺术价值，保留并修复

墙体	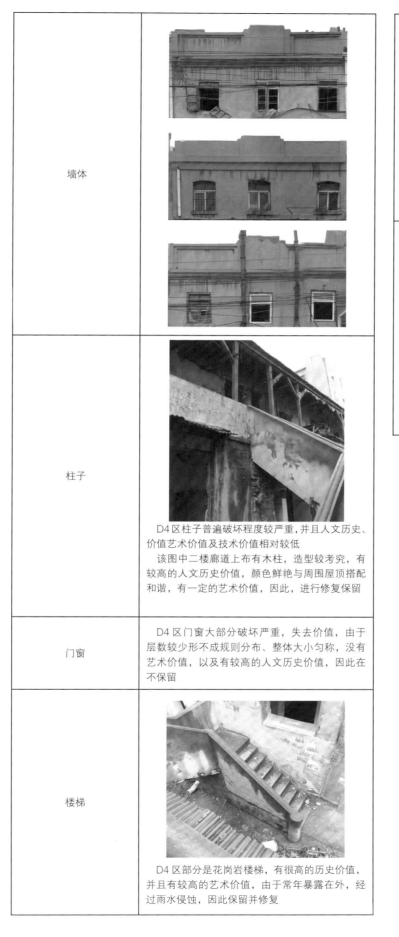
柱子	D4 区柱子普遍破坏程度较严重，并且人文历史、价值艺术价值及技术价值相对较低 该图中二楼廊道上布有木柱，造型较考究，有较高的人文历史价值，颜色鲜艳与周围屋顶搭配和谐，有一定的艺术价值，因此，进行修复保留
门窗	D4 区门窗大部分破坏严重，失去价值，由于层数较少形不成规则分布、整体大小匀称，没有艺术价值，以及有较高的人文历史价值，因此在不保留
楼梯	D4 区部分是花岗岩楼梯，有很高的历史价值，并且有较高的艺术价值，由于常年暴露在外，经过雨水侵蚀，因此保留并修复

楼梯	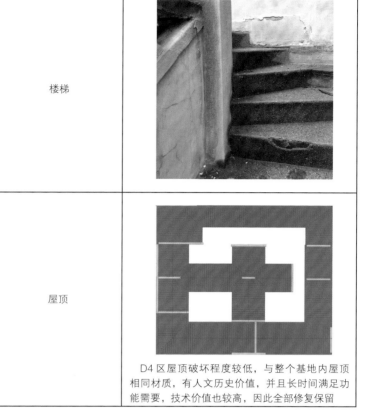
屋顶	D4 区屋顶破坏程度较低，与整个基地内屋顶相同材质，有人文历史价值，并且长时间满足功能需要，技术价值也较高，因此全部修复保留

2.5 E1 区

分区详情	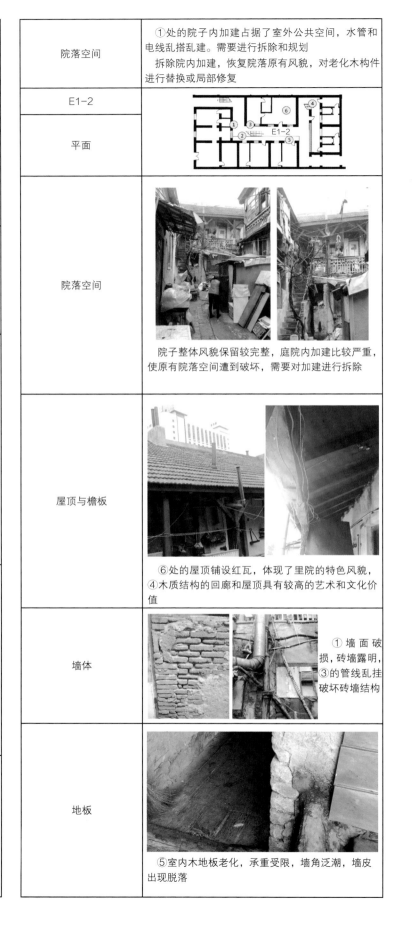
E1-1 平面	
栏杆	
屋顶与檐板	
院落空间	

③、④处的木质构件如栏杆扶手做工精致具有较高文化和工艺价值，但老化严重，表皮漆层脱落需要进行修复保护

②处的屋顶瓦片破损，出现漏水，屋檐下的檐板出现脱皮现象

院落空间	①处的院子内加建占据了室外公共空间，水管和电线乱搭乱建。需要进行拆除和规划 拆除院内加建，恢复院落原有风貌，对老化木构件进行替换或局部修复
E1-2 平面	
院落空间	

院子整体风貌保留较完整，庭院内加建比较严重，使原有院落空间遭到破坏，需要对加建进行拆除

屋顶与檐板	

⑥处的屋顶铺设红瓦，体现了里院的特色风貌，④木质结构的回廊和屋顶具有较高的艺术和文化价值

墙体	①墙面破损，砖墙露明，③的管线乱挂破坏砖墙结构
地板	

⑤室内木地板老化，承重受限，墙角泛潮，墙皮出现脱落

解决思路	对现状加建进行拆除，还原院落空间 对具有保护价值的屋顶、栏杆等构件根据现状进行修复或替换 对结构进行加固处理 该院整体风貌较好，综合价值评估具有较高的保留价值
E1-3	
平面	
楼梯	 ④院子中管线乱搭而且公共设施随便据公共交通空间，③楼梯直跑3段式，造型独特，具有保留价值
阁楼	 ①顶层木结构阁楼与下层混凝土形成不同时期的风格，对比交接处构件连接不稳定
墙体	 ⑤门窗构件老化，②外墙墙皮脱落
解决思路	拆除加减，恢复院落原貌 对脱落和损坏墙体进行修复 结构加固

E1-4	
平面	
特色门洞 木栏板、栏杆 红瓦屋顶	
砧木嫁接工艺做法	
屋顶与檐板	 ⑤屋顶局部坍塌，出现结构暴露，木漆脱落
加建墙体 做工精致的栏杆 混凝土栏板	

2.6　E2 区

分区详情	
E2-1	
城市空间格局	E2 区 1 号院四面围合成"日"字形，院落也是"日"字形，相对私密性较强
院落空间	院落空间形式较完整，加建部分需要进行拆除
地面	该里院内部的室外地面皆由长方形石板铺成，保存较完好，须保留
楼梯	楼梯保存较好，但栏板有些损坏，需要进行修缮
木构件	木构件基本保存完好且能继续使用，但表面漆皮脱落，需要修缮
E2-2	
城市空间格局	E2 区 2 号院四面围合成"日"字形，院落也是"日"字形；两面临街，公共性较强

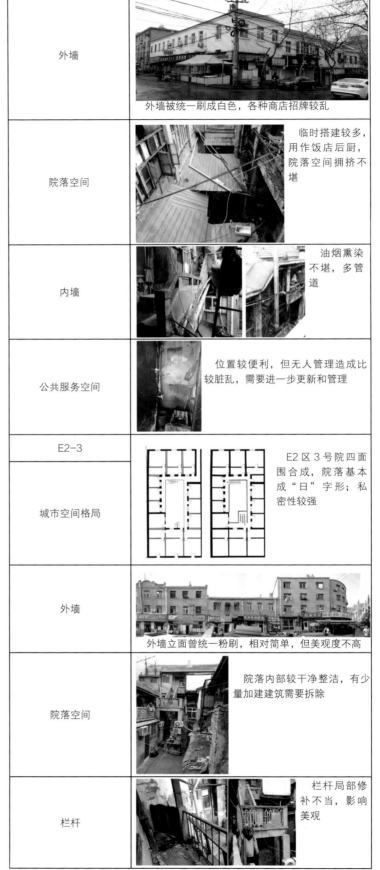

外墙	外墙被统一刷成白色，各种商店招牌较乱
院落空间	临时搭建较多，用作饭店后厨，院落空间拥挤不堪
内墙	油烟熏染不堪，多管道
公共服务空间	位置较便利，但无人管理造成比较脏乱，需要进一步更新和管理
E2-3	
城市空间格局	E2 区 3 号院四面围合成，院落基本成"日"字形；私密性较强
外墙	外墙立面曾统一粉刷，相对简单，但美观度不高
院落空间	院落内部较干净整洁，有少量加建建筑需要拆除
栏杆	栏杆局部修补不当，影响美观

外加厨房		 占用了大量外廊空间，影响美观，需要拆除
柱子	  该院落内部传统柱式保存完好，具有较高的使用价值和观赏性，但有些部位需要进行修缮	
E2-4		
城市空间格局		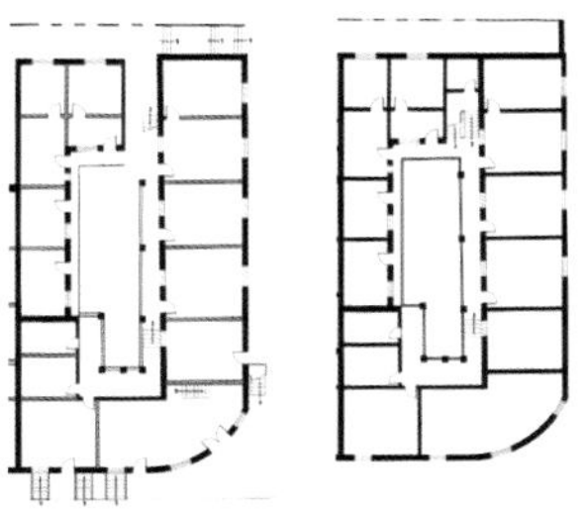 E2区4号院四面围合成，院落基本成"日"字形；是E区唯一多层建筑 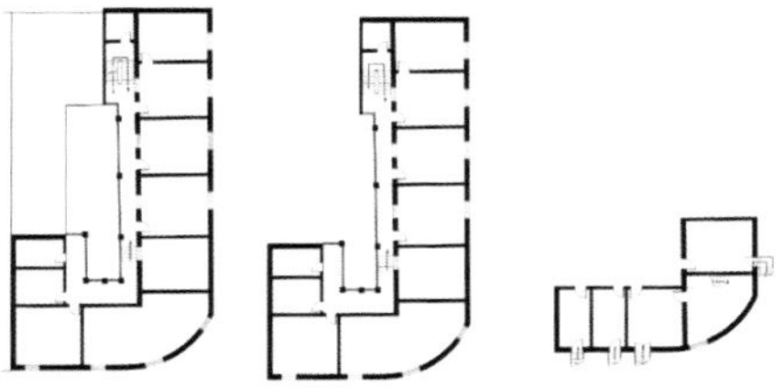
院落空间		 4号院内部管线杂乱无序，且垃圾成堆，需要进行规划和清理
内墙	 由于居住率较低，所以院落内部墙体多年无人进行修缮、保养，墙皮脱落严重。还有一些修补方式过于简单粗糙，美观性差，需要进行改善	
屋顶与顶棚	  由于多年失修，屋顶、顶棚出现漏雨现象，需要进行修补更换	
窗墙		 后期对窗户进行加工时，对一些墙体产生破坏，需要修缮
里院流线设计		
预期人的活动轨迹		
平面功能设计		

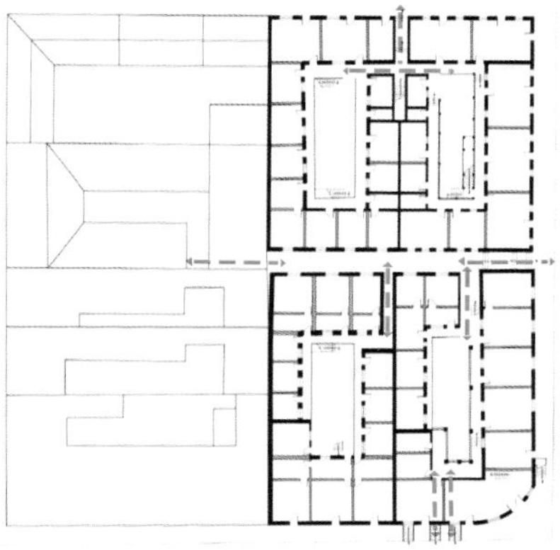

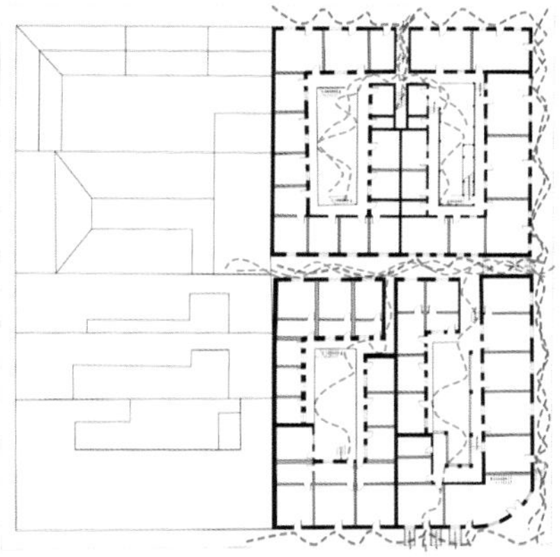

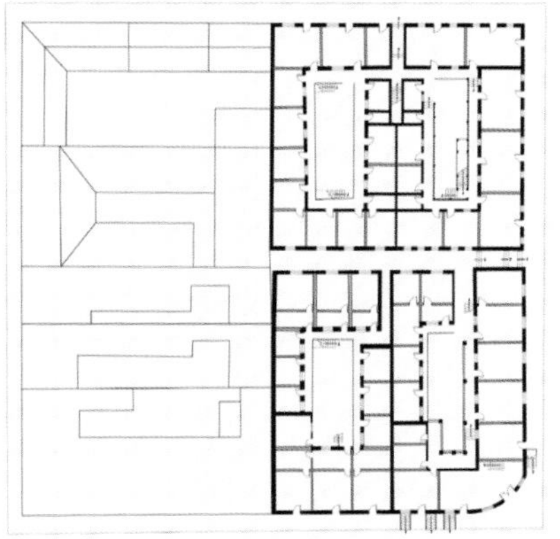

2.7 F1 区

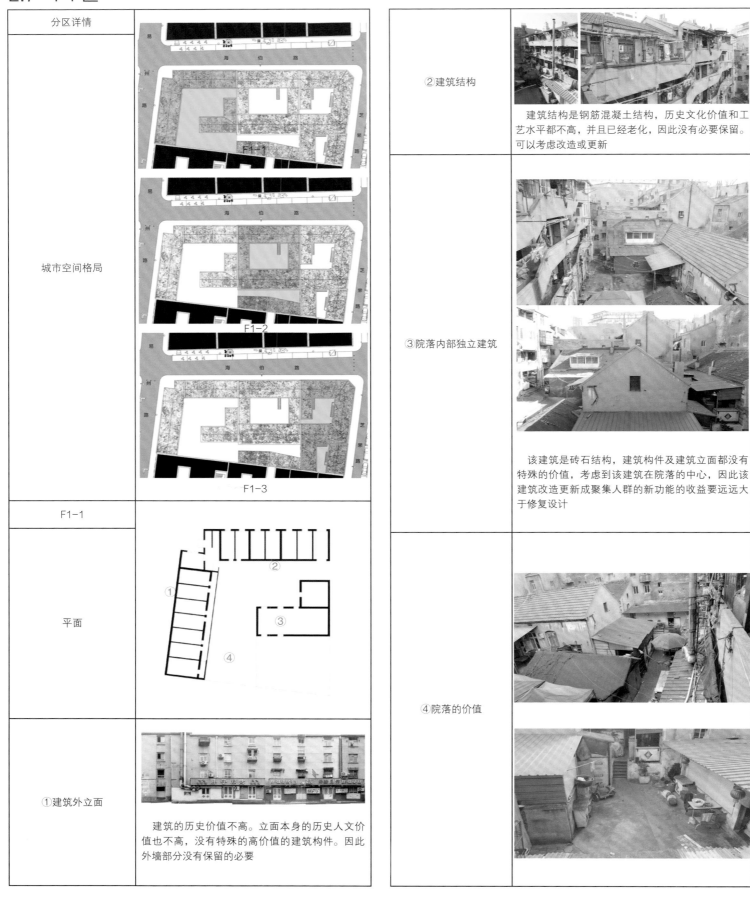

分区详情	
城市空间格局	F1-1 F1-2 F1-3
F1-1	
平面	
①建筑外立面	建筑的历史价值不高。立面本身的历史人文价值也不高，没有特殊的高价值的建筑构件。因此外墙部分没有保留的必要

②建筑结构

建筑结构是钢筋混凝土结构，历史文化价值和工艺水平都不高，并且已经老化，因此没有必要保留。可以考虑改造或更新

③院落内部独立建筑

该建筑是砖石结构，建筑构件及建筑立面都没有特殊的价值，考虑到该建筑在院落的中心，因此该建筑改造更新成聚集人群的新功能的收益要远远大于修复设计

④院落的价值

④院落的价值	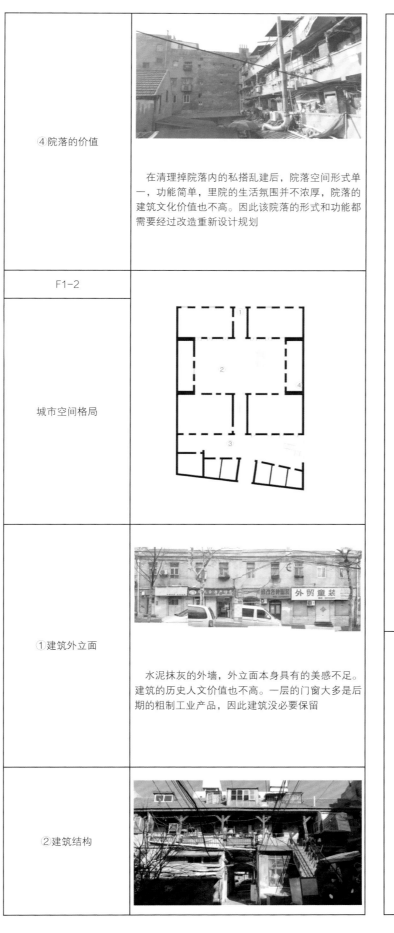在清理掉院落内的私搭乱建后，院落空间形式单一，功能简单，里院的生活氛围并不浓厚，院落的建筑文化价值也不高。因此该院落的形式和功能都需要经过改造重新设计规划
F1-2 城市空间格局	
①建筑外立面	水泥抹灰的外墙，外立面本身具有的美感不足。建筑的历史人文价值也不高。一层的门窗大多是后期的粗制工业产品，因此建筑没必要保留
②建筑结构	

②建筑结构

建筑主体结构是钢筋混凝土，廊道和屋架是木结构体系。钢筋混凝土的结构体系现状出现破损情况，需要做加固或者更新处理，木结构体系则在承重和满足新置入功能的问题存在缺陷，本身也并没有很高的历史文化价值，工艺水平也很低，因此建筑结构部分没有必要保留，完全可以根据方案的需要做需要的改动

③里院内的院落的价值

③里院内的院落的价值	院落内地面没有铺装，都是水泥地面，院内的建筑立面也都是普通的建筑立面，没有特殊的有历史文化价值的建筑构件存在。院落本身的空间格局也并不是必须要保留的，因为该院落的形式未必能满足将来的新功能的使用要求。因此，从技术和文化价值的角度来看，院落包括朝向院落的建筑立面都不是必须要保留的	

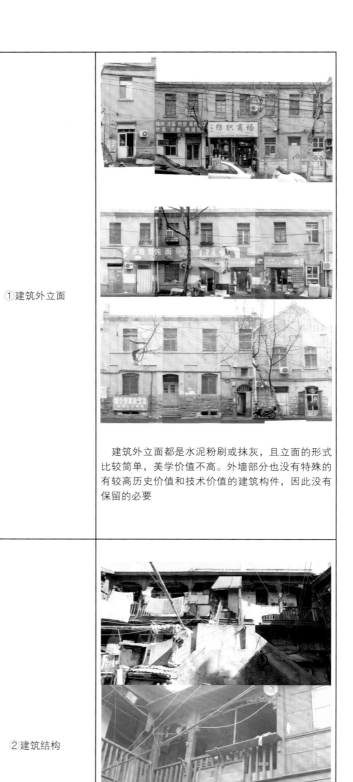

①建筑外立面

建筑外立面都是水泥粉刷或抹灰，且立面的形式比较简单，美学价值不高。外墙部分也没有特殊的有较高历史价值和技术价值的建筑构件，因此没有保留的必要

④围合墙体的价值

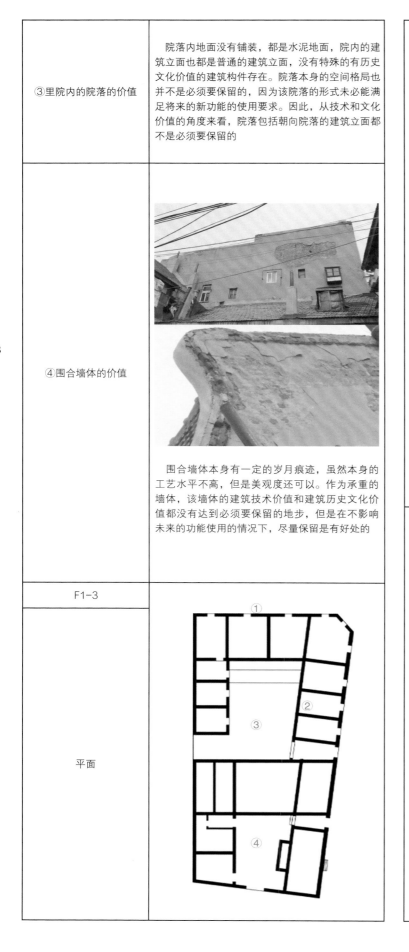

围合墙体本身有一定的岁月痕迹，虽然本身的工艺水平不高，但是美观度还可以。作为承重的墙体，该墙体的建筑技术价值和建筑历史文化价值都没有达到必须要保留的地步，但是在不影响未来的功能使用的情况下，尽量保留是有好处的

F1-3

平面

②建筑结构

② 建筑结构

建筑结构主体式砖石的砌体结构，走道连廊是木结构。该里院内部的结构保存完好，木结构体系完整。但是建筑结构并没有使用非常罕见或高端的建筑工艺，也没有非常高的历史文化价值，因此虽然本身结构体系都完好，但是从理论上来说依然没有保留的必要。具体如何处理则需要依据方案来定

③ 院落空间 1

③ 院落空间 1

院落本身有历史的年代感和沧桑感，具有一定的历史文化价值，在技术价值层面则较低，铺地不规整甚至没有铺地等。面向院落的立面虽然比较完好但也没有特别有价值的地方。现有的院落空间也无法满足未来的功能需求。因此院落空间需要经过改造更新设计

④ 院落空间 2

2.8　F2 区

分区详情	
城市空间格局	F1 F2-1-2 F2-1-1　F2-2-3　F2-2
F2-1-1	
平面	
结构柱	院内的结构柱均为混凝土柱，无外饰面，横截面较大。构件的完整度较高，且承载力较大，利用价值较高，保留
城市空间	此里院建筑为较晚（1949 年前）修建的一组较现代的建筑，不同于青岛里院的其他建筑。它的结构为砖混结构，并且它的建筑空间形式独特，在青岛历史街区内里院中为数不多，所以应保留其现有的城市空间
外围墙体	建筑外围墙体除一层后期人为破坏比较严重以外，以上部分保留较为完整，且建筑构件也较齐全，墙体外饰面也比较漂亮，极具艺术价值，选择性保留外墙

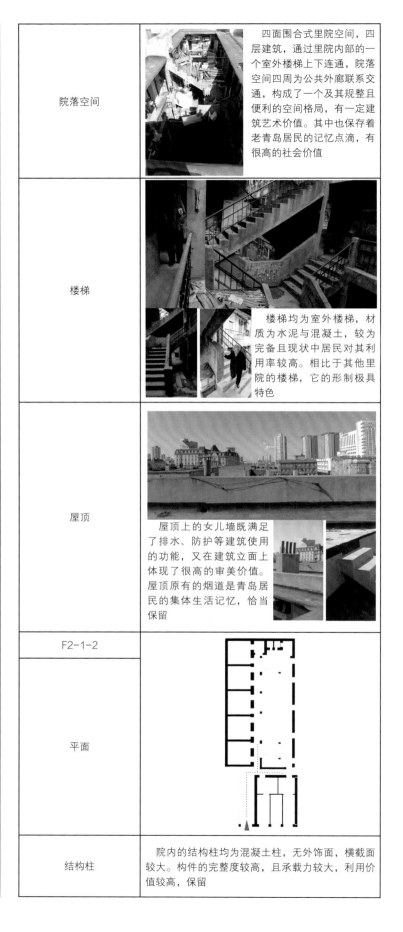

院落空间	四面围合式里院空间，四层建筑，通过里院内部的一个室外楼梯上下连通，院落空间四周为公共外廊联系交通，构成了一个及其规整且便利的空间格局，有一定建筑艺术价值。其中也保存着老青岛居民的记忆点滴，有很高的社会价值
楼梯	楼梯均为室外楼梯，材质为水泥与混凝土，较为完备且现状中居民对其利用率较高。相比其他里院的楼梯，它的形制极具特色
屋顶	屋顶上的女儿墙既满足了排水、防护等建筑使用的功能，又在建筑立面上体现了很高的审美价值。屋顶原有的烟道是青岛居民的集体生活记忆，恰当保留
F2-1-2	
平面	
结构柱	院内的结构柱均为混凝土柱，无外饰面，横截面较大。构件的完整度较高，且承载力较大，利用价值较高，保留

城市空间	同 F2-1-1，此里院建筑亦为较晚（1949 年前）修建的一组较现代的建筑，不同于青岛里院其他建筑，它的结构以砌体与混凝土为主，且空间形式独特，为青岛里院中为数不多的典型建筑，保留现有城市空间	F2-1-3	
		平面	
外围墙体	建筑外围墙体除一层后期人为破坏比较严重以外，以上部分保留较为完整，且建筑构件也较齐全，墙体外饰面也比较漂亮，极具艺术价值，选择性保留外墙	城市空间	同 F2-1-1，此里院建筑亦为较晚（1949 年前）修建的一组较现代的建筑，不同于青岛里院其他建筑，它的结构以砌体与混凝土为主，且空间形式独特
院落空间	围合式里院空间，四层建筑，通过里院内部的一个室外楼梯上下连通，院落空间的三边为公共外廊联系交通。其中也保存着老青岛居民的记忆点滴，有很高的社会人文价值	院落空间	四周围合式、四面外廊式里院空间布局，空间形制保持较为完整
楼梯	两个双跑楼梯联系上下交通，不同于一号院楼梯形制的特殊性，这种楼梯在各个里院随处可见，且一个楼梯一闲置不用，毁坏严重	外围墙体	建筑外围墙体除一层后期人为破坏比较严重以外，以上部分保留较为完整，且建筑构件也较齐全，墙体外饰面也比较漂亮，极具艺术价值，选择性保留外墙
屋顶		楼梯	形制同一号里院，楼梯还较为坚固，居民使用率较高。水泥楼梯，梯段栏板为铁质栏杆 历史形制：未找到原始形制

2.9 G1 区

分区详情	
城市空间格局	G1-2 G1-4 G1-3 G1-1　　G1-6 G1-5
G1-1	
平面	② ③　①
立面及屋顶	①砖墙结构外露，窗户破损 ②东立面场景 ③屋顶瓦面没有塌陷，屋面开有隔间窗户
立面改造意向	上图表示的与 G1 区隔街相对的新建筑，G1 区的墙体和屋面的现状破败不堪，但墙体的位置对于基地外部空间的形成起到很大作用，因此墙体位置定为不可动的保留部分，屋面为待定的灰色部分。右图表示改造意向

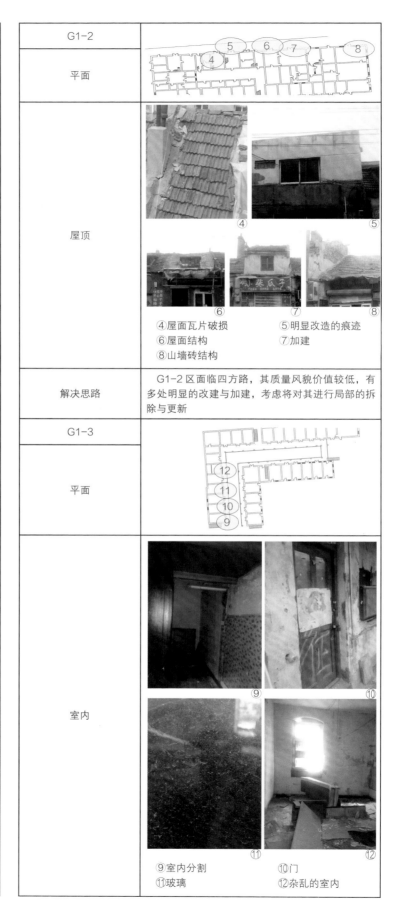

G1-2	
平面	④　⑤　⑥　⑦　　⑧
屋顶	④屋面瓦片破损　　⑤明显改造的痕迹 ⑥屋面结构　　　　⑦加建 ⑧山墙砖结构
解决思路	G1-2 区面临四方路，其质量风貌价值较低，有多处明显的改建与加建，考虑将对其进行局部的拆除与更新
G1-3	
平面	⑫ ⑪ ⑩ ⑨
室内	⑨室内分割　　　　⑩门 ⑪玻璃　　　　　　⑫杂乱的室内

解决思路	G1-3层高为两层,有大量的加建,计划将其拆除,原有立面质量较高,加建立面质量特别差,门窗质量较差,室内杂乱不堪
G1-4	
平面	⑬ ⑭
楼梯及走廊	 ⑬ ⑭ ⑬G1-4 走廊　　⑭室内楼梯 G1-4 层高为两层,有大量的加建,室内墙面顶棚都有破损并且室内杂乱不堪。室内将进行全新的翻修,与 G1-3 相似
G1-5	
平面	⑱ ⑰ ⑯ ⑮

内院及厨房	 ⑮ ⑯ ⑰ ⑱ ⑮现有一层立面　　⑯加建的外门和原有内门 ⑰L 型院落空间　　⑱原有厨房环境 G1-5 为两层,其门窗破旧需要着重修复,一层的走廊空间被加建封闭应予以拆除,L 型的院落空间为 G 区最重要的特色为必须保留部分,原有的室内空间环境很差,应着重改造和翻新
G1-6	
平面	⑲ ⑳
连廊及楼梯	 ⑲ ⑳ ⑲连廊木结构　　⑳室外楼梯 G1-6 有两层,其底层原本有廊子,由于后期加建被封死此部分应拆除,二层是木连廊,现已破败不堪,但木连廊为基地特色之一应为保留部分,此外室外楼梯结构完好,是充满体验性的室外空间予以保留修复

2.10　G2 区

分区详情	
城市空间格局	
G2-1	
平面	G2-1 属于一层沿街建筑，属于基地最有地理优势与特点的区域
外立面	外立面破损严重，整体不和谐，广告牌进一步破坏里面的美感
内墙	立面的墙面破损，露出里面的砖，而且砖被腐蚀的严重，部分无法继续使用
外墙	沿街外立面淡黄色的墙出现很多破洞以及掉落
瓦片	瓦片参差不齐，覆盖了部分物品，没有完整的秩序，缺少美观
窗户	外面的屋顶带有老虎窗
价值评估总结	瓦片属于可保留的元素，虽然排列参差不齐，但是部分并不影响美观，墙面价值较低，严重影响美观，老虎窗属于价值较高的部分，很有特点，必须做保留处理，墙面需要修补保留

G2-2	
平面	G2-2 属于一二层建筑，一层有一个外走廊，比较有建筑特色
内墙	门洞处的一角，能够体现现在的真实状态
窗户	现有的窗户形式，样式普通，颜色也不符合风貌特点
烟囱	烟囱也存在破损的情况，样式虽然符合风貌但是材料不符合
价值评估总结	烟囱形式有保留价值但是表面的涂料影响美观，所以保留形式，墙面的石条价值较高，窗户形式简单，并不算美观
G2-3	
平面	G2-3 是靠近院落一个很小的二层建筑群，适合做小面积的零售服务
加建	院落加建的建筑一角，加建的建筑必须是要拆除的部分
门窗	门窗的样式，虽然破旧但是有之前的风格特点
价值评估总结	加建的部分不具备历史价值，应拆除，门窗的样式普通，烟囱形式有价值，但是涂料不美观

G2-4	
平面	图缺（调研时未进入） G2-4 属于一到四层建筑群，都是沿街部分，地理位置优越。
走廊	走廊堆积的杂物影响交通空间
楼梯	楼梯需要修补，否则无法继续使用
屋顶	屋顶出现严重破损，已经无法继续使用
地板	地板塌陷，危险系数很高，从二层能直接看到一层
价值评估总结	基地存在塌陷的地板，房屋里的墙面已经无法使用，不需要做保留，楼梯的样式虽然符合基地的风貌但是不适合多人使用，可做保留
G2-5	
平面	

室内	室内一眼破败不堪，墙面托多，门窗破损
走廊	走廊用铁柱支撑，栏杆也不符合风貌特点，走廊变得很危险
平面功能设计	
里院流线设计	

2.11 H1 区

分区详情	H1
城市空间格局	

③里院承重墙及外墙	

外墙结构完好，无大面积破损，没有安全隐患，可保持现有规整的围合度，外墙回字形的围合，形成1号院特有的院落空间

H1 1号院 平面	

里院流线设计	

①建筑外立面	

建筑外立面代表着青岛历史街区特有的文化风貌和空间格局，承载着城市记忆和居民记忆
修复措施：清理修缮为主

H1 2号院 平面	

②柱子	

保存良好，相对比较完备，历史形制与现状吻合度较高，特殊的造型可传递出青岛里院特殊的文化特色

①拆除加建后的院落空间	

里院共三层，整体高度在12m左右，空间力量强大。院落空间顺应街道为不规则的五边形，环绕的三层通廊打造出浓烈的生活气息

②栏杆	 未找到最原始内立面形式，不过现存状态良好，安全状态可以保证，并且打造了舒适的空间体验。建议保留 修复措施：清理修复为主
③保留屋顶形制	 历史痕迹和保留价值较高，对于个别破损脱落的瓦片进行替换，没有防水层的进行修复，其他的保持原状
④楼梯	 现状楼梯：共两座楼梯，都为双折楼梯，梯段栏板为铁质栏杆 历史形制：未找到原始形制 修复措施：清理修复为主，对铁质栏板进行防腐蚀处理
里院流线设计	

针对性活化	里院之间的空间联系：打通与1号院之间的墙体，加强两个里院之间的联系，让生活在此的居民增进交流，促进邻"里"关系的和睦发展
H1　3号院	
平面	
①栏杆	 未找到最原始内立面形式，不过现存状态良好，安全状态可以保证，并且打造了舒适的空间体验。建议保留 修复措施：清理修复为主
②拆除加建后的院落空间	 重新作为居民的公共空间使用，可以在合适的位置加植绿化

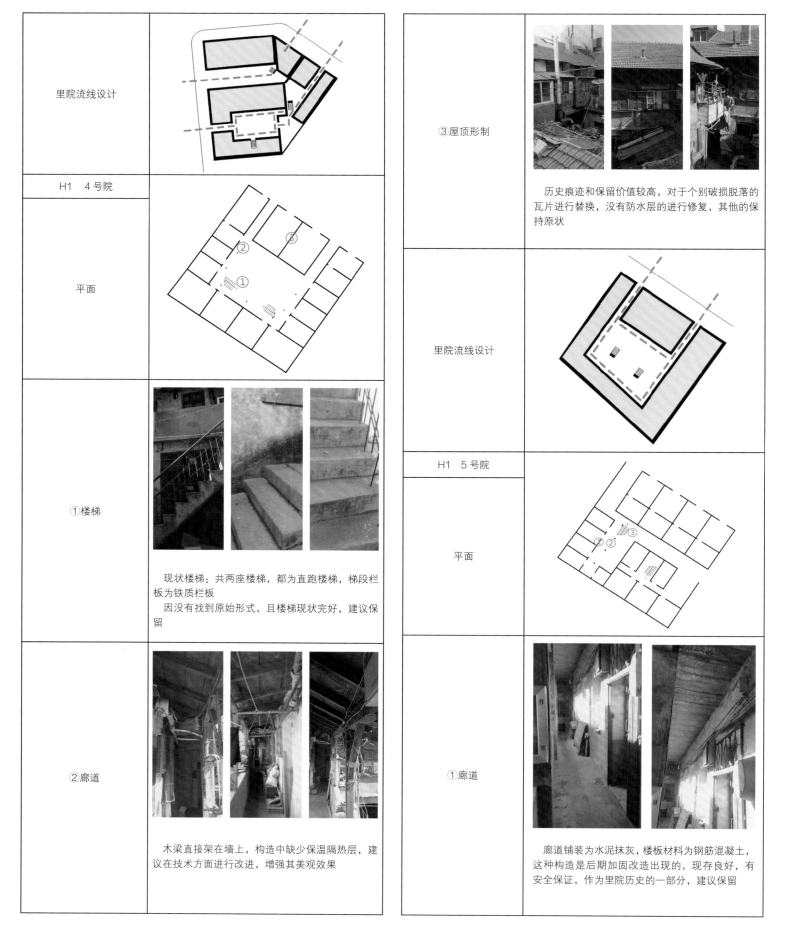

里院流线设计

H1 4号院

平面

①楼梯

现状楼梯：共两座楼梯，都为直跑楼梯，梯段栏板为铁质栏板

因没有找到原始形式，且楼梯现状完好，建议保留

②廊道

木梁直接架在墙上，构造中缺少保温隔热层，建议在技术方面进行改进，增强其美观效果

③屋顶形制

历史痕迹和保留价值较高，对于个别破损脱落的瓦片进行替换，没有防水层的进行修复，其他的保持原状

里院流线设计

H1 5号院

平面

①廊道

廊道铺装为水泥抹灰，楼板材料为钢筋混凝土，这种构造是后期加固改造出现的，现存良好，有安全保证，作为里院历史的一部分，建议保留

②栏杆	　未找到最原始立面形式，根据周围里院栏杆构造判断应为铁质或木质。一方面现存状态良好，安全可以得到保证，作为里院历史的一部分，建议保留
③楼梯	现状楼梯：双折楼梯，梯段栏板为铁质栏杆 　历史形制：未找到原始形制 　修复措施：清理修复为主，对铁质栏板进行防腐蚀处理
里院流线设计	针对性活化：里院之间的空间联系 　打通与隔壁之间的墙体，加强两个里院之间的联系，同时加强了这片区域的街道感

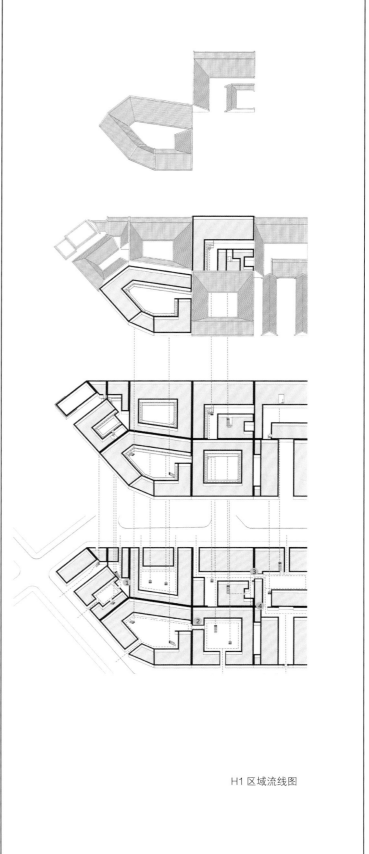

H1 区域流线图

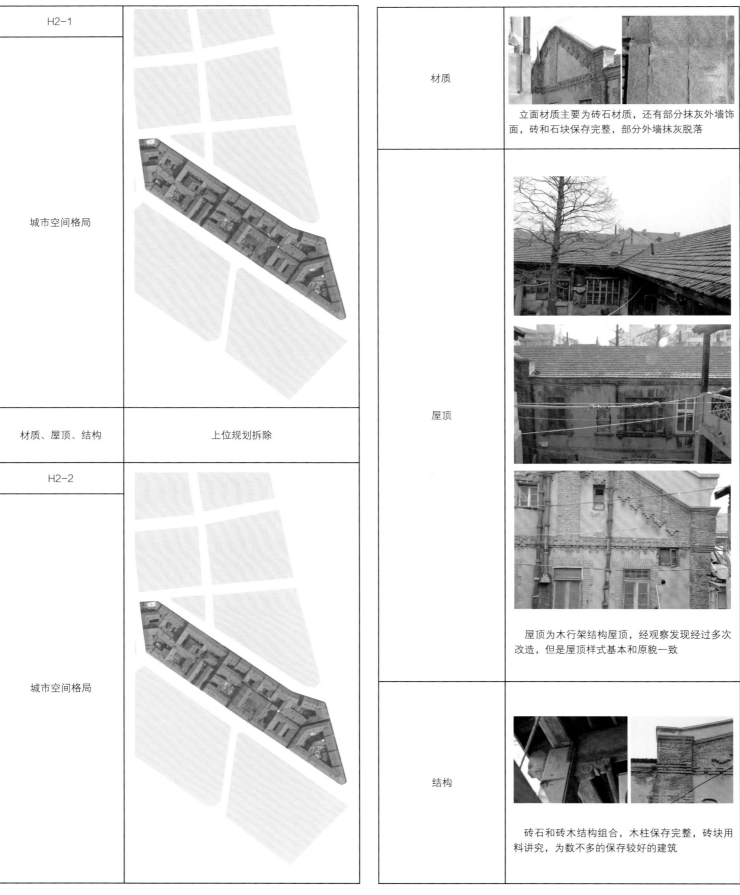

H2-1		材质
城市空间格局		立面材质主要为砖石材质，还有部分抹灰外墙饰面，砖和石块保存完整，部分外墙抹灰脱落
材质、屋顶、结构	上位规划拆除	屋顶
H2-2		
城市空间格局		屋顶为木行架结构屋顶，经观察发现经过多次改造，但是屋顶样式基本和原貌一致
		结构
		砖石和砖木结构组合，木柱保存完整，砖块用料讲究，为数不多的保存较好的建筑

H2-3	
城市空间格局	

材质	
	立面抹灰，并有完整的石门框和

屋顶	
	屋顶从外部看较为完整，损毁较少

结构	
	混凝土加固，但是损毁严重

H2-4	
城市空间格局	

材质	
	立面以砖石为主，外墙立面进行了抹灰和涂料处理

屋顶	
	屋顶式行架结构木屋顶，木柱保存完整

结构	
	为砖木结构，后期通过混凝土加固，但是损毁严重，部分楼梯钢筋暴露

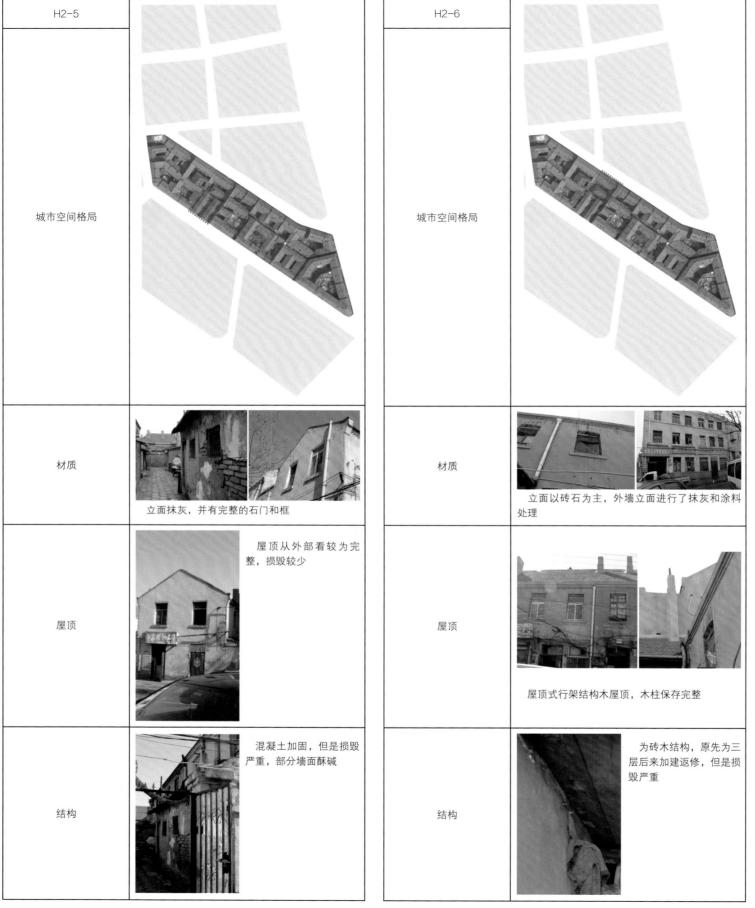

H2-5	
城市空间格局	
材质	立面抹灰，并有完整的石门和框
屋顶	屋顶从外部看较为完整，损毁较少
结构	混凝土加固，但是损毁严重，部分墙面酥碱

H2-6	
城市空间格局	
材质	立面以砖石为主，外墙立面进行了抹灰和涂料处理
屋顶	屋顶式行架结构木屋顶，木柱保存完整
结构	为砖木结构，原先为三层后来加建返修，但是损毁严重

H2-7	
城市空间格局	
材质	立面为砖石结构和砖木结构混合，沿街立面有贴面材料
屋顶	屋顶为木行架结构，保存较为完整，但是部分木檩条和柱子需要加固，并且部分木柱被换成了水泥柱
结构	为砖木结构，后期通过混凝土加固，但是损毁严重，部分楼梯钢筋暴露

H2-8	
城市空间格局	
材质	立面为砖石结构和砖木结构混合，沿街立面有抹灰涂料，最外层的建筑颜色明显脱落，但是具有历史痕迹的现状，后期应重点设计
屋顶	屋顶为木桁架结构，保存较为完整，但是部分木檩条和柱子需要加固，并且部分木柱被换成了水泥柱
结构	为砖木结构，后期通过混凝土加固，但是损毁严重，部分楼梯钢筋暴露

2.13　H3 区

<table>
<tr><td>分区详情</td><td rowspan="2">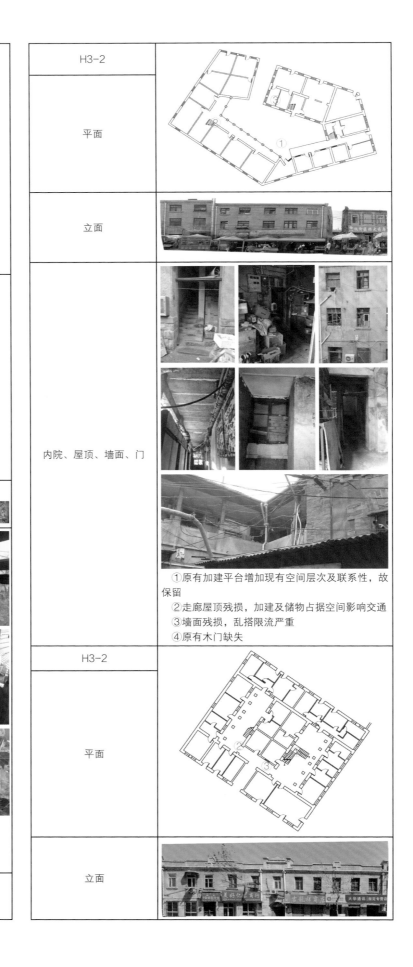</td></tr>
<tr><td>城市空间格局</td></tr>
<tr><td>H3-1</td><td></td></tr>
<tr><td>平面</td><td></td></tr>
<tr><td>立面</td><td></td></tr>
<tr><td>内院、楼梯、窗户</td><td>①窗户构件严重缺损，楼梯裂缝
②里院内院与走廊处加建影响交通及使用
③原有楼梯尺度不适合使用的舒适性</td></tr>
<tr><td>解决方案</td><td>对原有残损窗户的剔补及加建部分的拆除</td></tr>
</table>

<table>
<tr><td>H3-2</td><td></td></tr>
<tr><td>平面</td><td></td></tr>
<tr><td>立面</td><td></td></tr>
<tr><td>内院、屋顶、墙面、门</td><td>①原有加建平台增加现有空间层次及联系性，故保留
②走廊屋顶残损，加建及储物占据空间影响交通
③墙面残损，乱搭限流严重
④原有木门缺失</td></tr>
<tr><td>H3-2</td><td></td></tr>
<tr><td>平面</td><td></td></tr>
<tr><td>立面</td><td></td></tr>
</table>

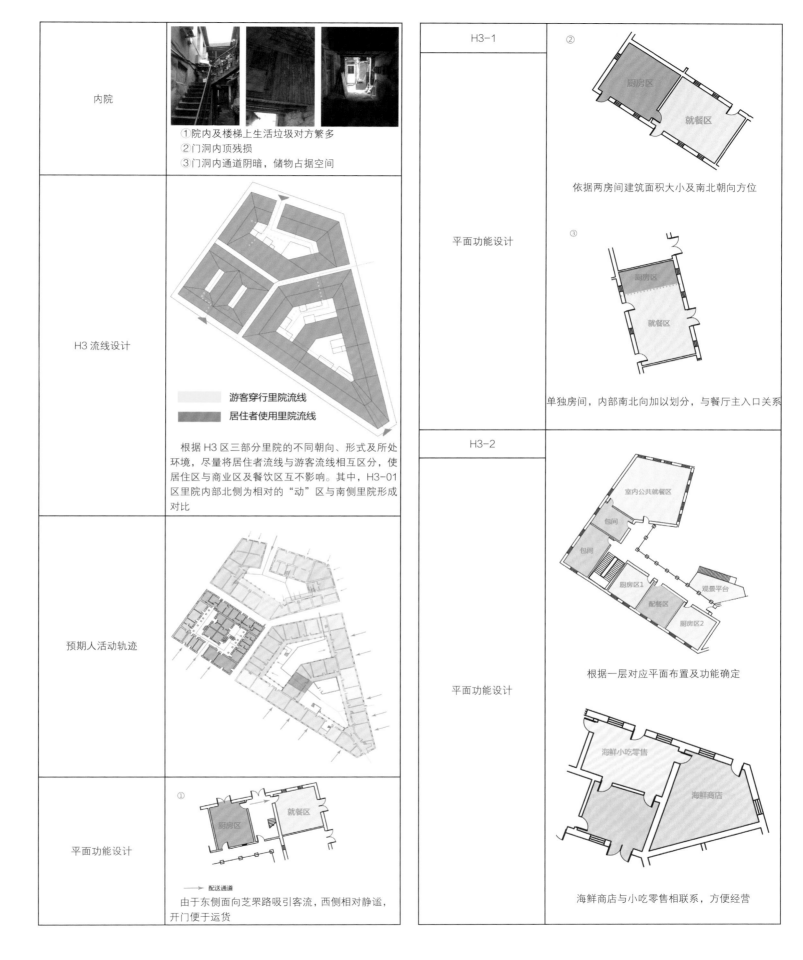

内院	①院内及楼梯上生活垃圾对方繁多 ②门洞内顶残损 ③门洞内通道阴暗，储物占据空间
H3 流线设计	游客穿行里院流线 居住者使用里院流线 根据 H3 区三部分里院的不同朝向、形式及所处环境，尽量将居住者流线与游客流线相互区分，使居住区与商业区及餐饮区互不影响。其中，H3-01 区里院内部北侧为相对的"动"区与南侧里院形成对比
预期人活动轨迹	
平面功能设计	① 配送通道 由于东侧面向芝罘路吸引客流，西侧相对静谧，开门便于运货

H3-1	②
平面功能设计	厨房区 就餐区 依据两房间建筑面积大小及南北朝向方位 ③ 厨房区 就餐区 单独房间，内部南北向加以划分，与餐厅主入口关系
H3-2	
平面功能设计	室内公共就餐区 包间 包间 厨房区1 配餐区 厨房区2 观景平台 根据一层对应平面布置及功能确定 海鲜小吃零售 海鲜商店 海鲜商店与小吃零售相联系，方便经营

2.14 I1 区

分区详情	
城市空间格局	
I1−1	
平面	
结构柱	 院内的结构柱一层、二层均为混凝土柱，三层为结构木柱。构件的完整度较高，保留
城市空间	1号院归属于青岛历史街区，成为青岛城市特色的同时具有文物价值与历史遗产价值，在中国城市中相对罕见的出现外来西方城市空间格局元素，成为青岛老城特点，是打造历史文化名城重要构成条件，是注定要保留的现有城市空间
外围墙体	 确认保留的墙体，因其现有规整的围合度，现状墙体的布置方式也为院落空间的产生提供条件

楼梯	 楼梯均为室外楼梯，材质多为水泥与混凝土，较为完备，且现状中居民对其利用率较高
院落空间	形制如名 —— 里院，通过建筑的排布围合出院落的空间格局，是"里院"类建筑的精神所在，需保留
屋顶	 屋架结构具有较高的历史痕迹与保留价值，涵盖其建造年代的施工工艺，需保留
I1−2、I1−3	
平面	

保留墙体	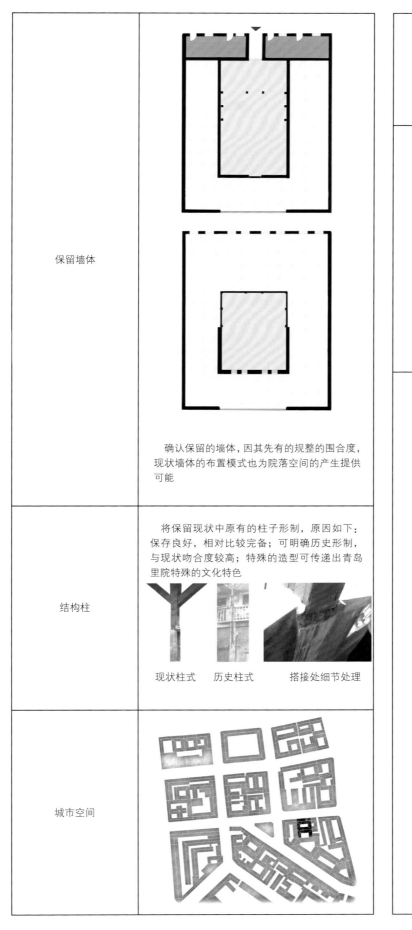 确认保留的墙体，因其先有的规整的围合度，现状墙体的布置模式也为院落空间的产生提供可能
结构柱	将保留现状中原有的柱子形制，原因如下：保存良好，相对比较完备；可明确历史形制，与现状吻合度较高；特殊的造型可传递出青岛里院特殊的文化特色 现状柱式　历史柱式　搭接处细节处理
城市空间	

城市空间	2号院归属于青岛历史街区，成为青岛城市特色的同时具有文物价值与历史遗产价值，在中国城市中相对罕见的出现外来西方城市空间格局元素，成为青岛老城特点，是打造历史文化名城重要构成条件，是注定要保留的现有城市空间
院落空间	形制如名——里院，通过建筑的排布围合出院落的空间格局，是"里院"类建筑的精神所在，需保留 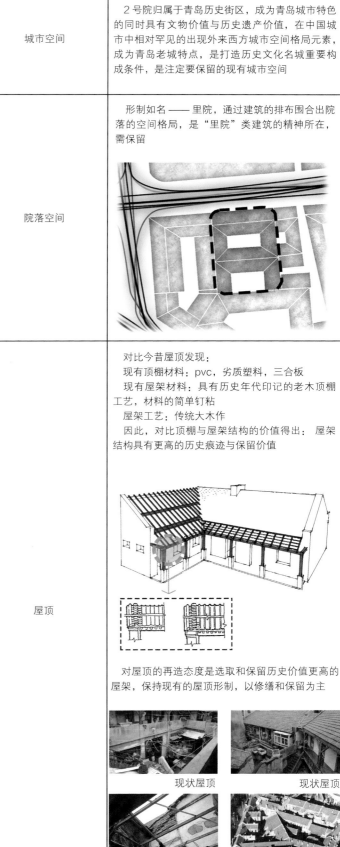
屋顶	对比今昔屋顶发现： 现有顶棚材料：pvc，劣质塑料，三合板 现有屋架材料：具有历史年代印记的老木顶棚工艺，材料的简单钉粘 屋架工艺：传统大木作 因此，对比顶棚与屋架结构的价值得出：屋架结构具有更高的历史痕迹与保留价值 对屋顶的再造态度是选取和保留历史价值更高的屋架，保持现有的屋顶形制，以修缮和保留为主 现状屋顶　现状屋顶 现有吊顶　历史屋顶

108

屋顶	 沿街立面是构成青岛历史街区的重要构成因素，立面的形制需符合相应的城市空间氛围与对应的历史街格局，所以应当保留当下沿街立面的主要风貌，以清理与修缮为主要再造措施
内立面	 南向内立面  北向内立面 查阅历史资料后，未发现其内立面的原有形制，故以保留目前现状的内立面形式为主
栏杆	在历史照片中寻求到栏杆原有形制为木质长方形镂空栏杆，木材用料与结构柱用料一致。由采访老居民得知木材多为洋木（落叶松、白松），现状中栏杆均为水泥抹面的石板栏杆，再造的过程则是采用相同的材料、相通的工艺、相同的形制复原原始栏杆 
楼梯	

楼梯	现状楼梯：两折水泥楼梯，第一梯段栏板为水泥，第二梯段栏板为铁质栏杆 历史形制：未找到原始形制，目前只了解到其附近里院中楼梯的原有形制为水泥楼梯 一方面未知其原始形制，另一方面现状庭院中同时出现多种形制、多种走向、多种材料的楼梯，会打破庭院空间整体性，削弱庭院围合度，所以不加以保留
门窗	 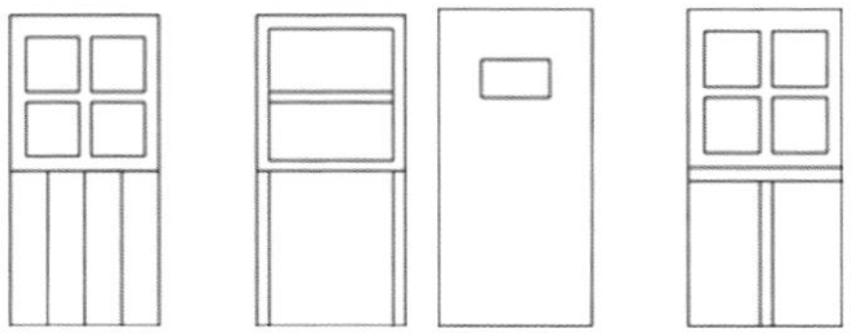 现状门窗多种样式 历史资料中展示的原始门窗的形制：门窗的样式多种共存，不尽相同，但材料统一，均为老木材门窗 现状门窗的形制：门窗的样式亦是多种多样，且材料不统一，木窗与塑料窗和 PVC 窗等多种形式共存 再造后里院内的门窗：摒弃木质材料与制作工艺，保留现状门窗形制中出现最多的样式
地面铺装	 历史地面  现状地面 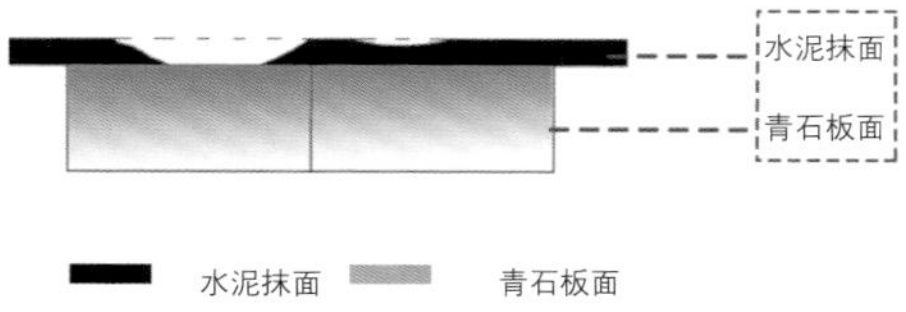

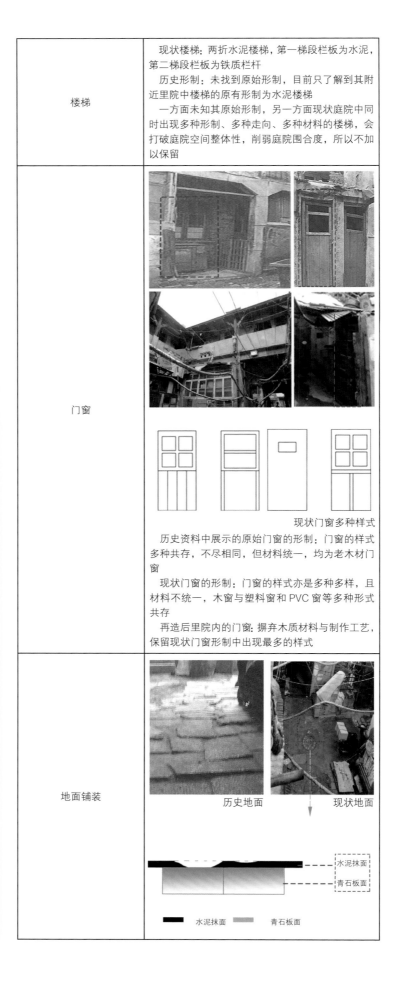

109

I1-4、I1-5	
平面	
入口空间	入口是一条宽度为1.5m的狭长空间，无法满足再造后作为餐饮类空间的尺度需求，故此入口空间的位置需保留但尺度应加以调整
楼梯	楼梯为水泥楼梯，形制完好，使用率高，保留
屋顶	与资料中的历史屋顶形制相同，涵盖了丰富的历史信息，具有很高的建筑文化价值，需保留
院落空间	通过建筑的排布围合出院落的空间格局，是"里院"类建筑的精神所在，需保留
城市空间	4号院与5号院归属于青岛历史街区，成为青岛城市特色的同时具有文物价值与历史遗产价值，在中国城市中相对罕见的出现外来西方城市空间格局元素，成为青岛老城特点

I1-6	
平面	
外围墙体	保留理由：对内有现有的较为规整的内部空间的围合度对外为规整的院落布局提供可能
城市空间	6号院归属于青岛历史街区，成为青岛城市特色的同时具有文物价值与历史遗产价值，在中国城市中相对罕见的出现外来西方城市空间格局元素，成为青岛老城特点，是打造历史文化名城重要构成条件，是注定要保留的现有城市空间
院落空间	通过建筑的排布围合出院落的空间格局，是"里院"类建筑的精神所在，需保留

		I1-7	
屋顶	现有形制 历史形制 保留理由: 　现存屋顶保存完好,与历史图纸中的屋顶形制相同。且此种屋顶形式符合里院文化的特质,是里院文化不可或缺的元素之一	平面	
承重结构	 　6号院内房屋靠墙体承重,现状良好且具有历史价值	院落空间	 　通过建筑的排布围合出院落的空间格局,是"里院"类建筑的精神所在,需保留
		城市空间	7号院归属于青岛历史街区,成为青岛城市特色的同时具有文物价值与历史遗产价值,在中国城市中相对罕见的出现外来西方城市空间格局元素,成为青岛老城特点
沿街立面	 保留理由: 　沿街立面是构成青岛历史街区的重要构成因素,立面的形制需符合相应的城市空间氛围与对应的历史街格局,所以应当保留当下沿街立面的主要风貌	沿街立面	 　构成了青岛独具特色的城区风貌,是不可或缺的建筑元素,展示了固定历史时期的建筑语言与建筑风格,需保留
		地面铺装	 　现状为铺装为青石板,具有年代历史价值,且完备度较高
		院落空间	 　围合出相对规整的院落空间,且尺度合适再造后的功能使用,同时展现了里院的院落风貌

2.15 I2 区

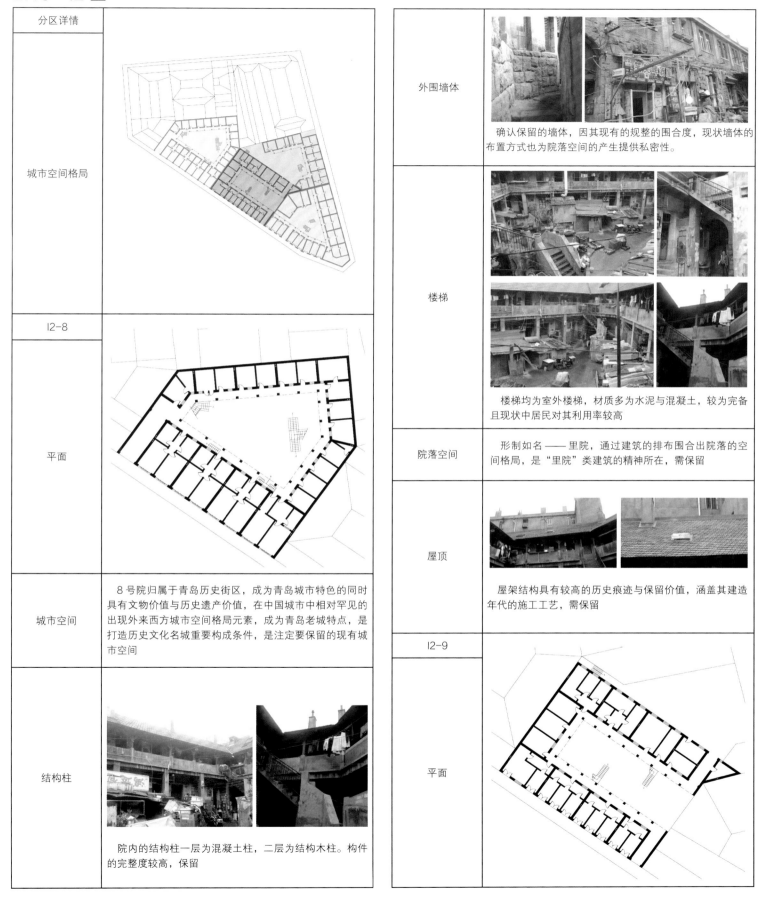

分区详情	
城市空间格局	
I2-8	
平面	
城市空间	8 号院归属于青岛历史街区，成为青岛城市特色的同时具有文物价值与历史遗产价值，在中国城市中相对罕见的出现外来西方城市空间格局元素，成为青岛老城特点，是打造历史文化名城重要构成条件，是注定要保留的现有城市空间
结构柱	院内的结构柱一层为混凝土柱，二层为结构木柱。构件的完整度较高，保留

外围墙体	确认保留的墙体，因其现有的规整的围合度，现状墙体的布置方式也为院落空间的产生提供私密性。
楼梯	楼梯均为室外楼梯，材质多为水泥与混凝土，较为完备且现状中居民对其利用率较高
院落空间	形制如名 —— 里院，通过建筑的排布围合出院落的空间格局，是"里院"类建筑的精神所在，需保留
屋顶	屋架结构具有较高的历史痕迹与保留价值，涵盖其建造年代的施工工艺，需保留
I2-9	
平面	

结构柱	院内的结构柱一层为混凝土柱，二层为结构木柱。构件的完整度较高，保留	I2-10 平面	
外围墙体	确认保留的墙体，因其现有的规整的围合度和特色的墙面材质以及构造方式，现状墙体的布置方式也促使了院落空间的产生	城市空间	10 号院归属于青岛历史街区，成为青岛城市特色的同时具有文物价值与历史遗产价值，在中国城市中相对罕见的出现外来西方城市空间格局元素，成为青岛老城特点
楼梯	楼梯均为室外楼梯，材质多为水泥与混凝土，较为完备且现状中居民对其利用率较高	院落空间	通过建筑的排布围合出院落的空间格局，是"里院"类建筑的精神所在，更是几代人的记忆纽带，见证着历史，具有较高的历史价值以及文化价值，需保留
院落空间	形制如名——里院，通过建筑的排布围合出院落的空间格局，是"里院"类建筑的精神所在，需保留	外围墙体	对内有现有的较为规整的内部空间的围合度对外为规整的院落布局提供可能，加之其既美观又独特的下石上砖的构造方式也很有保留的价值
屋顶	屋架结构具有较高的历史痕迹与保留价值，涵盖其建造年代的施工工艺，需保留	结构柱	院内的结构柱一层为混凝土柱，二层为结构木柱。构件的完整度较高，保留
栏杆	现状中栏杆均为水泥砂浆抹面的镂空石栏杆，掺杂着一代人的记忆与历史，拥有历史价值以及艺术价值，值得保留		

屋顶	屋架结构具有较高的历史痕迹与保留价值，涵盖其建造年代的施工工艺，需保留
栏杆	现状中栏杆均为水泥砂浆抹面的镂空石栏杆，掺杂着一代人的记忆与历史，拥有历史价值以及艺术价值，值得保留
I2-11 平面	
城市空间	11号院归属于青岛历史街区，成为青岛城市特色的同时具有文物价值与历史遗产价值，在中国城市中相对罕见的出现外来西方城市空间格局元素，成为青岛老城特点
院落空间	通过建筑的排布围合出院落的空间格局，是"里院"类建筑的精神所在，更是几代人的记忆纽带，见证着历史，具有较高的历史价值以及文化价值，需保留

屋顶	屋架结构具有较高的历史痕迹与保留价值，涵盖其建造年代的施工工艺，需保留
栏杆	现状中栏杆均为水泥砂浆抹面的石板栏杆，掺杂着一代人的记忆与历史，代表着一段历史时期的栏杆做法，拥有历史价值以及艺术价值，值得保留
楼梯	楼梯均为室外楼梯，材质多为水泥与混凝土，较为完备且现状中居民对其利用率较高
结构柱	院内的结构柱一层为混凝土柱，二层为结构木柱。构件的完整度较高，保留
外围墙体与沿街立面	确认保留的墙体，因其现有的规整的围合度，现状墙体的布置方式也为院落空间的产生提供可能；并且构成了青岛独具特色的城区风貌，是不可或缺的建筑元素，展示了固定历史时期的建筑语言与建筑风格，需保留

三多裏

太典裏

九如裏

濰縣大院

第 3 章　原始、标注和保留平面图

3.1 A区

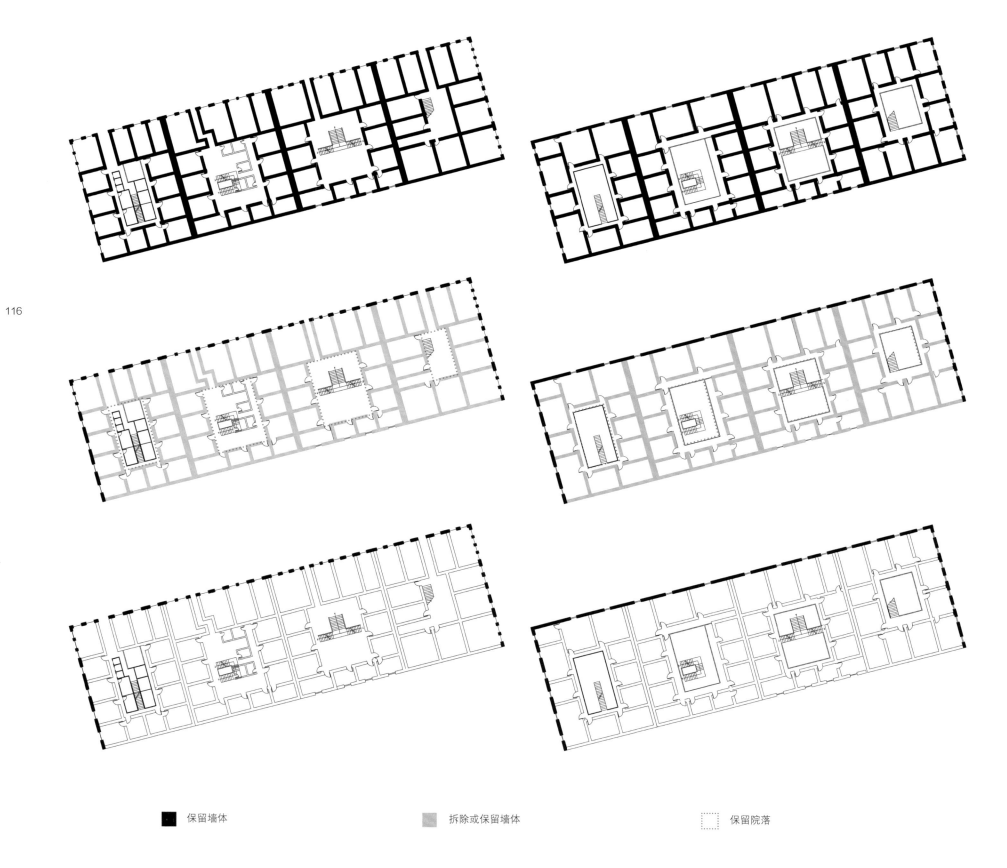

■ 保留墙体　　　　　　拆除或保留墙体　　　　┌┈┐ 保留院落

116

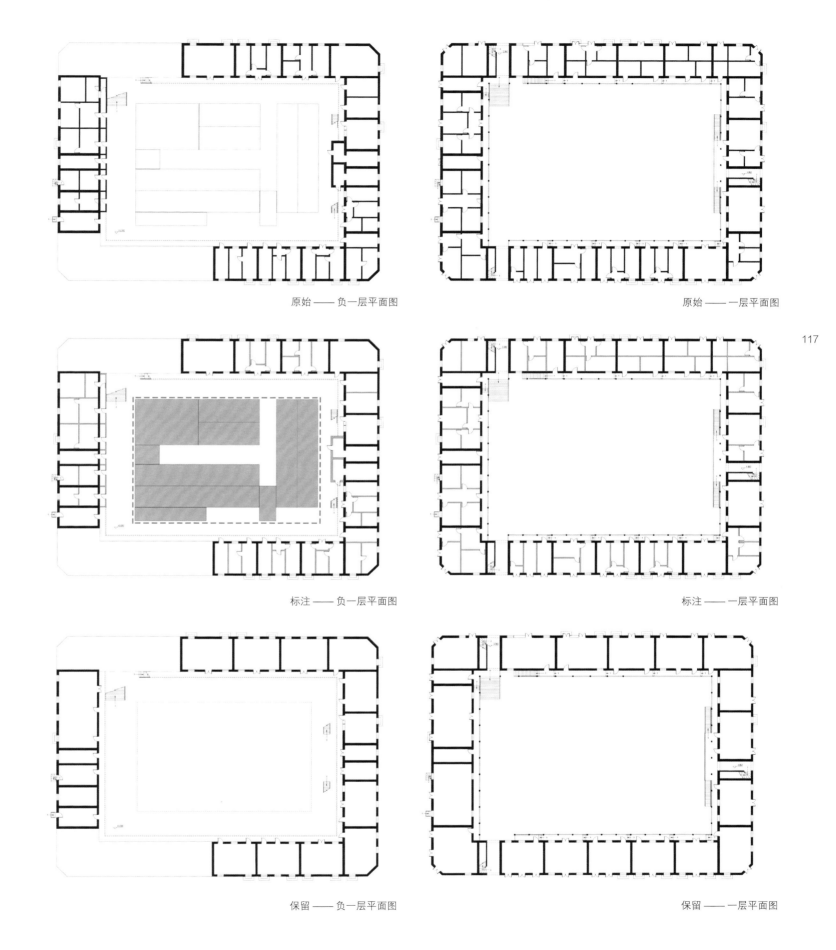

原始 —— 负一层平面图　　　　　　　　　　　　　　　原始 —— 一层平面图

标注 —— 负一层平面图　　　　　　　　　　　　　　　标注 —— 一层平面图

保留 —— 负一层平面图　　　　　　　　　　　　　　　保留 —— 一层平面图

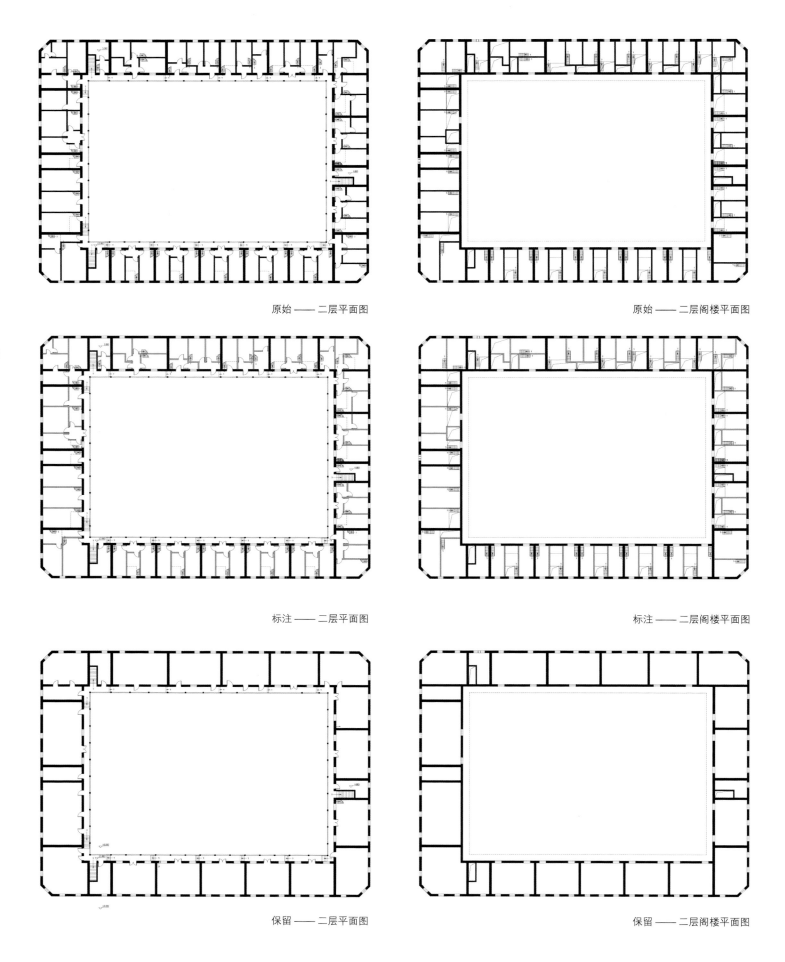

原始 —— 二层平面图

原始 —— 二层阁楼平面图

标注 —— 二层平面图

标注 —— 二层阁楼平面图

保留 —— 二层平面图

保留 —— 二层阁楼平面图

118

3.3　C 区

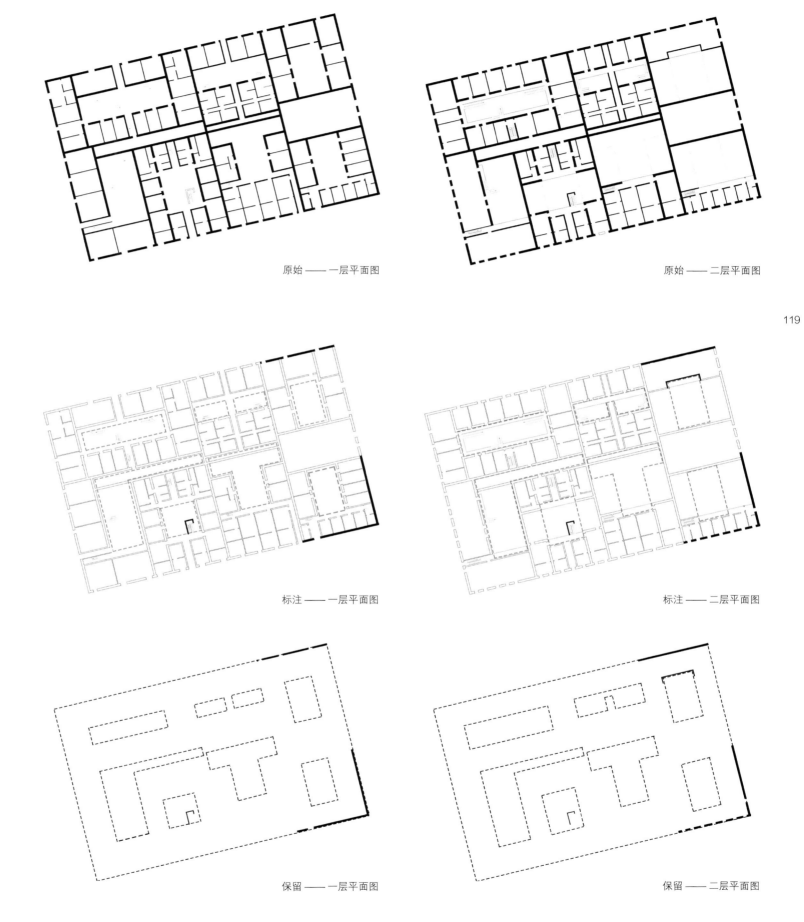

原始 —— 一层平面图

原始 —— 二层平面图

标注 —— 一层平面图

标注 —— 二层平面图

保留 —— 一层平面图

保留 —— 二层平面图

3.4 D区

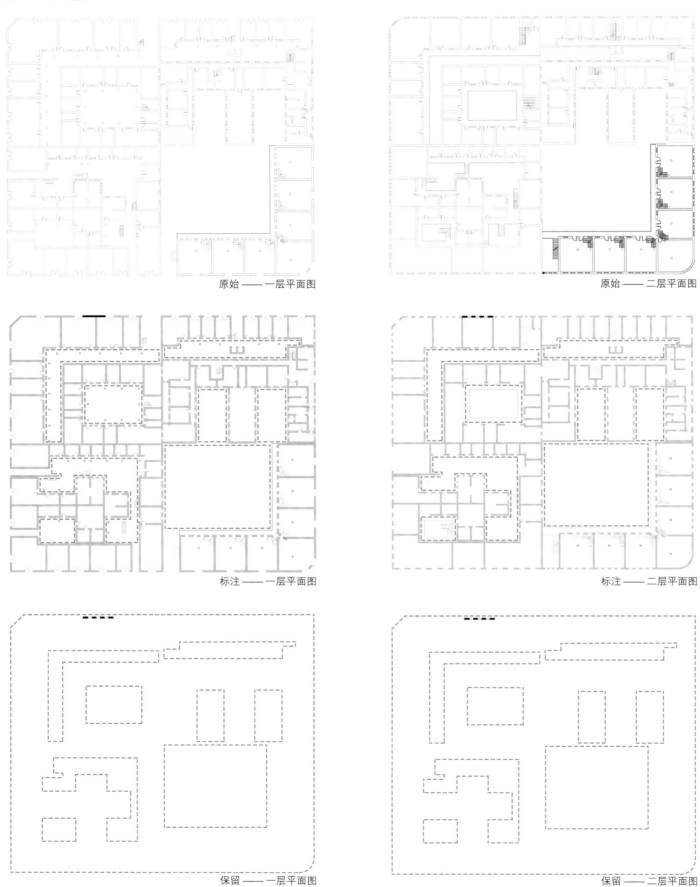

原始——一层平面图

原始——二层平面图

标注——一层平面图

标注——二层平面图

保留——一层平面图

保留——二层平面图

原始 —— 三层平面图

原始 —— 四层平面图

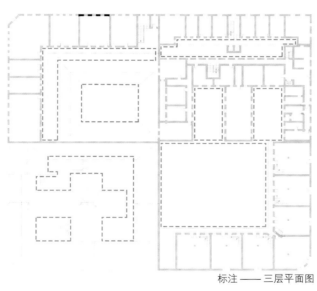

标注 —— 三层平面图

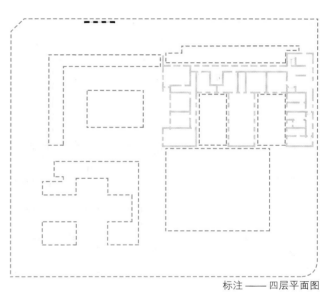

标注 —— 四层平面图

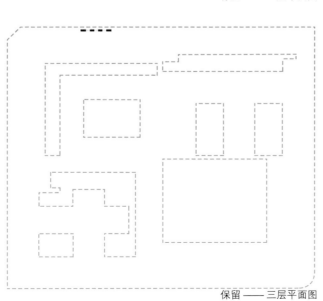

保留 —— 三层平面图

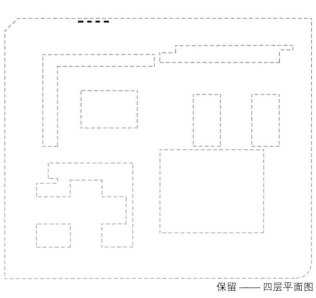

保留 —— 四层平面图

3.5 E1区

原始 —— 一层平面图

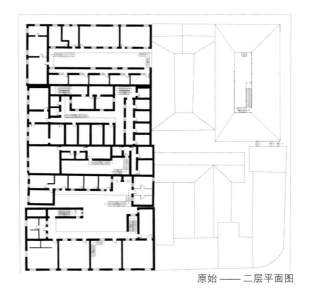

原始 —— 二层平面图

原始 —— 三层平面图

122

标注 —— 一层平面图

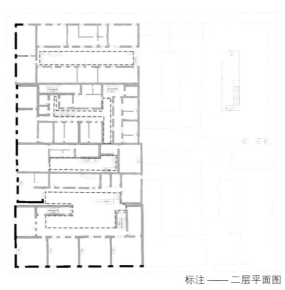

标注 —— 二层平面图

标注 —— 三层平面图

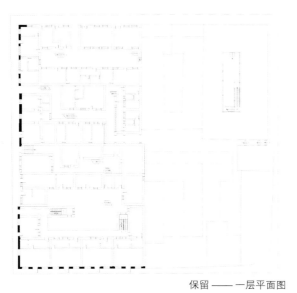

保留 —— 一层平面图

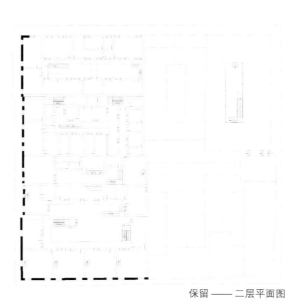

保留 —— 二层平面图

保留 —— 三层平面图

3.6　E2 区

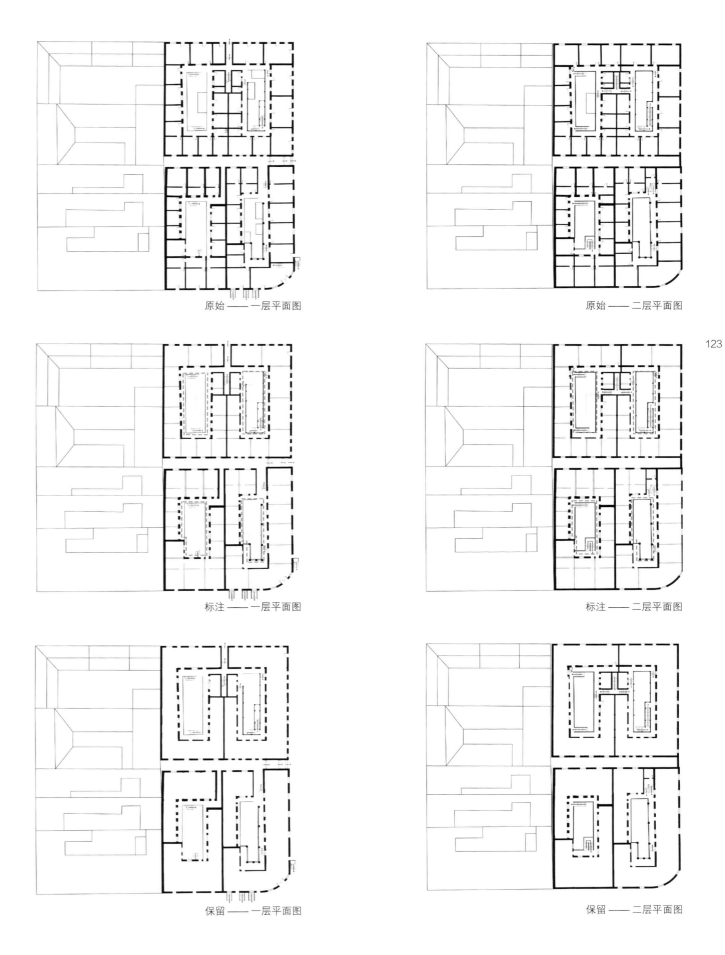

原始 —— 一层平面图

原始 —— 二层平面图

标注 —— 一层平面图

标注 —— 二层平面图

保留 —— 一层平面图

保留 —— 二层平面图

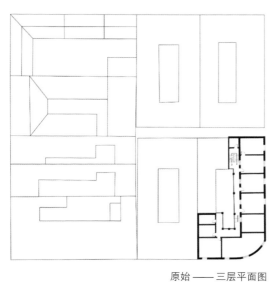

原始 —— 三层平面图 原始 —— 四层平面图 原始 —— 底层平面图

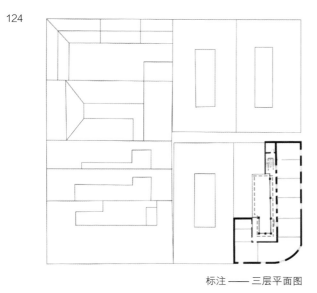

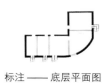

标注 —— 三层平面图 标注 —— 四层平面图 标注 —— 底层平面图

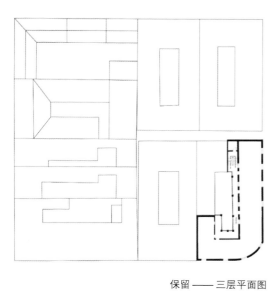

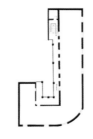

保留 —— 三层平面图 保留 —— 四层平面图 保留 —— 底层平面图

3.7 F1 区

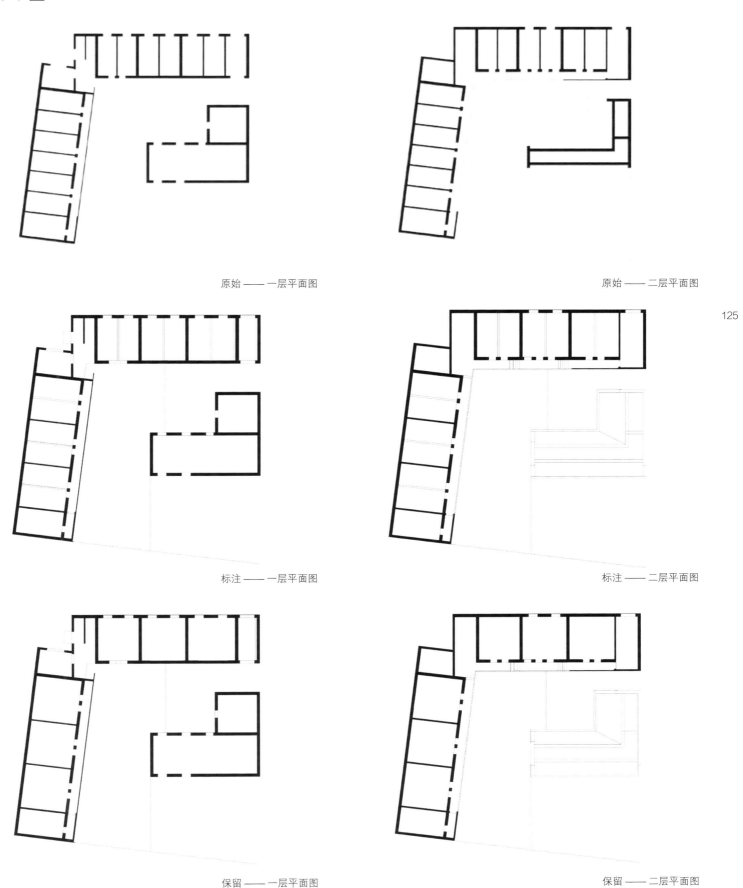

原始 —— 一层平面图

原始 —— 二层平面图

标注 —— 一层平面图

标注 —— 二层平面图

保留 —— 一层平面图

保留 —— 二层平面图

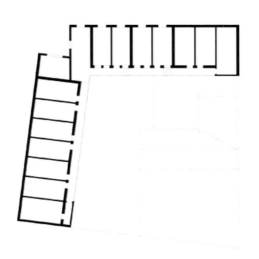

原始 —— 三层平面图

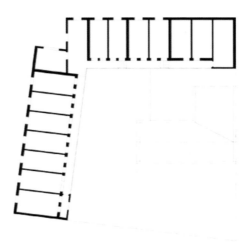

原始 —— 四层平面图

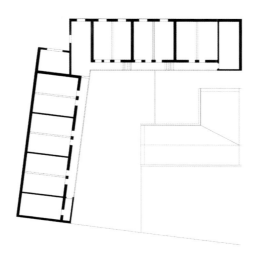

标注 —— 三层平面图

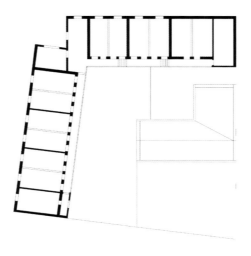

标注 —— 四层平面图

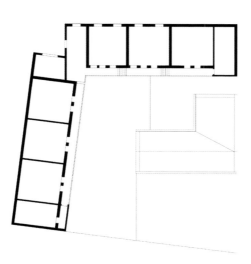

保留 —— 三层平面图

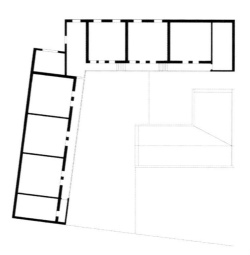

保留 —— 四层平面图

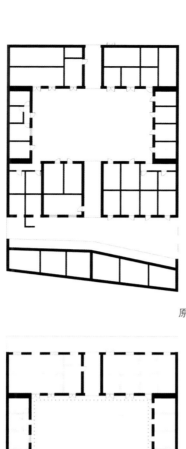
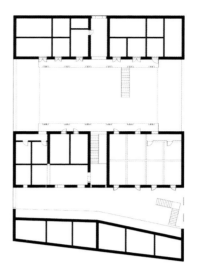

原始 —— 一层平面图

原始 —— 二层平面图

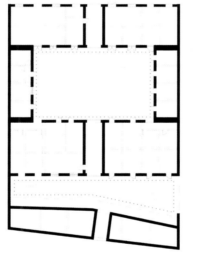
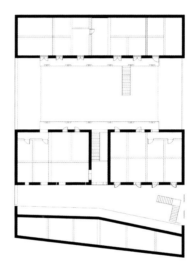

标注 —— 一层平面图

标注 —— 二层平面图

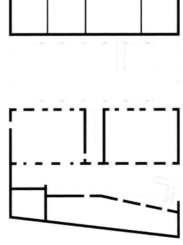

保留 —— 一层平面图

保留 —— 二层平面图

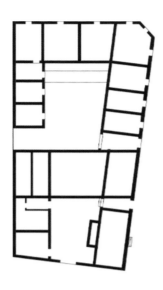

原始 —— 一层平面图

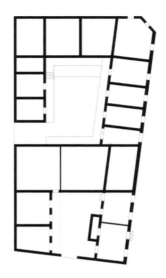

原始 —— 二层平面图

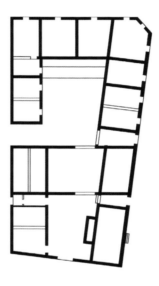

标注 —— 一层平面图

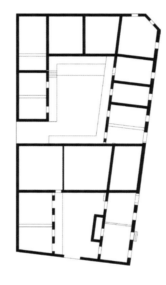

标注 —— 二层平面图

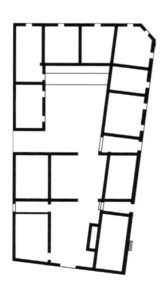

保留 —— 一层平面图

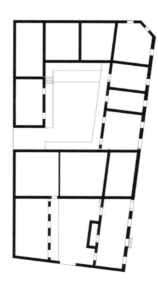

保留 —— 二层平面图

3.8　F2 区

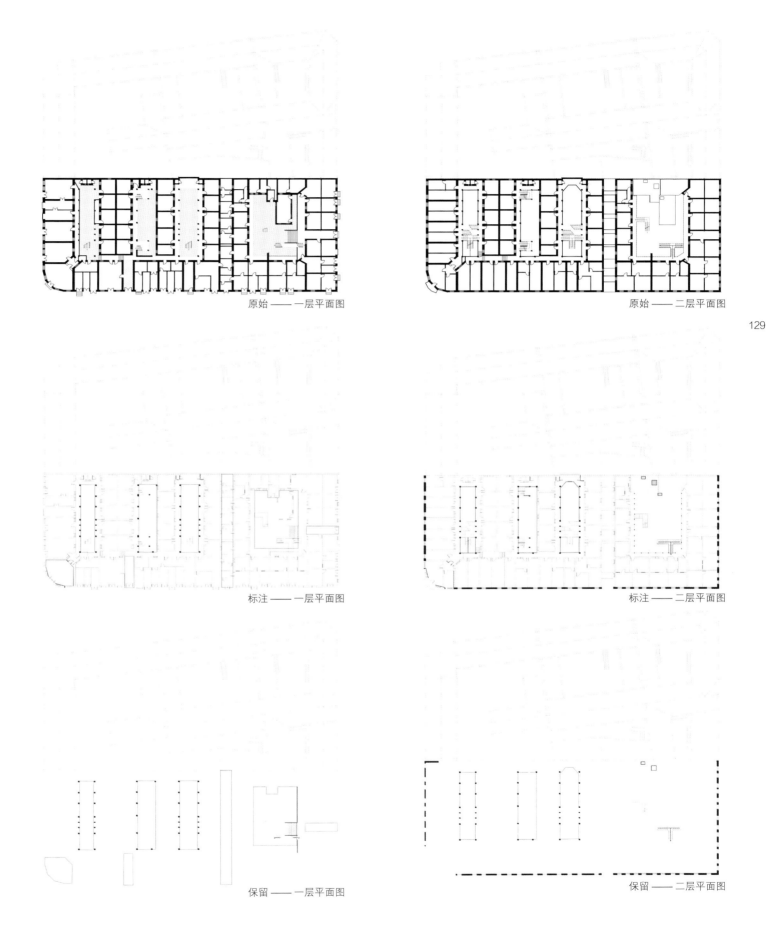

原始——一层平面图

原始——二层平面图

标注——一层平面图

标注——二层平面图

保留——一层平面图

保留——二层平面图

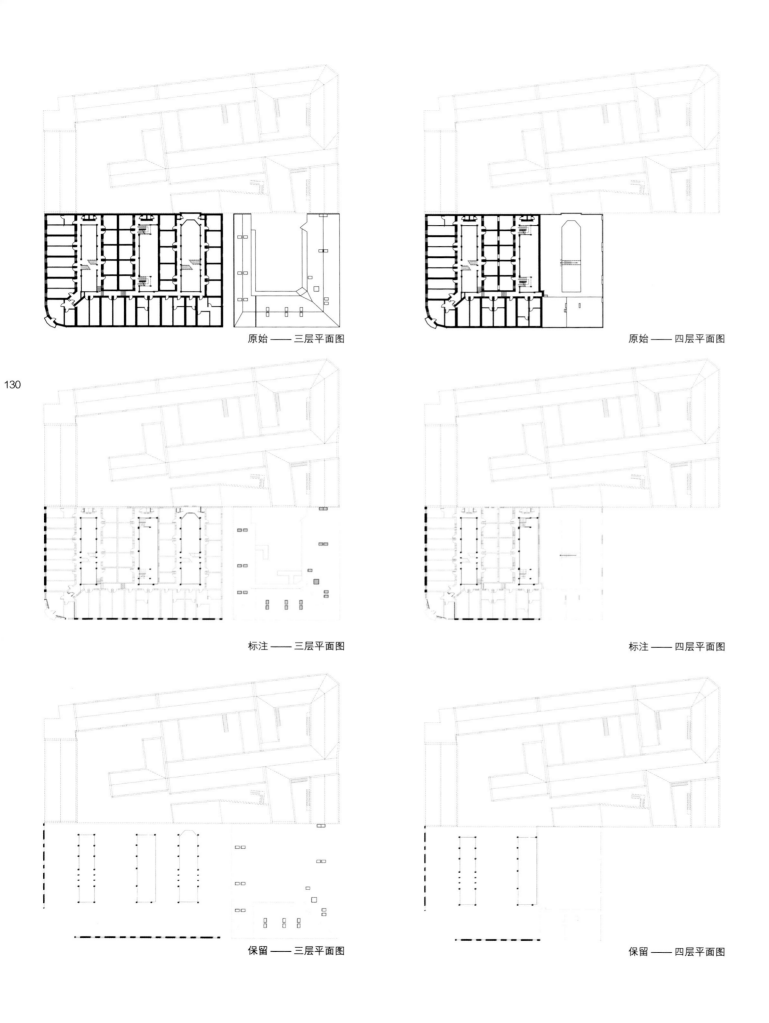

原始——三层平面图

原始——四层平面图

130

标注——三层平面图

标注——四层平面图

保留——三层平面图

保留——四层平面图

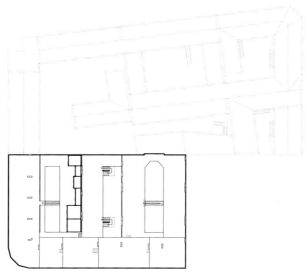

原始 —— 屋顶平面图

标注 —— 屋顶平面图

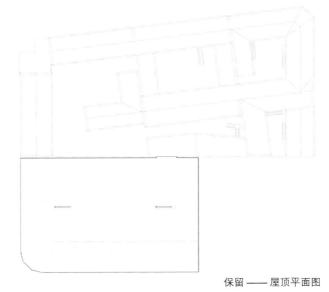

保留 —— 屋顶平面图

保留的墙体

保留的柱子

保留的空间

保留的老虎窗

保留的烟道口

保留的楼梯

保留的女儿墙

3.9　G1 区

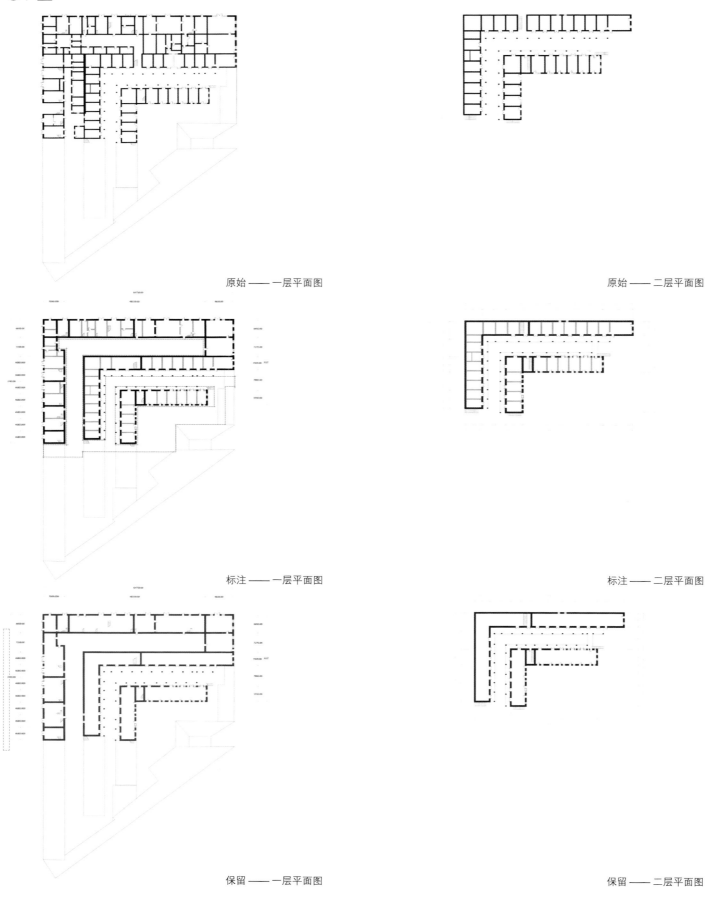

原始 —— 一层平面图　　　　　　　　　原始 —— 二层平面图

132

标注 —— 一层平面图　　　　　　　　　标注 —— 二层平面图

保留 —— 一层平面图　　　　　　　　　保留 —— 二层平面图

3.10 G2 区

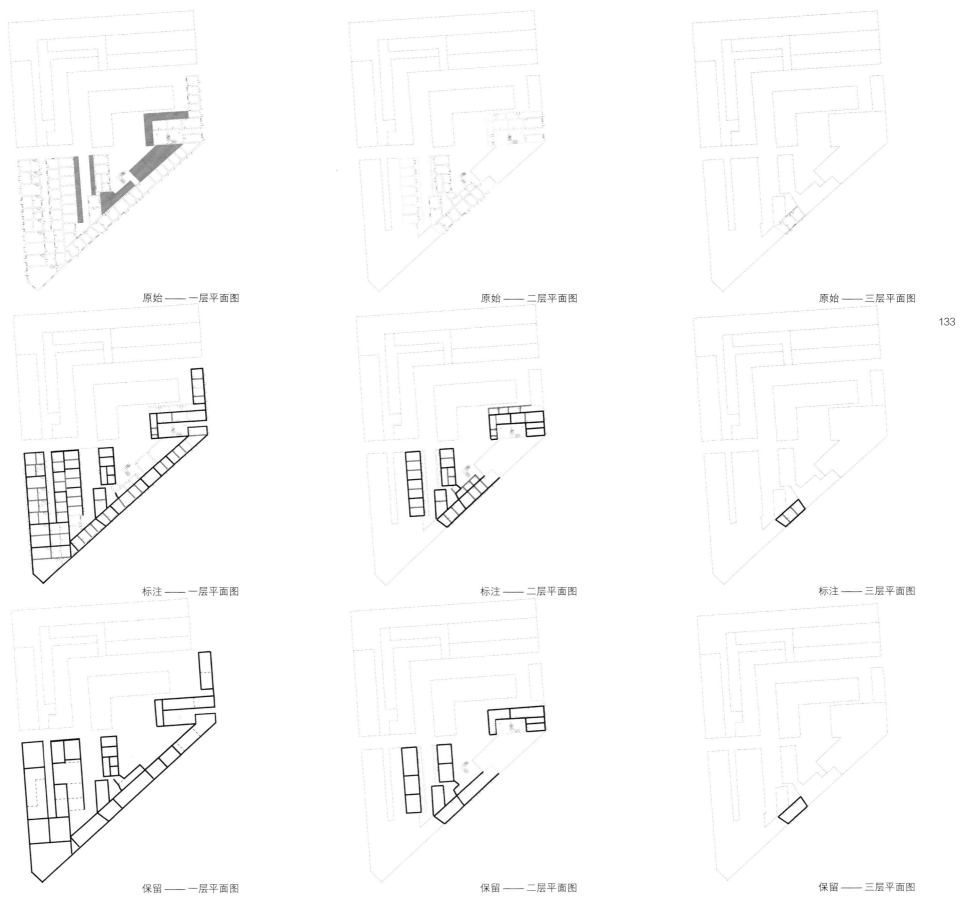

原始 —— 一层平面图

原始 —— 二层平面图

原始 —— 三层平面图

标注 —— 一层平面图

标注 —— 二层平面图

标注 —— 三层平面图

保留 —— 一层平面图

保留 —— 二层平面图

保留 —— 三层平面图

3.11 H1 区

H1 区　1 号院

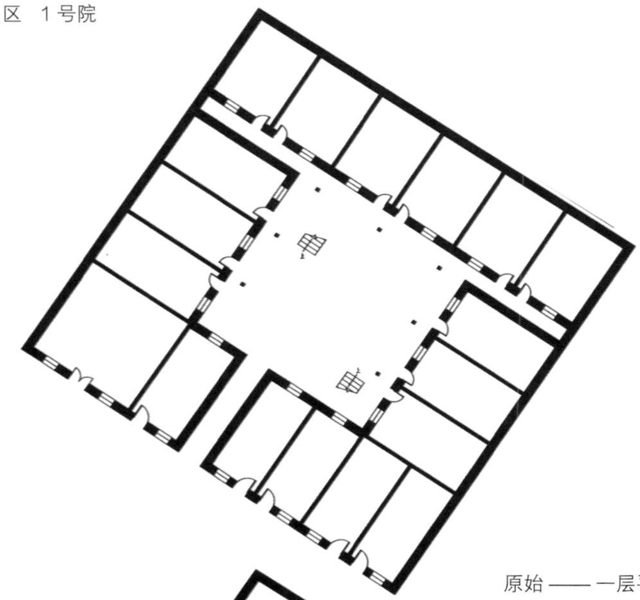

原始 —— 一层平面图

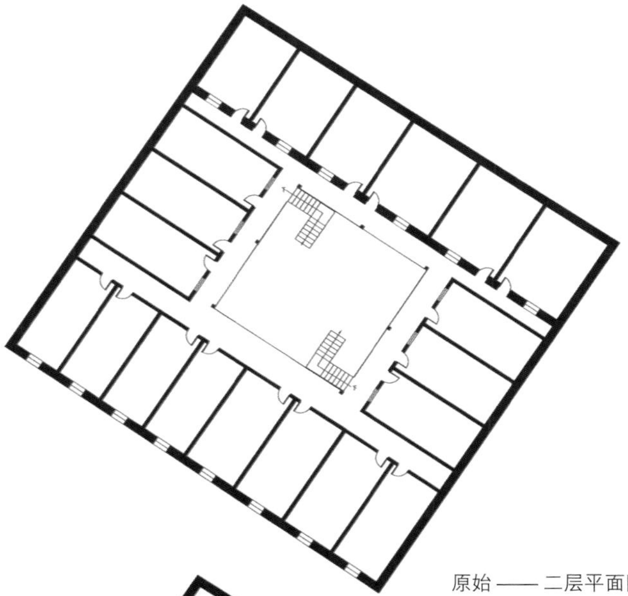

原始 —— 二层平面图

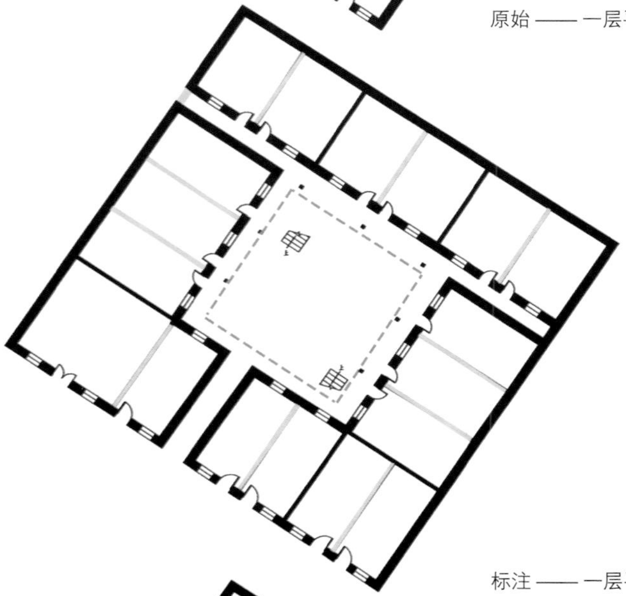

标注 —— 一层平面图

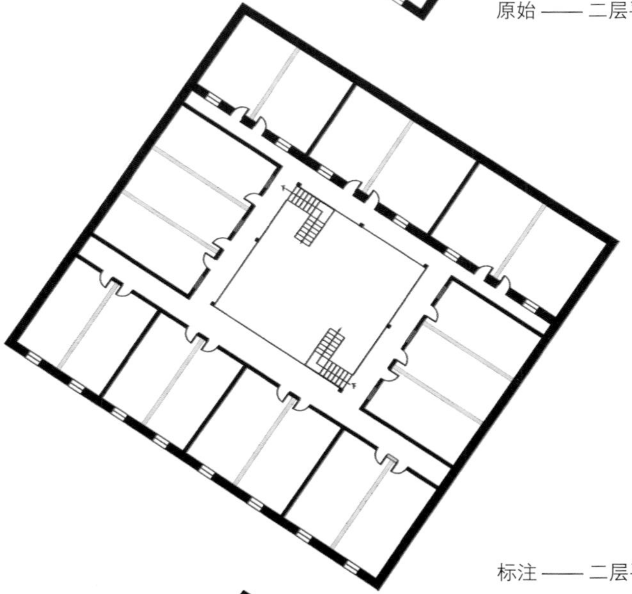

标注 —— 二层平面图

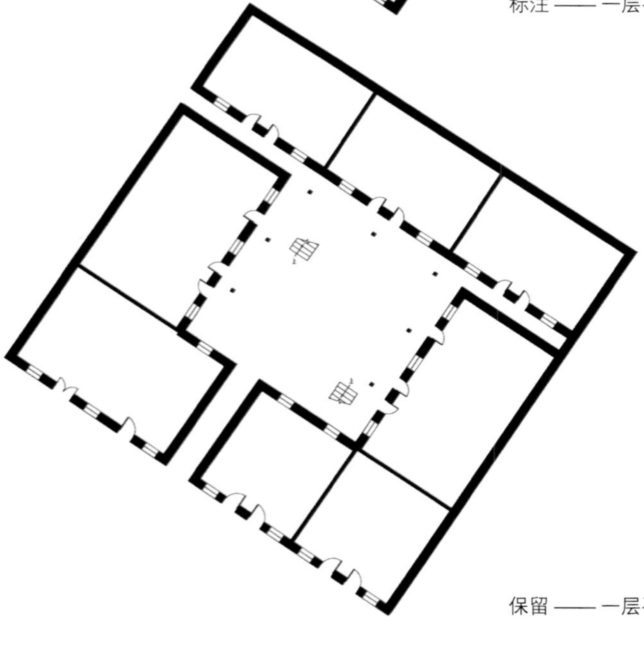

保留 —— 一层平面图

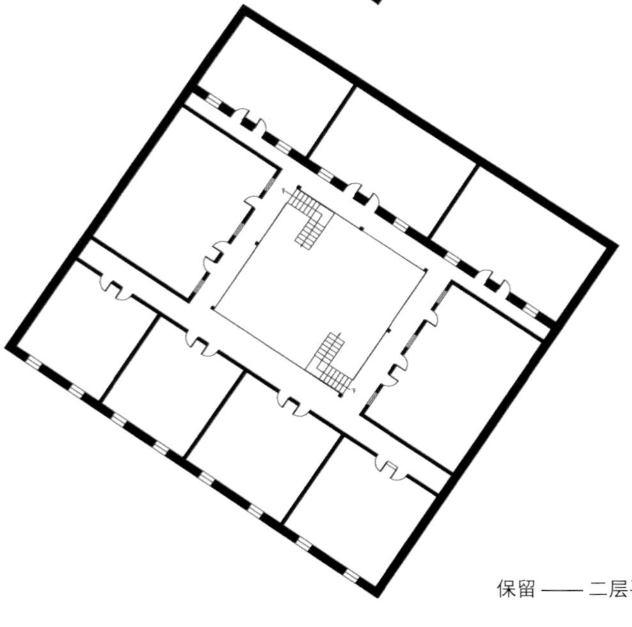

保留 —— 二层平面图

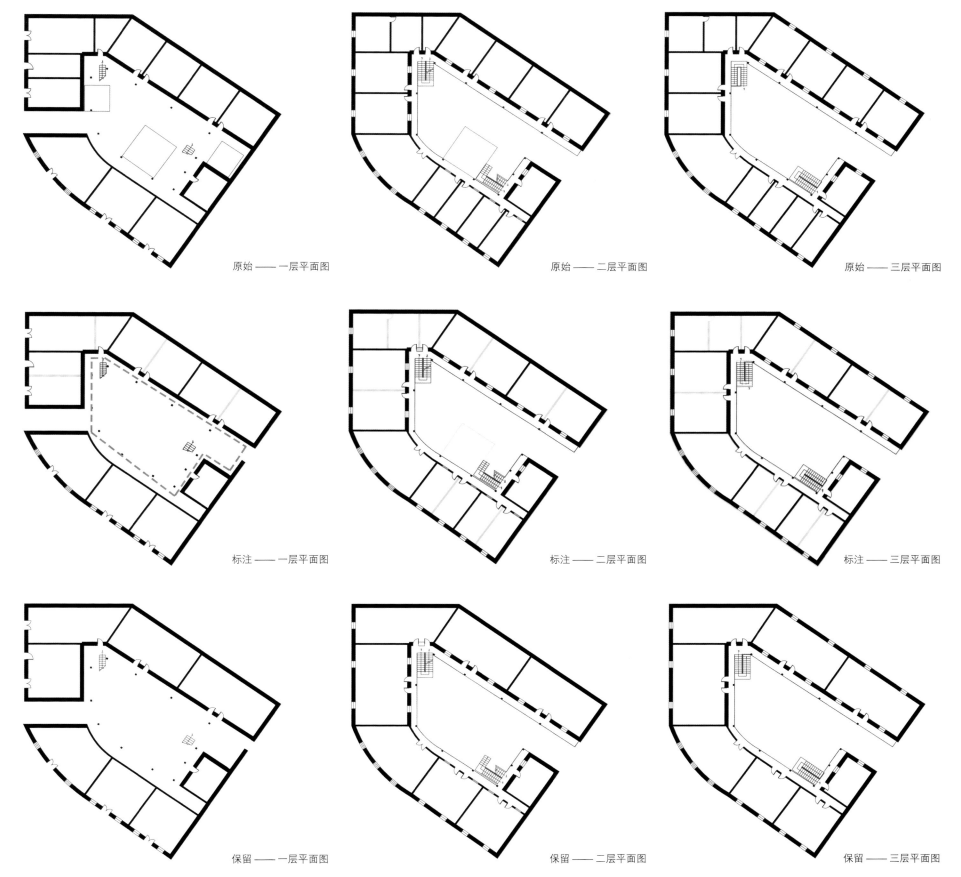

原始——一层平面图

原始——二层平面图

原始——三层平面图

标注——一层平面图

标注——二层平面图

标注——三层平面图

保留——一层平面图

保留——二层平面图

保留——三层平面图

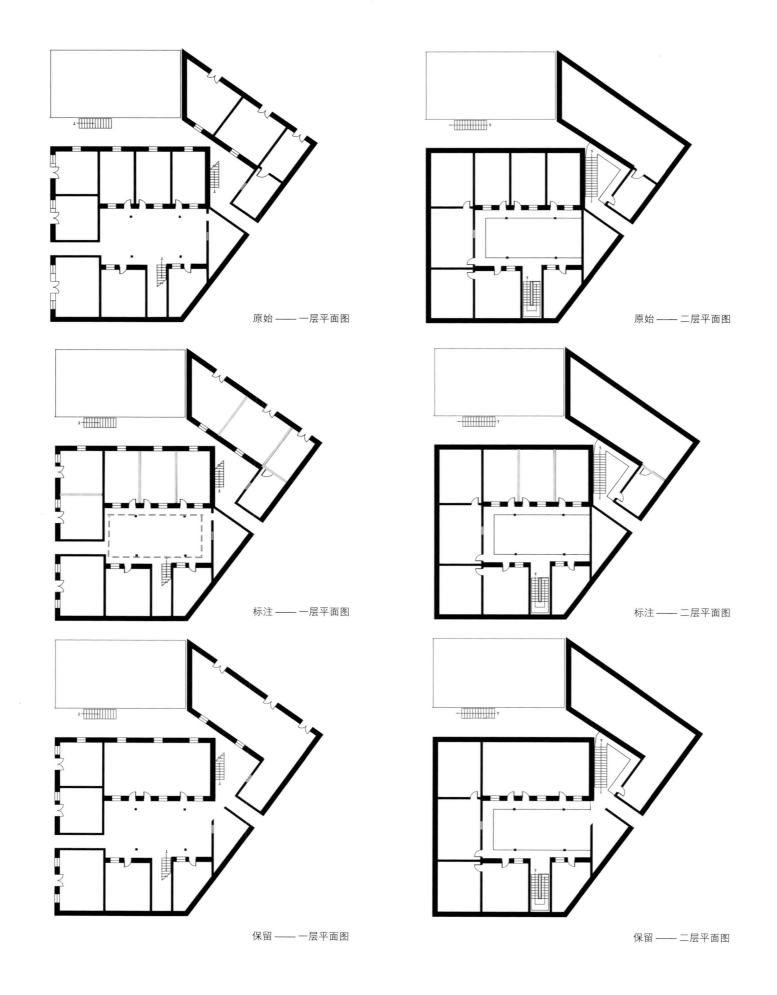

136

原始 —— 一层平面图

原始 —— 二层平面图

标注 —— 一层平面图

标注 —— 二层平面图

保留 —— 一层平面图

保留 —— 二层平面图

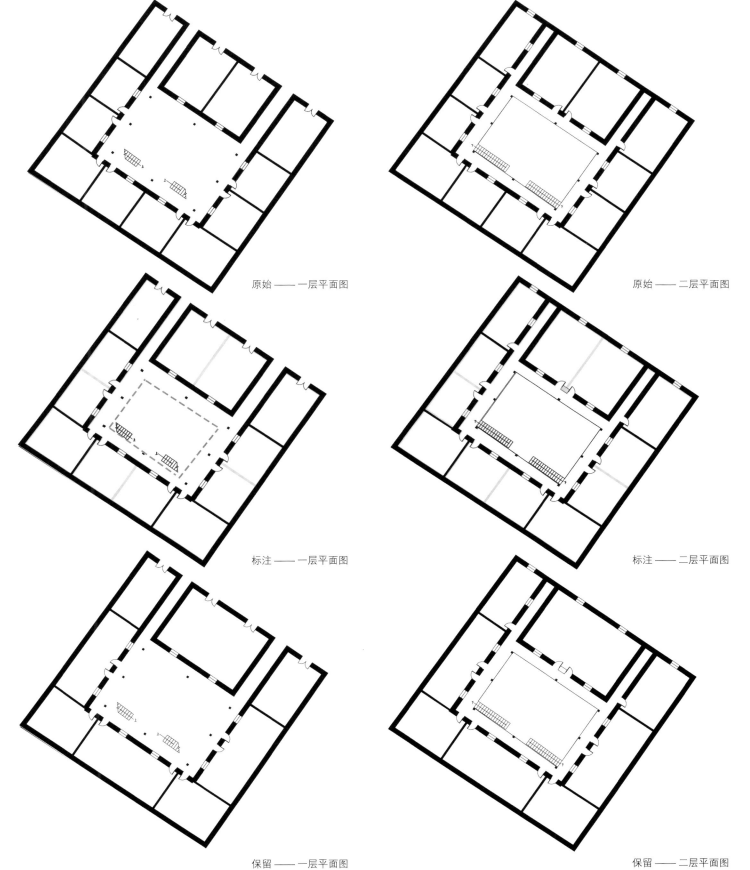

原始 —— 一层平面图

原始 —— 二层平面图

标注 —— 一层平面图

标注 —— 二层平面图

保留 —— 一层平面图

保留 —— 二层平面图

138

原始 —— 一层平面图

原始 —— 二层平面图

原始 —— 三层平面图

标注 —— 一层平面图

标注 —— 二层平面图

标注 —— 三层平面图

保留 —— 一层平面图

保留 —— 二层平面图

保留 —— 三层平面图

3.12　H2 区

原始 —— 一层平面图　　　　　　　　原始 —— 二层平面图　　　　　　　　原始 —— 三层平面图

标注 —— 一层平面图　　　　　　　　标注 —— 二层平面图　　　　　　　　标注 —— 三层平面图

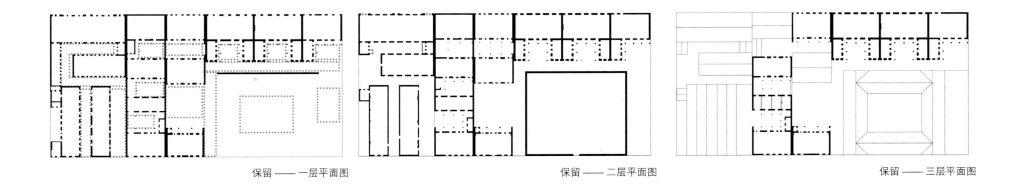

保留 —— 一层平面图　　　　　　　　保留 —— 二层平面图　　　　　　　　保留 —— 三层平面图

3.13 H3 区

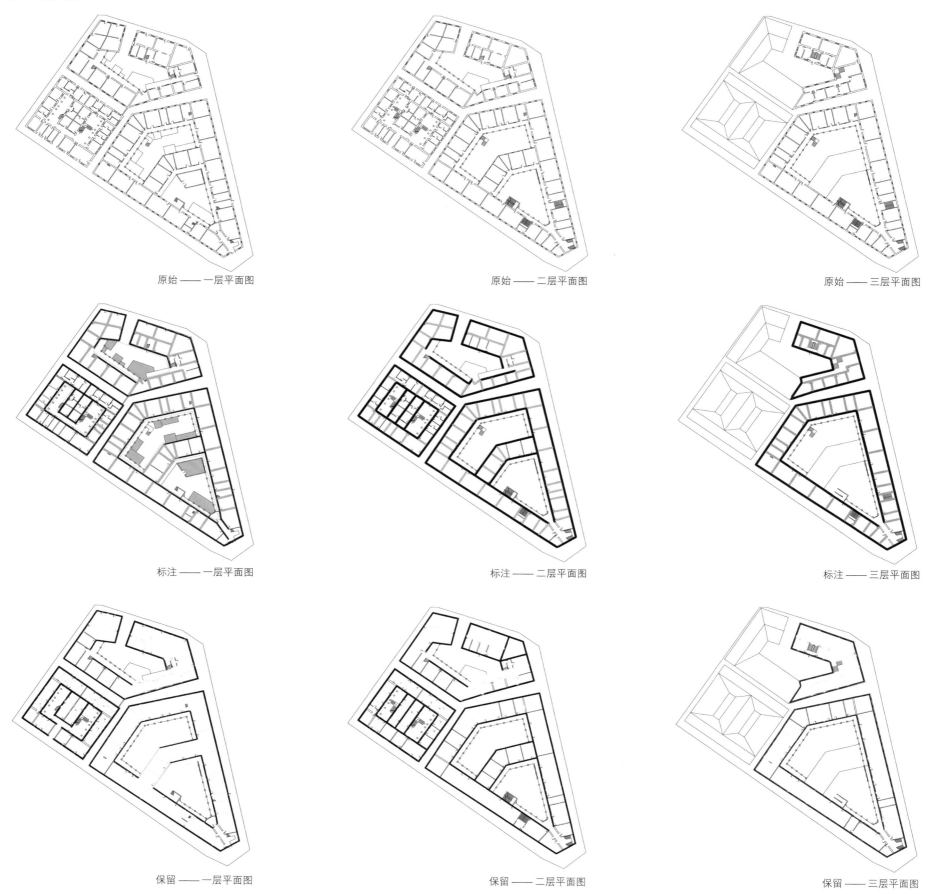

原始 —— 一层平面图 原始 —— 二层平面图 原始 —— 三层平面图

标注 —— 一层平面图 标注 —— 二层平面图 标注 —— 三层平面图

保留 —— 一层平面图 保留 —— 二层平面图 保留 —— 三层平面图

3.14 I1 区

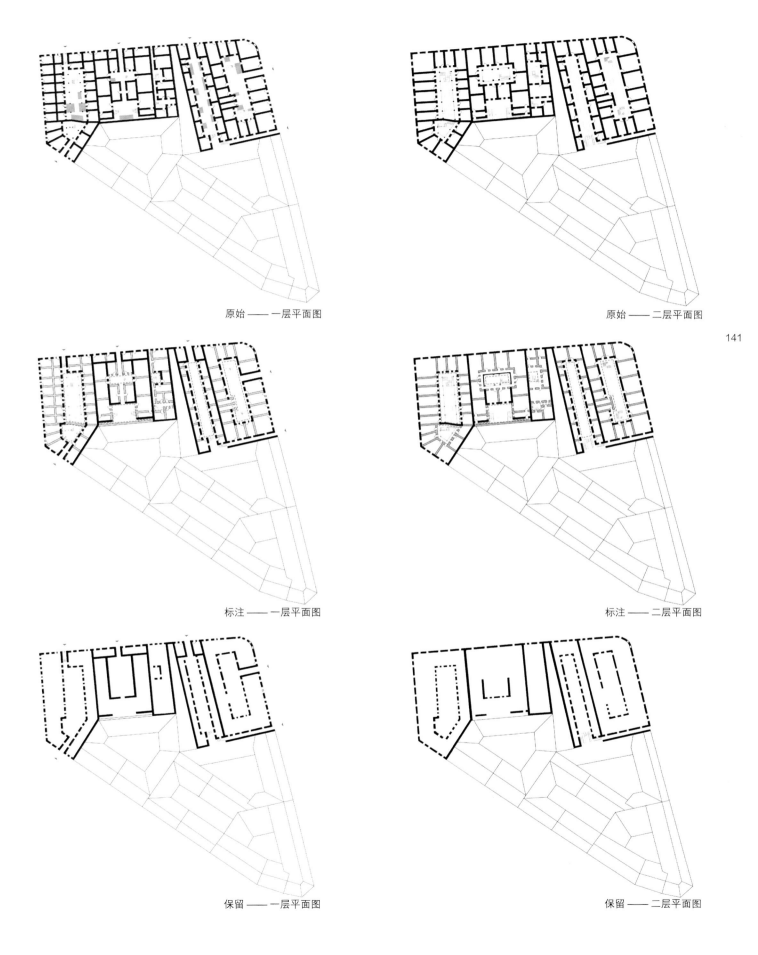

原始——一层平面图

原始——二层平面图

标注——一层平面图

标注——二层平面图

保留——一层平面图

保留——二层平面图

原始 —— 三层平面图

原始 —— 四层平面图

标注 —— 三层平面图

标注 —— 四层平面图

保留 —— 三层平面图

保留 —— 四层平面图

3.15 I2 区

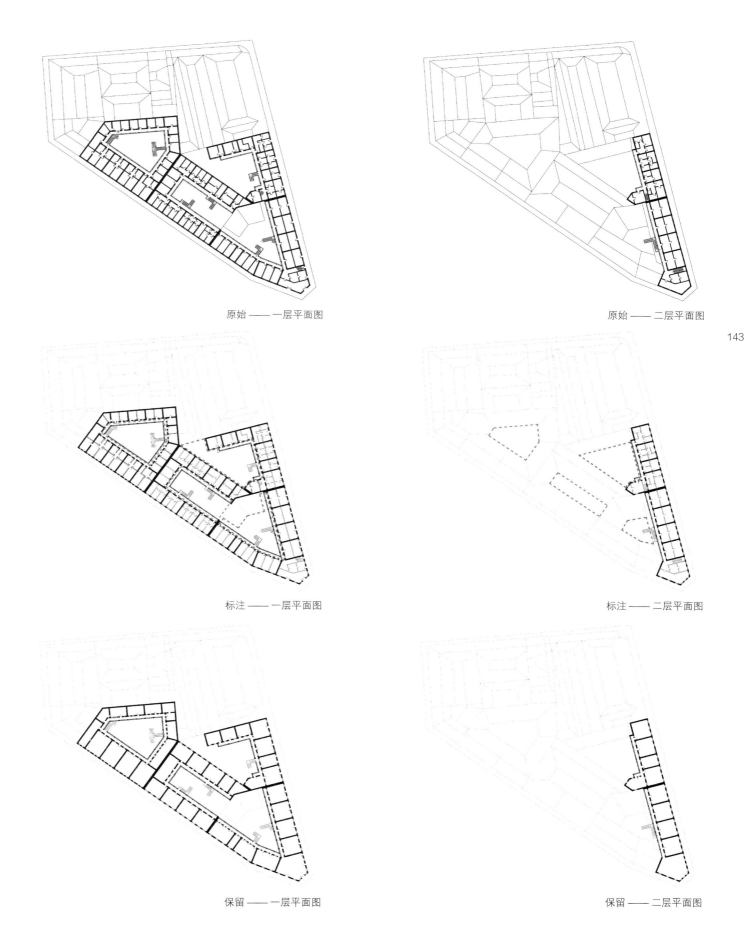

原始 —— 一层平面图

原始 —— 二层平面图

标注 —— 一层平面图

标注 —— 二层平面图

保留 —— 一层平面图

保留 —— 二层平面图

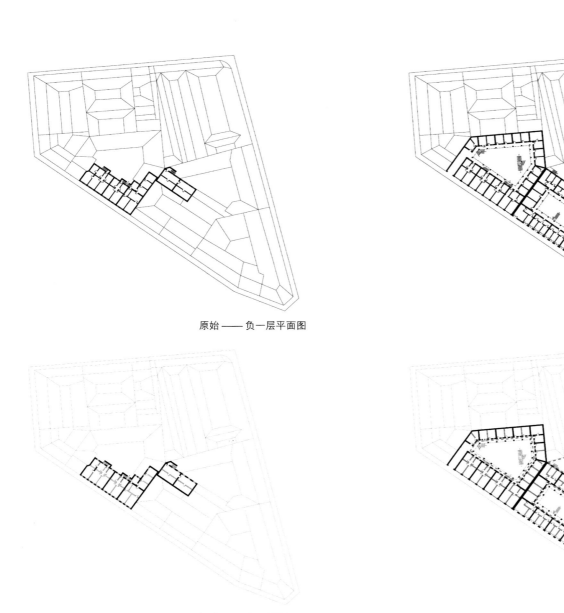

原始 —— 负一层平面图

原始 —— 一层平面图

144

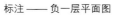

标注 —— 负一层平面图

标注 —— 一层平面图

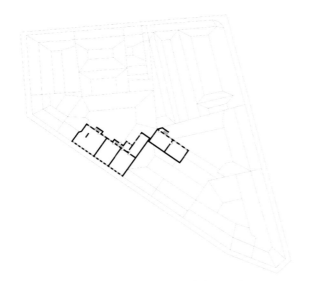

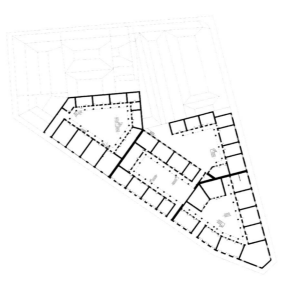

保留 —— 负一层平面图

保留 —— 一层平面图

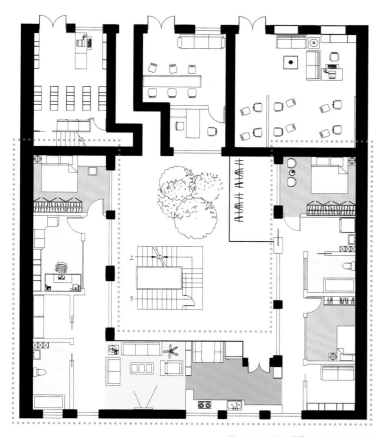

图 4.1.9 A2 里院一层平面图 1:200 邢玉婷 绘

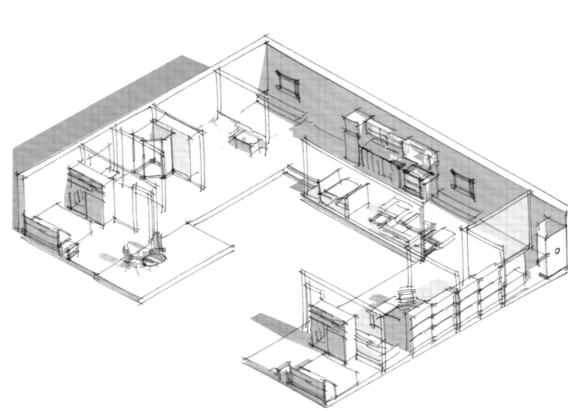

图 4.1.11 A2 里院户型示意图 邢玉婷 绘

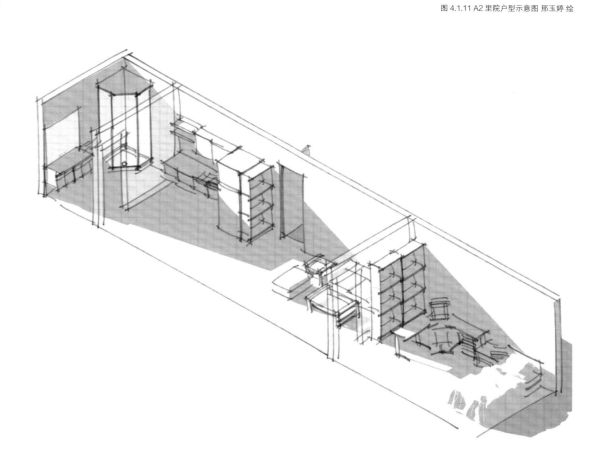

图 4.1.10 A2 里院二层平面图 1:200 邢玉婷 绘

图 4.1.12 A2 里院户型示意图 邢玉婷 绘

4.1.3　A3 里院设计图

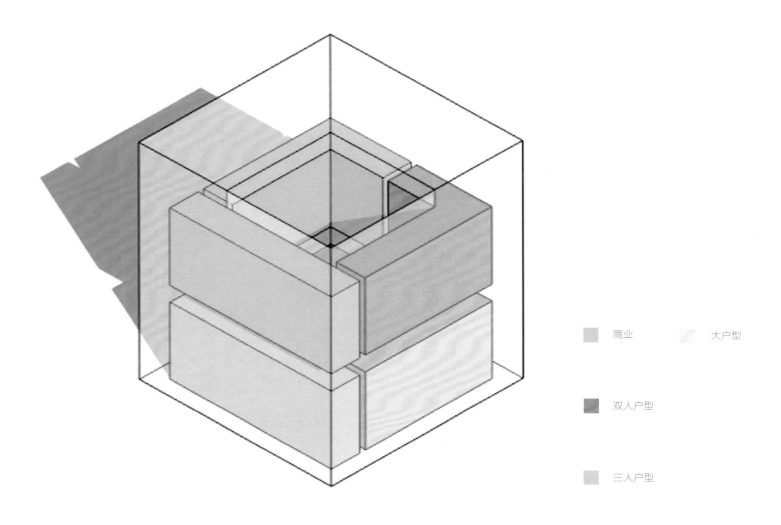

商业　　大户型

双人户型

三人户型

图 4.1.13 A3 里院功能分布示意图 邢玉婷 绘

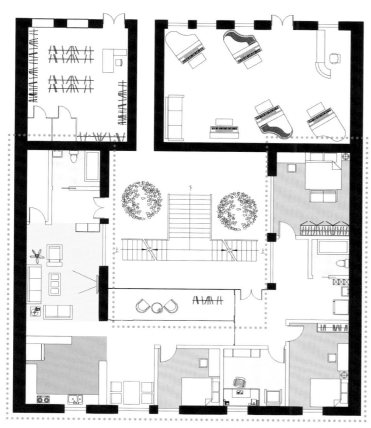

图 4.1.14 A3 里院一层平面图 1:200 邢玉婷 绘

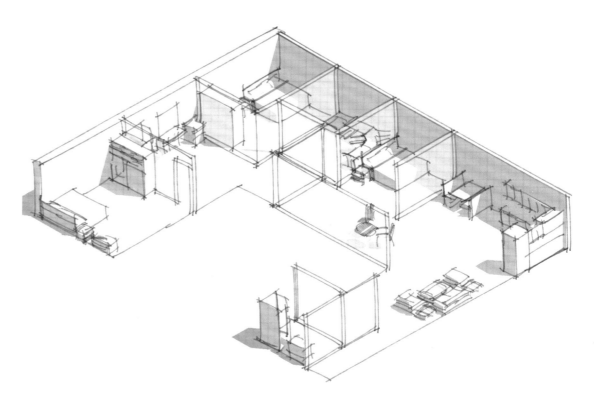

图 4.1.16 A3 里院户型示意图 邢玉婷 绘

图 4.1.15 A3 里院二层平面图 1:200 邢玉婷 绘

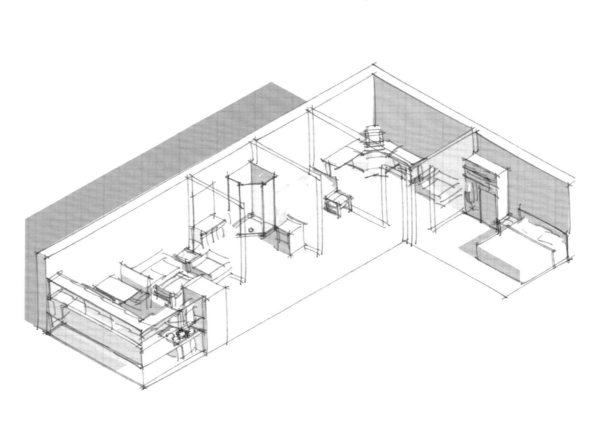

图 4.1.17 A3 里院户型示意图 邢玉婷 绘

4.1.4　A4 里院设计图

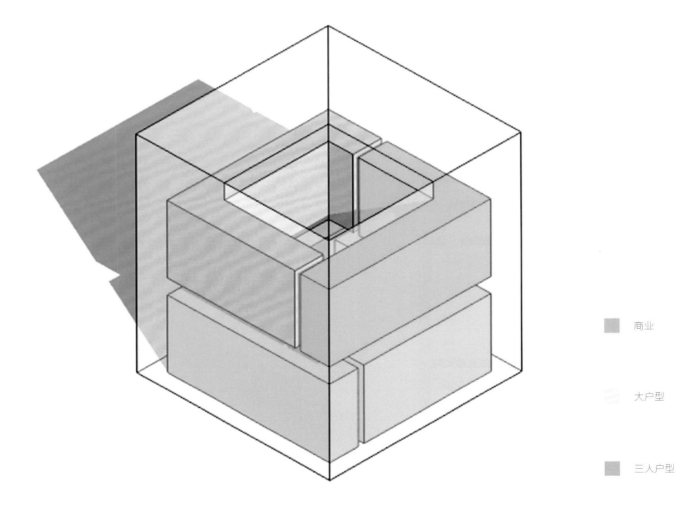

图 4.1.18 A4 里院功能分布示意图 邢玉婷 绘

商业

大户型

三人户型

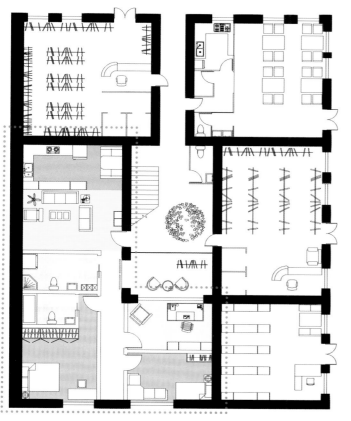

图 4.1.19 A4 里院一层平面图 1:200 邢玉婷 绘

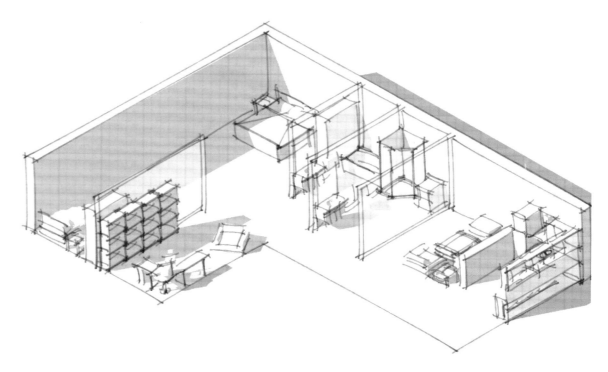

图 4.1.21 A4 里院户型示意图 邢玉婷 绘

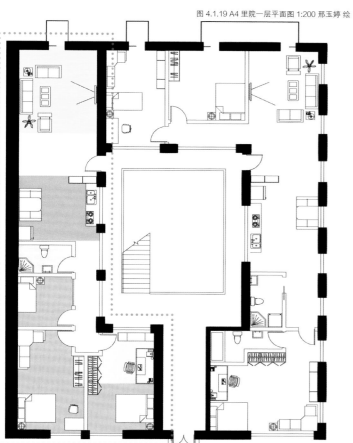

图 4.1.20 A4 里院二层平面图 1:200 邢玉婷 绘

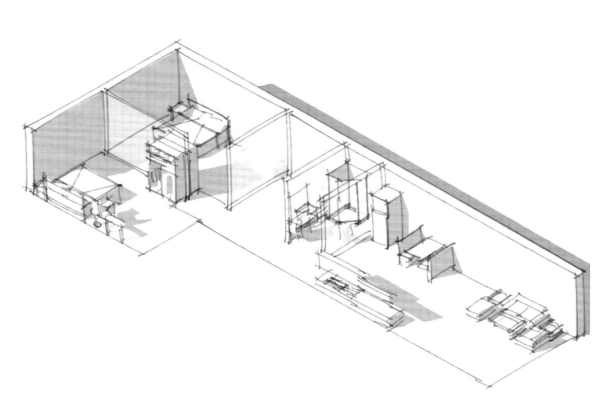

图 4.1.22 A4 里院户型示意图 邢玉婷 绘

4.1.5　新建建筑户型分析

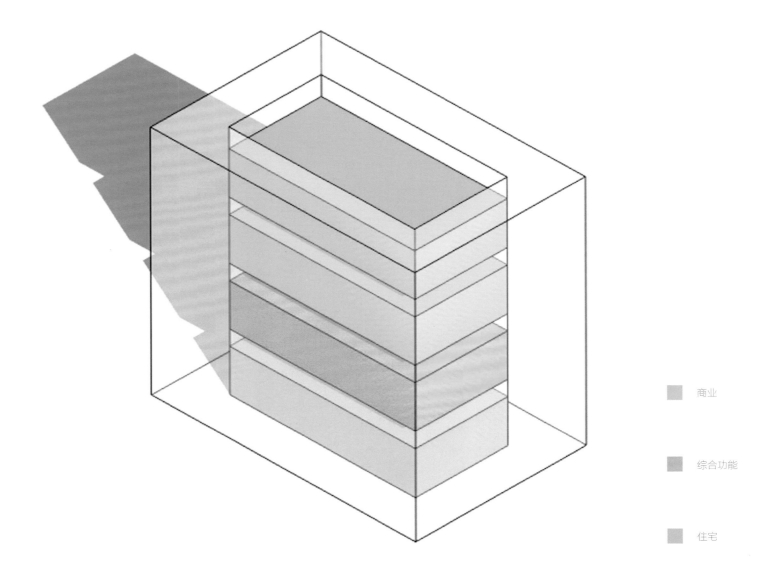

商业

综合功能

住宅

图 4.1.23 新建建筑功能分布示意图 邢玉婷 绘

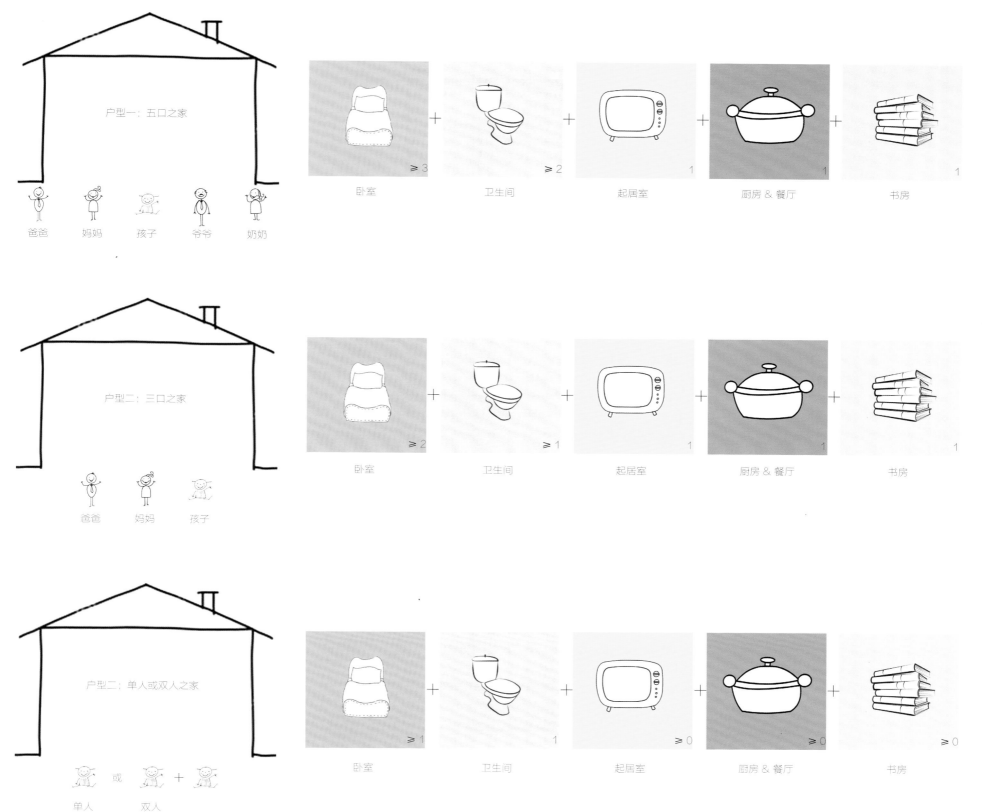

户型一：五口之家

爸爸　妈妈　孩子　爷爷　奶奶

卧室　≥3　　卫生间　≥2　　起居室　1　　厨房 & 餐厅　1　　书房　1

户型二：三口之家

爸爸　妈妈　孩子

卧室　≥2　　卫生间　≥1　　起居室　1　　厨房 & 餐厅　1　　书房　1

户型二：单人或双人之家

单人　或　双人

卧室　≥1　　卫生间　1　　起居室　≥0　　厨房 & 餐厅　≥0　　书房　≥0

图 4.1.24 新建建筑户型分析图 邢玉婷 绘

　　前期调研结果，将改造后基地的指向人群定为中高端人士，所以 A 区内的居住改造或新建公寓对中高端人士的居住需求做了分析。但仅有中高端人士的社区并不完整，所以户型的设计也对其他人群做出了相应的调整。使整个居住环境适宜各种人群。

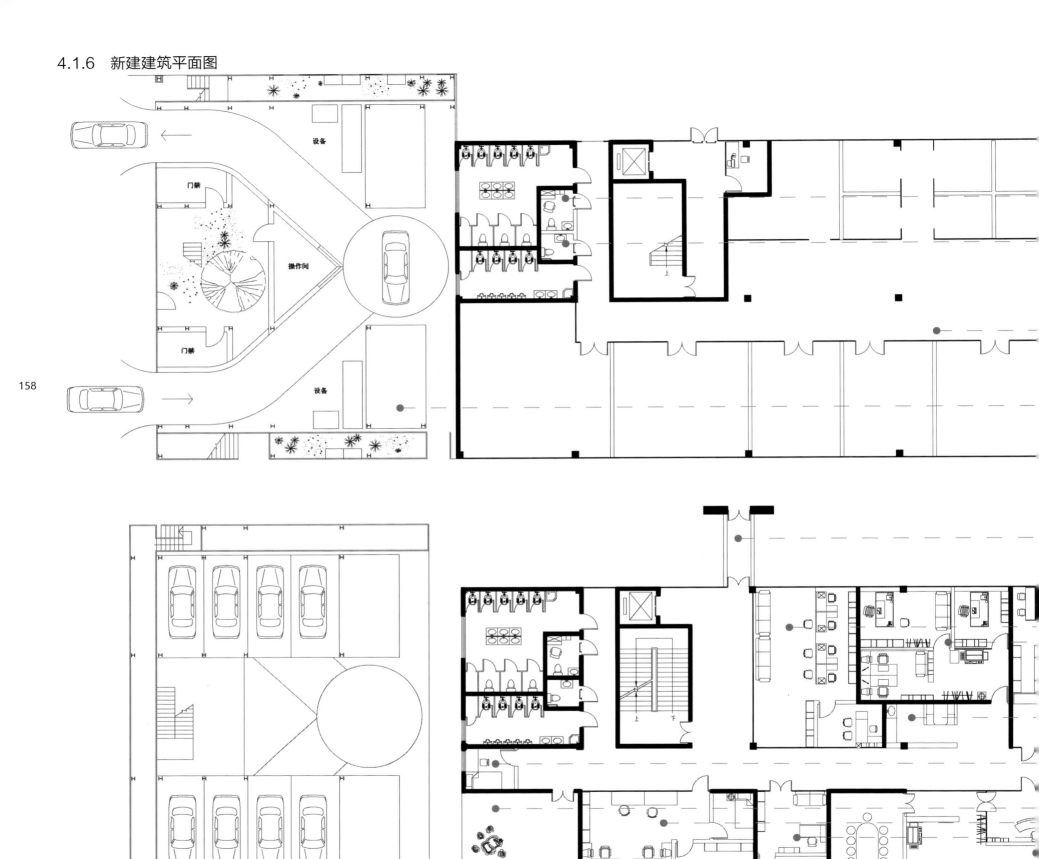

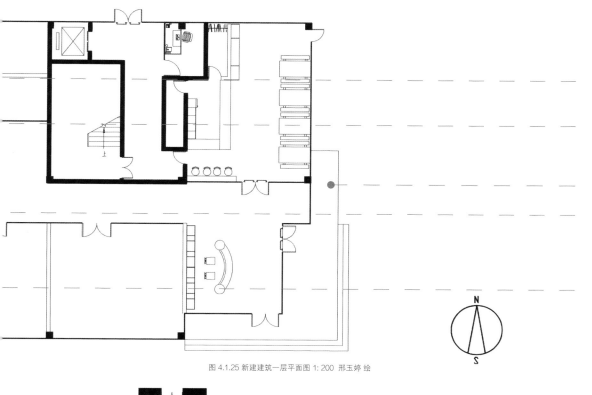

母婴室：方便带孩子的人群使用

无障碍卫生间

无障碍坡道

购物区：整个区域分为南北两部分。南区朝向佳，在主要步行街北侧，可以放置商业价值较高、相对高端的品牌店；北区则放置相对普通的商业。

自动化停车场

N
S

图 4.1.25 新建筑一层平面图 1：200 邢玉婷 绘

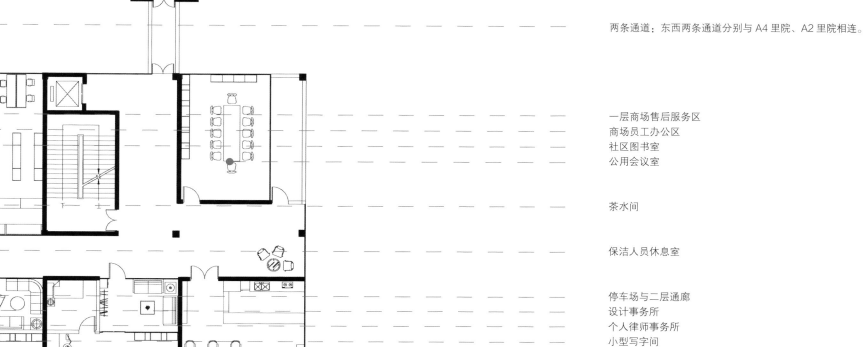

两条通道：东西两条通道分别与 A4 里院、A2 里院相连。

一层商场售后服务区
商场员工办公区
社区图书室
公用会议室

茶水间

保洁人员休息室

停车场与二层通廊
设计事务所
个人律师事务所
小型写字间
画家工作室
餐厅

图 4.1.26 新建筑二层平面图 1：200 邢玉婷 绘

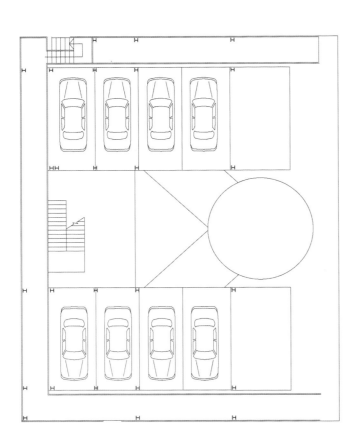

160

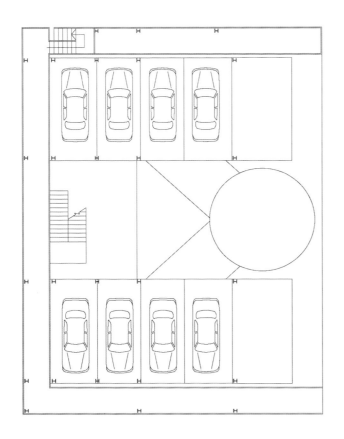

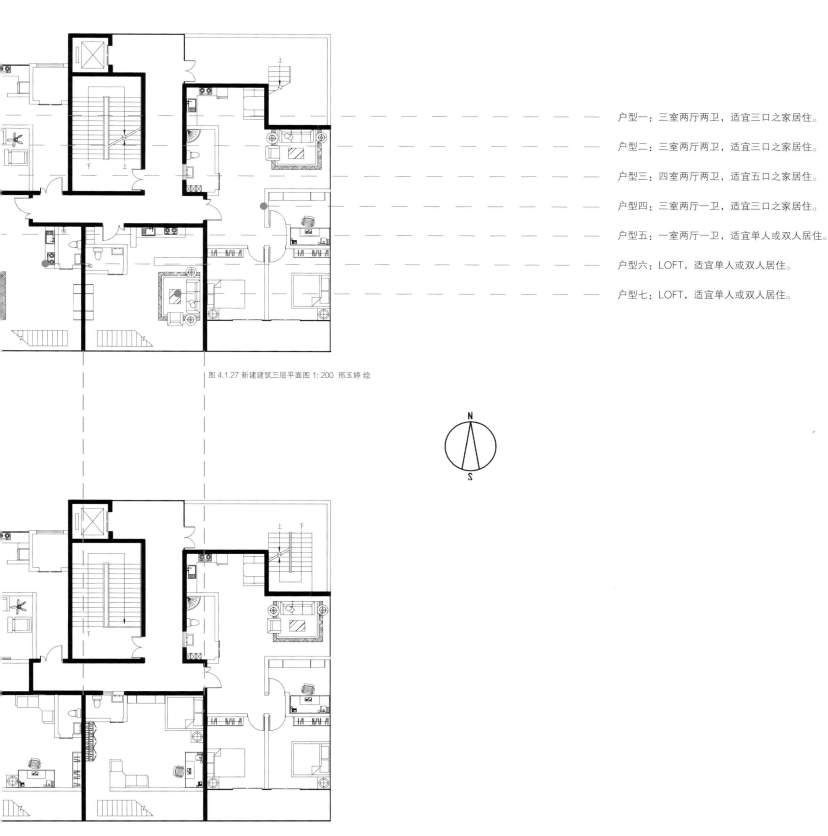

户型一：三室两厅两卫，适宜三口之家居住。

户型二：三室两厅两卫，适宜三口之家居住。

户型三：四室两厅两卫，适宜五口之家居住。

户型四：三室两厅一卫，适宜三口之家居住。

户型五：一室两厅一卫，适宜单人或双人居住。

户型六：LOFT，适宜单人或双人居住。

户型七：LOFT，适宜单人或双人居住。

图 4.1.27 新建筑三层平面图 1: 200 邢玉婷 绘

图 4.1.28 新建筑四层平面图 1: 200 邢玉婷 绘

4.1.7 立面修复图

■A4—博山—Q1

■A4—博山路—C1

■A4—博山路—M1

图 4.1.29 A4 里院原始立面图 邢玉婷 摄

编号	存在问题	解决策略
A4—博山路—Q1	二层墙面由于雨水的冲刷和后期不当的维护，导致表面留下了难以去除的大面积的雨水痕迹 二层墙面还有许多用户为方便而私自拉扯的电线 一层商户采用的广告牌材料耐久性差，部分已经出现了掉落、褪色等情况，影响美观	就二层而言，不对外墙表面做过多的处理，保持现状 将凌乱的电线去除，恢复立面的整体性 用质量较高的材料替换破旧的广告牌，提高商户的整体品质
A4—博山路—C1	因为长时间未对窗户进行维护，二层住户的木制窗户窗框已经出现了开裂、破损等现象，并且部分玻璃也已缺失 一层商户橱窗处理较为简易，并且部分玻璃存在污迹	依旧采用木材，用高质量的新窗户替换原来的旧窗户，玻璃采用双层保温隔热玻璃，以提高住户的居住质量 在原有的规格上将橱窗进行重新设计
A4—博山路—M1	一层商户普遍采用卷帘门，但是长期未进行更换，卷帘门已经变得十分脆弱，起不到保护店面安全的作用	对卷帘门进行替换，并且安装监控系统，确保店铺的安全

图 4.1.30 A4 里院立面修复图 邢玉婷 绘

图 4.1.31 剖面示意图　邢玉婷 绘

1——新建筑与A区里院的通廊
　整体采用钢框架，地面为伸入里院原有地面的混凝土结构。两侧为可上下开启的玻璃窗，便于透气通风。

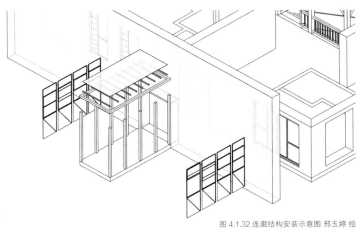

1

图 4.1.32 连廊结构安装示意图 邢玉婷 绘

2——A区里院外加阳台
　外加阳台的地面为伸入里院原有地面的混凝土结构（如2-1），周围的维护结构是玻璃。在玻璃的下方两角采用钢构件将其固定在混凝土维护上（如2-2）。

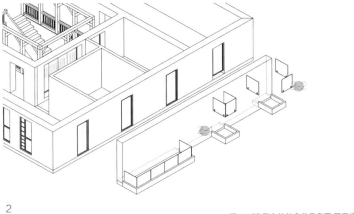

2

图 4.1.33 阳台构件安装示意图 邢玉婷 绘

3——窗户的替换
　原有的窗户，窗框已出现开裂现象，并且伴有玻璃破损的情况。所以全部替换为新制窗户。新窗户的开启方式灵活简便。

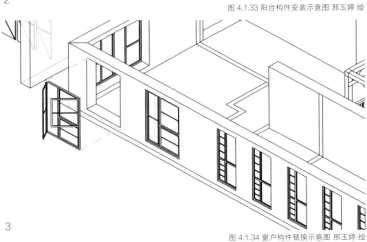

3

图 4.1.34 窗户构件替换示意图 邢玉婷 绘

4——原有栏杆的修复
　里院二层原有的栏杆构件十分具有保护价值，所以对A区里院的栏杆结构均采取了保护修复方式。图为修复完成后的栏杆样式。

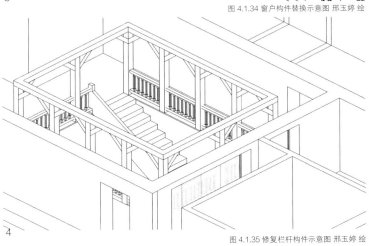

4

图 4.1.35 修复栏杆构件示意图 邢玉婷 绘

4.1.9 里院结构分解示意图

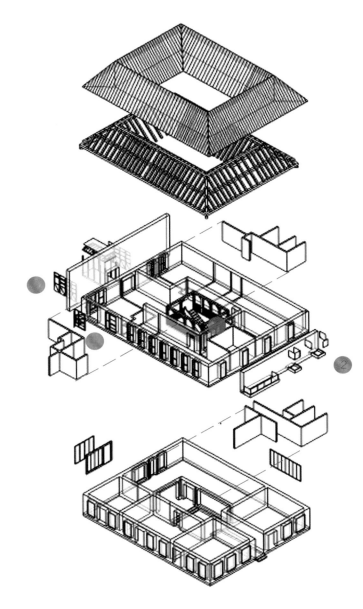

165

图 4.1.36 结构分解示意图 邢玉婷 绘

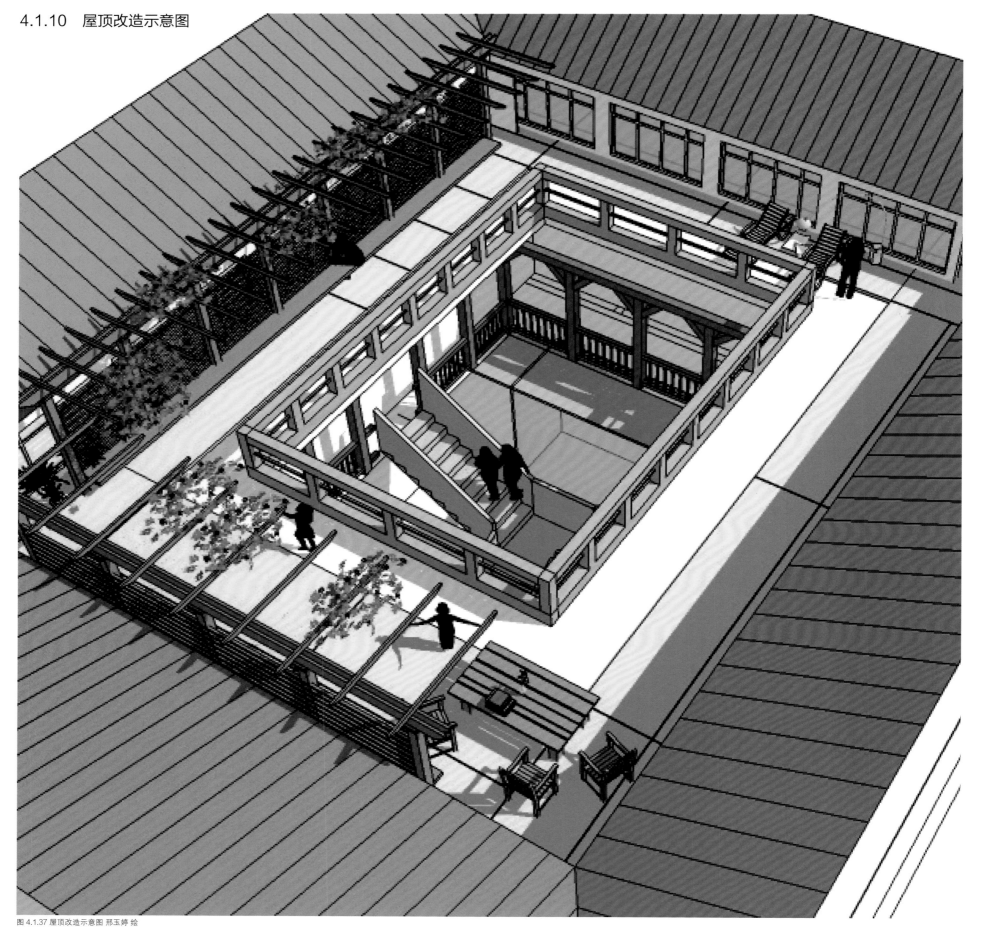

图 4.1.37 屋顶改造示意图 邢玉婷 绘

4.1.11 业态分布图

餐饮   住宅   服务类
休闲类商业   停车场   自由创意工作区
小型中高端商业   零售   中高端住宅

图 4.1.38 原始一层业态分布图 邢玉婷 绘

餐饮   住宅   服务类
休闲类商业   停车场   自由创意工作区
小型中高端商业   零售   中高端住宅

图 4.1.41 新一层业态分布图 邢玉婷 绘

餐饮   住宅   服务类
休闲类商业   停车场   自由创意工作区
小型中高端商业   零售   中高端住宅

图 4.1.39 原始二层业态分布图 邢玉婷 绘

餐饮   住宅   服务类
休闲类商业   停车场   自由创意工作区
小型中高端商业   零售   中高端住宅

图 4.1.42 新二层业态分布图 邢玉婷 绘

餐饮   住宅   服务类
休闲类商业   停车场   自由创意工作区
小型中高端商业   零售   中高端住宅

图 4.1.40 原始三层业态分布图 邢玉婷 绘

餐饮   住宅   服务类
休闲类商业   停车场   自由创意工作区
小型中高端商业   零售   中高端住宅

图 4.1.43 新三、四层业态分布图 邢玉婷 绘

图 4.2.1 基地鸟瞰 孔德硕 摄

4.2 B区

　　B区（广兴里）始建于1987年，是由海泊路、高密路、易州路和博山路四条道路围合而成的"回"型里院。广兴里拥有开阔的院落空间，长边近40m，短边近30m。由于院落中加建的临时建筑越来越多，导致原本开阔的院落变得拥挤不堪，同时也破坏了服务于居民的公共空间。

　　设计者决定将院中加建的临时建筑拆除，还原原有院落的空间格局和尺度，将院落重新作为公共空间使用，同时新建一组可以拼接组合、功能灵活多样的可移动的构筑物供居民使用，新建构筑物使用轻型木结构。

　　院中外廊西南角部位在交通流线设计上增设两步楼梯，使同层外廊形成"回"路。将基地原有西侧入口重新作为交通空间使用，增加无障碍设施电梯。庭院北部和南部分别增设两部小型简易升降梯方便特殊人群使用和货物运输。

　　老建筑内部仍然延续"上住下商"空间模式，主要变化有四点：一是拆除室内所有隔墙，三联户合成一户，增大居民使用面积。二是完全打通上下四层空间，内部重建独立轻型木构架结构，现有外墙只承受自重。三是通过引入新型商业类型丰富老建筑的功能多样性，赋予老建筑新空间。四是阁楼改造成屋顶花园，将人群往高处集中，使阁楼成为人群主要的活动空间。

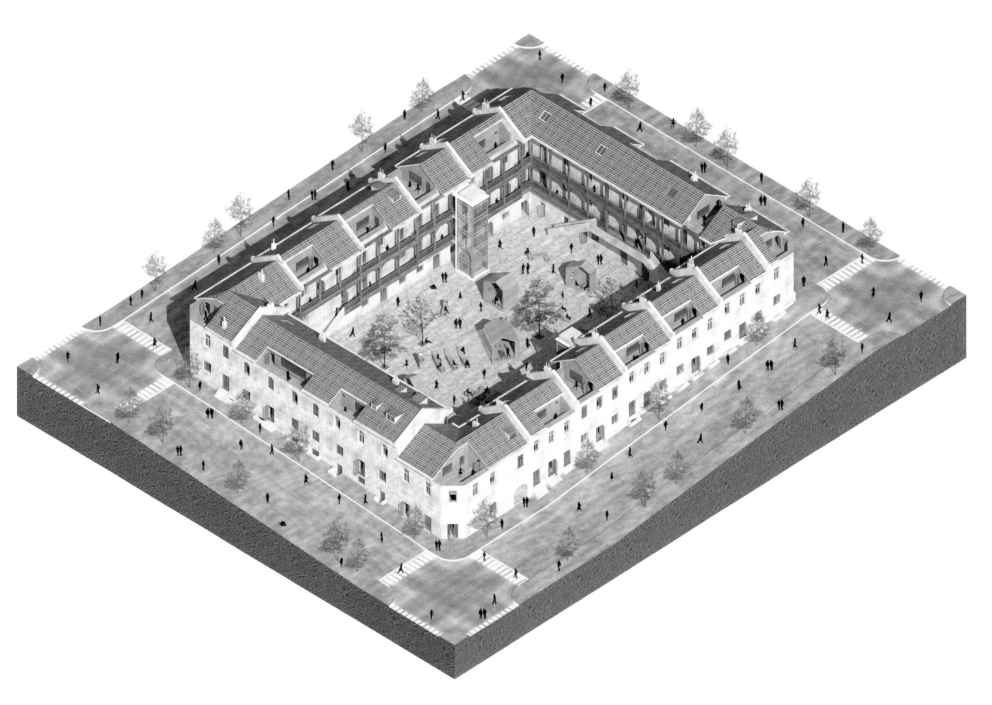

图 4.2.2 方案整体效果图 孔德硕 绘

4.2.2 方案构思

1. 现状分析 → 2. 解决问题 / 目的 / 策划 → 3. 切入点 → 4. 新功能

功　　能：一层商业，二层居住。
业态一层商业多为美发店、服装店和餐饮店。
二层居住户型多为三联户
主要问题：一层仍以传统商业为主，商业模式较单一，对周边人群吸引不大。
二层居住人均使用面积较小，生活质量不高
发展趋势：在保留一层适量传统商业的基础上，一些其他新型商业被置入（休闲类、办公类、工作坊、工作室等）业态混合，分散式功能布局商住混用或同一业主上住下商模式的改变

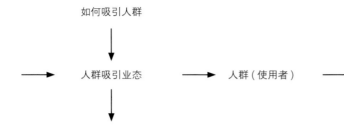

如何吸引人群
↓
人群吸引业态
↓
经济效益发展

人群（使用者）→

(1) 传统商业
(2) 出租公寓

可能会被置换进入的新人群：

(3) 创客空间
(4) 艺术家工作室（画家、建筑师、舞蹈家、文学家等）
(5) 儿童创意工坊
(6)……

170

---

5. 新空间 → 6. 设计策略

新空间功能需求：
(1) 传统商业；
(2) 出租公寓；
(3) 创客空间：
　　——创客分享会、创客工作坊、创意教育等；
(4) 画家工作室：
　　——画家工作室、画廊、画家俱乐部、画家居住等；
(5) 建筑师工作室：
　　——工作区、接待区、休息区、会议室、模型室等；
(6) 儿童创意工坊：
　　——创意教育、各种作坊、休息区等；

同一业主情况下空间设计：
(1) 横向设计（以传统商业为例）：
　　——前店 + 后作坊 / 前店 + 后居住；
(2) 竖向设计（以建筑师工作室为例）：
　　——地下模型室 + 一层接待展示 + 二层居住 + 阁楼工作；
(3) 横向设计 + 竖向设计：（以儿童创意工坊为例）：
　　——前作坊 + 后休息 + 上层教室。

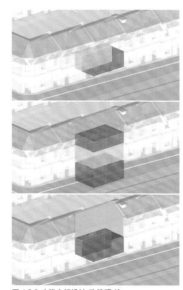

图 4.2.3 功能空间设计 孔德硕 绘

→

结构改造方式：
　　(1) 横向设计中使用轻质隔墙板直接分隔空间。
　　(2) 竖向设计中打通上下层楼板，置入新的独立轻型框架体系满足竖向空间设计。

其他改造方式：
　　"打开"屋顶，将人群往高处集中 —— 阁楼改造，屋顶花园。

4.2.3　交通流线设计

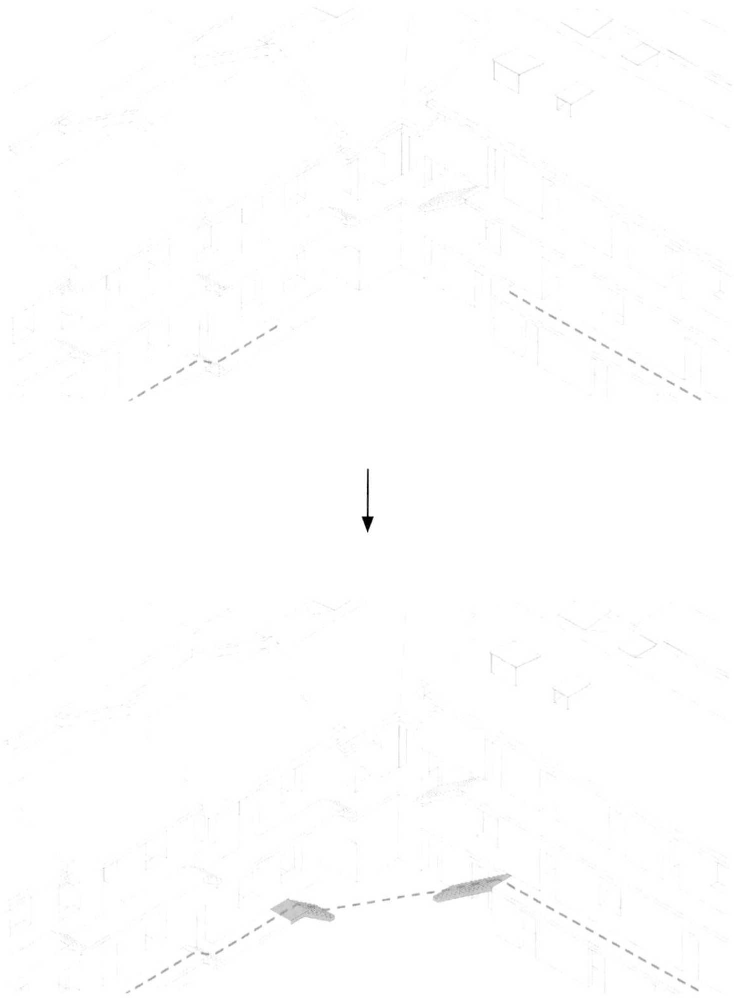

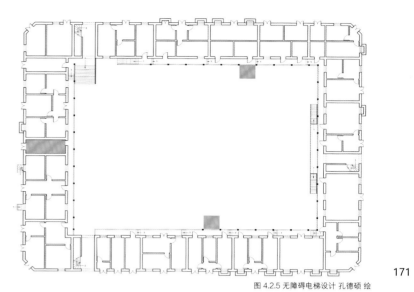

图 4.2.5 无障碍电梯设计 孔德硕 绘

(1) 将基地原有西侧出入口重新作为交通空间使用，增加无障碍设施电梯。
(2) 院中增加两部小型简易升降梯方便特殊人群使用。

图 4.2.4 交通流线设计 孔德硕 绘

(1) 流线仍以现状环形流线为主。
(2) 西南角加建两部楼梯，以便形成回路。

4.2.4 单一业主 —— 几类功能原型空间的探讨

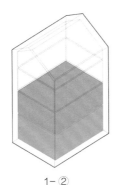 

1-①　　　1-②　　　1-③

1. 传统商业（商铺、居住、储藏）
① 1F: 商铺。
② -1F+1F: 储藏 + 商铺。
③ -1F+1F+2F+ 阁楼: 储藏 + 商铺 + 居住。
1-①，1-②，1-③ ——3 种情况。

2-①

2. 出租公寓（居住）
① 2F+ 阁楼: 居住（客、厨、卫）+ 居住（卧、书、屋花）。
2-① ——1 种情况。

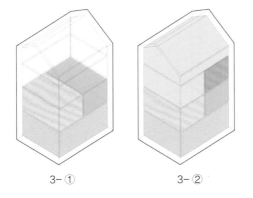

3-①　　　3-②

3. 创客中心（创客小聚、创客分享会、创客工作坊、创意教育、居住）
① -1F+1F: 创客工作坊 + 创客小聚、创客分享会。
② -1F+1F+2F+ 阁楼: 创客工作坊 + 创客小聚、创客分享会 + 创意教育、居住（客、厨、卫）+ 居住（卧、书、屋花）。
3-①，3-② ——2 种情况。

图 4.2.6 功能原型设计 孔德硕 绘

4-①

4. 画家工作室（工作室、画廊展示、画家居住、画家俱乐部、储藏室）
① -1F+1F+2F+ 阁楼: 画廊展示 + 储藏室、画家俱乐部 + 工作室、画家居住（客、厨 1818、卫）+ 画家居住（卧、书、屋花）。
4-① ——1 种情况。

5-①

5. 建筑师工作室（开放工作室、建筑师工作室、接待室、模型室、建筑师居住）
① -1F+1F+2F+ 阁楼: 模型室 + 开放工作室、接待室 + 建筑师居住（客、厨、卫）+ 建筑师居住（卧、书、屋花）。
5-① ——1 种情况。

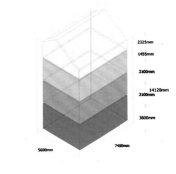

图 4.2.7 功能原型设定 孔德硕 绘

选取基地中多数的三联户垂直空间作为探讨原型空间

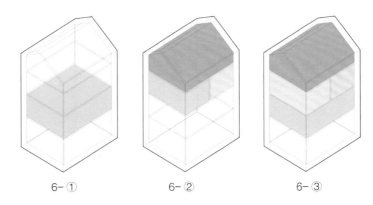

6-①　　　6-②　　　6-③

6. 儿童创意工坊（工坊区、创意教育、休息区、餐厅）
① 1F: 工坊区。
② 2F+ 阁楼: 工坊区、创意教育 + 休息区（屋花）。
③ 1F+2F+ 阁楼: 工坊区 + 创意教育、餐厅 + 休息区（屋花）。
6-①，6-②，6-③ ——3 种情况。

1-①、1-②、1-③、2-①、3-①、3-②、4-①、5-①、6-①、6-②、6-③ ——11 种情况。

4.2.5 多个业主 —— 功能原型的组合方式

底层未填色部分表示没有地下层的情况

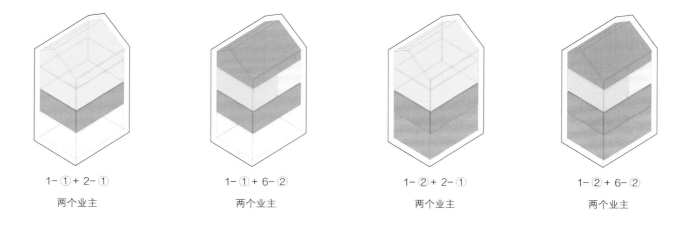

1-①+ 2-①
两个业主

1-①+ 6-②
两个业主

1-②+ 2-①
两个业主

1-②+ 6-②
两个业主

1-③
一个业主

2-①+ 3-①
两个业主

2-①+ 6-①
两个业主

3-①+ 6-②
两个业主

1-①+2-①、1-①+6-②、1-②+2-①、1-②+6-②、
1-③、2-①+3-①、2-①+6-①、3-①+6-②、3-②、
4-①、5-②、6-③ ——12 种情况

3-②
一个业主

4-①
一个业主

5-①
一个业主

6-③
一个业主

图 4.2.8 功能原型组合 孔德硕 绘

4.2.6　整体功能效果展示

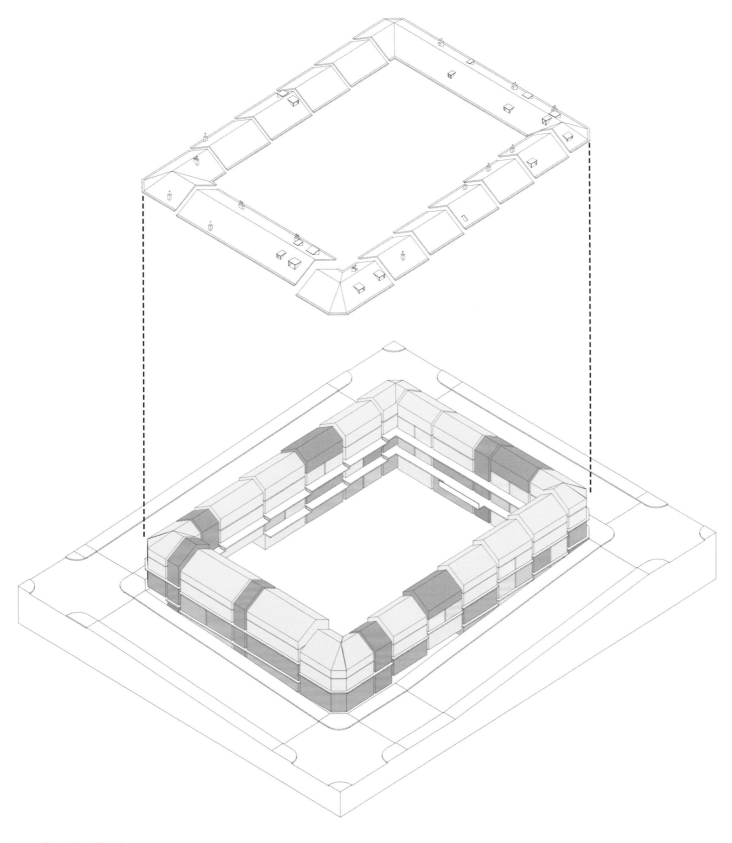

图 4.2.9 整体功能效果 孔德硕 绘

4.2.7 功能原型空间结构的置换方式

完全打通四层空间，内部重建独立轻型木构架结构，现有外墙只承受自重。

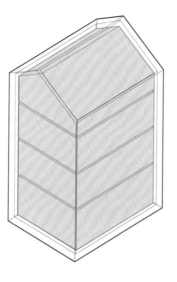

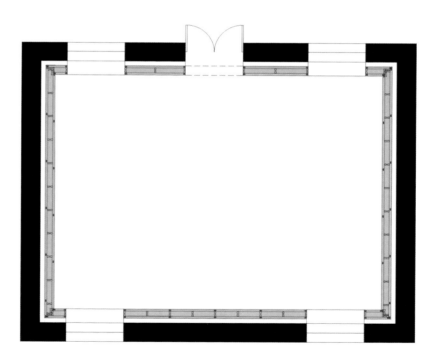

图 4.2.10 功能原型结构置换方式 孔德硕 绘

4.2.8　功能原型空间深化设计
深化设计 01

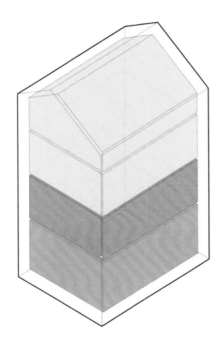

原型 A：传统商业
1- ③（一个业主）
−1F+1F+2F+ 阁楼：商铺、储藏 + 商铺 + 居住（客、起、厨、餐）+ 居住（卧、卫、露台）

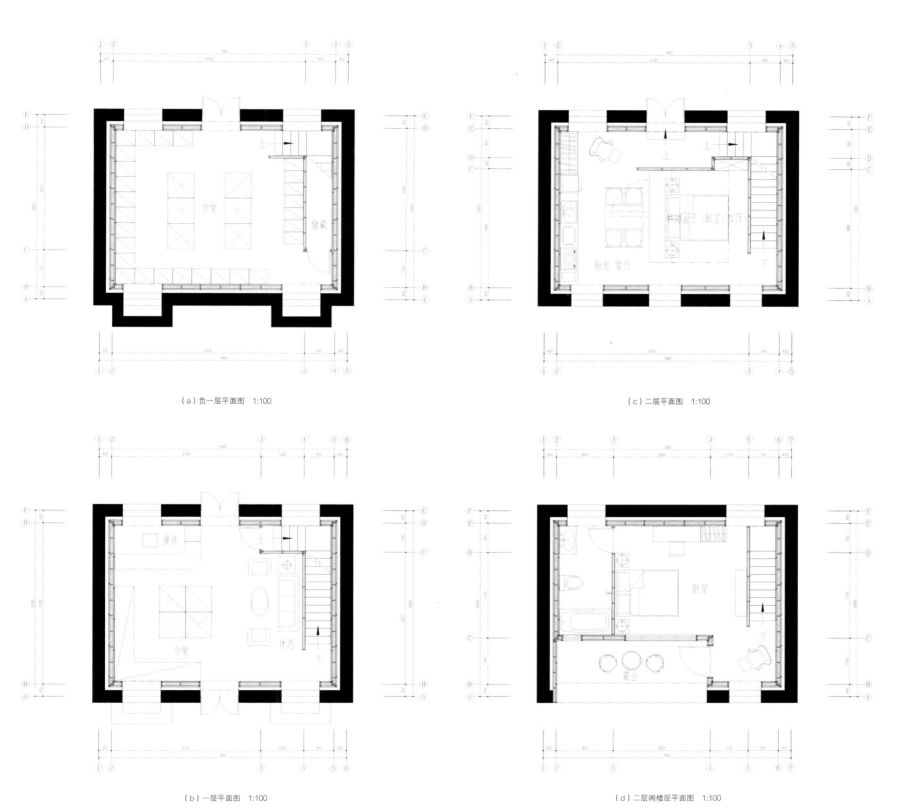

（a）负一层平面图　1:100

（c）二层平面图　1:100

（b）一层平面图　1:100

（d）二层阁楼层平面图　1:100

图 4.2.11 原型 A 设计 孔德硕 绘

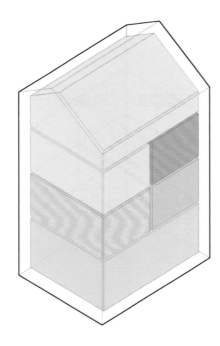

原型 B：创客中心
3-②（一个业主）
-1F+1F+2F+阁楼：创客工作坊＋创客小聚、分享会＋创意教育＋合伙人居住(卧、卫、露台)

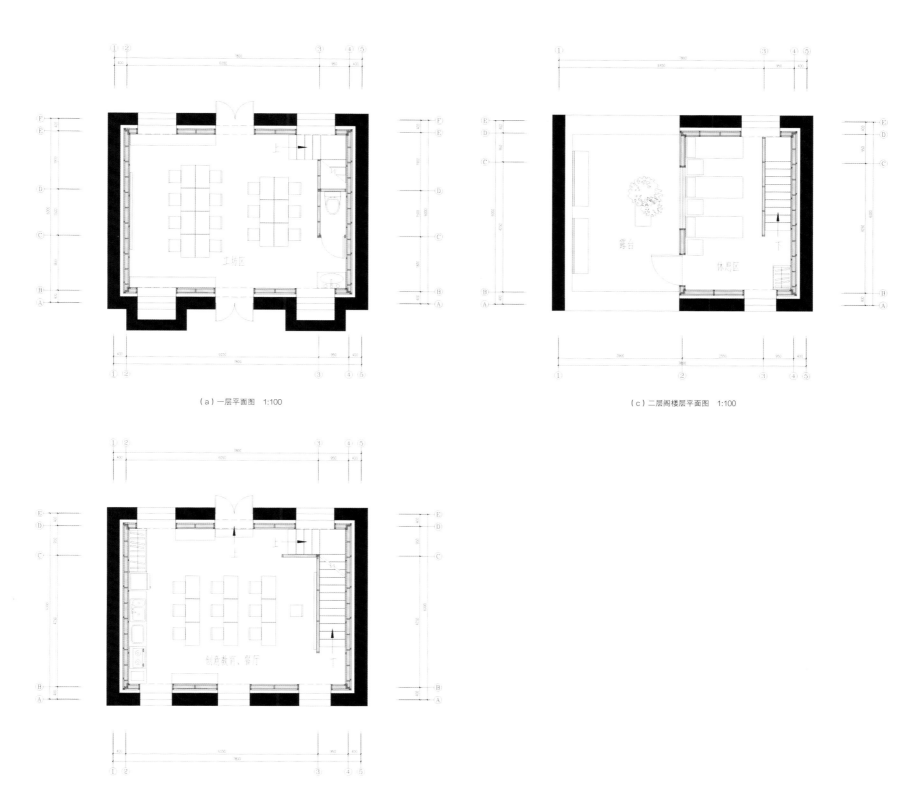

（a）一层平面图 1:100

（c）二层阁楼层平面图 1:100

（b）二层平面图 1:100

图 4.2.15 原型 E 设计 孔德硕 绘

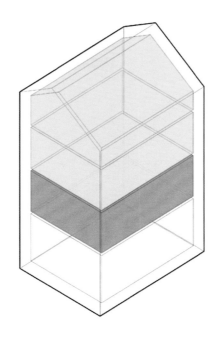

原型 F：传统商业 + 出租公寓
1- ① +2- ①（两个业主）
1F：商铺；2F+ 阁楼：居住（客、起、厨、餐, 储藏）+ 居住（卧、卫、露台）

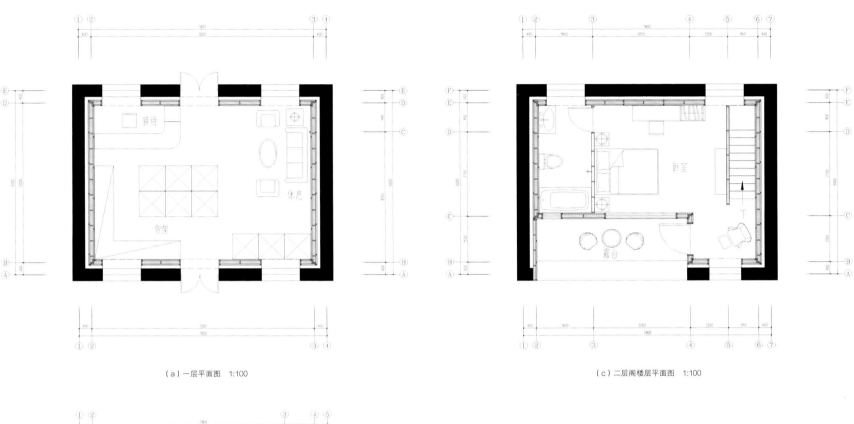

（a）一层平面图　1:100

（c）二层阁楼层平面图　1:100

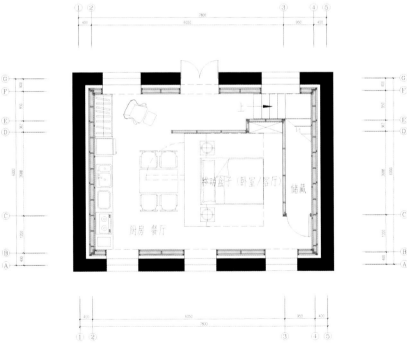

（b）二层平面图　1:100

图 4.2.16 原型 F 设计 孔德硕 绘

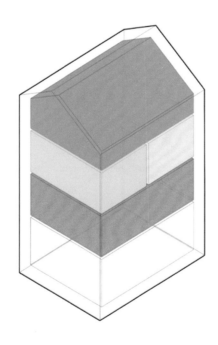

原型 G：儿童创意工坊 + 传统商业
6- ② +1- ① （两个业主）
1F：商铺；2F+ 阁楼：工坊区 + 休息区（露台）

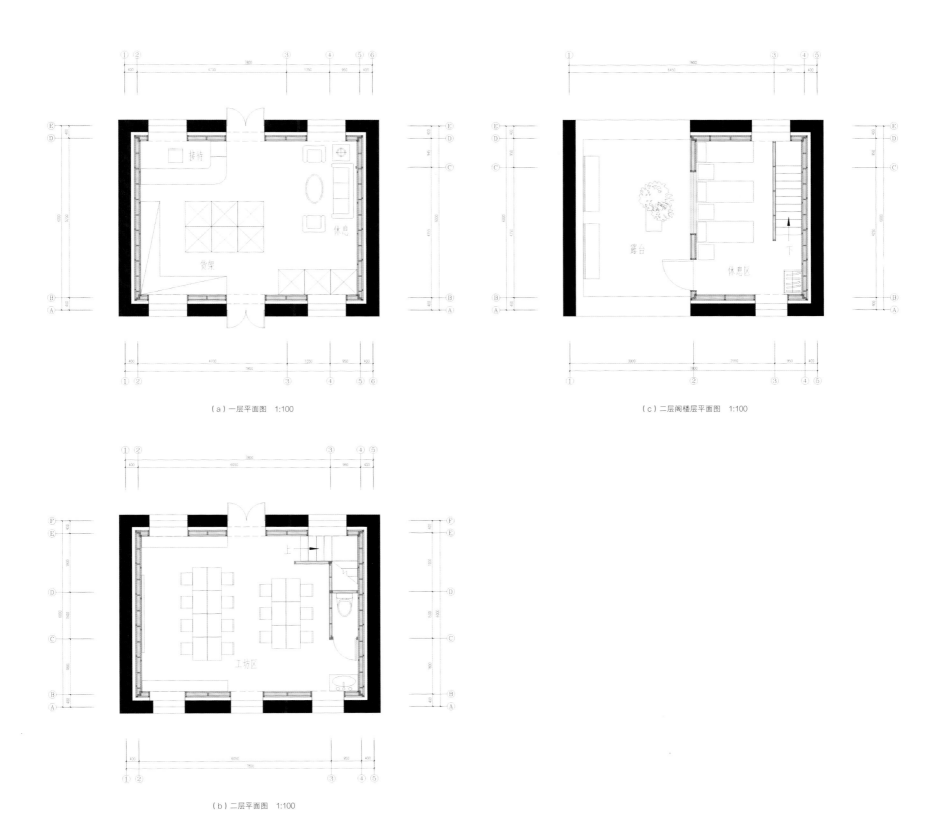

（a）一层平面图　1:100

（c）二层阁楼层平面图　1:100

（b）二层平面图　1:100

图 4.2.17 原型 G 设计 孔德硕 绘

189

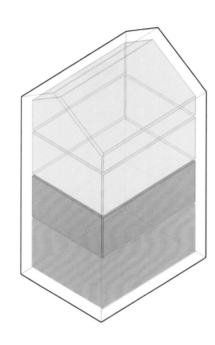

原型 H：传统商业 + 出租公寓
1- ② +2- ①（两个业主）
-1F+1F：商铺、储藏 + 商铺；2F+ 阁楼：居住（客、起、厨、餐，储藏）+ 居住
（卧、卫、露台）

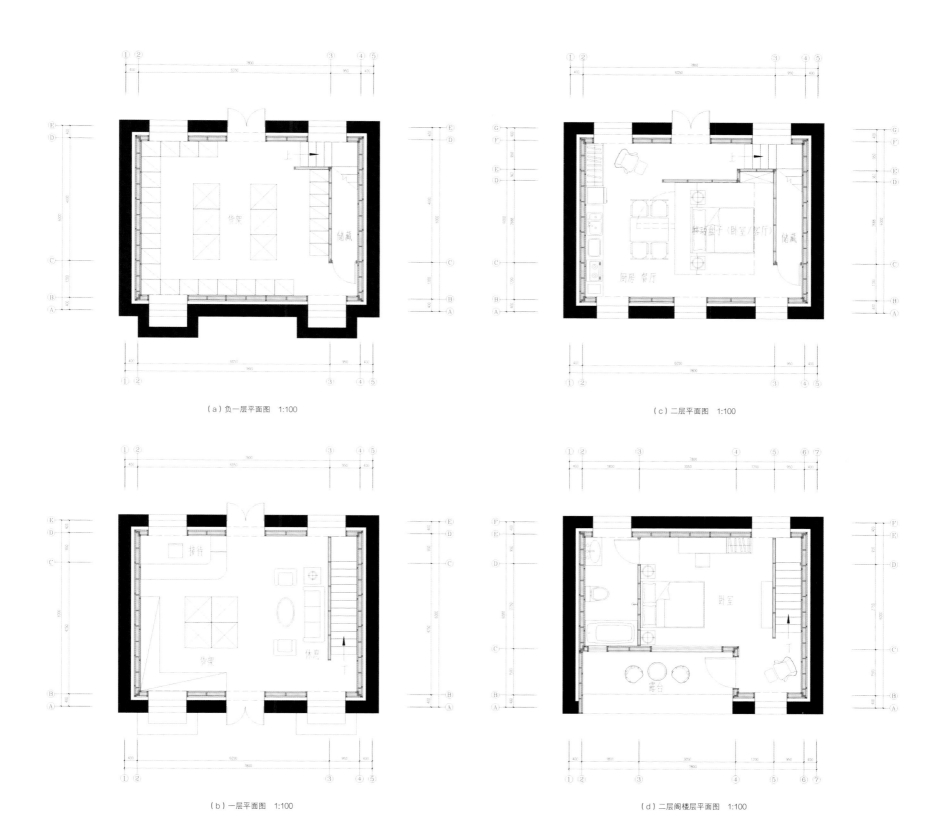

（a）负一层平面图　1:100

（c）二层平面图　1:100

（b）一层平面图　1:100

（d）二层阁楼层平面图　1:100

图 4.2.18 原型 H 设计 孔德硕 绘

191

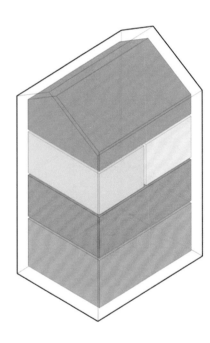

原型 I：传统商业 + 儿童创意工坊
1- ② +6- ②（两个业主）
-1F+1F：商铺、储藏 + 商铺；2F+ 阁楼：工坊区 + 休息区（露台）

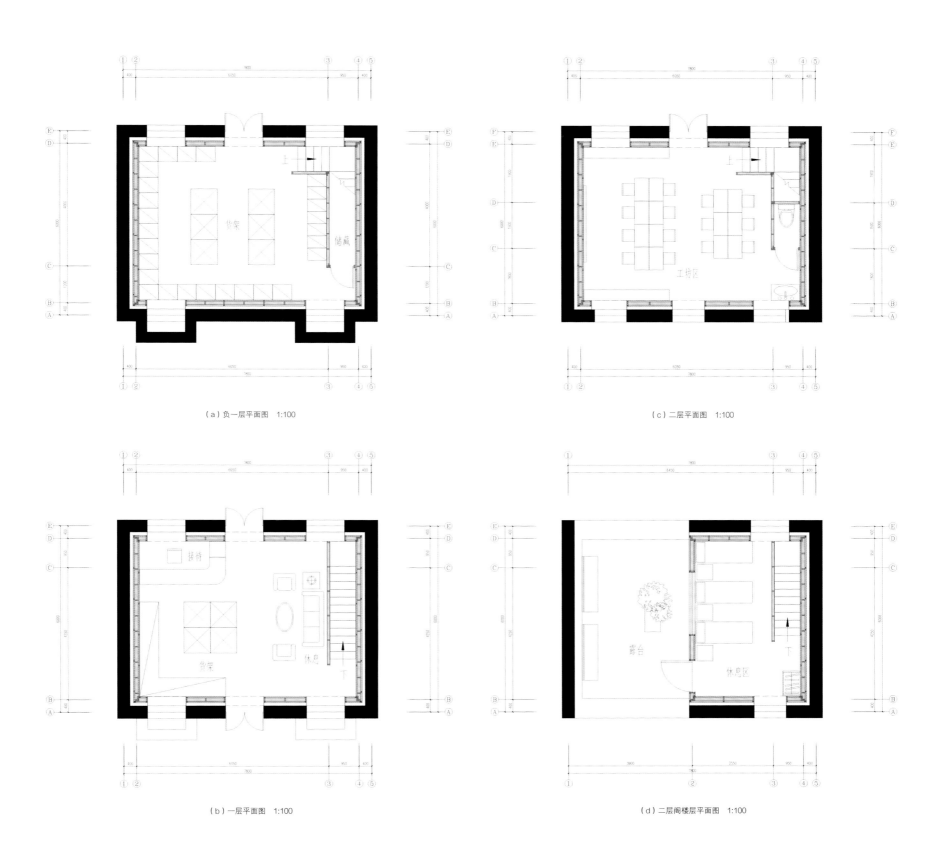

（a）负一层平面图　1:100

（c）二层平面图　1:100

（b）一层平面图　1:100

（d）二层阁楼层平面图　1:100

图 4.2.19 原型 I 设计 孔德硕 绘

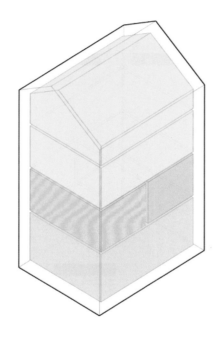

原型 J：创客中心 + 出租公寓
3- ① +2- ① (两个业主)
-1F+1F：创客工作坊 + 创客小聚、分享会；2F+ 阁楼：居住（客、起、厨、餐，储藏）+ 居住（卧、卫、露台）

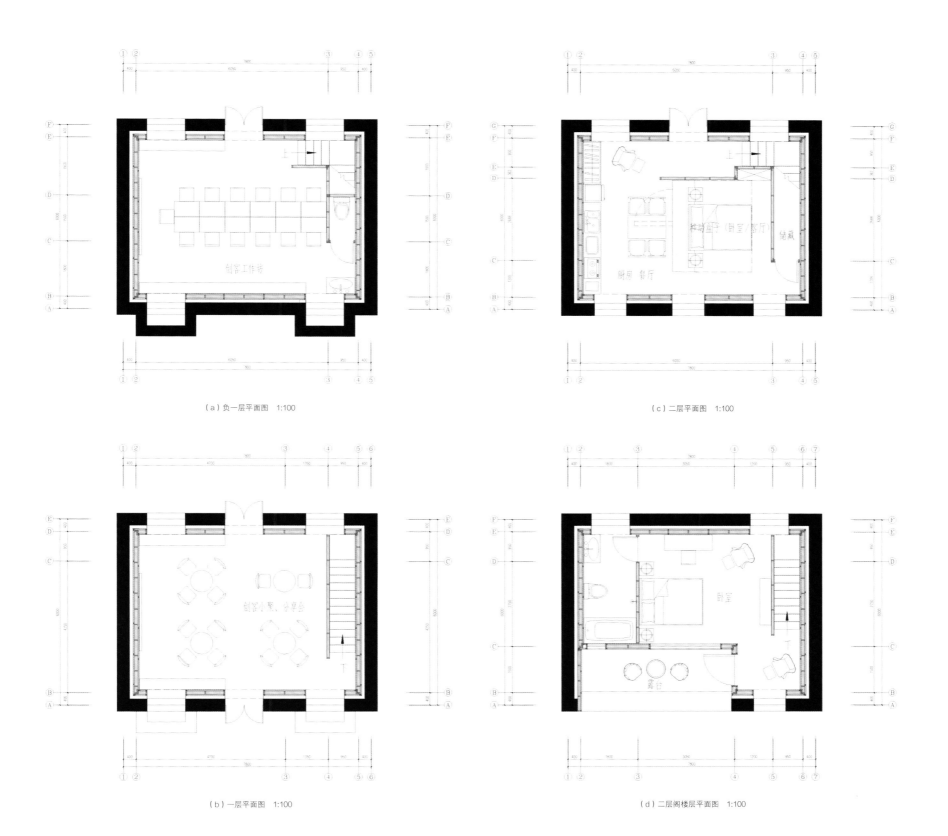

（a）负一层平面图　1:100

（c）二层平面图　1:100

（b）一层平面图　1:100

（d）二层阁楼层平面图　1:100

图 4.2.20 原型 J 设计 孔德硕 绘

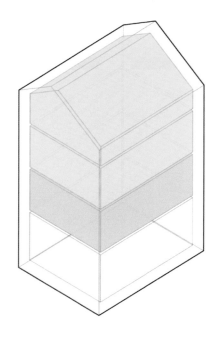

原型 K：创客中心 + 儿童创意工坊
2-①+6-①（两个业主）
1F：工坊区；2F+ 阁楼：创客工作坊 + 合伙人居住（卧、卫、露台）

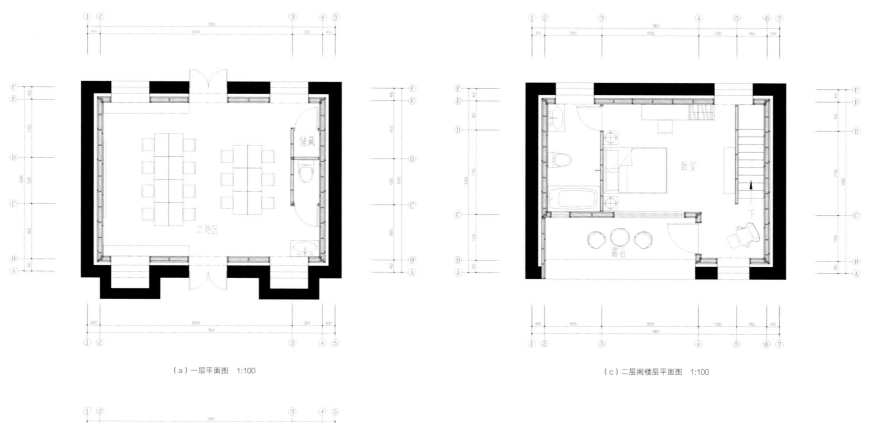

（a）一层平面图　1:100

（c）二层阁楼层平面图　1:100

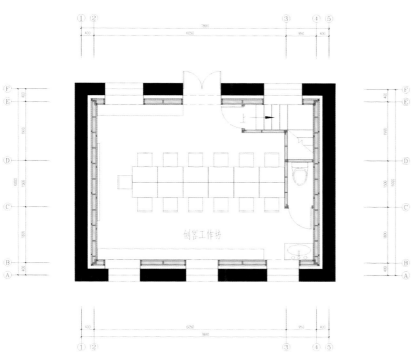

（b）二层平面图　1:100

图 4.2.21 原型 K 设计 孔德硕 绘

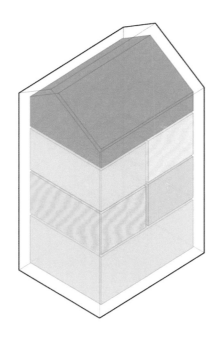

原型 L：创客中心 + 儿童创意工坊
3-① +6-②（两个业主）
-1F+1F：创客工作坊 + 创客小聚、分享会；2F+ 阁楼：工坊区 + 休息区（露台）

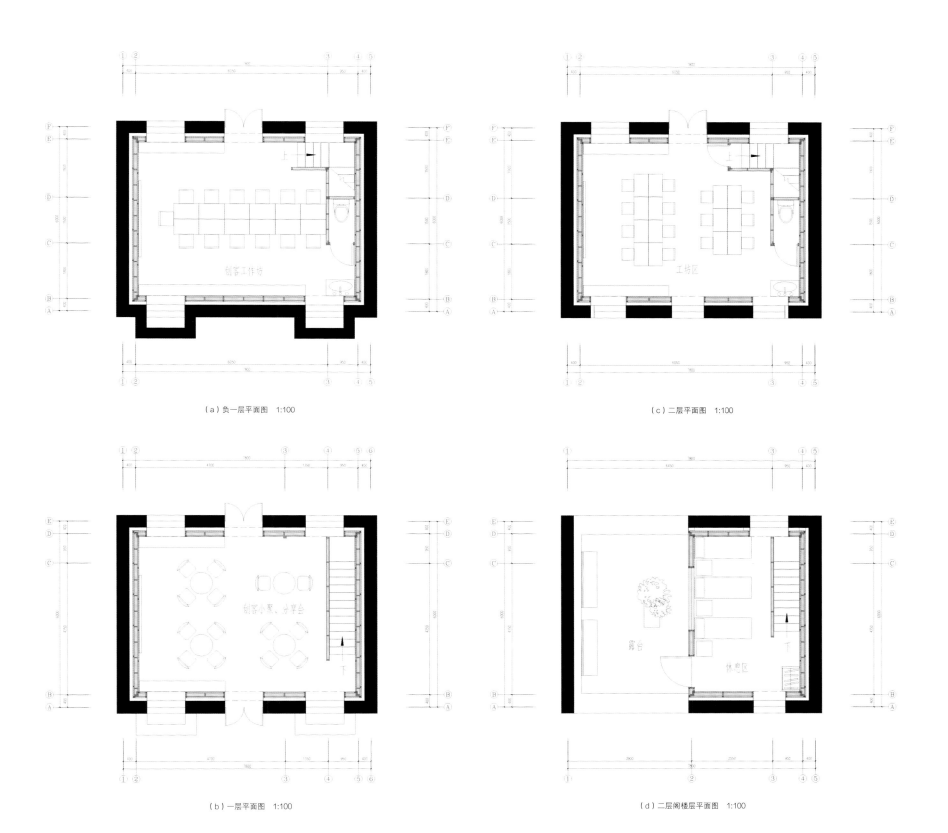

（a）负一层平面图　1:100

（c）二层平面图　1:100

（b）一层平面图　1:100

（d）二层阁楼层平面图　1:100

图 4.2.22 原型 L 设计 孔德硕 绘

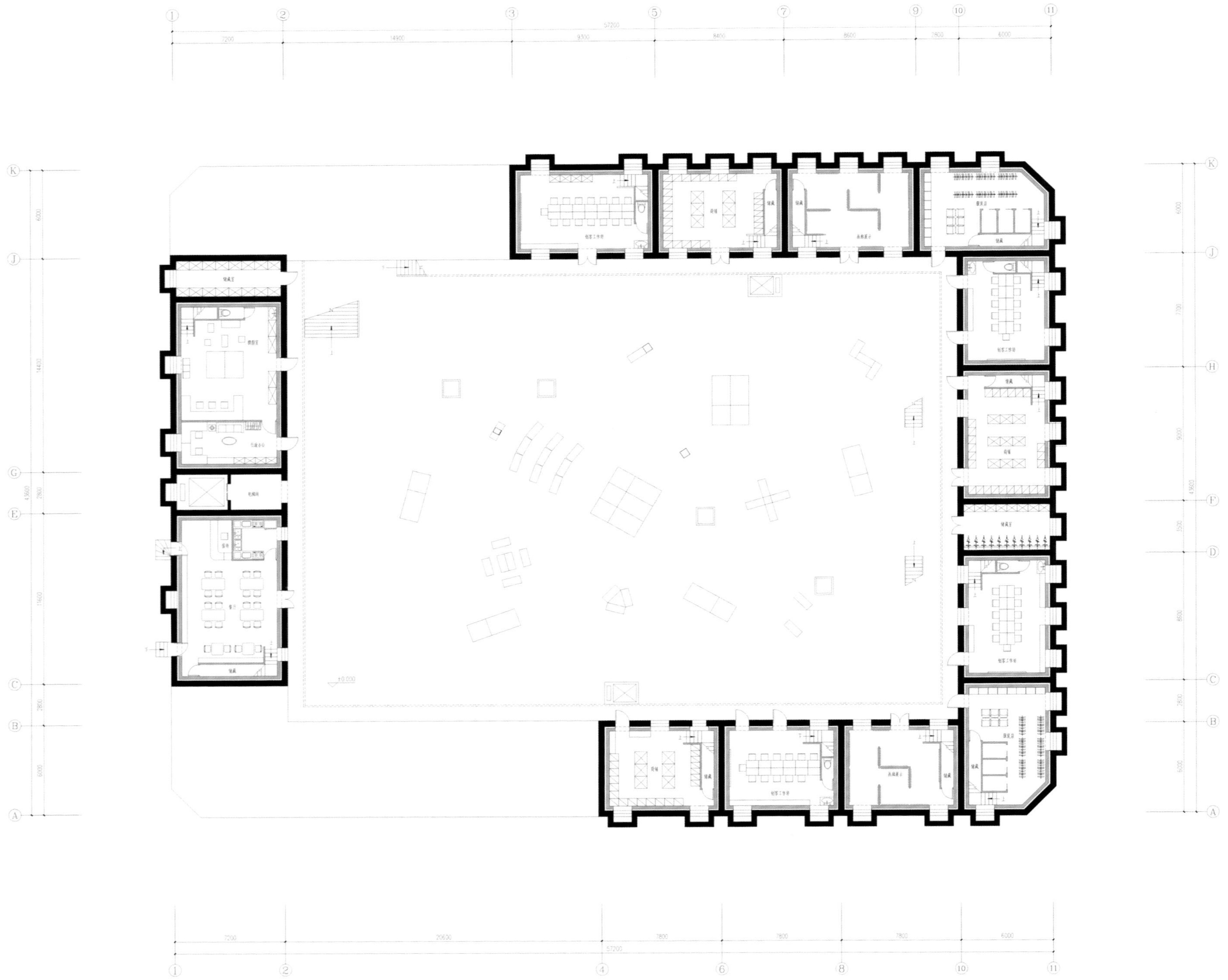

图 4.2.23 负一层平面图 孔德硕 绘

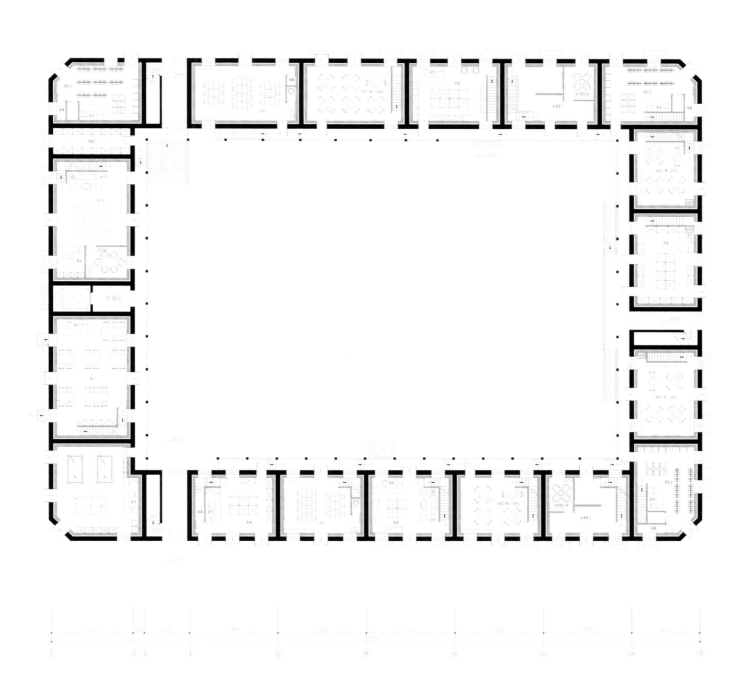

图 4.2.24 一层平面图 孔德硕 绘

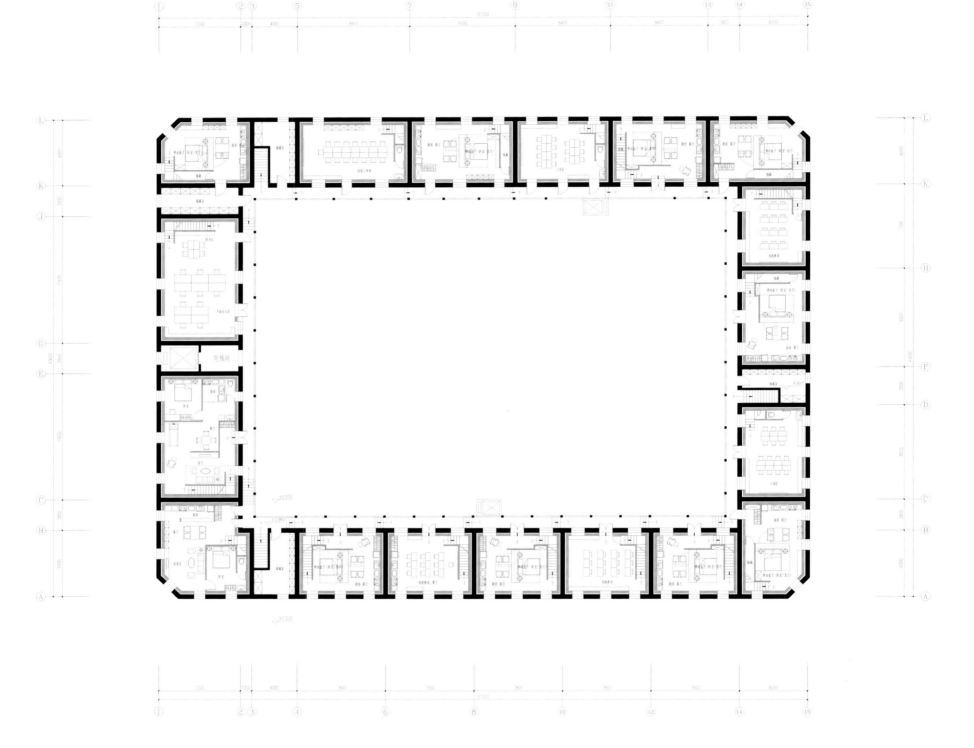

图 4.2.25 二层平面图 孔德硕 绘

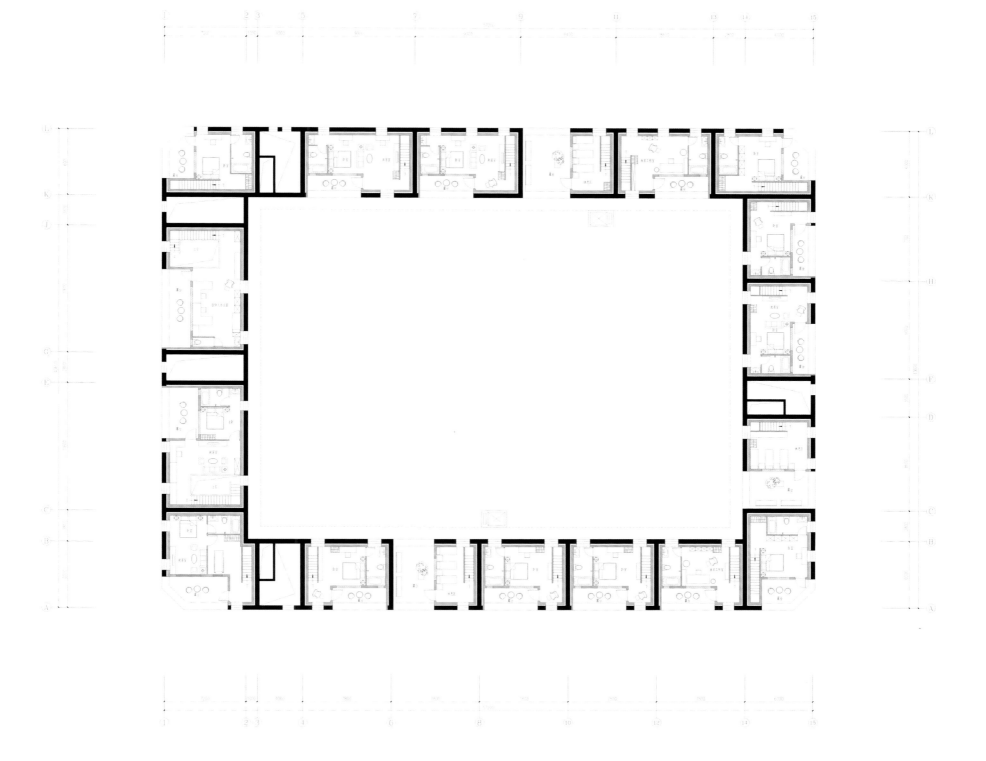

图 4.2.26 二层阁楼平面图 孔德硕 绘

4.2.10 总平面图

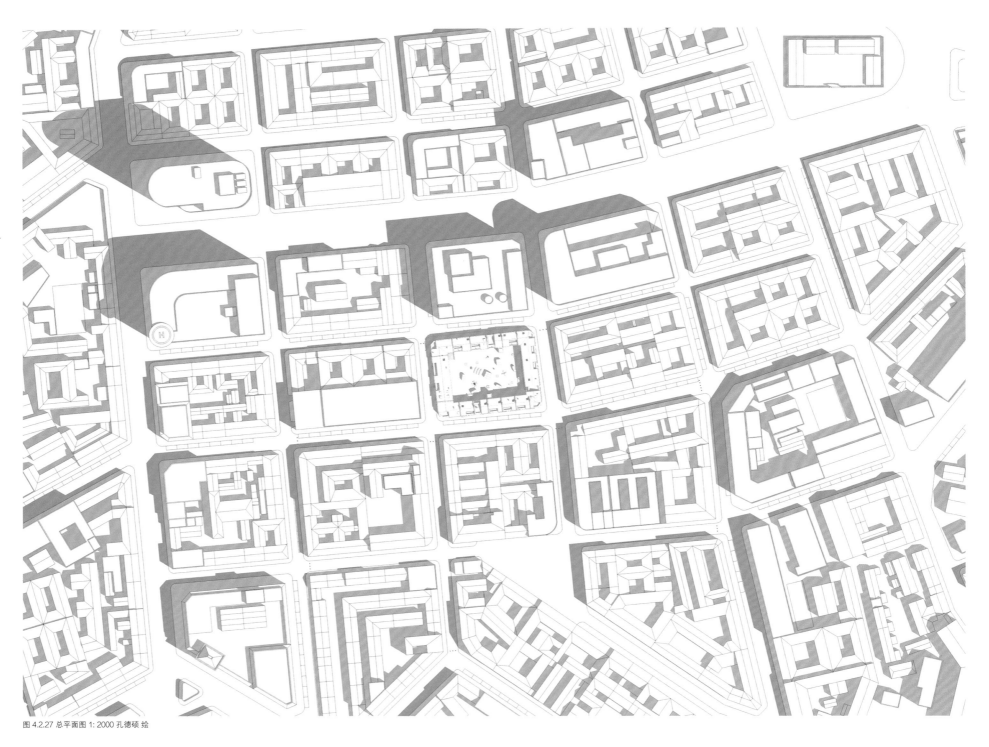

图 4.2.27 总平面图 1: 2000 孔德硕 绘

4.2.11 分解轴侧示意

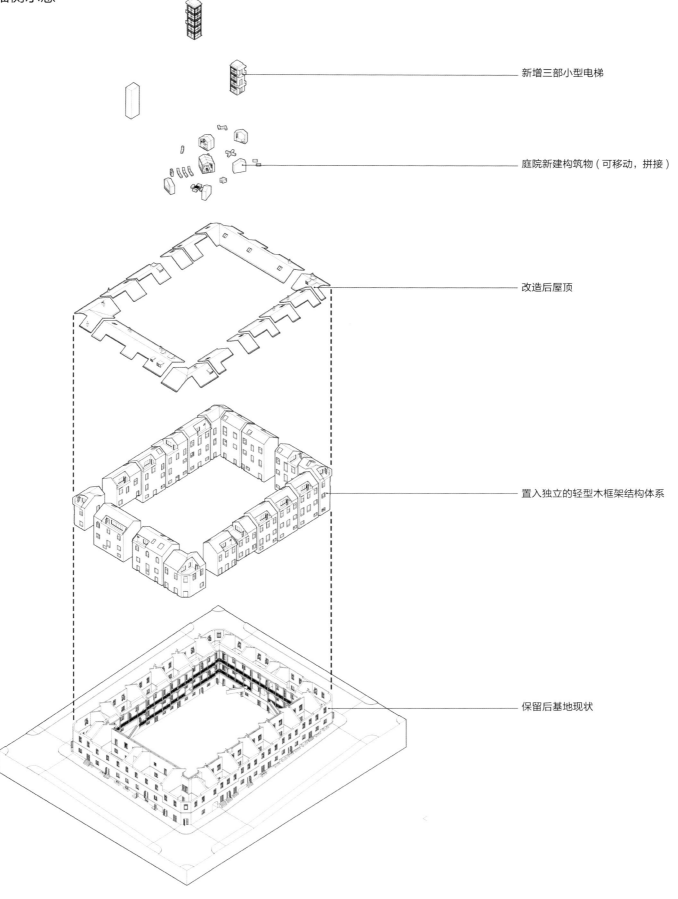

新增三部小型电梯

庭院新建构筑物（可移动，拼接）

改造后屋顶

置入独立的轻型木框架结构体系

保留后基地现状

图 4.2.28 分解轴侧示意 孔德硕 绘

4.2.12　屋顶防水层修复

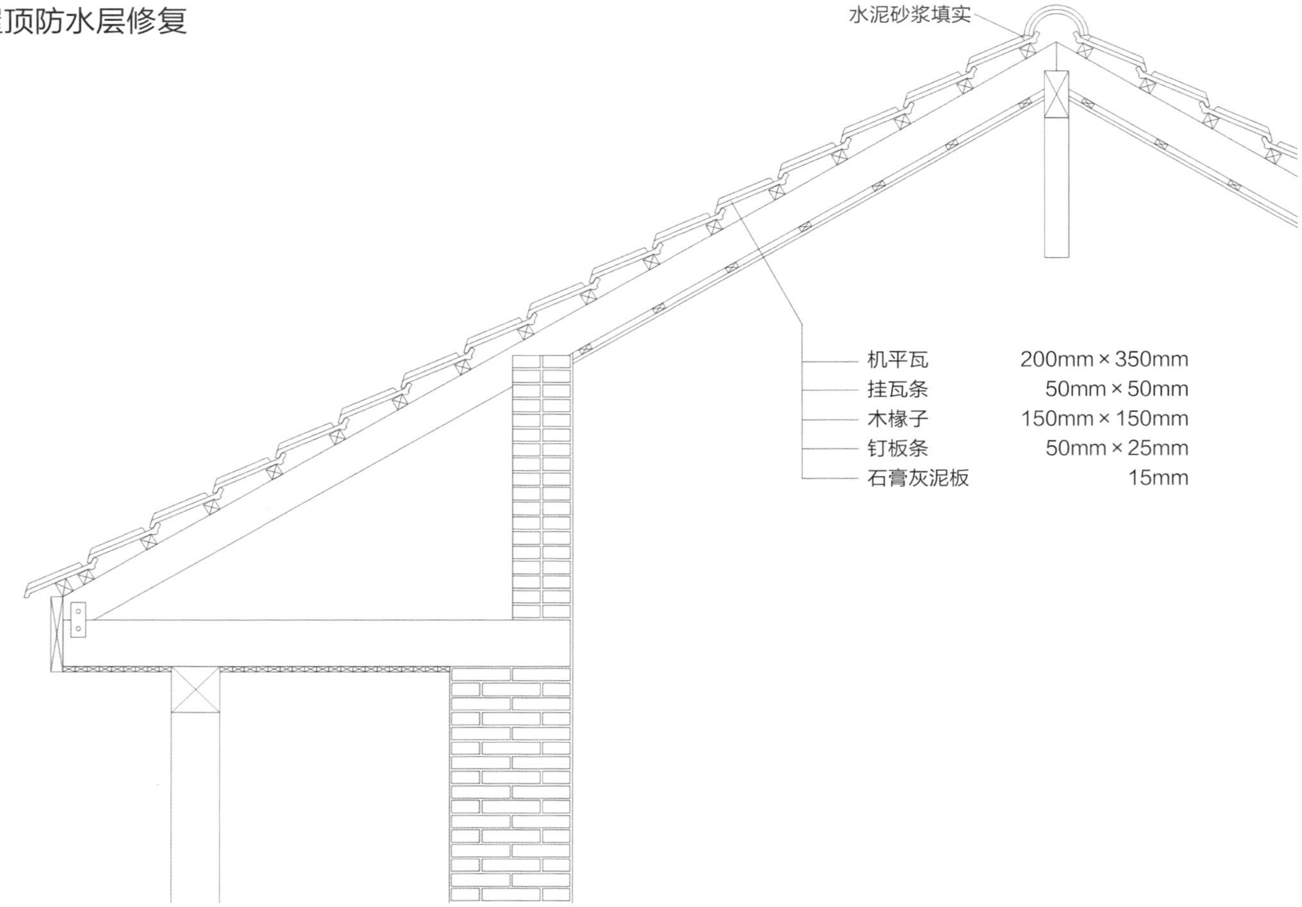

水泥砂浆填实

机平瓦	200mm × 350mm
挂瓦条	50mm × 50mm
木椽子	150mm × 150mm
钉板条	50mm × 25mm
石膏灰泥板	15mm

修复前　1:20

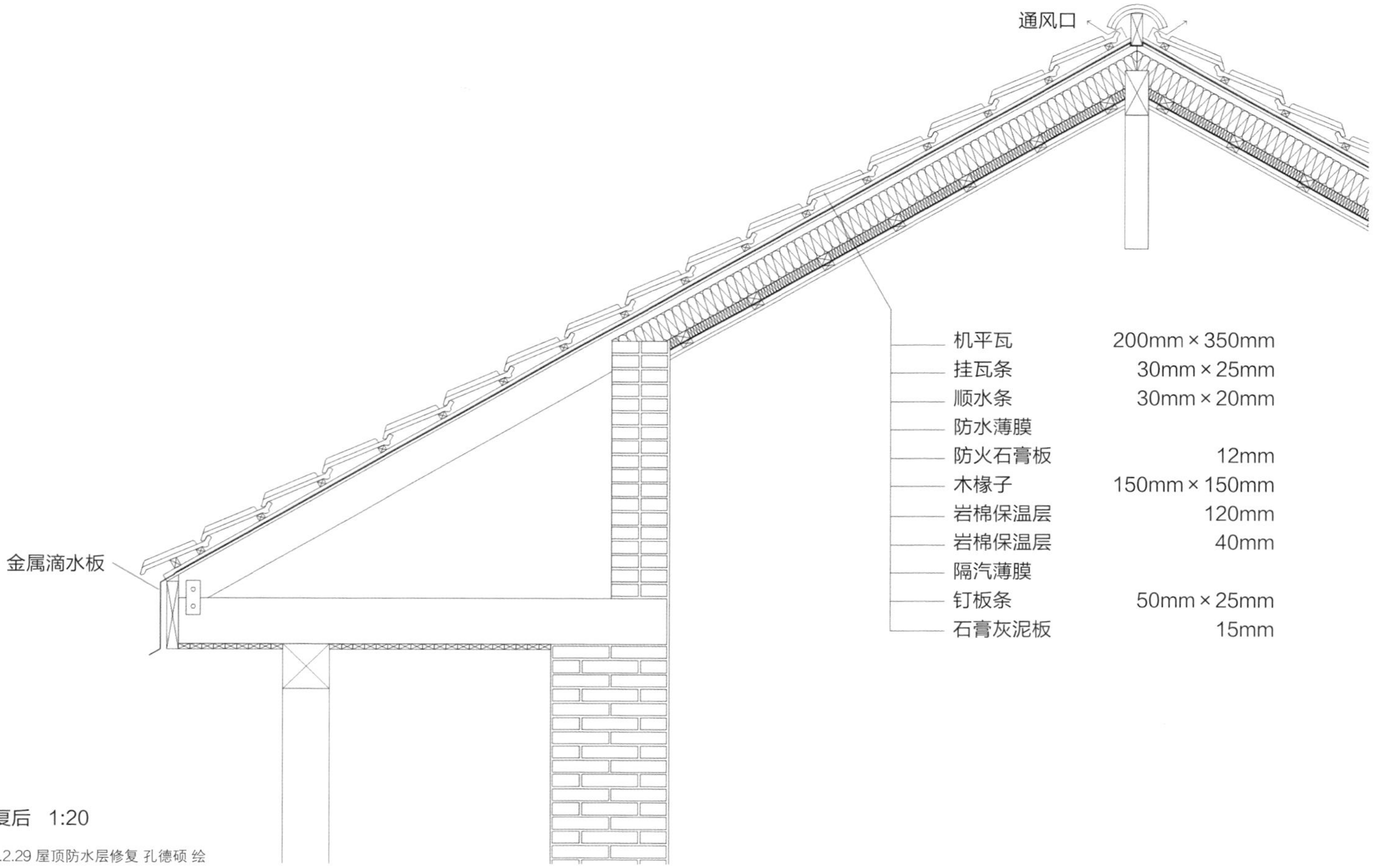

通风口

机平瓦	200mm × 350mm
挂瓦条	30mm × 25mm
顺水条	30mm × 20mm
防水薄膜	
防火石膏板	12mm
木椽子	150mm × 150mm
岩棉保温层	120mm
岩棉保温层	40mm
隔汽薄膜	
钉板条	50mm × 25mm
石膏灰泥板	15mm

金属滴水板

修复后　1:20

图 4.2.29 屋顶防水层修复 孔德硕 绘

206

4.2.13 独立木结构剖面图

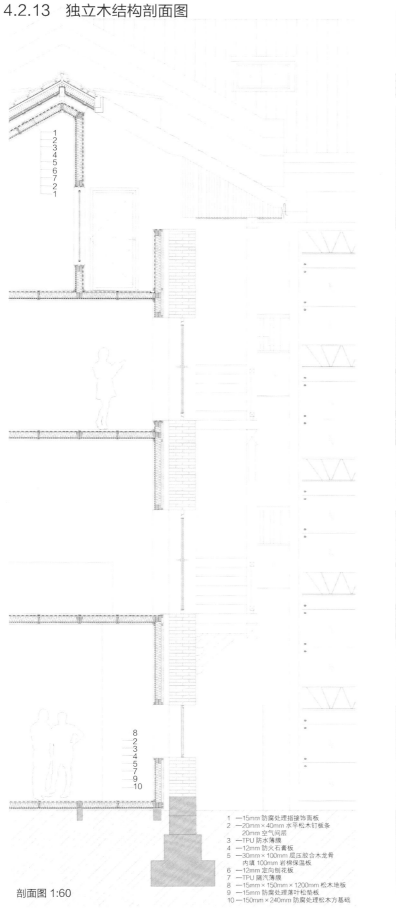

剖面图 1:60

1 —15mm 防腐处理指接饰面板
2 —20mm×40mm 水平松木钉板条
  20mm 空气间层
3 —TPU 防水薄膜
4 —12mm 防火石膏板
5 —30mm×100mm 层压胶合木龙骨
  内填 100mm 岩棉保温板
6 —12mm 定向刨花板
7 —TPU 隔汽薄膜
8 —15mm×150mm×1200mm 松木地板
9 —15mm 防腐处理落叶松垫板
10 —150mm×240mm 防腐处理松木方基础

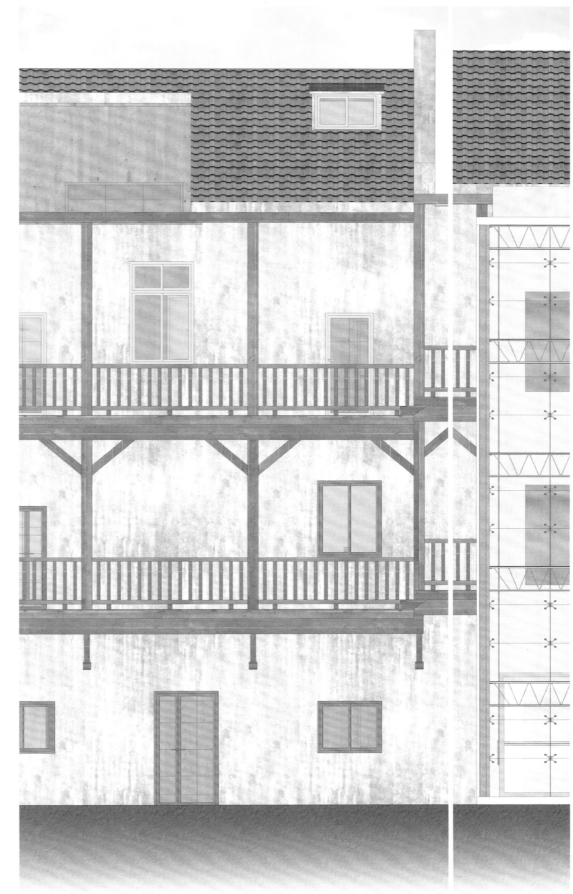

图 4.2.30 独立木结构剖面图 孔德硕 绘

图 4.2.31 新建构筑物透视图 孔德硕 绘

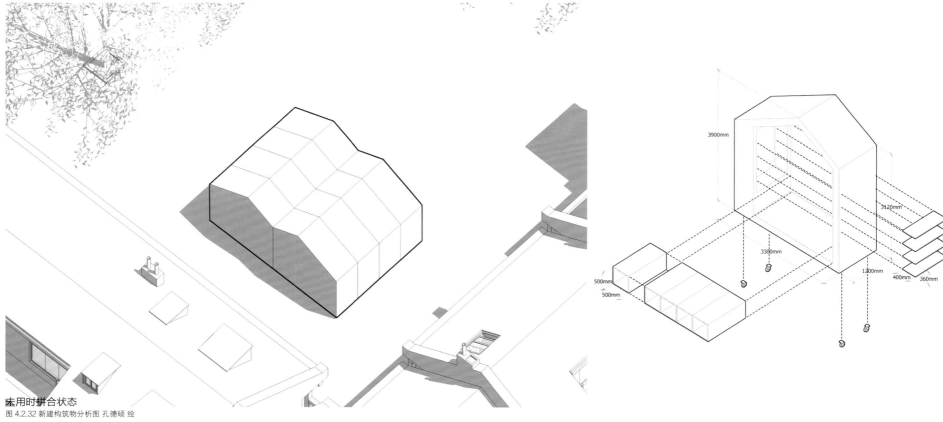

未用时拼合状态

图 4.2.32 新建构筑物分析图 孔德硕 绘

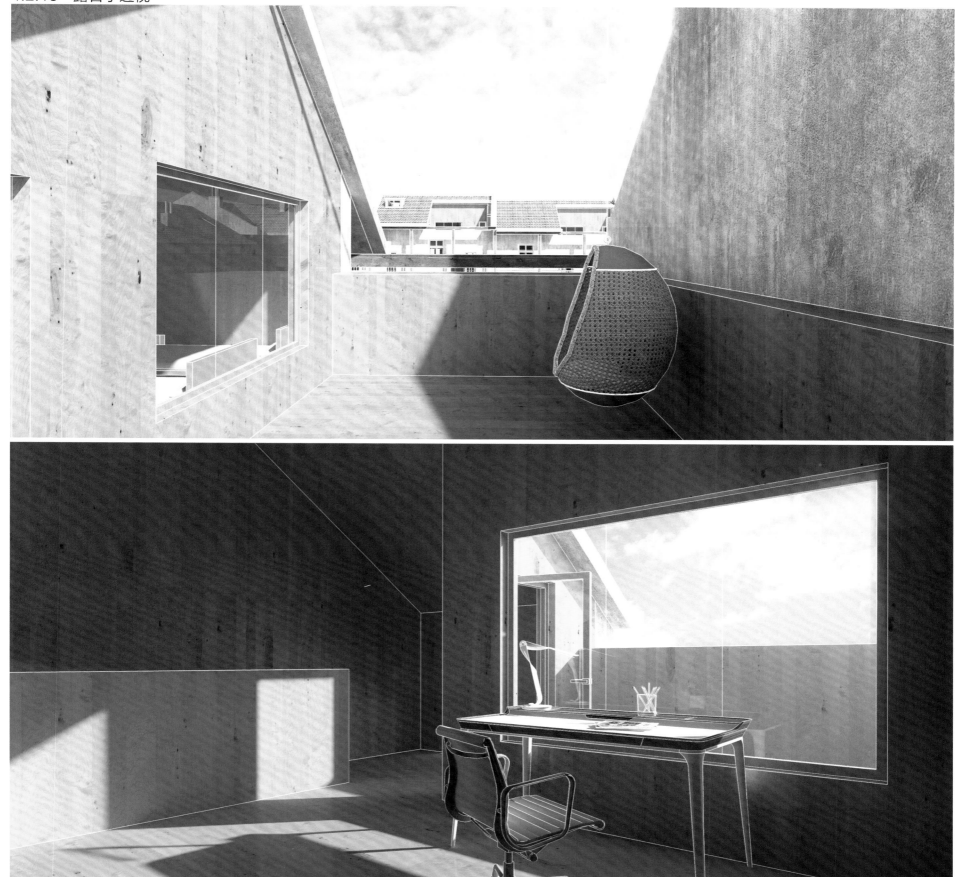

图 4.2.33 露台小透视图 孔德硕 绘

图 4.2.34 建筑剖透视图 孔德硕 绘

（a）西立面图 1:400

（b）东立面图 1:400

（c）北立面图 1:400

（d）南立面图 1:400

图 4.2.35 建筑立面图 孔德硕 绘

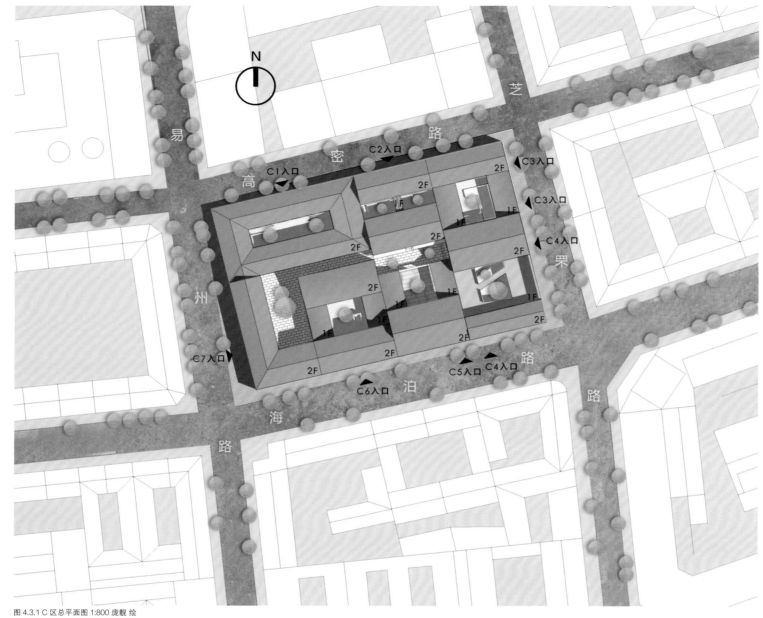

图 4.3.1 C 区总平面图 1:800 庞靓 绘

4.3 C区

4.3.1 总平面设计

整体概况

    C区位置位于基地的东北角，北侧为高密路，西侧为易州路，南侧为海泊路，东侧为芝罘路。C区整体呈规整长方形，与周边道路基本平行，南北边长较长约为75m，东西向边较短约为45m，倾斜角度约为15°，整体建筑用地面积约为3800m²，建筑面积约为1480m²，总建筑面积约为4578m²。建筑密度较大，建筑之间较拥挤。

设计原则

    总平面设计的基本原则是保留原有的城市肌理，在后期方案的深入中对C区进行里院与里院间的打通，拆除了一部分墙体和违章加建的建筑，对总平面图进行调动，但保持基本空间与建筑形态不变。

    对里院中的院落保留了原有的空间形态，但进行不同的铺装和功能设置，使院落不仅具有采光的作用，而且具有更加多元化功能。室内与室外的关系更加紧密，并且加大绿植的设置。

图 4.3.2 C 区俯视图 谭平平 摄

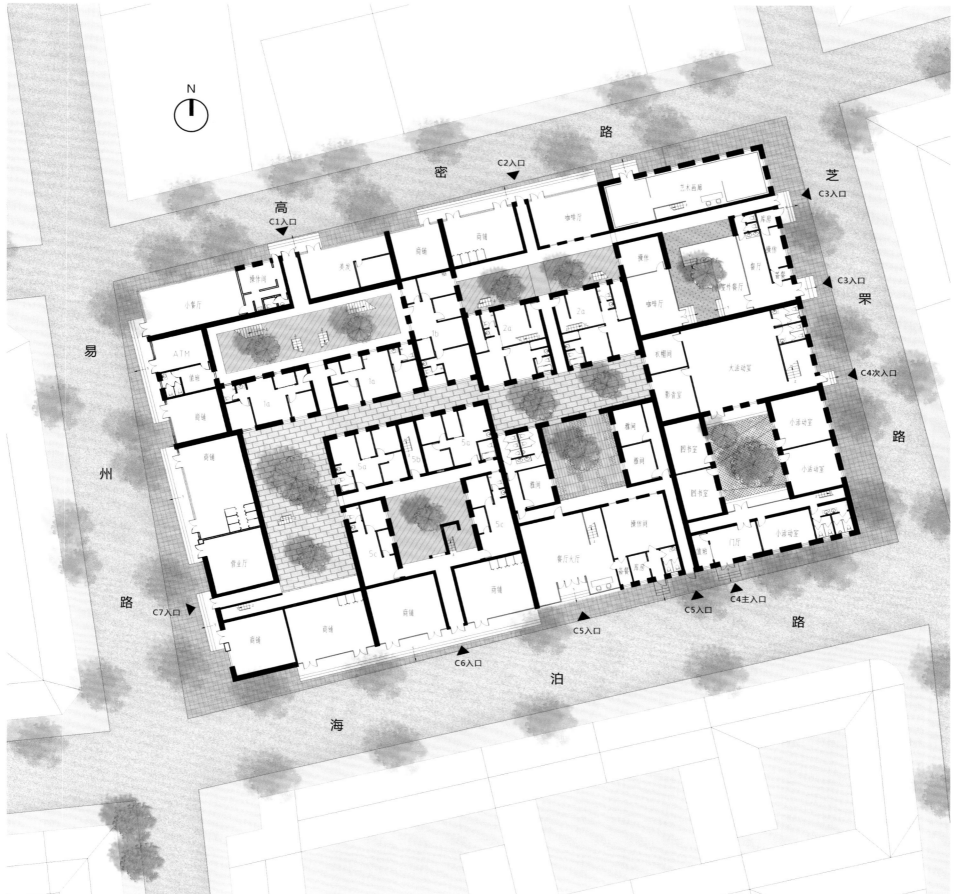

215

图 4.3.3 C 区一层平面图 1:400 庞靓 绘

N

高密路
芝果路
易州路
泊海路

C1入口
C2入口
C3入口
C3入口
C4次入口
C4主入口
C5入口
C5入口
C6入口
C7入口

小餐厅
操作间
美发厅
商铺
咖啡厅
艺术画廊
库房
操作
餐厅
露天餐厅
操作
咖啡厅
ATM
值班
衣帽间
大活动室
商铺
影音室
图书室
小活动室
营业厅
雅间
图书室
小活动室
雅间
小活动室
餐厅大厅
操作间
门厅
值班
备餐 库房
商铺
商铺
商铺

艺术家工作室

3a

衣帽间

大活动室

影音室

室外平台

室外平台

会议　办公　办公　办公

餐厅大厅

2a

2b

2b

1c

1c

1c

1c

1b

1d

1a

1e

2a

2a

4a

5b

5d

5d

4b

图 4.3.4 C 区二层平面图 1:400 庞靓 绘

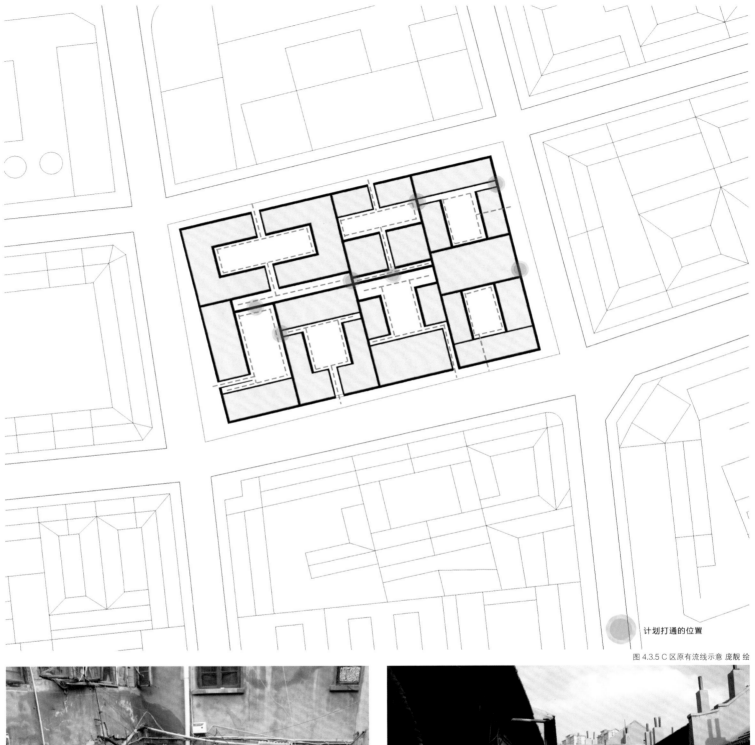

计划打通的位置

图 4.3.5 C 区原有流线示意 庞靓 绘

图 4.3.6 C 区内景 庞靓 摄

图 4.3.7 C 区内景 庞靓 摄

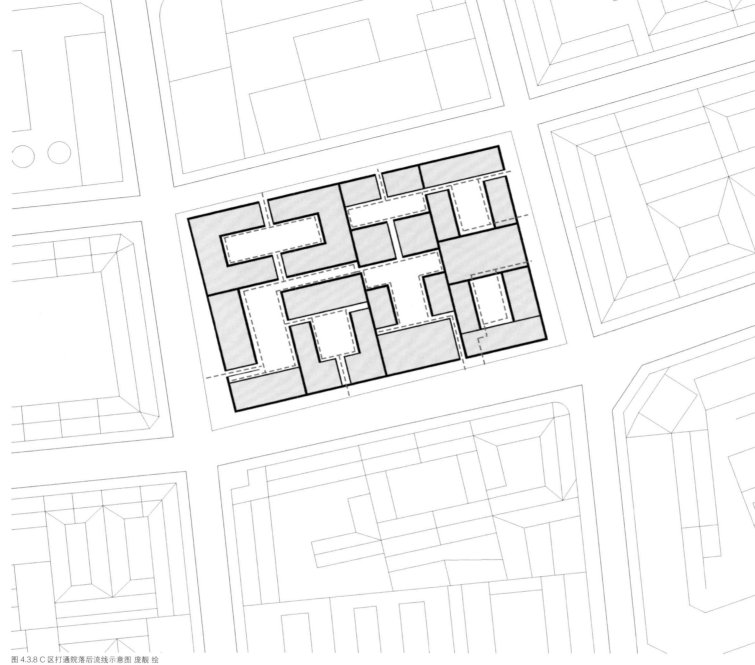

图 4.3.8 C 区打通院落后流线示意图 庞靓 绘

4.3.2　平面设计

设计原则

　　在设计前先对建筑的结构和构件等进行评估，除价值较高的必须保留之墙体和其他构件外，尽量保留原有的墙体、楼梯、柱子等。在尽量保留的基础上，进行改造设计。根据功能的划分和细化，来确定具体哪些墙体需要保留，哪些需要拆除。根据城市设计阶段的成果，C 区主要功能定位于住宅，因此户型设计是本区的设计重点。其次，因为要对里院中进行流线的打通，所以对于流线的设计和人在不同院落中的感受尤为重要。

流线设计

　　如图 4.3.5 所示，C 区在设计前的流线单一，所有里院各成一体，随意加建的一些建筑和墙体使得区域内建筑密度较大，视线不通。总体来说，C 区没有被激发出活力，也不具备商业价值。设计后的流线如图 4.3.7 所示，将里院之间进行部分打通，保留了原有的里院出入口位置，同时在满足功能的情况下增加了一些进入里院的入口，使得整个 C 区在流线上成为一个整体，将各个院落进行整合。

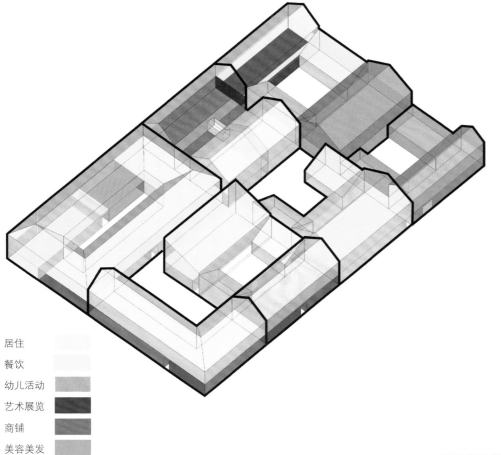

居住

餐饮

幼儿活动

艺术展览

商铺

美容美发

功能细化设计

  C区以居住功能为主，同时辅以商业、餐饮、幼儿活动、艺术展览等多种复合功能，使C区功能更加复杂丰富。

  一层沿街主要为商铺及公共功能，二层主要以居住功能为主。

  居住功能由多种户型组成：独立住宅、单身公寓、一室一厅、两室一厅、三室两厅等，还有与艺术展览相结合的供艺术家居住的居住单元。

  餐饮以中餐厅和咖啡厅组成，由于面积限制，餐厅为中小型餐厅。

  商业只进行主观划分和简单家具摆放，具体商业模式应由业主进行选择，但可以确定的是绝不是由单一商业模式组成的。

  原有的幼儿园由于面积狭小，采光和活动场地不足，将其改建为一个具有多种功能的幼儿活动中心。

图 4.3.9 C 区功能细化图 庞靓 绘

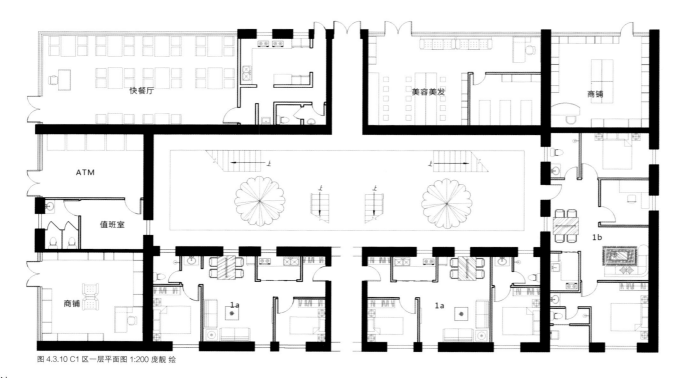

快餐厅

美容美发

商铺

ATM

值班室

1b

商铺

1a

1a

图 4.3.10 C1 区一层平面图 1:200 庞靓 绘

户型 1a
面积：60m²
两室两厅一卫
适用于 2~3 人居住

户型 1b
面积：85m²
三室两厅两卫
适用于 3~5 人居住

户型设计

　　历史街区建筑与新建建筑有很大的不同，限制条件更多也更复杂，但人们对居住条件的要求是基本一致的：要有良好的舒适度和尺度，考虑建筑面积与居住人数的关系；尽量不要出现单纯的交通空间；要给卧室、起居室创造更好的朝向；考虑居住环境中的私密程度和流线关系等问题。

户型 1c
面积：50m²
一室两厅一卫
适用于 1~2 人居住

户型 1d
面积：75m²
两室两厅两卫
适用于 3~4 人居住

户型 1e
面积：85m²
两室两厅两卫
适用于 3~4 人居住

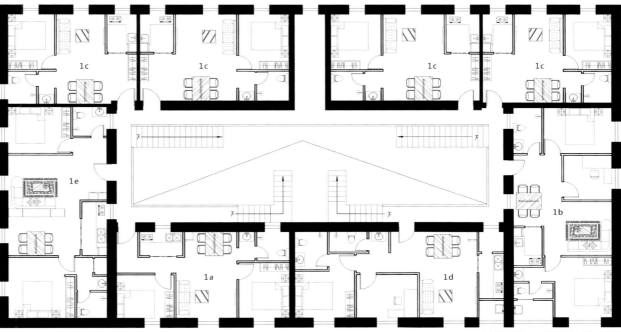

图 4.3.11 C1 区二层平面图 1:200 庞靓 绘

　　在设计中，每个建筑情况各不相同，面对各种矛盾和冲突，需要进行一定的取舍。在 C 区中，设置了从 30m² 到 150m² 不等的各种面积、各种户型的住宅，满足一人居住或多人居住的多种情况。在满足使用功能和空间感受的基础上，尽量经济环保。

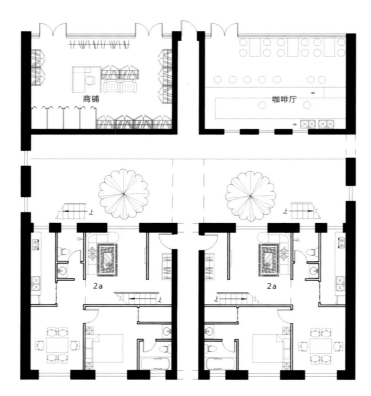

商铺

咖啡厅

2a

2a

图 4.3.12 C2 区一层平面图 1:200 庞靓 绘

户型 2a
面积：150m²
一层为老人卧室、起居室、餐厅及厨卫，
净层高 2.7m，起居室为三层通高空间；
二层为儿童房、儿童活动室、书房及卫生间，
净层高 2.7m，书房为两层通高空间；
三层阁楼为主卧及卫生间。
净层高 1.1~4.6m。

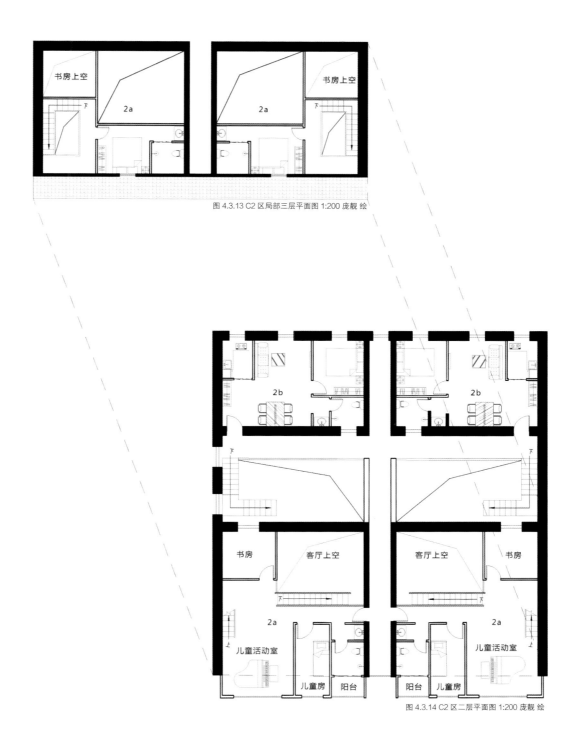

户型 2b
面积：40m²
一室两厅一卫
适用于 1~2 人居住

书房上空

2a

2a

书房上空

下

下

图 4.3.13 C2 区局部三层平面图 1:200 庞靓 绘

2b

2b

下

下

书房

客厅上空

客厅上空

书房

2a

2a

儿童活动室

儿童房

阳台

阳台

儿童房

儿童活动室

图 4.3.14 C2 区二层平面图 1:200 庞靓 绘

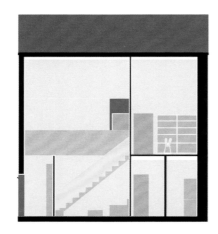

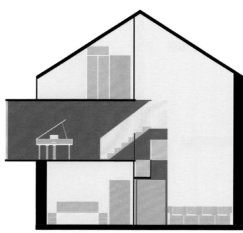

图 4.3.15 2a 独立住宅剖面示意 庞靓 绘

C2 区户型 2a 为一栋三层（含一层阁楼）的独立式住宅，面积约为 150 ㎡，含四室（包括主卧室、儿童房、老人房、书房）、三厅（包括起居室、儿童活动室、餐厅）及四卫（一层两个、其他每层各一个）。

起居室为三层通高空间，书房为两层通高空间。在二层向南侧加建 1m，使得二层空间更加开敞。

整个独立式住宅采光通风良好，具有很好的私密性，面积较大，功能齐全，适用于一家五口居住，对于家庭成员各年龄段均有顾及。

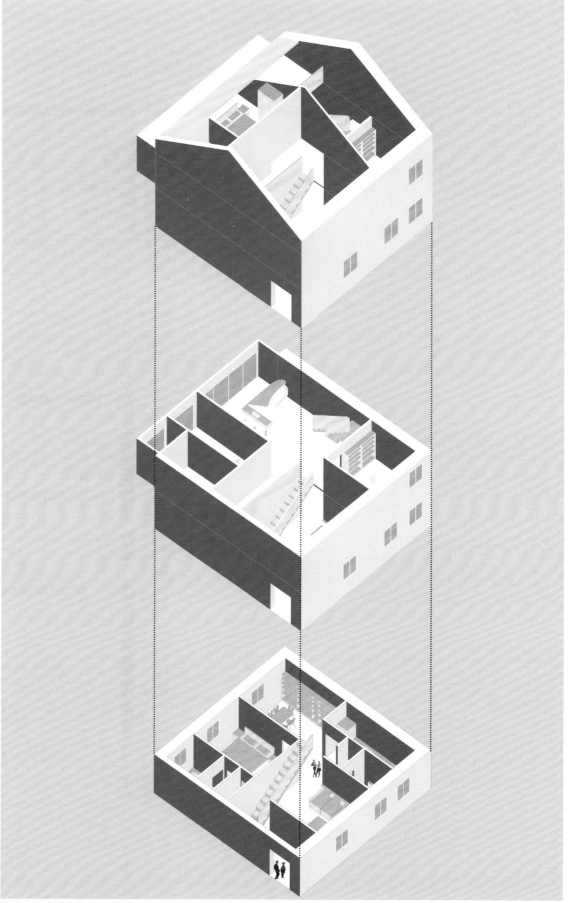

图 4.3.16 2a 独立住宅轴侧分析 庞靓 绘

户型 3a
面积：120m²
三室两厅两卫一工作室
与一层的艺术画廊组成复合型住宅，一层商业展览，
二层为艺术家工作和生活
适用于艺术家及家人 3~5 人居住

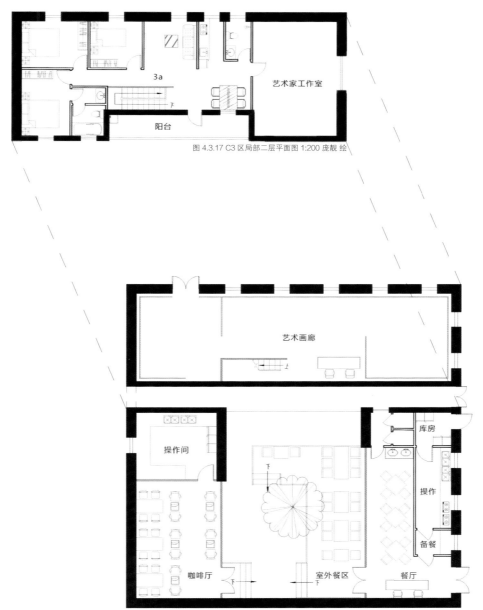

3a

艺术家工作室

阳台

图 4.3.17 C3 区局部二层平面图 1:200 庞靓 绘

艺术画廊

操作间

库房

操作

备餐

咖啡厅

室外餐区

餐厅

图 4.3.18 C3 区一层平面图 1:200 庞靓 绘

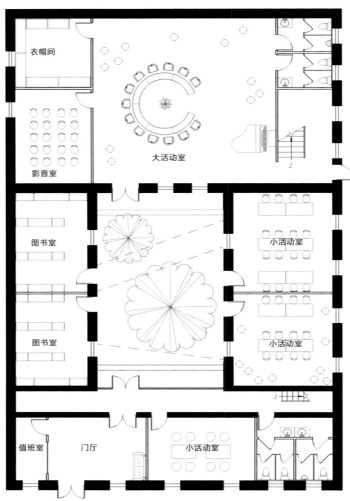

图 4.3.19 C4 区一层平面图 1:200 庞靓 绘

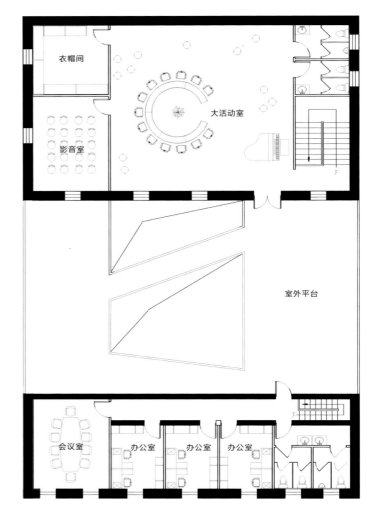

图 4.3.20 C4 区二层平面图 1:200 庞靓 绘

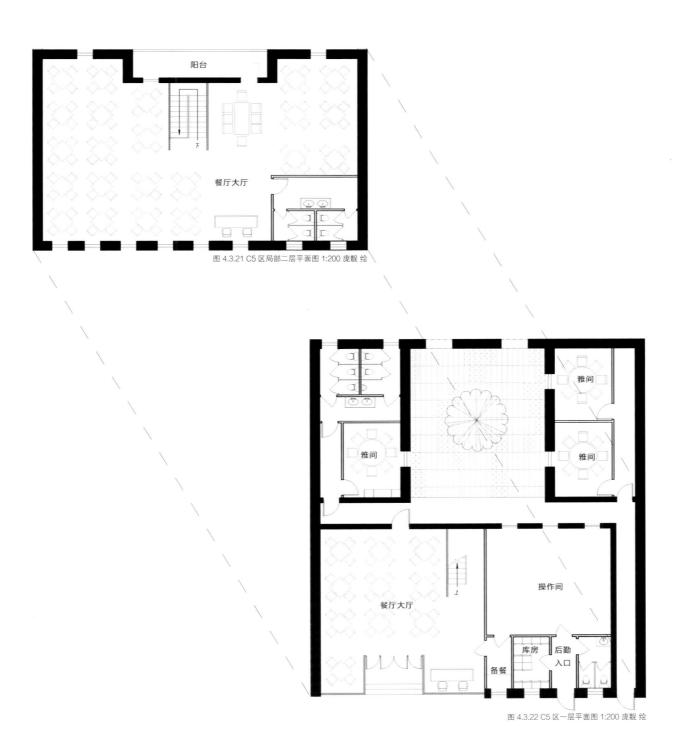

图 4.3.21 C5 区局部二层平面图 1:200 庞靓 绘

图 4.3.22 C5 区一层平面图 1:200 庞靓 绘

阳台

餐厅大厅

雅间

雅间

雅间

餐厅大厅

操作间

库房

后勤
入口

备餐

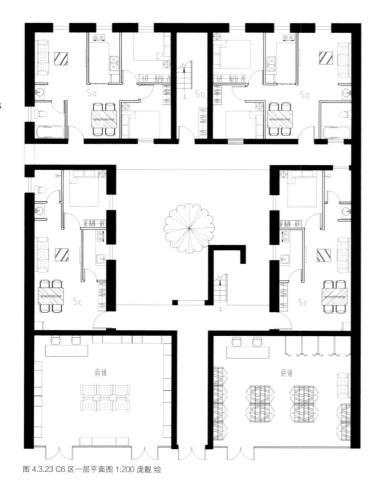

图 4.3.23 C6 区一层平面图 1:200 庞靓 绘

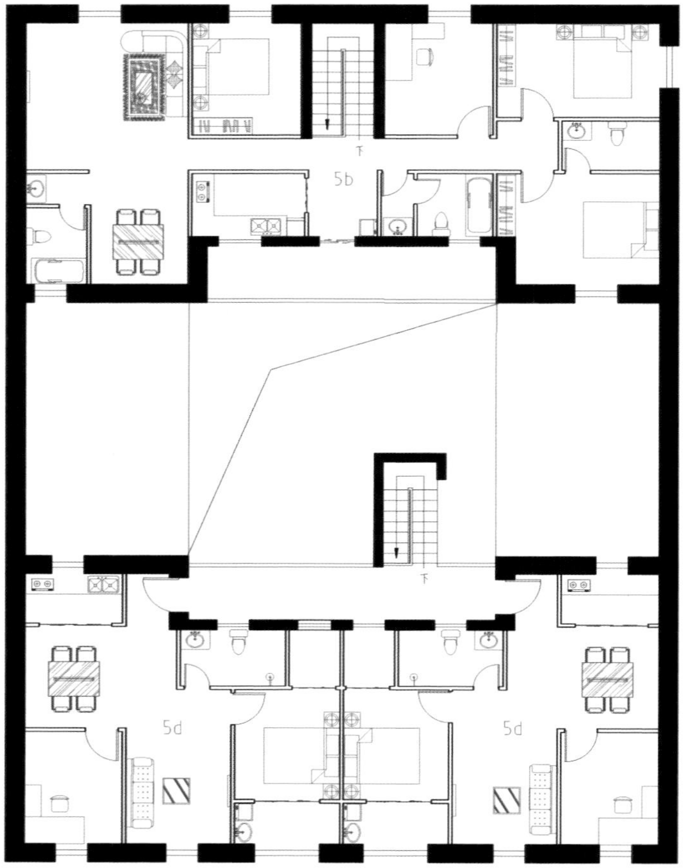

图 4.3.24 C6 区二层平面图 1:200 庞靓 绘

户型 5a
面积：50m²
两室两厅一卫
　适用于 2~3 人居住

户型 5b
面积：120m² 两层
四室两厅两卫
　适用于 3~5 人居住

户型 5c
面积：40m²
一室一厅一卫
　适用于 1~2 人居住

户型 5d
面积：60m²
两室两厅一卫
　适用于 2~3 人居住

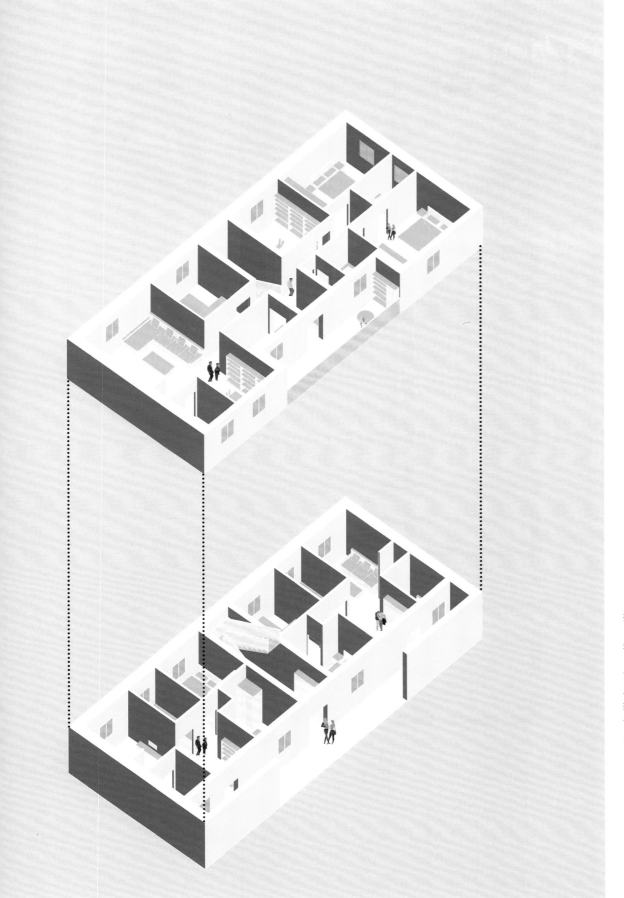

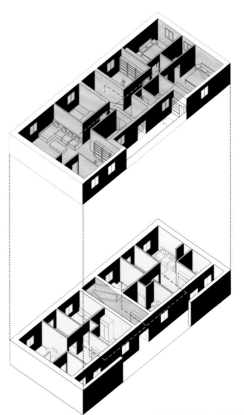

图 4.3.26 户型 5a、5b 流线分析 庞靓 绘

　　C6 号北侧为两层建筑,原有一个公共的木质楼梯,保存较好,因此将楼梯保留。把整个建筑分为三户,其中楼下两户(5a)、楼上一户(5b)。

　　户型 5a 面积为 50m^2,两室两厅一卫,适合两到三个人居住,如新婚夫妇或年轻人合租,户型较简单而舒适。

　　原有的公共楼梯改为户型 5b 的私有楼梯。整个户型面积 120m^2,四室两厅两卫,适用于三到五人居住,如一家三口或五口等。入口在一层,进门后为一个小玄关和连接二层的楼梯。进入二层后,西侧较为开放,为公共活动区域;东侧较为私密,为私人休息区域,中间由楼梯作为分隔。南侧保留原有的二层连廊,作为阳台功能。这个户型功能丰富,私密性较好,通风和采光都是整个基地中较为出色的。

图 4.3.25 户型 5a、5b 轴侧分析 庞靓 绘

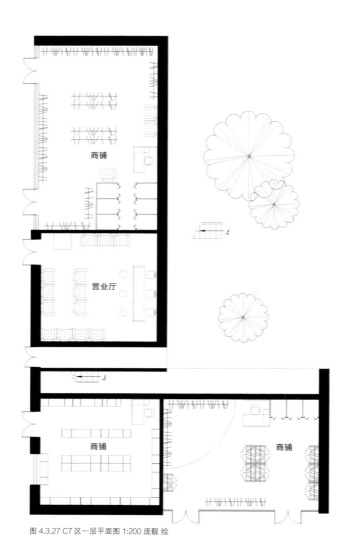

图 4.3.27 C7 区一层平面图 1:200 庞靓 绘

户型 4a
面积：120m²
四室两厅两卫
适用于 3~5 人居住

户型 4b
面积：100m²
四室两厅两卫
适用于 3~5 人居住

图 4.3.28 C7 区二层平面图 1:200 庞靓 绘

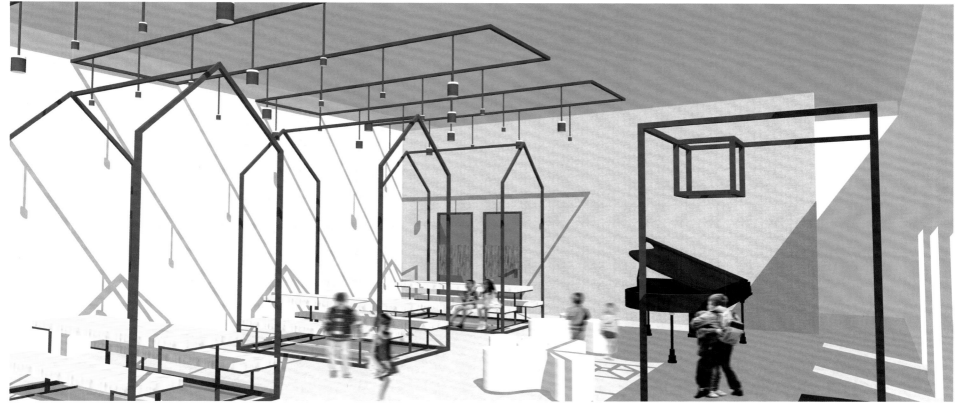

图 4.3.29 幼儿活动中心活动室室内透视图 庞靓 绘

4.3.3 室内设计

    C区建筑的室内现状杂乱不堪,基本都是白色抹灰墙面,但墙皮已经脱落破损,本身层高较高,但存在一些加建隔层的情况,并没有良好的装修和空间感受。

    在室内方面希望创造更现代一点的视觉效果,与建筑形态和外立面形成一定的对比,根据功能不同作出不同的室内设计。但基本原则是一致的,不破坏建筑的原有形态,对于确定保留的墙体只进行修复不进行改造,同时尽量少的改造保留下的构件,少量做一些装修,设计一些可拆卸、可移动的装置和家具来进行装饰。选择一个商业性质的艺术画廊和公共的幼儿活动中心进行示例,其余室内设计依据使用者要求进行设计和更改。

图 4.3.30 艺术画廊室内透视图 庞靓 绘

图 4.3.31 C5 区院落透视图 庞靓 绘

4.3.4　院落设计

  对各个院落进行整合后，使整个 C 区成为整体，各个院落既相互联系又要各有特色。各个院落要做不同的铺装、植被、设施和人的空间感受设计。建筑面向院落的墙面，尽量进行修复，对于极其破损不美观的可以进行拆除重建或改造等。

  以 C5 区院落为例，将其与北部的院落进行整合，由墙体进行分割，使得两个院落流线相同却各自独立。在地面铺装上，由于原有的地面不够美观，因此进行了重新设计，选择以木材和草地相组合的方式。同时在院落中种植一些植物景观，使得整个院落更加有生气。设置长凳、浅水池或其他装置来丰富院落空间，同时也使得院落成为一个停留性空间。

C7- 易州路 -Q1

C7- 易州路 -CC1

C7- 易州路 -M1

图 4.3.32 原始立面（1）庞靓 绘

编号	存在问题	解决策略
C7- 易州路 -Q1	立面墙面由于多次粉刷和雨水侵蚀，导致表面有部分损毁且存在涂料反复涂抹的痕迹	采用局部修复的方法，将一些雨水侵蚀和粉刷过度的位置进行修补，材质选择原材料灰色水泥砂浆，使立面更加整体又不失历史感
	私搭乱建的路灯和电线非常不美观	拆除私搭乱建的电线、路灯、空调等，采用统一布置
	商家各式各样的招牌和广告覆盖墙面，已看不出墙体下部原始模样	拆除原有杂乱的招牌和广告，进行统一设计并采取一部分甲方的意见
C7- 易州路 -M1	门洞内光线极差，昏暗脏乱	门洞内墙面进行修复或粉刷，安装声控灯来提高门洞中光线
	只有门洞，没有可封闭的大门，对于里院来说非常不安全，不方便管理	安装可封闭的大门，可选择铝合金或其他金属类材料，使大门易于与原始建筑识别，形成强烈对比。也可根据甲方和业主的意愿选择其他符合历史街区风貌、较美观的材质
	门洞的识别度不高，不够美观，无法吸引行人	门洞外框采用向外突出的处理手法，使得门洞更易于识别。颜色选用白色抹灰，干净美观
C7- 易州路 -CC1	沿街商业的橱窗非常杂乱且不美观。大量广告牌遮挡原始墙面	拆除原有的广告牌和招牌，还原原始墙面。根据设计后的业态分布，重新进行统一的橱窗和广告牌设计。设计原则为更加美观、符合历史街区风貌
	由于一些餐饮类业态的乱排油烟，导致部分墙面受到油污损坏	将部分实体墙面改为玻璃橱窗，以增加沿街商业与街道的接触面

图 4.3.33 修复立面（1）庞靓 绘

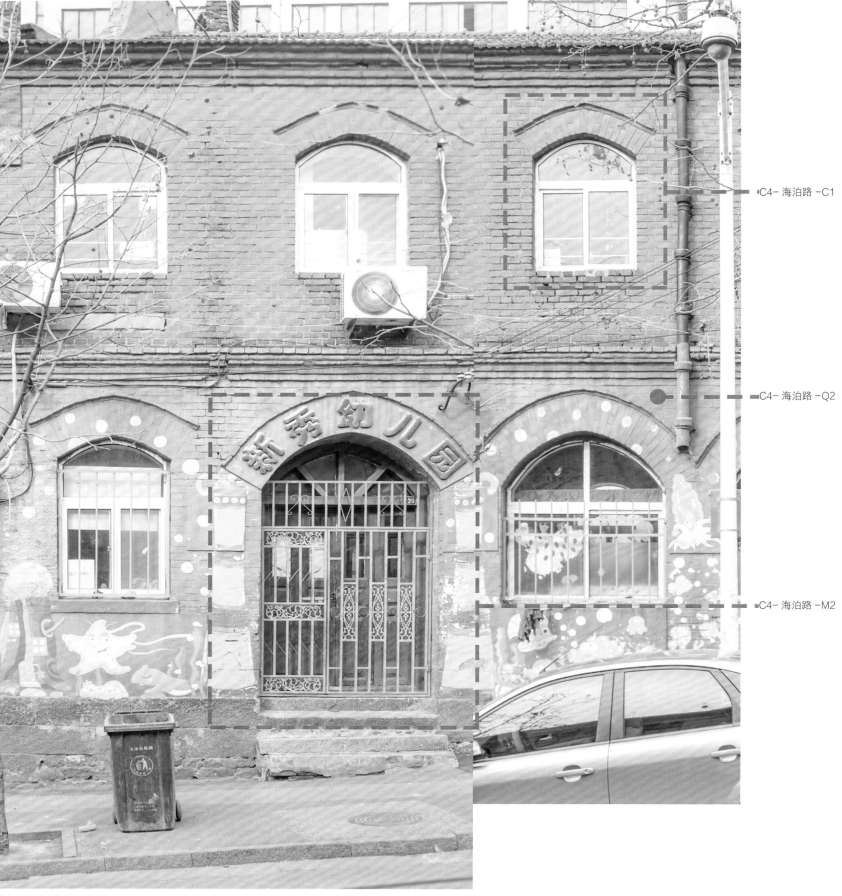

C4- 海泊路 -C1

C4- 海泊路 -Q2

C4- 海泊路 -M2

图 4.3.34 原始立面（2）庞靓 绘

编号	存在问题	解决策略
C4- 海泊路 -C1	由原来的居民自行更换为白色塑料窗框，不够美观且与整个立面的历史风貌不符 玻璃为单层玻璃，无法达到很好的保温和隔声效果	由于保留了原来的木门，因此可以选取与立面风格和大门风格相搭配的木质拱形窗户；如果能查到相关资料，尽量使新更换的窗户形式和材质与原始建筑的窗户相同或相似 新更换的窗户选用双层玻璃，以达到更好的保温和隔热效果
C4- 海泊路 -Q2	立面墙面由于粉刷过蓝色涂料，导致遮盖了部分原始墙面，使得整个立面不够统一 私搭乱建的路灯、空调等非常不美观	采用局部修复的方法，将覆盖的蓝色涂料进行铲除，尽量恢复原始红砖立面效果 拆除私搭乱建的电线、路灯、空调等，采用统一布置
C4- 海泊路 -M2	由于粉刷过蓝色涂料，使得大门外框已没有了历史的样子，且业态特征过于明显，不够美观 木门有部分破损、掉漆；门上玻璃为单层，不够保温和隔声 铁质防盗门遮盖了原始大门且不够美观	将大门外框上蓝色涂料除去，尽量恢复原始风貌，使立面更加统一 对原始的木门进行保留并修复，将破损部分修补好；将门上玻璃拆下更换为双层玻璃 将铁质防盗门拆除，露出修复后的木门，与立面风格更加统一

图 4.3.35 修复立面〔2〕庞靓 绘

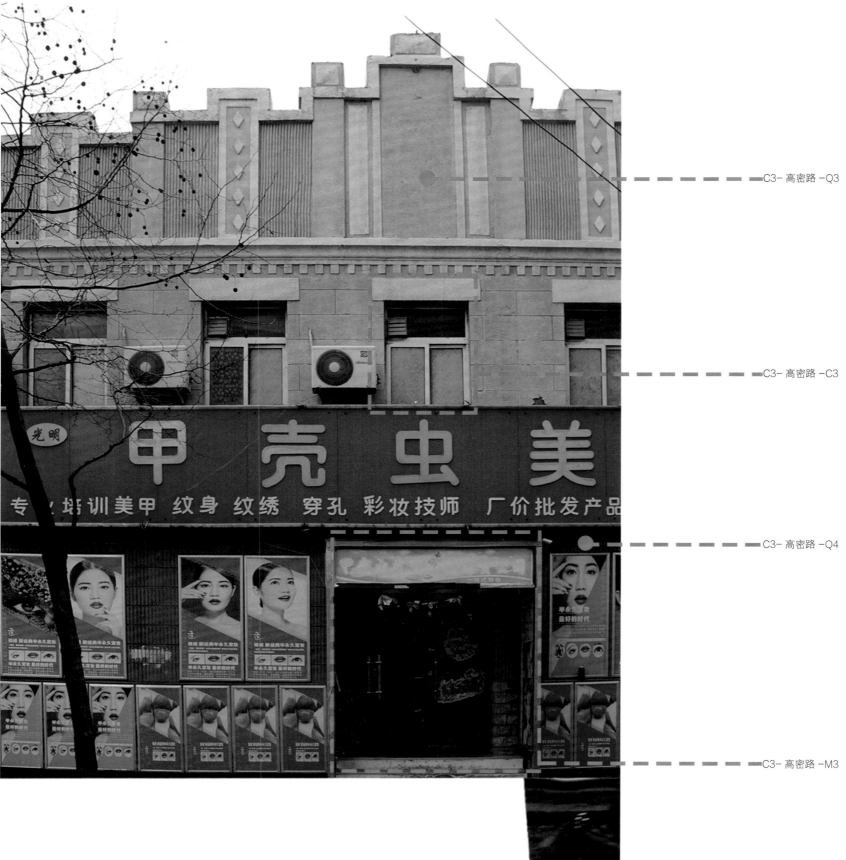

C3- 高密路 -Q3

C3- 高密路 -C3

C3- 高密路 -Q4

C3- 高密路 -M3

图 4.3.36 原始立面（3）庞靓 绘

编号	存在问题	解决策略
C3-高密路-Q3	立面墙面由于粉刷过黄色涂料，导致遮盖了部分原始墙面，使得整个立面不够统一 私搭乱建的路灯、空调等非常不美观	采用局部修复的方法，将覆盖的涂料进行铲除 拆除私搭乱建的电线、路灯、空调、招牌等，采用统一布置
C3-高密路-C3	由原来的居民自行更换为白色塑料窗框，不够美观且与整个立面的历史风貌不符 玻璃为单层玻璃，无法达到很好的保温和隔声效果	选用深色窗框或其他与历史风貌相符合的窗户样式 新更换的窗户选用双层玻璃，以达到更好的保温和隔热效果
C3-高密路-Q4	商家各式各样的招牌和广告覆盖墙面，其余部位用红色贴砖覆盖，无法看出墙体下部原始模样	拆除广告牌、商家招牌及红色贴砖。采用灰色抹灰挂面做特殊工艺处理，形成竖向纹理。与原始立面形成鲜明对比 部分实墙改为玻璃幕墙，使立面更加通透
C3-高密路-M3	原为普通玻璃门，光线阴暗，无特点。与设计后的建筑功能不符	改为木质大门，增加其高度，使其与改造修复后的立面相符合，同时与原有立面形成鲜明对比

图 4.3.37 修复立面（3）庞靓 绘

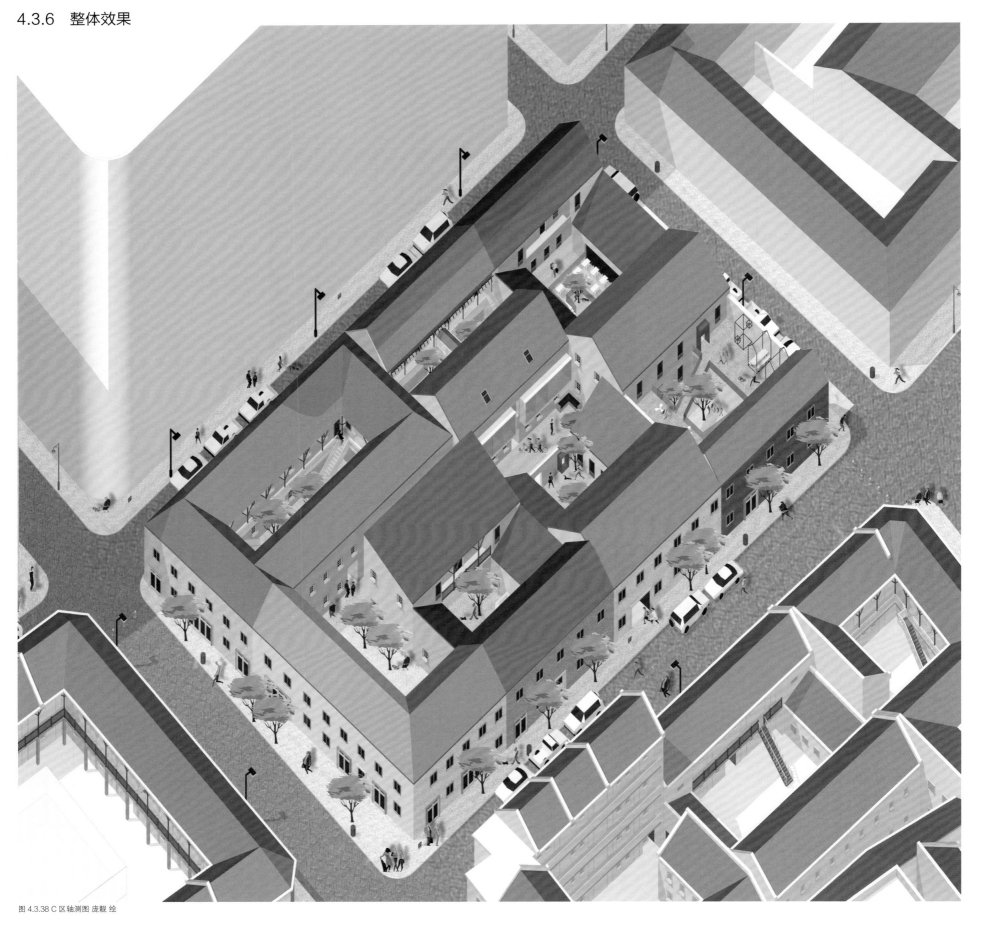

图 4.3.38 C 区轴测图 庞靓 绘

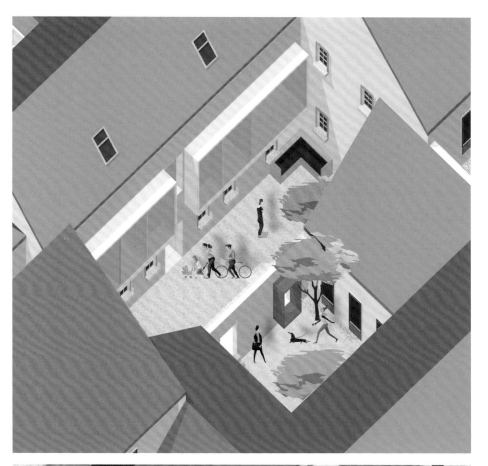

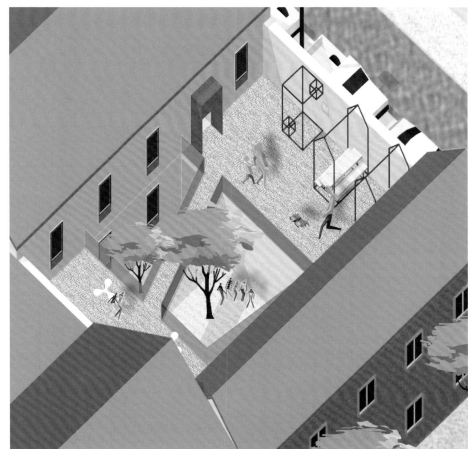

图 4.3.39 小场景轴侧图 庞靓 绘

图 4.4.1 屋顶修复图 李京奇 绘

4.4 D 区

4.4.1 屋顶修复设计

经屋顶的修复及改造设计，图中黑线部分是保留及修复残损屋顶后的设计图，红线部分是由于改造新建或者大面积重新翻修的屋顶。

三多里：去除全部的私建烟囱；中央处拓宽两建筑之间走廊的空间，去除屋顶（结构图见后），部分在屋顶开阳台去除屋顶。

天德堂：黑色大面积屋顶不是屋顶原材料，不符合真实性，与周围建筑屋顶相冲突，大面积翻修；另一位新建楼梯间。

九如里：扩建廊道空间，部分在屋顶开阳台去除屋顶。

别墅院：中央十字区由于设计将二层拆除，因此更替上透明玻璃屋顶。

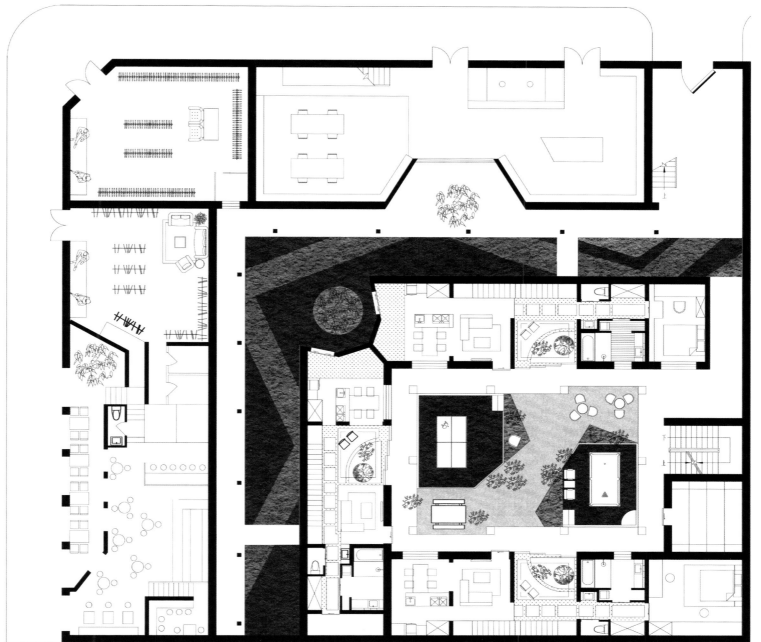

图 4.4.2 D1 院一层平面图 李京奇 绘

4.4.2 D1 院修复设计

D1 院平面设计

　　D1 院定位为"商铺 + 工作室 + 住宅（青年公寓）——综合生活"里院。

　　地坪层：

　　（1）沿街建筑地坪层为商铺功能，保持原有功能服装零售的不变，增加了能服务工作室的咖啡店与同 A 区新建建筑相呼应的零售店；另在潍县路沿街立面处和海泊路沿街背立面处进行凹型改造，种植树木，功能分别为吸引游客进入建筑和增加里外建筑间隙空间，丰富 L 型院落，并且营造更优美的工作和消费的环境；

　　（2）里侧建筑地坪层进行了大面积的修复及改造，保证评估高价值建筑元素保留的前提下，使建筑空间向中间院落相互渗透增加里院氛围，形成类似"创客空间"中公共活动区域。另外在建筑西北角采用凹型改造丰富 L 型院落，同时也为靠近凹形空间的房间增加了趣味性。

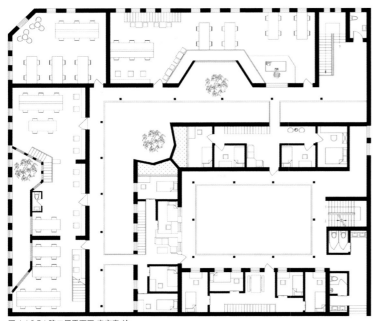

图 4.4.3 D1 院二层平面图 李京奇 绘

二层：

（1）沿街建筑二层为工作室，基本分为三部分，其中两部分有从底层商铺直接通往楼上的楼梯，并且在朝向里侧方向增加两条天桥，使得工作区与居住区相连；

（2）里侧建筑二层定义为单身青年公寓，与一层功能块相呼应，二层也被分为三部分，但较一层每间房间显得更加独立，保证各自生活在集体但依然独立私密的状态。二层设立可以通往 D3 区中心大院落的入口，使青年在与同龄人交流的同时，获得与更多阶层各个年龄段的人交流的机会。

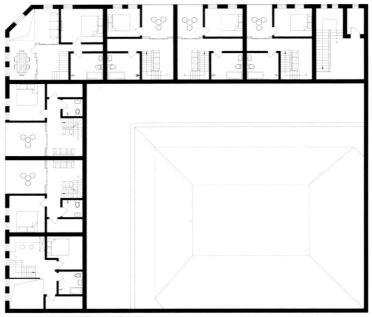

图 4.4.5 D1 院三层阁楼平面图 李京奇 绘

阁楼层：沿街建筑顶楼面积与层高满足隔断处阁楼层，功能基本以卧室与坡顶阳台为主。

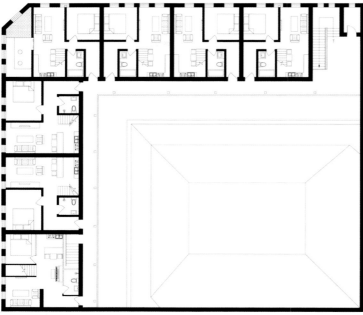

图 4.4.4 D1 院三层平面图 李京奇 绘

三层：沿街建筑三层为是居住区，定位是中高端双人或家庭住宅，户型基本相似，带有阁楼，其中南端有从工作室直接通向三楼住宅区的楼梯，便利工作的人休息和工作。

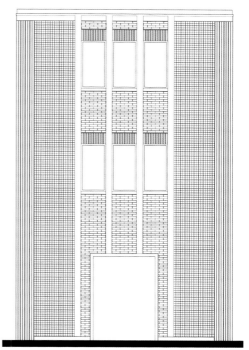

图 4.4.7 D1 院立面修复线图 李京奇 绘

图 4.4.6 D1 院立面修复效果图 李京奇 绘

图 4.4.8 D1 院立面修复前原图 李京奇 绘

D1 院立面设计

　　海泊路 72 号立面是沿街建筑海泊路上最具特色、形制最独特、保存最完好的建筑立面。立面上有挂设空调所钉上的架子、明显后加建的阳台以及大量腐蚀痕迹。

　　在遵循原真性、可识别性以及最小干预性的前提下：

　　（1）对阳台、招牌、空调架等明显后建设施进行去除。

　　（2）保留墙体斑驳痕迹，保持原有材料肌理。

　　（3）在门洞及窗洞处安设可识别性高的黑褐色金属窗框的下悬窗。

　　（4）对其他轻微破损处进行还原修复，补充材质。

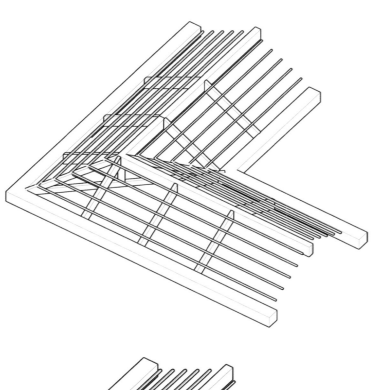

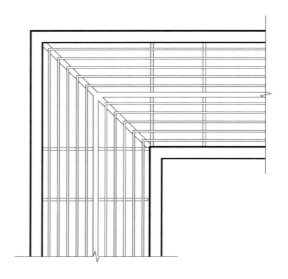

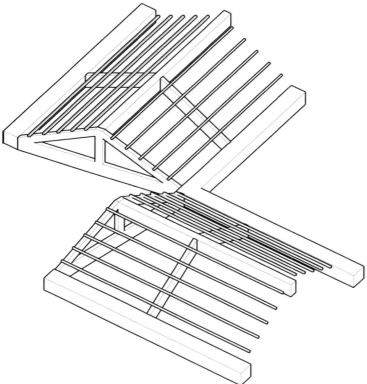

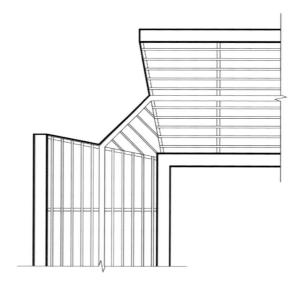

图 4.4.9 D1 院里侧建筑凹型空间结构设计图 李京奇 绘

D1 院里侧建筑凹型空间结构设计

在保证屋顶缺掉一块但结构保持完整的情况下进行了结构的重新设计，使结构保持力矩平衡，功能和受力相适应。

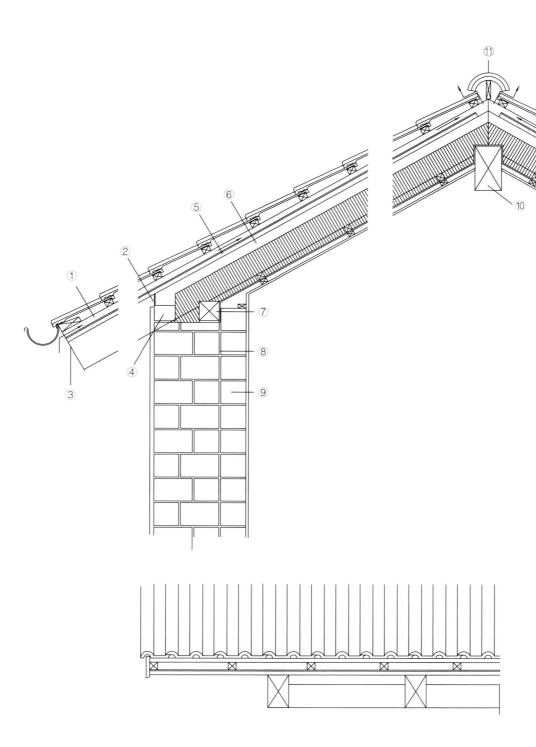

① 通风孔

② 通风孔（带防虫屏栅）

③ 椽

④ 年图砌块

⑤ 覆盖层

⑥ 通风腔

⑦ 墙上承梁板

⑧ 分隔层

⑨ 面砖

⑩ 脊檩

⑪ 脊瓦

图 4.4.10 D1 院里侧建筑屋檐结构设计图 李京奇 绘

D1 院里侧建筑屋檐结构设计

　　里侧建筑排水设施及屋面结构有残破，因此进行修复设计，将水通过传统廉价的沟渠排至中间庭院，保证屋顶构件排水的及时性和施工的简易性。

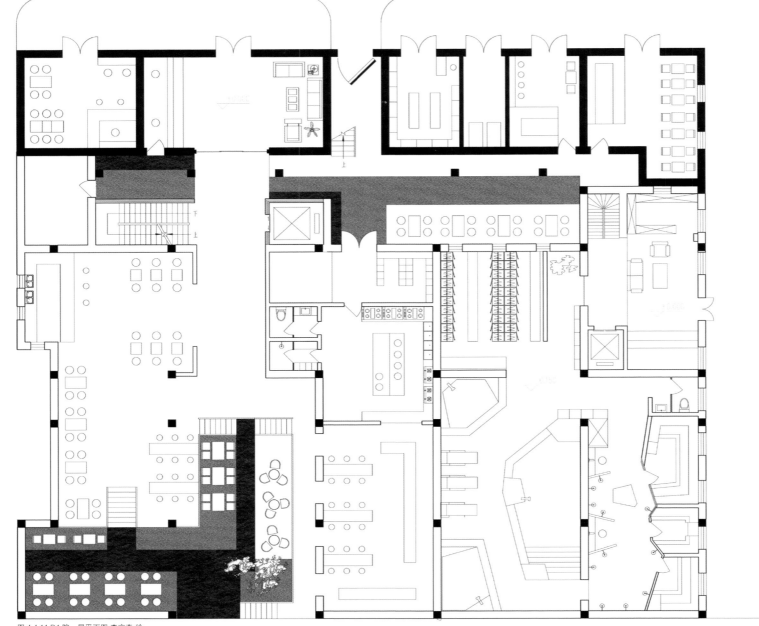

图 4.4.11 D1 院一层平面图 李京奇 绘

4.4.3　D2 院修复设计

D2 院平面设计

　　D2 区定位为"商铺 + 里院主题宾馆 + '天德堂'大型洗浴中心——综合服务"里院。

　　地坪层：

　　（1）北侧建筑地坪层为商铺及宾馆入口功能，设计与北侧商场保持联动，设有 ATM 自助存储银行、甜品店、饭店以及超市，由于 D2 区另一侧沿街街道为步行街，因此宾馆入口设置在北侧，方便通车及停泊车辆；在原有门洞处设置运货口，便于南侧建筑内厨房的需求及沿街餐饮店的送货需求。；

　　（2）南侧建筑西边部分为宾馆，其地坪层进行了大面积的改造，但仅破坏很少的建筑原来形状，保证宾馆底层用餐处的完整性和舒适性；用餐处分为中西餐厅，但就餐区没有明显区分，表现了主题"交流与融合"。

　　（3）南侧建筑东边部分为"天德堂"洗浴中心，其地坪层为男士大众洗浴区，具备热、温、冷水浴池及多种不同的"玉石"桑拿间，入口处设有吧台、存鞋处、电梯、楼梯等。

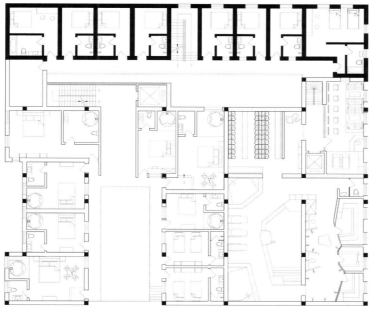

图 4.4.12 D1 院二层平面图 李京奇 绘

图 4.4.14 D1 院四层平面图 李京奇 绘

二层：

（1）北侧建筑二层为部分宾馆房间，相比于其他宾馆房间，这部分房间沿街，可以体验里院街道特有的车水马龙。

（2）南侧建筑西边部分二层进行了部分改造，建设"楼梯＋电梯"间，将中间段建筑打通，直连 D3 里院庭院，而且可以直达 D3 区加建平台，房间分为大床房和标准间，大床房配备了人性化的浴缸提高居住舒适度，也呼应天德堂原先的功能所在。

（3）南侧建筑东边部分二层为女士大众洗浴区，同样具备热、温、冷水浴池及多种不同的"玉石"桑拿间，楼梯出口及澡堂入口处设置理发店。

四层：

（1）南侧建筑西边部分四层与三层相似，在靠近 D3 区处增加廊道宽度形成空中平台，可以停留、休憩、观赏，增加互相交流。

（2）南侧建筑东边部分四层与二层完全一致。

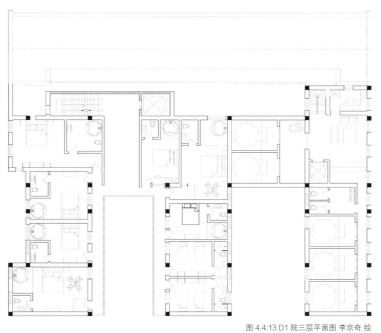

图 4.4.13 D1 院三层平面图 李京奇 绘

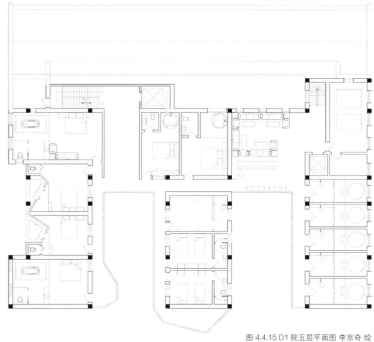

图 4.4.15 D1 院五层平面图 李京奇 绘

三层：

（1）南侧建筑西边部分三层与二层相似，但不可直接到达 D3 区。

（2）南侧建筑东边部分二层为包厢"温泉"区，设置直径超过 2m 的浴缸，对大部分人群普遍适用，并配有日式的装修色调代替原来天德堂澡浴包间。

五层：

（1）南侧建筑西边部分五层与四层部分相似，但加设以洗浴而主题的独特房间，并且将东西两侧连接，使天德堂洗浴中心五楼成为宾馆一部分。

（2）南侧建筑东边部分五层为包厢"温泉"区，包厢面积比三四层更大，并配有专门的休息区供人们休息。

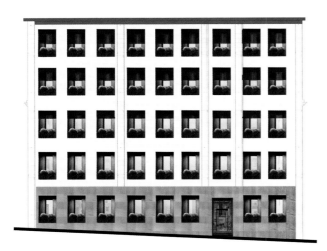

图 4.4.16 D2 院立面修复效果图 李京奇 绘

图 4.4.18 D2 院立面修复前原图 李京奇 绘

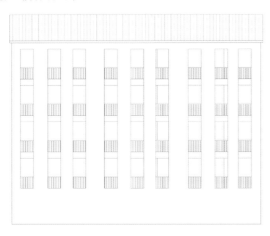

图 4.4.17 D2 院立面《里院的街》设计图 李京奇 绘

图 4.4.20 D2 院立面修复线图 李京奇 绘

D2 院立面设计

　　天德堂立面是建筑博山路乃至基地内上最高、门窗数量最多的立面,形制最独特,保存最完好的建筑立面。立面上除了部分腐蚀痕迹外,只有少部分其他破坏;由于立面的独特性,在上学期的设计中,将窗洞全部改为阳台门洞,因此根据原始立面、原始图纸以及上学期设计图进行修复改造。

　　在遵循原真性、可识别性以及最小干预性的前提下:

　　（1）对招牌、空调架等明显后建设施进行去除。

　　（2）保留墙体斑驳痕迹,保持原有材料肌理,在清理过后附上全新涂料。

　　（3）在门洞处安设可识别性高的黑褐色金属窗框的平开门。

　　（4）对其他轻微破损处进行还原修复,补充材质。

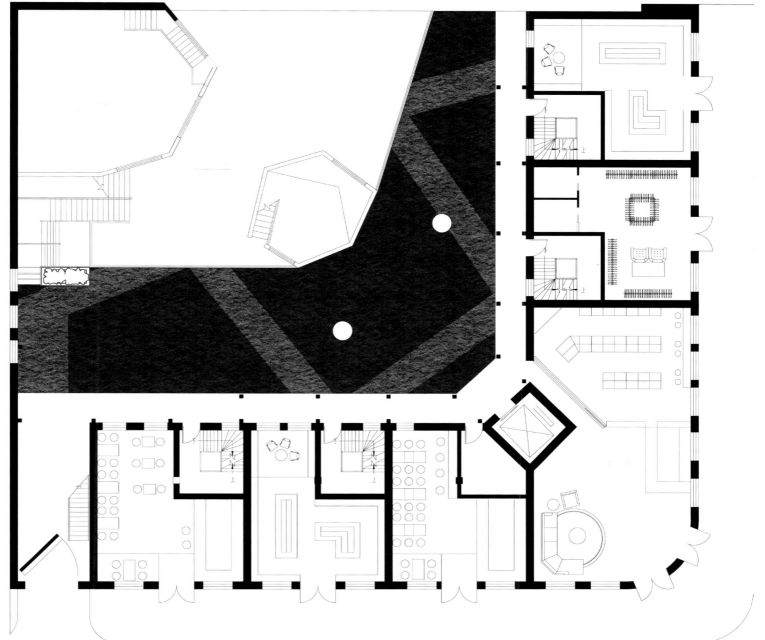

图 4.4.21 D3 院一层平面图 李京奇 绘

4.4.4　D3 院修复设计

D3 院平面设计

　　D1 区定位为"商铺 + 工作室 + 住宅（青年公寓）——综合生活"里院。

　　地坪层：

　　（1）沿街建筑地坪层为商铺功能，设置餐饮店、书店、零售店、服装店等丰富业态；另外，在潍县路与博山路沿街拐角处设立住宅入户门厅以及便利店，方便业主生活。

　　（2）里院加建建筑地坪层是个多面形的平台，并且有两个在高度上可以继续扩展的平台，是整个 D 区的核心活动区，通过不同的通道将 D1、D2、D4 三个里院连接起来是四个院落的人可以到平台上交流、活动。

　　（3）在建筑拐角处设置了一部单门可置担架电梯，方便住户进出上下，便于紧急情况抢救。

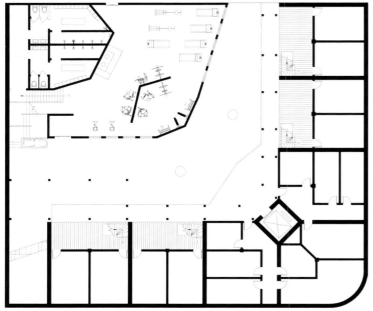

图 4.4.22 D3院负一层平面图 李京奇 绘

负一层：

（1）沿街建筑负一层主要以地下室组成，在外廊架与建筑接触处设有较小的休息平台，可以供人们乘凉、休息。

（2）原内建筑负一层为健身中心，可通过楼梯与D2院连接，服务范围是整个D区及周围里院。

图 4.4.24 D3院三层平面图 李京奇 绘

三层：

（1）沿街建筑三层为是居住区，定位是中高端双人或家庭住宅，户型基本相似，带有阁楼。

（2）同样在外廊处重新架设外廊并设有平台，便于与院内交流。

（3）在大门洞楼梯间，设置公共书吧。

（4）院内建筑以露天平台为主，西北角平台可连接D1与D2院，东南角平台基本方便与沿街建筑外廊活动人交流，或者单独进行活动。

图 4.4.23 D3院二层平面图 李京奇 绘

二层：

（1）沿街建筑二层为是居住区，定位是中高端双人或家庭住宅，户型基本相似。

（2）其中在外廊处重新架设外廊并设有平台，便于与院内交流；

（3）在大门洞楼梯间，设置公共书吧；

（4）院内建筑以露天平台为主，西北角为健身房一部分。

图 4.4.25 D3院三层阁楼平面图 李京奇 绘

阁楼层：沿街建筑顶楼面积与层高满足隔断处阁楼层，功能基本以卧室与坡顶阳台为主。

实测楼梯照片 李京奇 摄

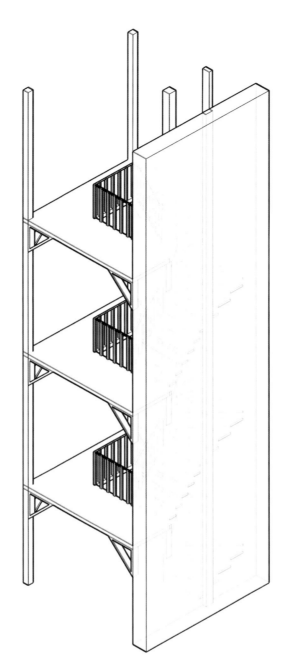

图 4.4.26 D3 院楼梯设计轴侧图 李京奇 绘

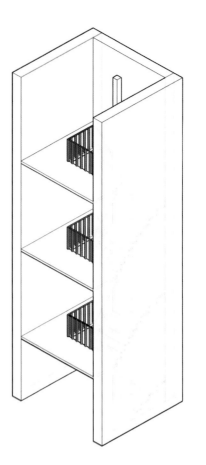

图 4.4.27 D3 院楼梯原始轴侧图 李京奇 绘

D3 院沿街建筑楼梯修复设计

  D3 院又称"九如里",其中建筑在水平方向各成一个单元,从上到下,每户都有独立楼梯,而且独立楼梯都为木质的老楼梯,评估时有明显的保留价值,为了适应更多人以及未来更好的使用性,对楼梯进行了构件上的加固及新的支撑结构,保证结构的进一步稳定。

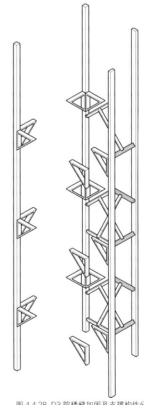

图 4.4.28 D3 院楼梯加固及支撑构件分布轴侧图 李京奇 绘

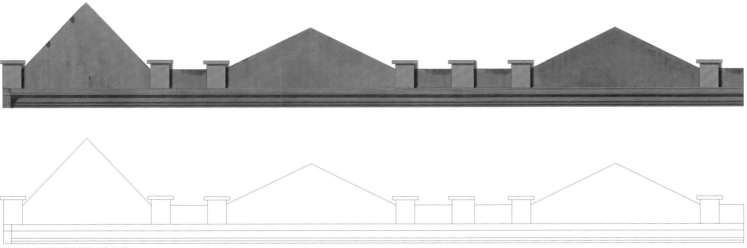

图 4.4.29 D3 院山花修复图 李京奇 绘

图 4.4.30 D4 院山花修复图一 李京奇 绘

图 4.4.31 D3 院山花修复图二 李京奇 绘

D3 及 D4 院沿街建筑山花修复设计

D3 院中有大量的山花，由于雨水侵蚀以及长时间风化，许多已经破旧不堪，但其立面由于山花的装饰更显艺术价值，将被破坏的山花进行修复。

D3 及 D4 院院落高差变化示意剖面图

由于原有地形高差变化导致的院内海拔下降和 D2 区零标高面海拔下降不同以及扩建廊道、新建院内建筑高度错综复杂，使得原本单调无趣的方形院空间变得丰富有趣。

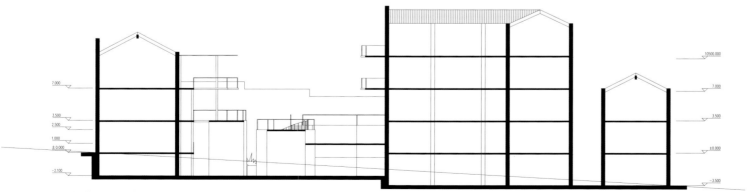

图 4.4.32 D3 及 D4 院院落高差变化示意剖面图 李京奇 绘

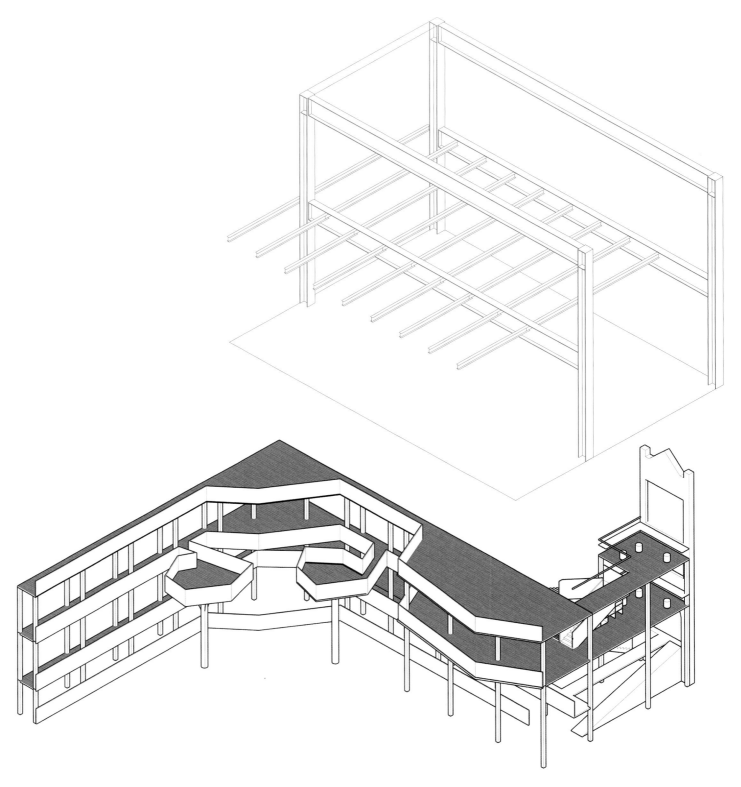

图 4.4.33 D3 院扩建廊道及 "大门洞" 空间设计与结构图 李京奇 绘

D3 院扩建廊道及 "大门洞" 空间设计

（1）为了增加沿街建筑向院内的伸展空间，在两处节点进行了放大处理，利用不规则多边形接触的空间更丰富，又在二层廊道外架设小平台，进一步丰富院落空间。

（2）廊道采用钢结构构架，搭建方式如图 4.4.33 所示，是更轻、更便利的材料。

（3）大门洞处由于取缔了原先的公共卫生间设置，解放了一处公共空间，改造成读书、交流的半室内场所。

图 4.4.34 D4 院一层平面图 李京奇 绘

4.4.5 D4 院修复设计

D4 院平面设计

D1 区定位为"老年康复中心 + 餐饮 + 诊室——康复治疗"中心。

由于 D4 院院落感强、层高低，处于整个社区靠近中山路与四方路步行街，而且南北方向居中分布、距市人民医院 1.1km，为了满足社区中有养老服务设施的要求，D4 院改造为养老康复中心。

一层：

（1）沿街商铺与康复中心一层服务功能互相适应，实现中心的对外开放式；康复中心后厨可以同时为沿街餐馆后厨，康复中心治疗室，也可以与沿街药店相结合。

（2）都以无法自理的老人卧室以及工作人员办公室等为主，方便抢救及照顾，减少工作人员流线与老人流线接触几率。

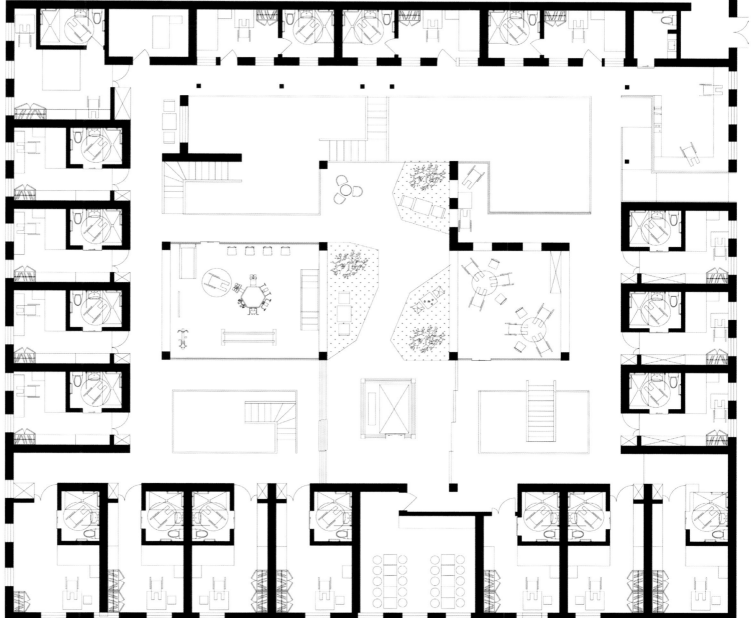

图 4.4.35 D4 院二层平面图 李京奇 绘

二层：

（1）定位为大多数能自理老人或者部分需帮助老人房间为主，配备齐全的无障碍设施，同时增宽走廊，使走廊满足 1500mm 同时能通过两辆轮椅。

（2）由于养老建筑类型有明确日照时间规定，中央的二层建筑会遮挡光线，因此对二层进行改造，新建为玻璃房子，在中心靠东北角保留一面墙壁围合出一处私密性较高的场所。

（3）D4 院东北角处设置无障碍坡道，可以通向 D3 院院内平台。

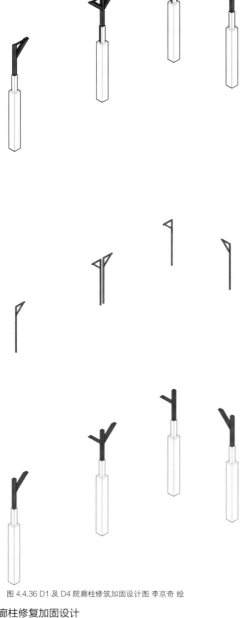

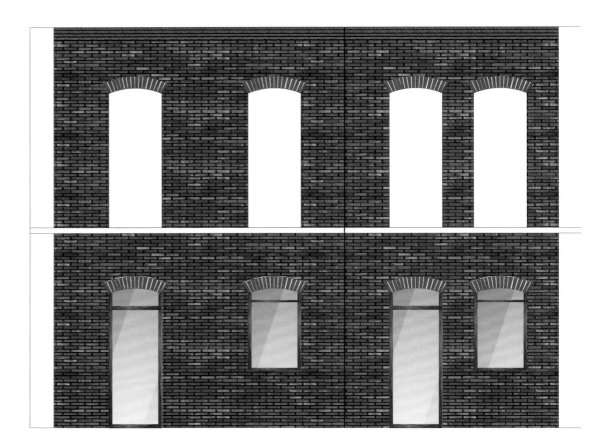

图 4.4.36 D1 及 D4 院廊柱修筑加固设计图 李京奇 绘

258

D1 及 D4 院廊柱修复加固设计

D1 及 D4 院廊柱是里院砖木结构的重要构件，具有极高的保留修复价值，因此进行修复及加固，在原本木柱沿边插入带有绝缘套的钢结构，起到支撑保护作用。

D4 院高价值墙壁修复保留设计

D4 院中原东北角院西南围合墙壁由于原本高质量的做工从墙皮脱落处漏出，屋檐处有多层叠檐处理，因此具有较高的保留价值，在确定很少影响日照的前提下，进行保留修复。

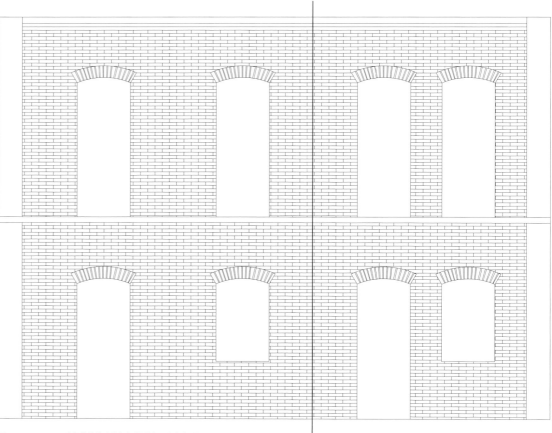

图 4.4.37 D1 及 D4 院高价值墙壁修复保护设计图 李京奇 绘

4.4.6 效果展示

　　该部分对 D1 院里边里院局部、沿街"咖啡馆＋工作室"改造，D2 院宾馆"浴池"房间、澡堂，D3 院子、"大门洞"改造设计，D4 二层改造进行了简单的效果展示。

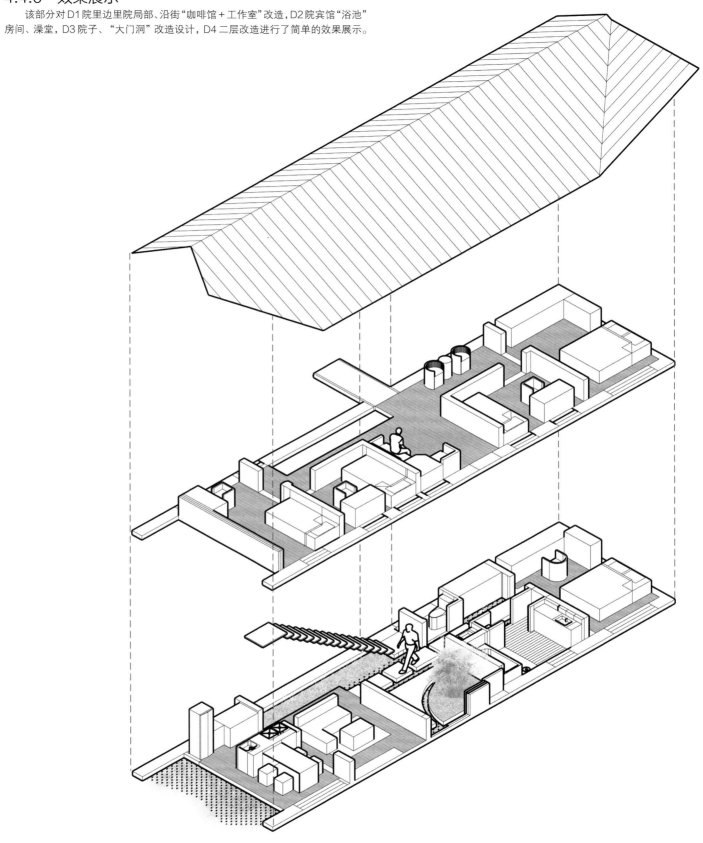

图 4.4.38 D1 院里边里院局部设计图 李京奇 绘

260

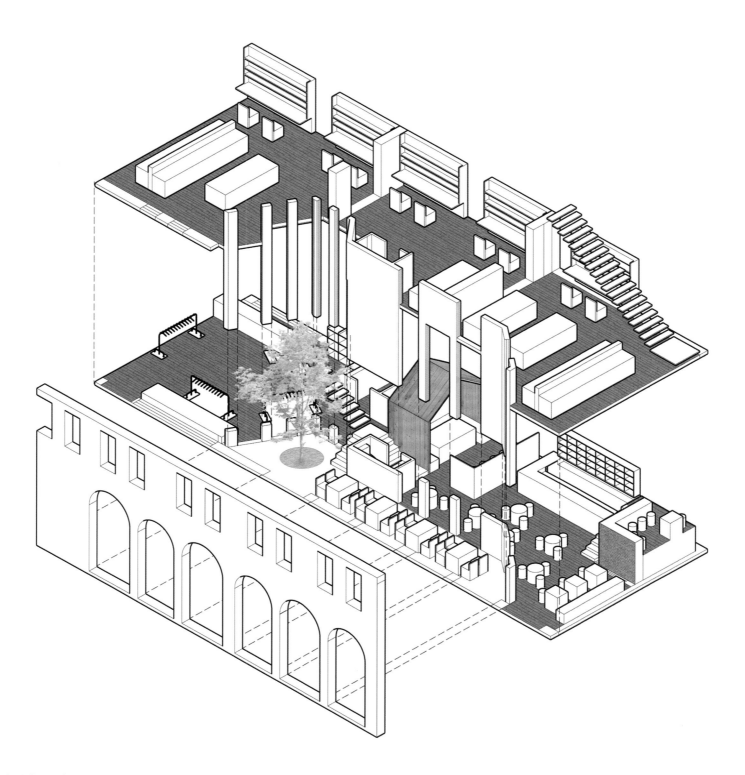

图 4.4.39 D1 沿街"咖啡馆 + 工作室"改造设计图 李京奇 绘

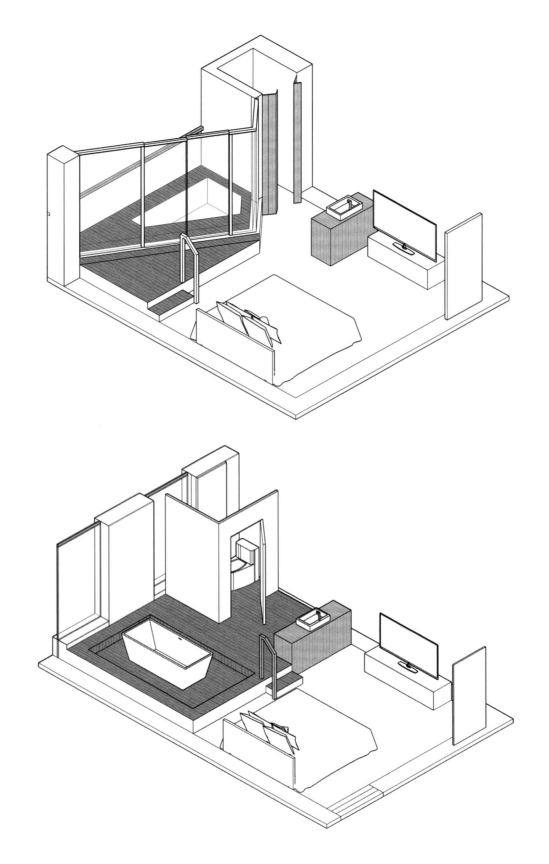

图 4.4.40 D2 院 "浴池" 房间设计图 李京奇 绘

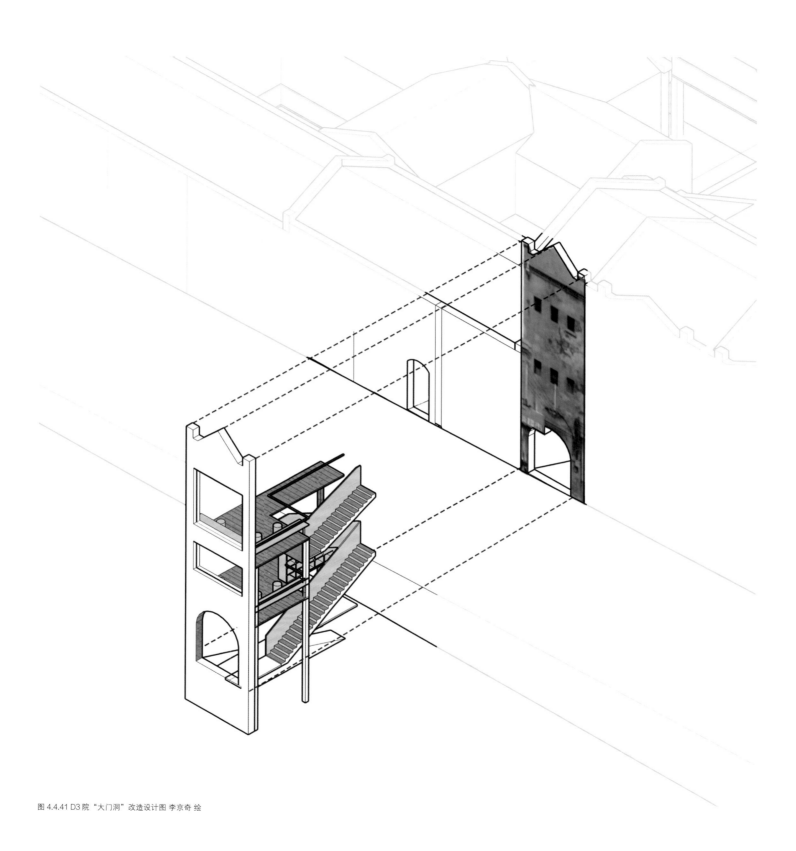

图 4.4.41 D3 院"大门洞"改造设计图 李京奇 绘

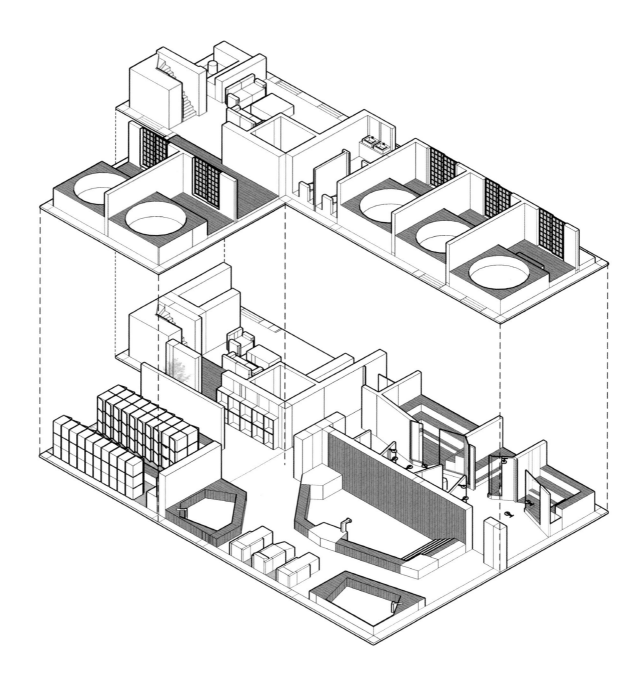

图 4.4.42 D2 院澡堂设计图 李京奇 绘

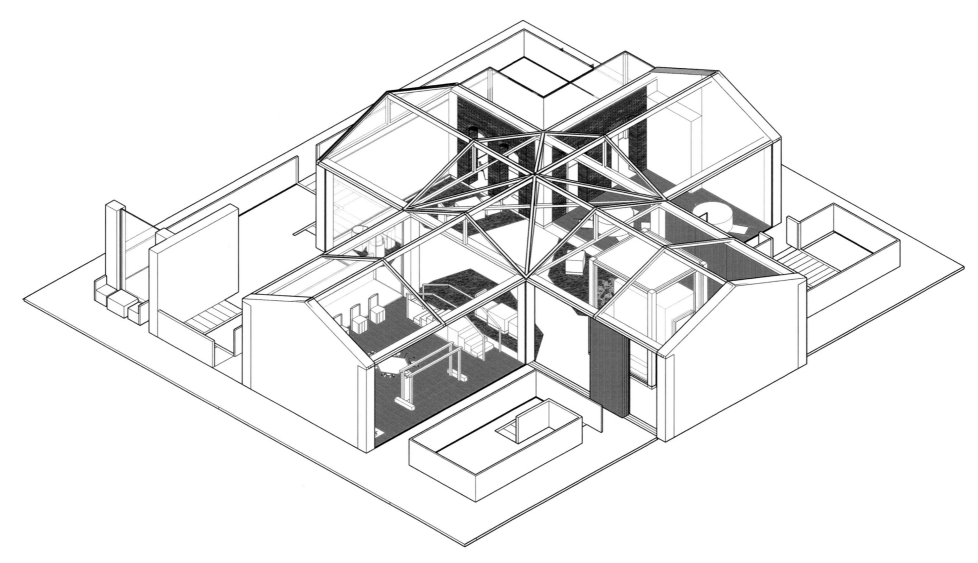

图 4.4.43 D4 院二层改造设计图一 李京奇 绘

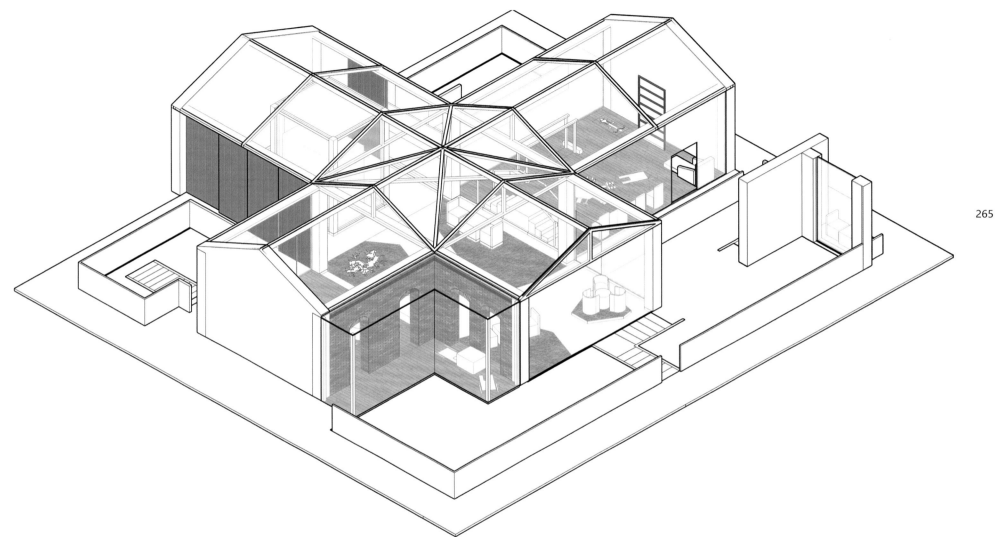

图 4.4.44 D4 院二层改造设计图二 李京奇 绘

图 4.4.45 D4 院二层改造设计图三 李京奇 绘

4.5　E1 区
4.5.1　户型改造
户型划分

　　底层业态主要以服务类商业为主，包括餐饮、休闲、办公、零售四大类，博山路主要业态为餐饮业，四方路考虑到与黄岛路市场的关系业态以零售和休闲为主，可布置室外摊位，海泊路以休闲业态为主。

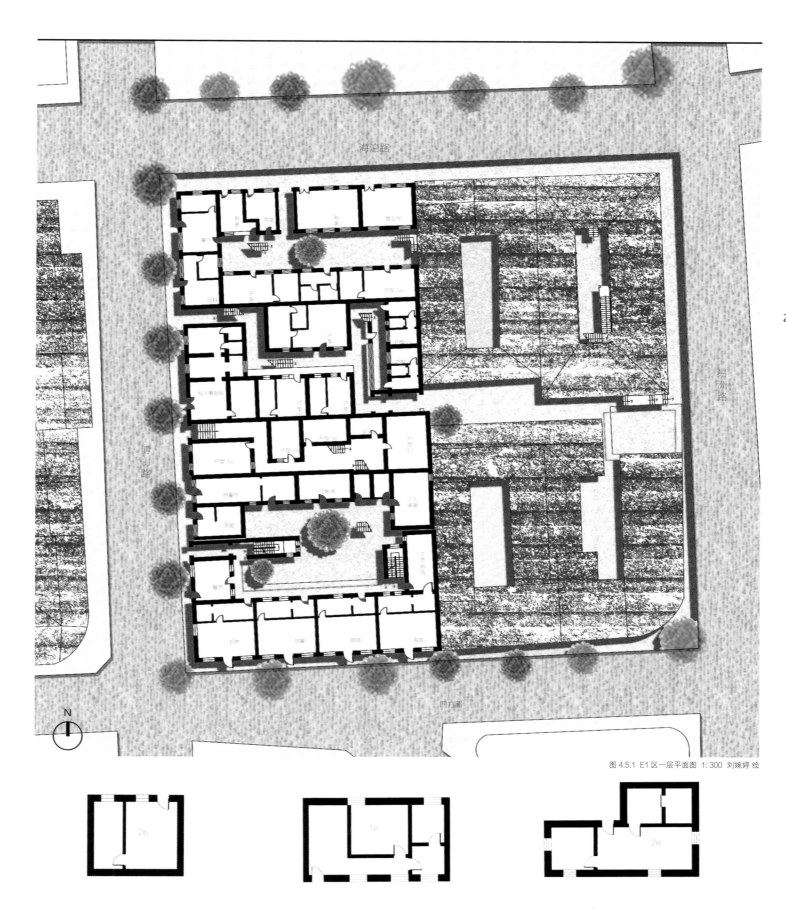

图 4.5.1 E1 区一层平面图 1：300 刘婉婷 绘

2b：单身公寓
面积：25m²
1e：单身公寓
面积：45m²
2e：单身公寓
面积：45m²

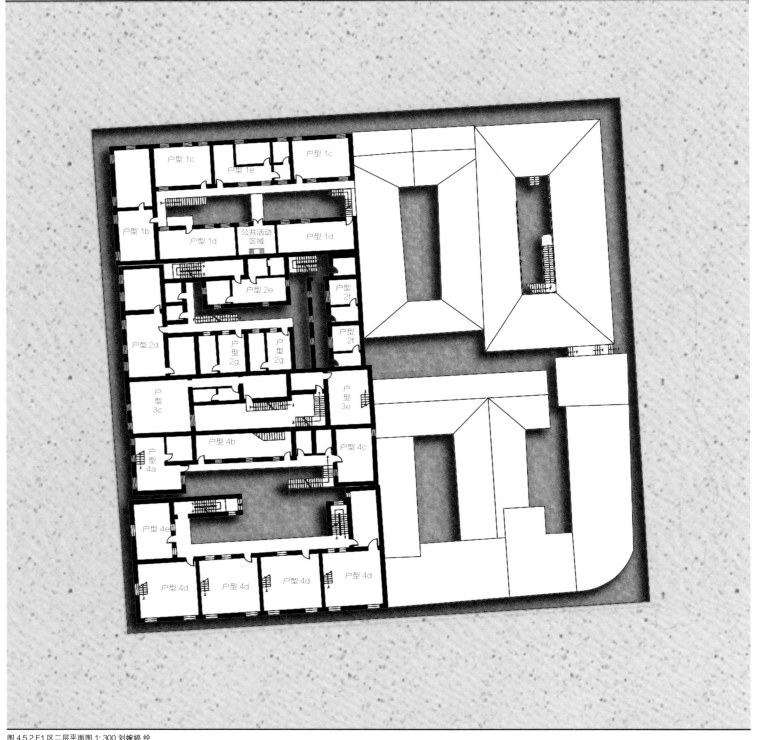

结合质量评估确定户型改造的思路，改善居住密度较大的问题，拆除室内加建隔墙，优化内部格局，按面积将户型分类，根据适宜的居住密度确定每种户型的居住人数，并制定小户型改造措施。

户型改造主要问题是解决采光、通风以及缺乏休闲空间，部分户型还存在私密性较差的问题，改造后的主要服务人群是里院原有居民和置换人群（部分中产阶级），其户型布局要结合实际需求进行布置。

图 4.5.2 E1 区二层平面图 1:300 刘婉婷 绘

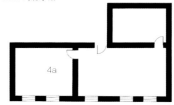

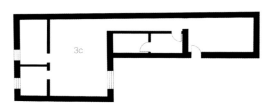

2a：单身公寓
面积：60m²
3c：单身公寓
面积：80m²

3 层户型设计以较高级的住宅为主，对顶层的阁楼进行改造，将自然光通过老虎窗引入室内，改善采光条件。

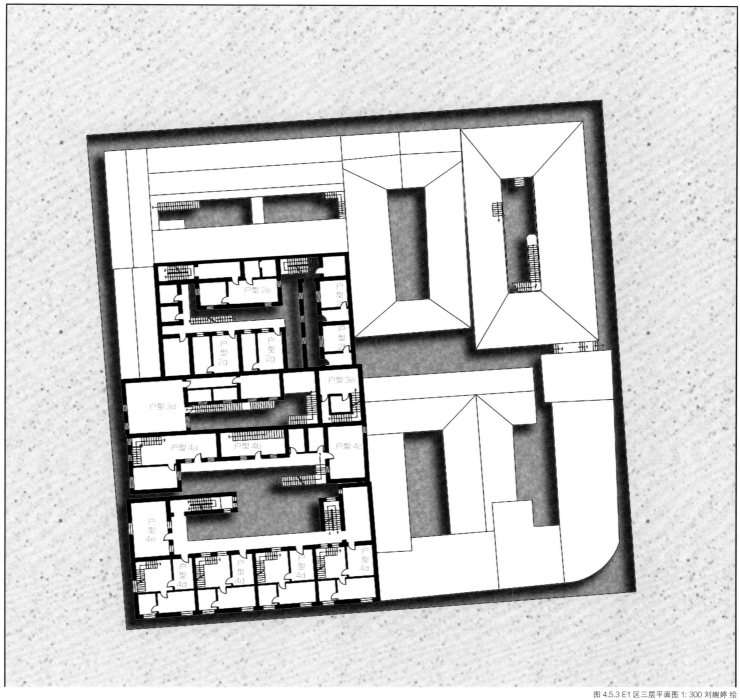

图 4.5.3 E1 区三层平面图 1：300 刘婉婷 绘

4a：双人公寓
面积：120m²
4b：双人公寓
面积：90m²
3e：双人公寓
面积：120m²

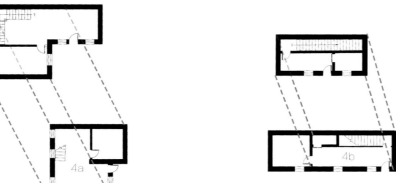

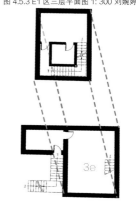

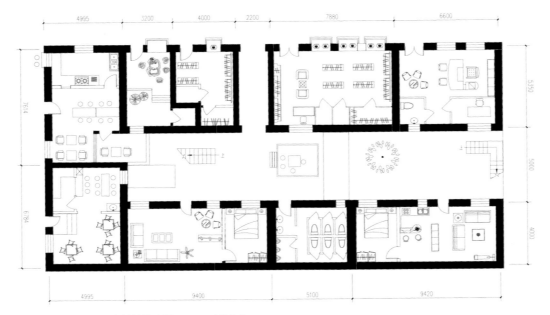

图 4.5.4 E1 区 1 号院家具布置一层平面图 1:200 刘婉婷 绘

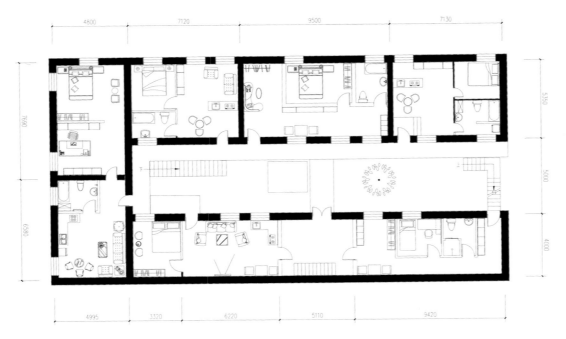

图 4.5.5 E1 区 1 号院家具布置二层平面图 1:200 刘婉婷 绘

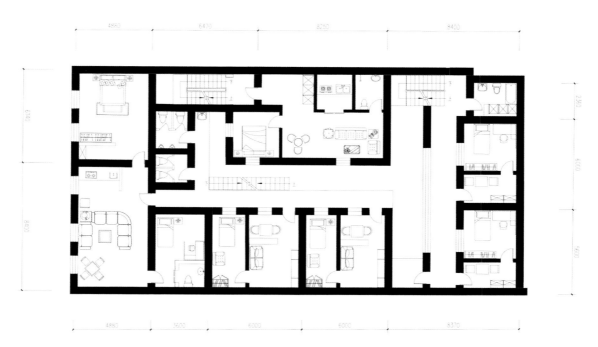

图 4.5.6 E1 区 2 号院家具布置一层平面图 1:200 刘婉婷 绘

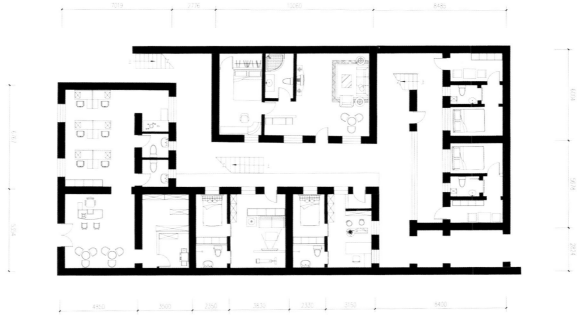

图 4.5.7 E1 区 2 号院家具布置二层平面图 1:200 刘婉婷 绘

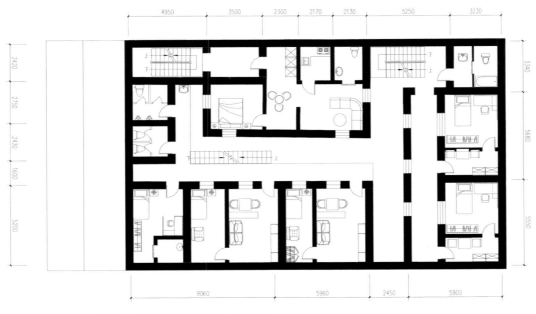

图 4.5.8 E1 区 2 号院家具布置三层平面图 1∶200 刘婉婷 绘

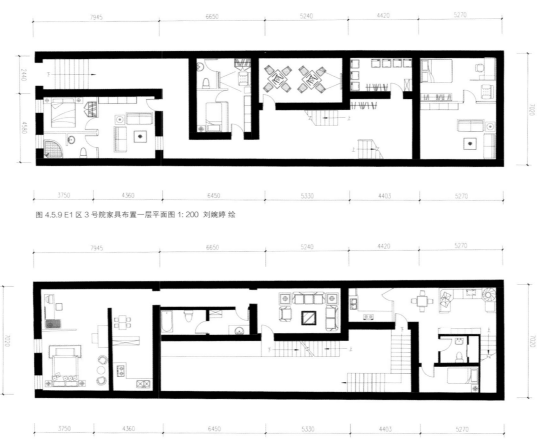

图 4.5.9 E1 区 3 号院家具布置一层平面图 1∶200 刘婉婷 绘

图 4.5.10 E1 区 3 号院家具布置二层平面图 1∶200 刘婉婷 绘

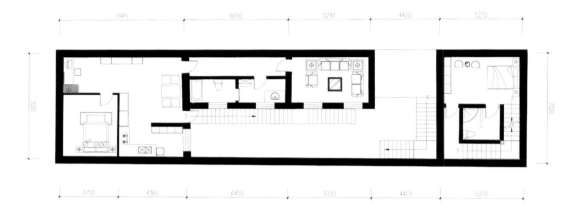

图 4.5.11 E1 区 3 号院家具布置三层平面图 1: 200 刘婉婷 绘

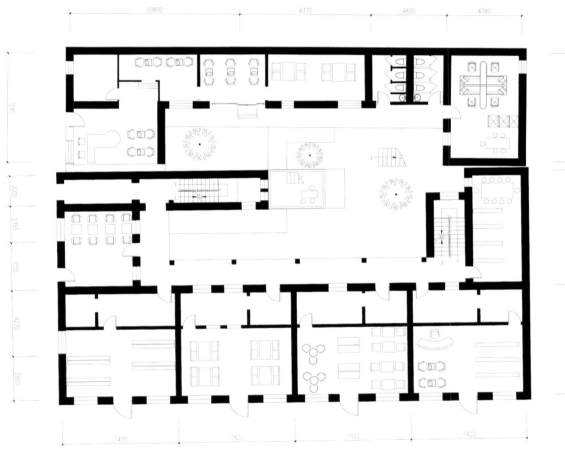

图 4.5.12 E1 区 4 号院家具布置一层平面图 1: 200 刘婉婷 绘

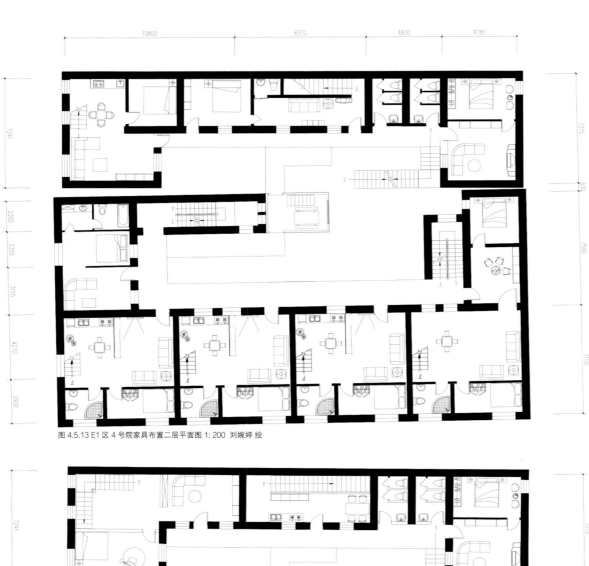

图 4.5.13 E1 区 4 号院家具布置二层平面图 1：200 刘婉婷 绘

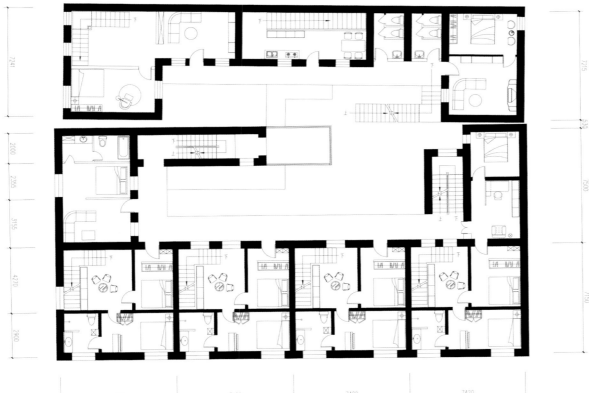

图 4.5.14 E1 区 4 号院家具布置三层平面图 1：200 刘婉婷 绘

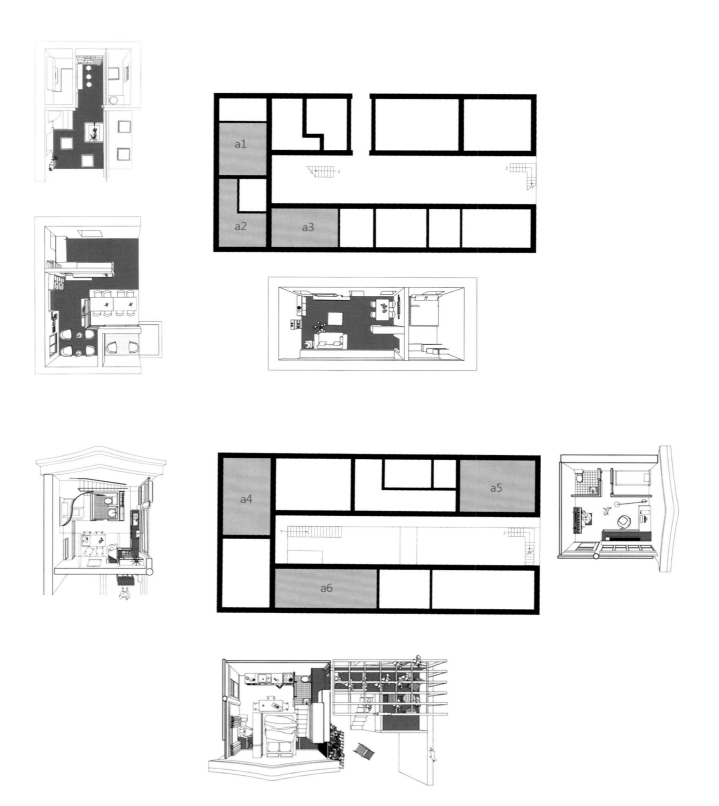

图 4.5.15 E1 区 1 号院户型图 刘婉婷 绘

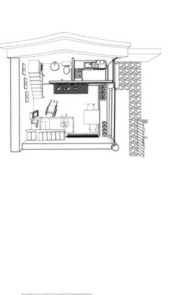

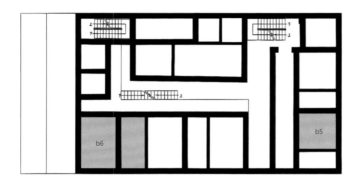

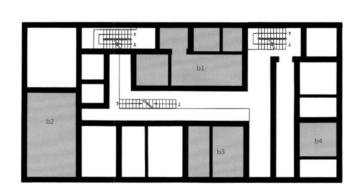

图 4.5.16 E1 区 2 号院户型改造 刘婉婷 绘

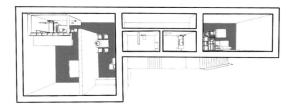

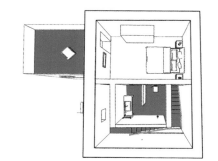

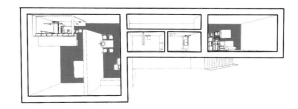

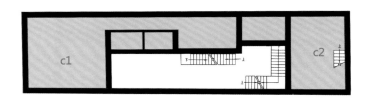

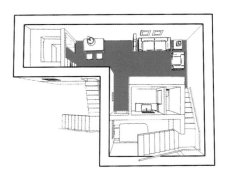

图 4.5.17 E1 区 3 号院户型改造 刘婉婷 绘

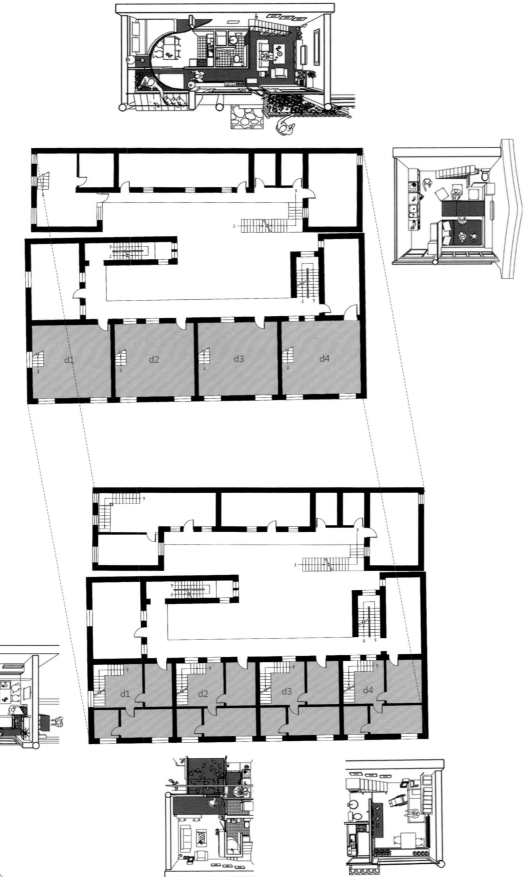

278

图 4.5.17 E1 区 4 号院户型改造 刘婉婷 绘

底层商业改造

　　日本料理店改造：面积约 25m²，就餐区与备餐区没有明显界限，顾客可获得一边就餐一边观看料理师准备料理的过程。

　　中餐店改造：由于现有条件约束，沿街立面只做修复不能大面积改造，采光条件受到限制，店面向里院的墙体改造成大面积玻璃窗，既增加采光同时使室内外产生景观交流。

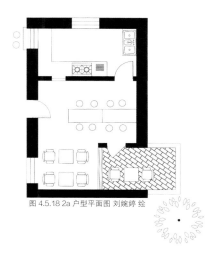

图 4.5.18 2a 户型平面图 刘婉婷 绘

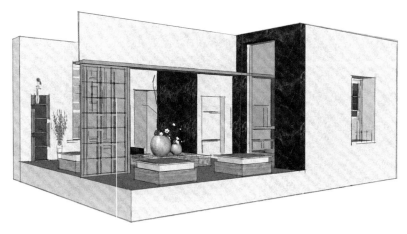

图 4.5.21 日本料理店效果图 刘婉婷 绘

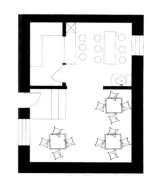

图 4.5.19 1a 户型平面图 刘婉婷 绘

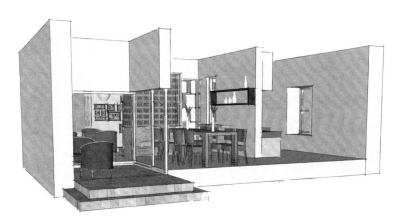

图 4.5.22 中餐厅效果图 刘婉婷 绘

户型改造：

　　室内家具主要是精简家装风格，尽量满足主人的储藏要求，采用可滑动立面和折叠式桌椅，创造多效利用空间，使室内使用面积利用效率最大化。

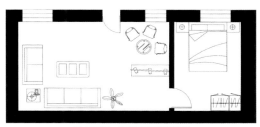

图 4.5.20 3a 户型平面图 刘婉婷 绘

图 4.5.23 住宅效果图 1 刘婉婷 绘

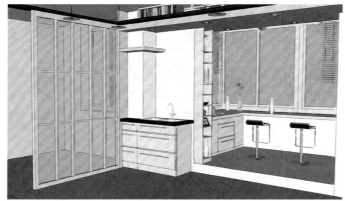

图 4.5.24 住宅效果图 2 刘婉婷 绘

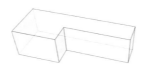

L 型空间原型

按从开放到私密进行三段式划分

方案整体生成

图 4.5.28 住宅概念示意图 2 刘婉婷 绘

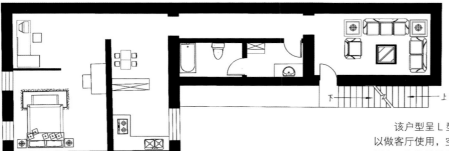

图 4.5.25 3c 户型平面图 刘婉婷 绘

该户型呈 L 型，将功能进行三段式划分，进门的小空间既可以当做玄关也可以做客厅使用，空间属性属于对外开放的公共空间，中间是相对私密的卫生间和厨房，紧接着是私密的卧室和书房。

图 4.5.26 住宅效果图 3 刘婉婷 绘

图 4.5.29 4b 户型平面图一层 刘婉婷 绘

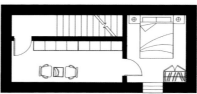

图 4.5.30 4b 户型平面图二层 刘婉婷 绘

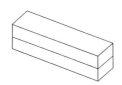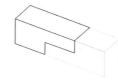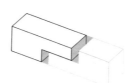

图 4.5.27 住宅概念示意图 1 刘婉婷 绘

该户型呈狭长矩形，将交通空间尽量压缩，把采光好的朝向留给卧室和客厅，上下两层通过直跑楼梯连接。这种空间的 L 型可节约空间加强邻里之间的交流。

4.5.2 里院院内空间活化
院子改造整体思路

提出问题（现状分析）

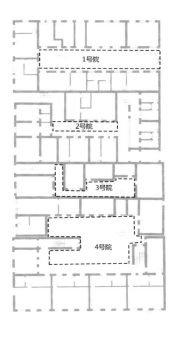

图 4.5.31 刘婉婷 绘

分析现状，里院现存问题：

（1）里院缺乏公共活动空间，由于加建让院落空间失去活力，里院居民缺少可以集体活动的娱乐空间，在一定程度上减少了里院邻里交流的机会。

（2）居住环境质量差，空间拥挤，人口密度大。

（3）空间过于均质，没有特色，缺少节点变化。

（4）缺少绿化、阳光、新鲜空气。

解决问题（整体方案）

分析问题（理念生成）

拆除加建   植入公共空间   打通

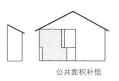

公共面积补偿   滑动立面

滑动立面与外墙平齐，整体空间属于私密空间

面积补偿——可滑动立面

滑动立面沿滑轨向内，退让空间属于开放空间

图 4.5.32 带滑轨的立面户型改造方案 刘婉婷 绘

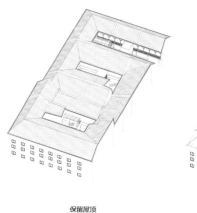
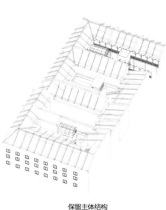
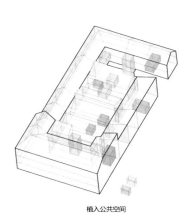

保留屋顶   保留主体结构   植入公共空间   还原院落空间形态

图 4.5.33 院落空间改造 刘婉婷 绘

图 4.5.34 阳光花园效果图 刘婉婷 绘

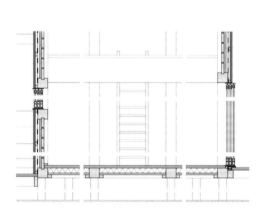

图 4.5.35 木屋效果图 刘婉婷 绘

院内改造效果

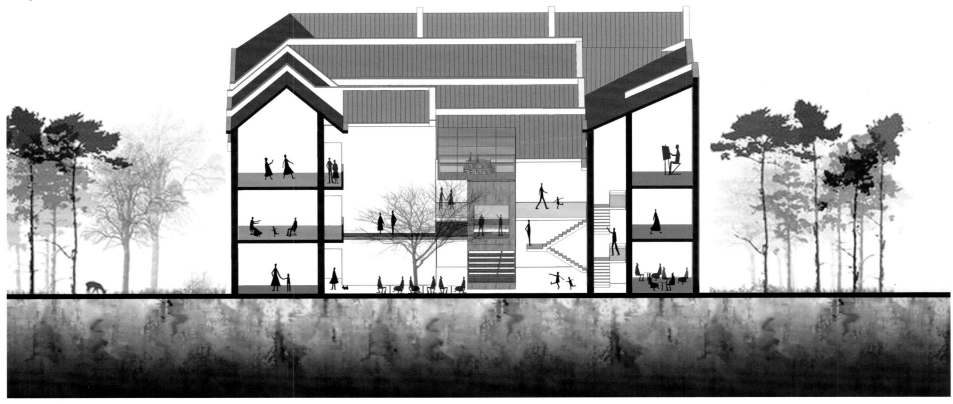

图 4.5.36 E1 区 4 号院剖透视效果图 刘婉婷 绘

284

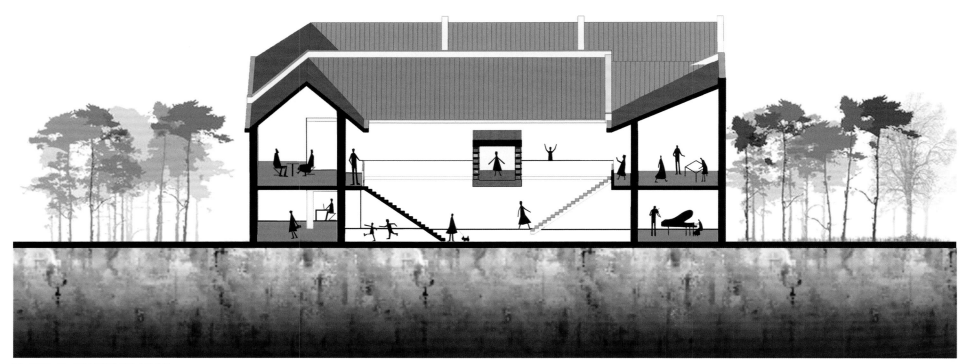

图 4.5.37 E1 区 4 号院剖透视效果图 刘婉婷 绘

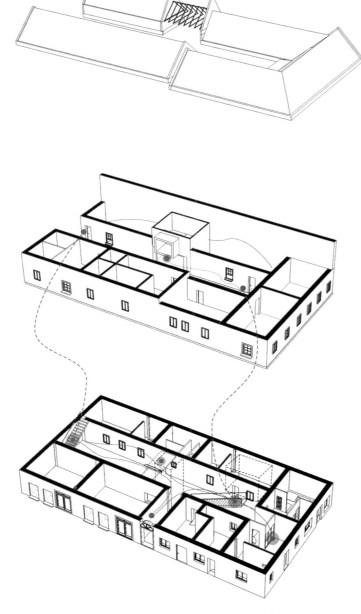

图 4.5.38 E1 区 1 号院改造后节点布置图 刘婉婷 绘

图 4.5.39 E1 区 1 号院改造后院内效果图 刘婉婷 绘

4.5.3 修复
结构加固

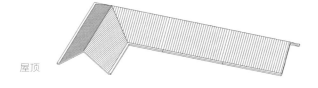

屋顶

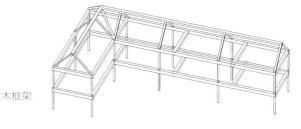

木框架

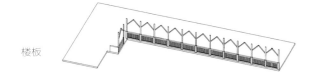

楼板

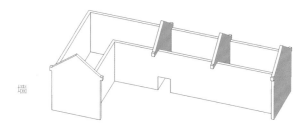

墙

图 4.5.42 里院砖木混合结构体系图 刘婉婷 绘

图 4.5.40 屋顶加固图 刘婉婷 绘

（1）加大挑檐檩截面。
（2）加设替木，减小挑檐桁跨度。
（3）檐檩加设橡腕。

替木

挑檐檩

结构加固：

在结构体系内进行维护和加固工作，根据调研，E1 区的传统青岛里院是砖木混合结构，一般为 2~3 层，木框架外包砖墙，山墙承重。在多数里院中存在木地板腐朽受潮的情况，且屋顶不同程度有漏雨现象，由于木头腐朽使结构承受荷载的强度有限需要加固处理。

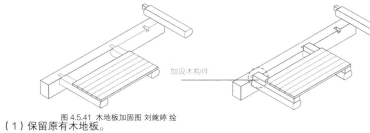

加设木构件

图 4.5.41 木地板加固图 刘婉婷 绘

（1）保留原有木地板。
（2）腐朽程度高的按原规格替换。
（3）在原有构件上架设构件，增加截面高度，解决结构问题，便于木地板通风。

4.5.4　构造

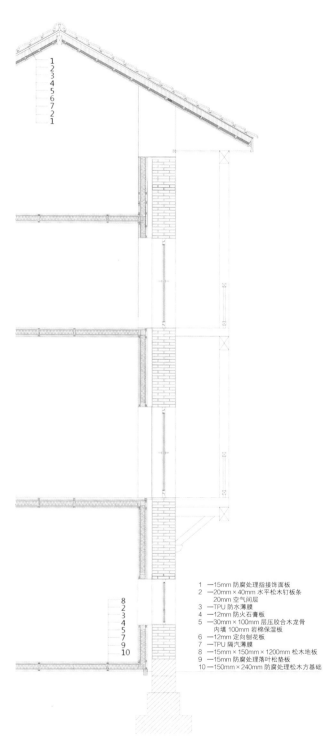

1 —15mm 防腐处理指接饰面板
2 —20mm×40mm 水平松木钉板条
　　20mm 空气间层
3 —TPU 防水薄膜
4 —12mm 防火石膏板
5 —30mm×100mm 层压胶合木龙骨
　　内填 100mm 岩棉保温板
6 —12mm 定向刨花板
7 —TPU 隔汽薄膜
8 —15mm×150mm×1200mm 松木地板
9 —15mm 防腐处理落叶松垫板
10 —150mm×240mm 防腐处理松木方基础

图 4.5.34 E1 区 1 号院房屋构造 1:60 刘婉婷 绘

图 4.5.34 E1 区 1 号院鸟瞰 刘婉婷 绘

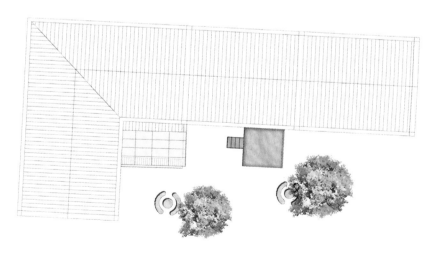

图 4.5.35 E1 区 1 号院院落俯视 刘婉婷 绘

4.5.5 立面修复

图 4.5.35 立面修复后效果图 刘婉婷 绘

编号	存在问题	解决策略
博山路—E14-1	E14-1 立面局部用水泥修补，导致整体风格杂乱 乱搭乱接，空调外机外观影响立面效果 底层广告牌风格不统一，影响街道美观	将水泥覆盖的地方进行铲除 拆除乱搭的阳台、空调外机、路灯、广告牌等 对檐口的线脚进行修复 对立面的原有材料进行判断并进行原貌修复
博山路—E14-2	E14-2 立面局部用水泥修补，导致整体风格杂乱 乱搭乱接，空调外机外观影响立面效果 底层广告牌风格不统一，影响街道美观	将水泥覆盖的地方进行铲除 拆除乱搭的阳台、空调外机、路灯、广告牌等 对檐口的线脚进行修复 对立面的原有材料进行判断并进行原貌修复
博山路—E14-3	E14-3 立面全部用水泥封面，导致立面风格难辨 空调外机外观影响立面效果 底层广告牌风格不统一，影响街道美观 底层餐厅油烟污染立面外观 居民自行替换白色塑料窗框，与原貌不符	将水泥覆盖的地方进行铲除 拆除乱搭的阳台、空调外机、路灯、广告牌等 对立面进行判断并结合实际业态进行重新设计，对油烟进行专门排放，避开立面
博山路—E13	E13 立面水泥重新封面，导致整体风格难辨 乱搭乱接，空调外机外观影响立面效果 底层广告牌风格不统一，影响街道美观 居民自行替换白色塑料窗框，与原貌不符 底层门窗现代气息过重，与立面整体风貌冲突	将水泥外壳拆除恢复立面原状 2. 拆除乱搭的阳台、空调外机、路灯、广告牌等 对拆除后的原状立面进行修复，修旧如旧
博山路—E12	E12 立面风格严重不搭，下层白色抛光瓷砖遮住了原来风貌，橙色涂料使风格杂乱 乱搭乱接，空调外机外观影响立面效果 底层广告牌风格不统一，影响街道美观 居民自行替换白色塑料窗框，与原貌不符 底层门窗现代气息过重，与立面整体风貌冲突	将水泥外壳拆除恢复立面原状 2. 拆除乱搭的阳台、空调外机、路灯、广告牌等 对拆除后的原状立面进行修复，修旧如旧

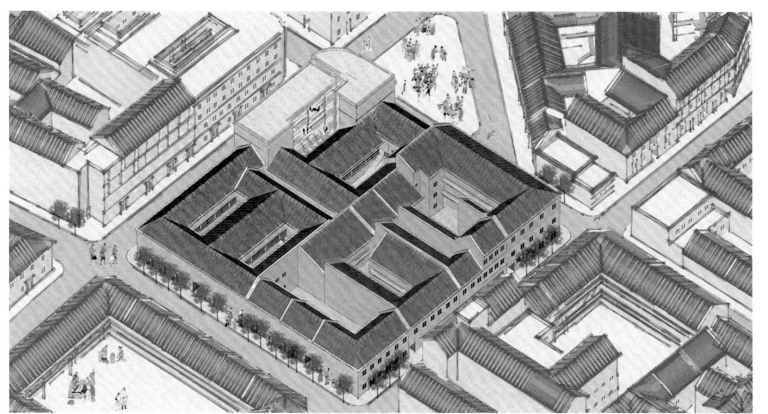

图 4.6.1 E2 区轴测图 王兴娟 绘

4.6 E2 区

E2 区位于整个里院基地的中心位置，是商业区与居住区的过渡地带。整个区域由四个院落组成，其中有三个皆为坡屋顶传统木结构组成，而位于四方路和易州路交叉口的 4 号院主要是一栋 4 层砖混结构建筑。建筑结构皆较完整，建筑质量尚可。

其南紧靠三角地带，北与广兴里相邻，这两个节点皆为活跃节点，因而在进行设计的时候要注意其对 E2 区的影响。1、2 号院落与 3、4 号院落之间有一个利用率略低的巷道，可以考虑如何将其利用起来。

E 区地势整体来说东南高、西北低，四方路和易州路相对平缓，海泊路和博山路有一定的起伏。目前底层商业主要以餐饮为主、海泊路服装也占有一定的比重。

E2 区主要有两个入口，还包括四个地下入口进入地下室，进而可以进入院落内部，地下室一般用于店铺储藏使用。

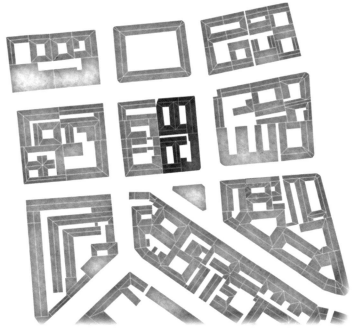

图 4.6.2 E2 区区位图 王兴娟 绘

图 4.6.3 四方路 王兴娟 摄

道路较平坦，5 家餐饮、1 家医药服务

图 4.6.4 易州路 王兴娟 摄

道路较平坦，主要为餐饮、有干果零售

图 4.6.5 海泊路 王兴娟 摄

街道东高西低，4 家餐饮、4 家服饰

图 4.6.6 博山路 王兴娟 摄

街道南高北低，6 家餐饮、1 家汽车服务

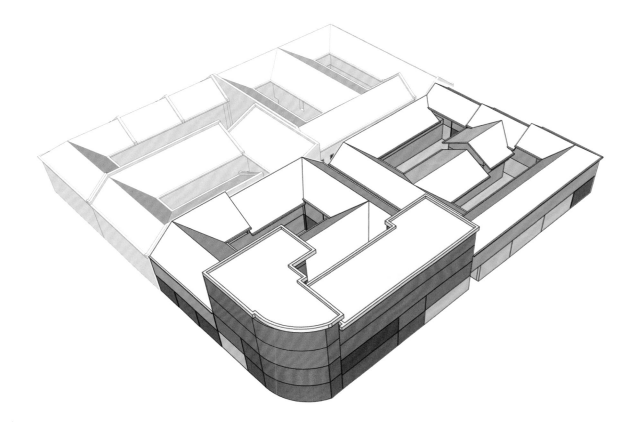

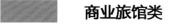　商业旅馆类

　住宅类

　餐饮服务类

　服饰销售类

图 4.6.7 E2 区功能分区示意图 王兴娟 绘

海 泊 路

博 山 路

易 州 路

服饰　服饰　茶室　服饰　餐厅

储藏　储藏

服饰

户型一　户型二　户型二　商铺

服饰

户型三　户型三　户型三

餐饮　游艺室　纪念品　户型十一　服饰

户型六　餐饮

户型七　餐厅

操作间

餐饮　咖啡厅　餐饮　百货超市　餐厅大厅

黄 岛 路

一层平面图 1: 400

-1F

传统工艺体验店

负一层平面图 1: 400

图 4.6.8 一层及底层平面图 1: 400 王兴娟 绘

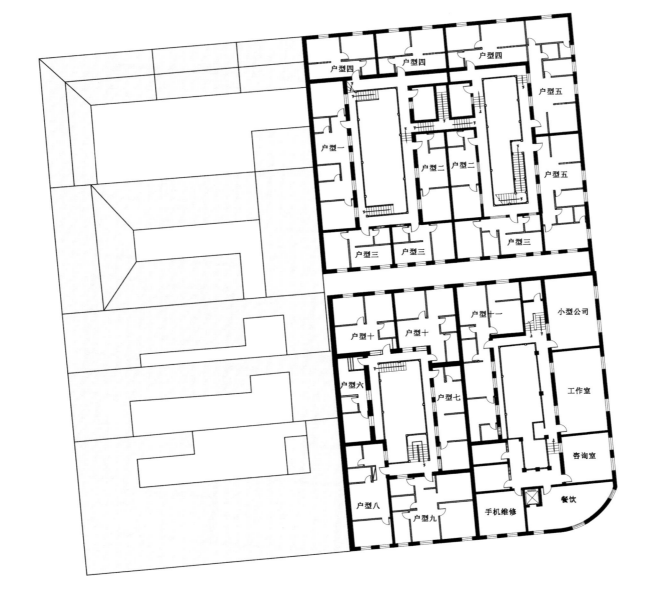

292

户型四　　户型四　　户型四
户型五
户型一
户型二　户型二
户型五
户型三　户型三　　户型三

户型十一
小型公司
户型十　户型十
工作室
户型六
户型七
咨询室
手机维修　餐饮
户型八　户型九

图 4.6.9 二层平面图 1: 400 王兴娟 绘

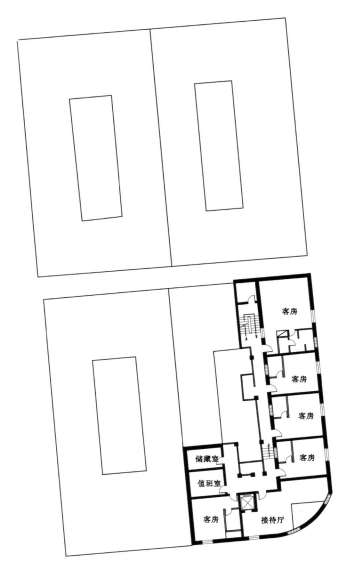

（a）三层平面图 1:400

（b）四层平面图 1:400

图 4.6.10 三层及四层平面图 王兴娟 绘

4.6.2 户型改造
E2区1号院

里院位置

总建筑面积：256m^2×2层=512m^2

户型类型与数量：一层有户型一1户，户型二1户，户型三2户，混合商业3户
二层有户型一1户，户型二1户，户型三2户，户型四2户

业主总体定位：以公寓类小户型为主，主要针对单身人士。其中户型一约65m^2，功能设
施相对齐全，定位为小两口。

院落功能定位：1号院属于中间院落，仅一面临街，且一层沿街店铺并不直接通向院内，
所以相对私密性较强。院落为住户的休闲公共区域。

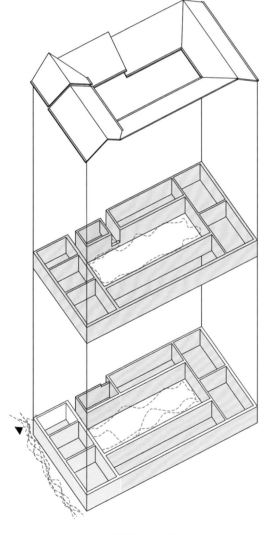

图 4.6.11 E2区1号院功能及流线分析图 王兴娟 绘

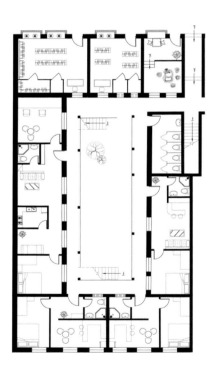

（a）一层平面图

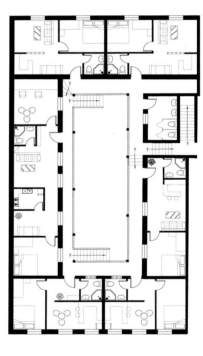

（b）二层平面图

图 4.6.12 E2区1号院平面图 王兴娟 绘

户型一

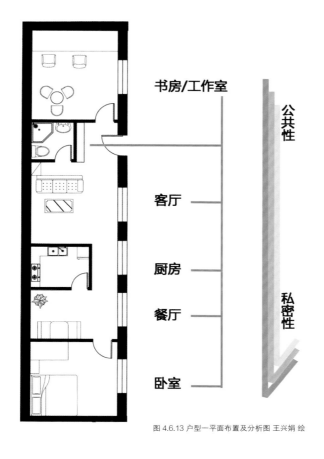

书房/工作室

公共性

客厅

厨房

餐厅

私密性

卧室

图 4.6.13 户型一平面布置及分析图 王兴娟 绘

建 筑 面 积：65m²
业 主 定 位：两口之家
空间分隔方式：实墙为主
整体空间感受：流线简单，空间层次感较弱，但动静分区合理

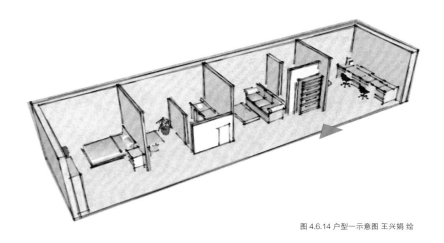

图 4.6.14 户型一示意图 王兴娟 绘

户型三

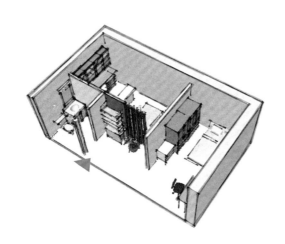

图 4.6.15 户型三示意图 王兴娟 绘

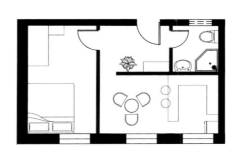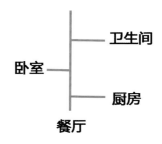

卫生间

卧室

厨房

餐厅

图 4.6.16 户型三平面布置及分析图 王兴娟 绘

建 筑 面 积：37m²
业 主 定 位：单身白领
空间分隔方式：加入隔墙
整体空间感受：空间较紧凑，厨房与餐厅相整合

户型二

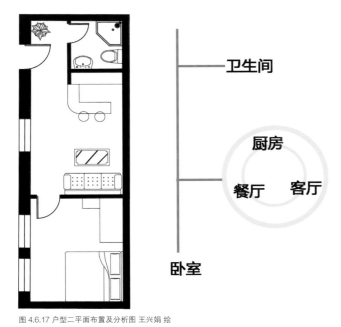

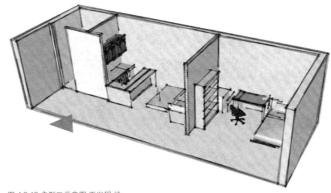

建 筑 面 积：36m²

业 主 定 位：单身白领或新婚夫妇

空间分隔方式：开敞

整体空间感受：开放式厨房与餐厅融为一体，空间紧凑

图 4.6.17 户型二平面布置及分析图 王兴娟 绘

图 4.6.18 户型二示意图 王兴娟 绘

户型四

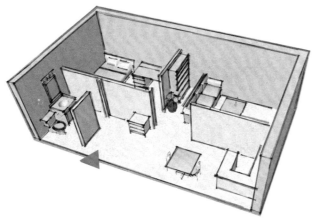

建 筑 面 积：48m²

业 主 定 位：单身白领或小两口

空间分隔方式：开敞

整体空间感受：开放式厨房与餐厅融为一体，空间紧凑

图 4.6.19 户型四示意图 王兴娟 绘

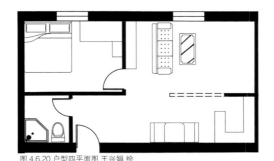

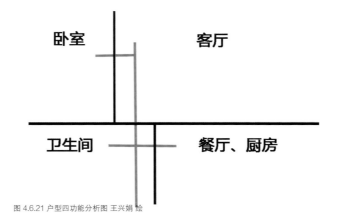

图 4.6.20 户型四平面图 王兴娟 绘

图 4.6.21 户型四功能分析图 王兴娟 绘

E2 区 2 号院

里院位置

总 建 筑 面 积：294m^2×2 层 =588m^2

户型类型与数量：一层有户型二 1 户，户型三 1 户，混合商业 5 户
二层有户型二 1 户，户型三 1 户，户型四 1 户，户型五 2 户

业 主 总 体 定 位：家庭住宅和单身公寓相混合

院 落 功 能 定 位：2 号院位于 E 区东北角，两面临街，为增加店铺特色，餐饮类店铺
可将席座设于院落内部，所以，院落的对外开放性较强

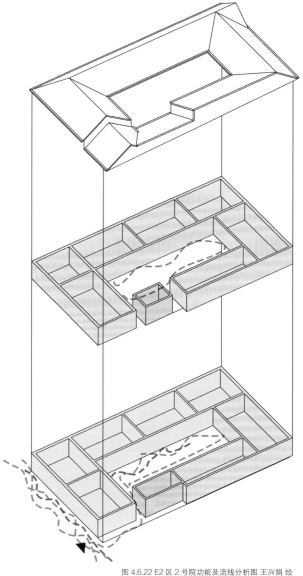

图 4.6.22 E2 区 2 号院功能及流线分析图 王兴娟 绘

（a）一层平面图

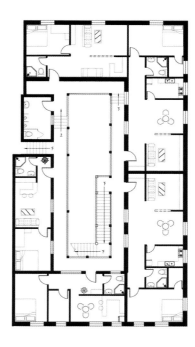

（b）二层平面图

图 4.6.23 E2 区 2 号院平面图 王兴娟 绘

户型五

298

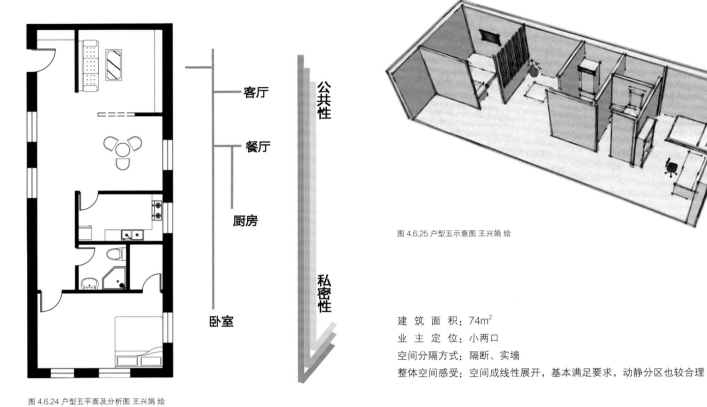

图 4.6.25 户型五示意图 王兴娟 绘

建 筑 面 积：74m²
业 主 定 位：小两口
空间分隔方式：隔断、实墙
整体空间感受：空间成线性展开，基本满足要求，动静分区也较合理

图 4.6.24 户型五平面及分析图 王兴娟 绘

平面图标注：客厅　餐厅　厨房　卧室　公共性　私密性

打通巷道

图 4.6.26 打通巷道透视图 王兴娟 绘

E 2 区 3 号院

总 建 筑 面 积：315m² × 2 层 =630m²

户型类型与数量：一层有户型六 1 户，户型七 1 户，混合商业 6 户
二层有户型六 1 户，户型七 1 户，户型八 1 户，户型九 1 户，
户型十 2 户

业 主 总 体 定 位：单身白领或新婚夫妇

院 落 功 能 定 位：3 号院虽属于中间院落，但随着与 E1 区的打通，其商业
价值增加，院落的公共性与开放性也随之增加

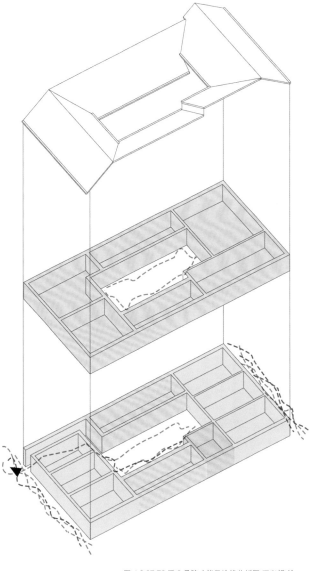

图 4.6.27 E2 区 3 号院功能及流线分析图 王兴娟 绘

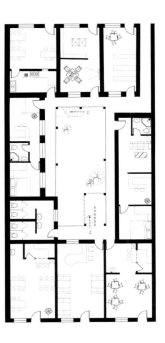

（a）一层平面图

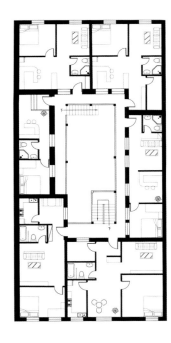

（b）二层平面图

图 4.6.28 E2 区 3 号院平面图 王兴娟 绘

户型六

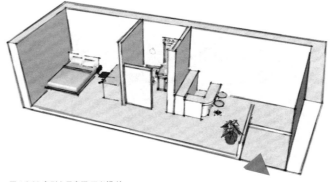

图 4.6.30 户型六示意图 王兴娟 绘

图 4.6.29 户型六平面及分析图 王兴娟 绘

建 筑 面 积：38m²
业 主 定 位：单身
空间分隔方式：开放
整体空间感受：空间功能简单，通过入门地面抬高增加空间的层次感

户型九

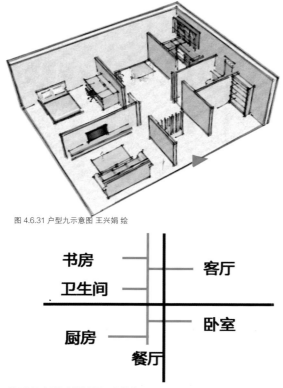

图 4.6.31 户型九示意图 王兴娟 绘

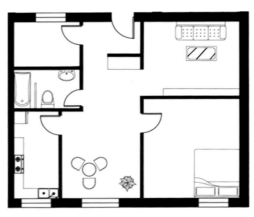

图 4.6.32 户型九平面图 王兴娟 绘

建 筑 面 积：79m²
业 主 定 位：小两口
空间分隔方式：隔断、实墙
整体空间感受：空间整体来说较舒适，满足正常使用要求

书房

客厅

卫生间

厨房

卧室

餐厅

图 4.6.33 户型九功能分析图 王兴娟 绘

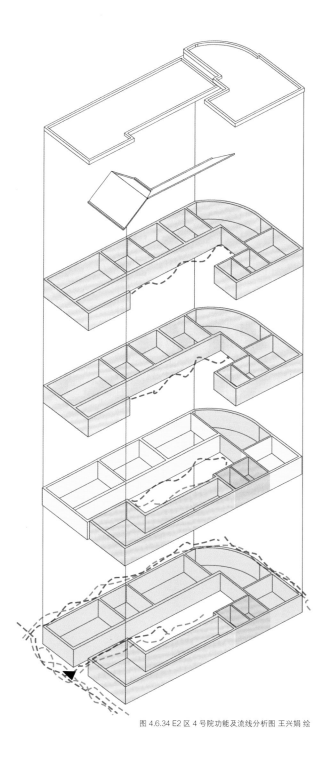

图 4.6.34 E2 区 4 号院功能及流线分析图 王兴娟 绘

里院位置

总 建 筑 面 积：342m² × 2 层 +245m² × 2 层 +31m²=1205m²

户型类型与数量：一层有户型十一 1 户，混合商业 5 户
　　　　　　　　二层有户型十一 1 户，商业办公 5 户
　　　　　　　　三层、四层为商业旅馆

业 主 总 体 定 位：住宅较少，针对于画家、设计师类

院 落 功 能 定 位：4 号院作为 E 2 区对外开放性最高的院落，增加了室外平台
　　　　　　　　等以提高院落空间感受

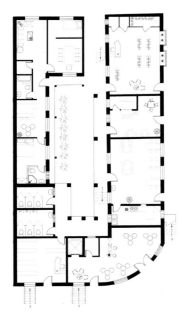

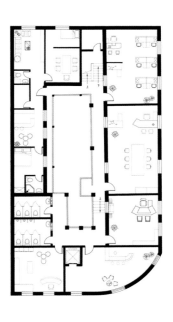

（a）一层平面图　　　　　　　　（b）二层平面图

图 4.6.35 E2 区 4 号院平面图 王兴娟 绘

（c）三层平面图　　　　　　　　　（d）四层平面图　　　　　　　　　（e）负一层平面图

图 4.6.36 E2 区 4 号院平面图 王兴娟 绘

户型十一

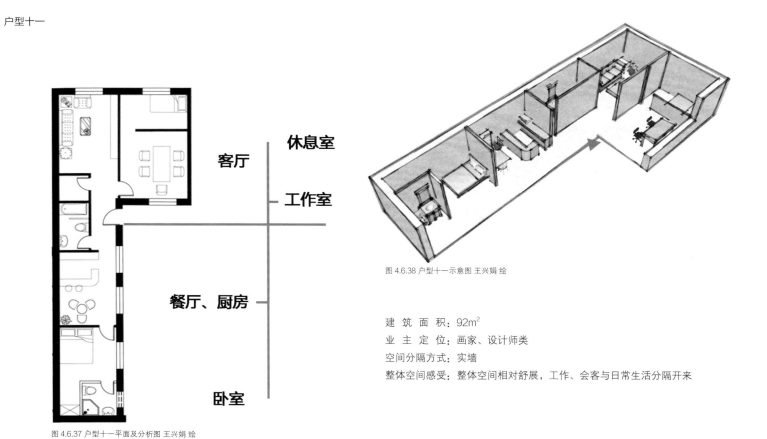

图 4.6.37 户型十一平面及分析图 王兴娟 绘

休息室

客厅

工作室

餐厅、厨房

卧室

图 4.6.38 户型十一示意图 王兴娟 绘

建 筑 面 积：92m²
业 主 定 位：画家、设计师类
空间分隔方式：实墙
整体空间感受：整体空间相对舒展，工作、会客与日常生活分隔开来

4.6.3 立面修复

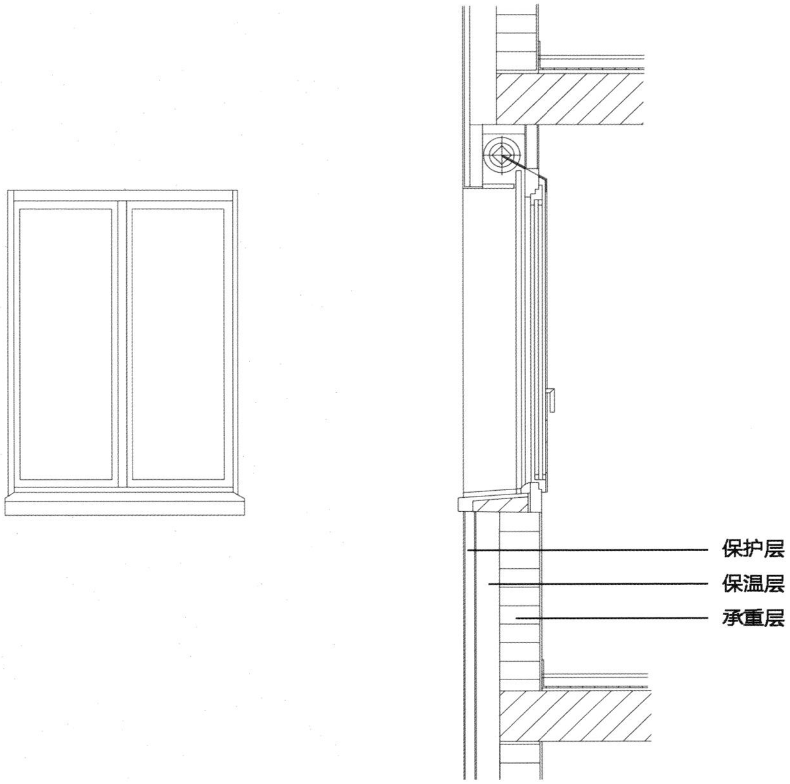

构造
- 矿物质漆粉刷终饰层
- 黏结抹灰
  （所有表面镶嵌玻璃纤维板）
- 矿物质漆粉刷底漆
- 保温板：用塑性紧固件固定
- 砖
- 抹灰

保护层
保温层
承重层

图 4.6.39 外保温，抹灰构造做法 王兴娟 绘

E2 区立面现状问题

图 4.6.40 E2 区 4 号院外墙局部 王兴娟 摄

图 4.6.41 E2 区 3 号院外墙局部 王兴娟 摄

抹灰立面效果图

图 4.6.42 E2 区南立面图 王兴娟 绘

图 4.6.43 E2 区东立面图 王兴娟 绘

4.6.4　屋顶构造

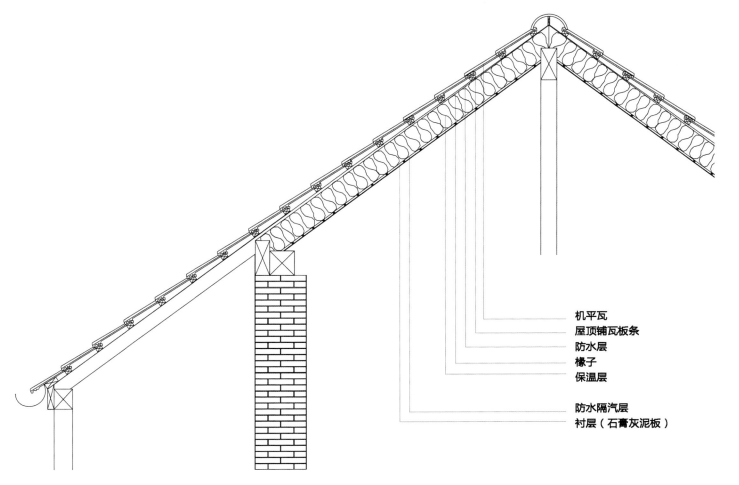

机平瓦
屋顶铺瓦板条
防水层
椽子
保温层

防水隔汽层
衬层（石膏灰泥板）

图 4.6.44 屋顶构造图 王兴娟 绘

屋顶现状

图 4.6.45 E2 区屋顶现状 王兴娟 摄

305

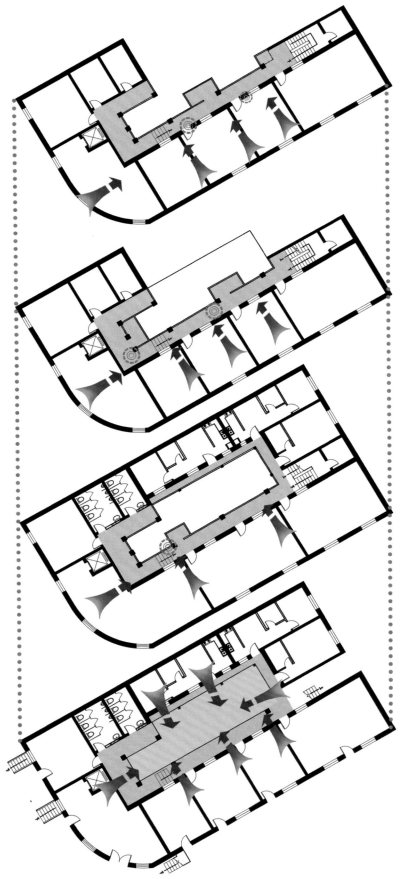

图 4.6.46 4 号院阳台人流分析图 王兴娟 绘

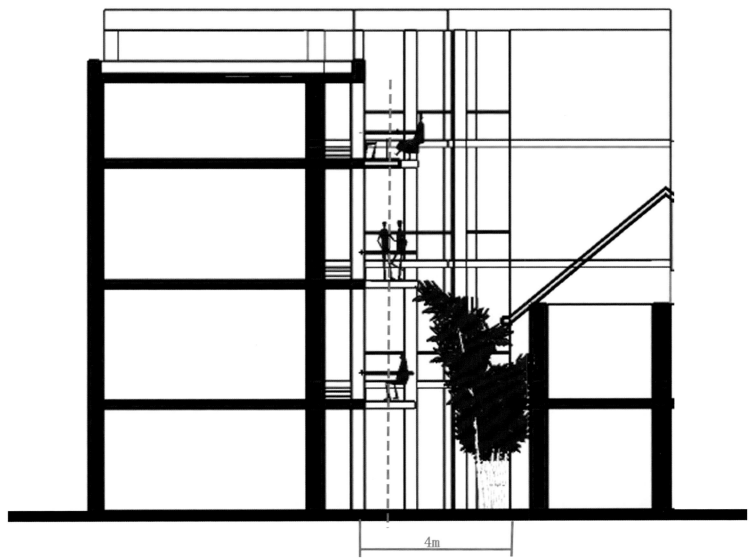

图 4.6.47 E2 区 4 号院院落空间示意图 王兴娟 绘

方案一

　　新、旧结构完全脱离开，新建阳台自成体系。

优点：

　　不会对建筑原有结构产生任何影响。

缺点：

　　新、旧结构间需要设缝，防水不易处理。另外，新建柱子外移，产生视线遮挡。

方案二

　　新建建筑与原结构通过钢筋拉接，两者共同受力，新建结构承担大部分增加的荷载，原结构只承担小部分新增荷载。

优点：

　　交接处不需设缝，新建阳台不易发生倾斜，新柱与原柱合并，基本不遮挡视线。

缺点：

　　会对原有结构产生影响。

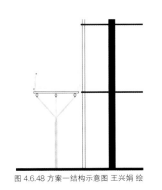

图 4.6.48 方案一结构示意图 王兴娟 绘

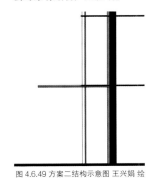

图 4.6.49 方案二结构示意图 王兴娟 绘

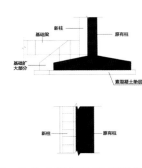

图 4.6.50 新旧基础及柱子示意图 王兴娟 绘

4.7　F1 区

4.7.1　F1-A 户型改造设计

图 4.7.1 F1-A 里院户型 1 位置 李坤 绘

F1-A 里院户型 1

　　该户型位于 F1-A 里院。

　　该里院住宅面积偏小，但视野开阔、内部有一个面积宽裕的院落，采光良好。

　　该户型分布在一至四层的中部房间。因为东西向地势有高差的起伏，因此在分配户型面积时将每一高度设置成一个单独的户型。

　　该户型的轴线面积为 38.44m² 。

　　因为 F1-A 里院在众多里院中属于历史氛围浓厚的里院，具有极高的历史文化价值，因此该里院中的住宅设计方向都是高级住宅，服务于中、高收入的人群。又因为轴线面积的限制，若要满足高级住宅的空间品质的要求，则该户型服务的人数应尽量为单人。

　　现将该户型的服务对象锁定为中、高收入的单身青年，受过高等教育，具备高级的审美素养。居住于此的目的是提供一个既能满足自己日常生活的场所，又能领略到青岛的里院所带来的历史文化的氛围。在这种情境下，该单身青年具备独处的能力和需求。因此其在房间内的社交需求会较低，同理，对厨房空间的需求也被降到一个只需满足偶尔做饭要求的场所即可。

　　综上所述，该户型住宅功能目标是：舒适的居住空间，满足个人对于居住空间品质的各种需求，在房间内不需要大型的社交或聚会的场所，只需具备满足个人使用的起居室即可。另外，该户型必须提供满足户主在房间内独自工作的书房空间和休闲的娱乐空间。

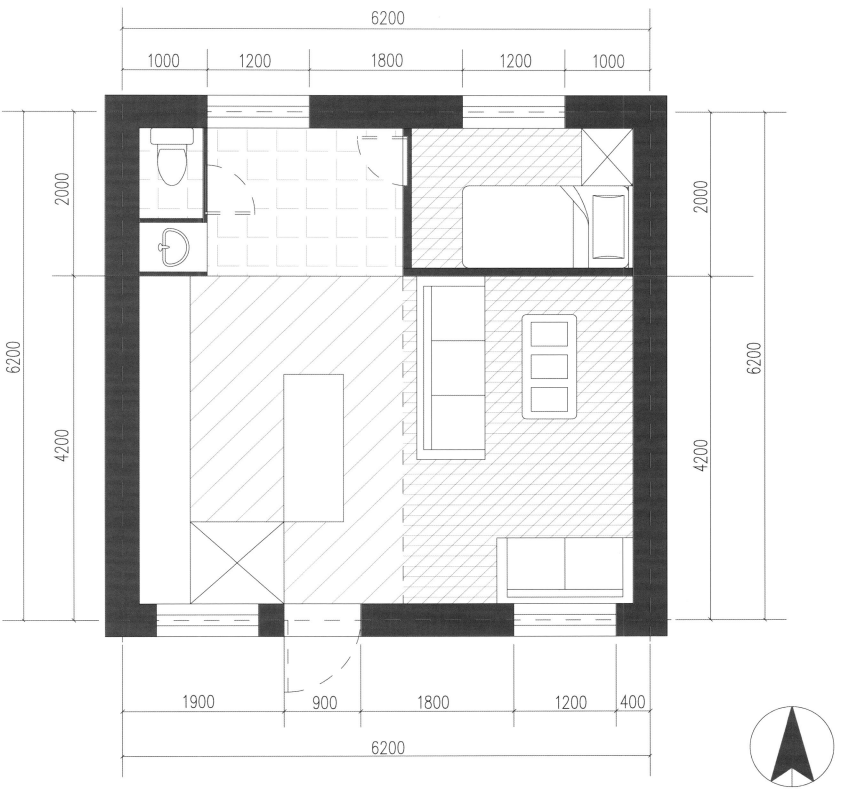

图 4.7.2 F1-A 里院户型 1 平面布置图 李坤 绘

轴线面积：24.00m²
服务对象：中、高收入单身青年
户型功能确定：起居室、卧室、卫生间

310

图 4.7.3 F1-A 里院户型 2 位置 李坤 绘

F1-A 里院户型 2

　　该户型位于 F1-A 里院。

　　该里院住宅面积狭小，但视野开阔、内部有一个面积宽裕的院落，采光良好。

　　该户型分布在一至四层的东部房间。因为东西向地势有高差的起伏，因此该户型位于整个 F1-A 里院的最高处。

　　该户型的轴线面积为 24.00m² 。

　　因为 F1-A 里院在众多里院中属于历史氛围浓厚的里院，具有极高的历史文化价值，因此该里院中的住宅设计方向都是高级住宅，服务于中、高收入的人群。又因为轴线面积的限制，若要满足高级住宅的空间品质的要求，则该户型服务的人数应尽量为单人。

　　现将该户型的服务对象锁定为中、高收入的单身青年，受过高等教育，具备高级的审美素养。居住于此的目的是提供一个既能满足自己日常生活的场所，又能领略到青岛的里院所带来的历史文化的氛围。在这种情境下，该单身青年具备独处的能力和需求。因此其在房间内的社交需求会较低，同理，对厨房空间的需求也被降到一个只需满足偶尔的做饭要求的场所即可。

　　综上所述，该户型住宅功能目标是：舒适的居住空间，满足个人对于居住空间品质的各种需求，在房间内不需要大型的社交或聚会的场所，只需具备满足个人使用的起居室即可。另外，该户型必须提供满足户主在房间内独自工作的书房空间或休闲的娱乐空间。

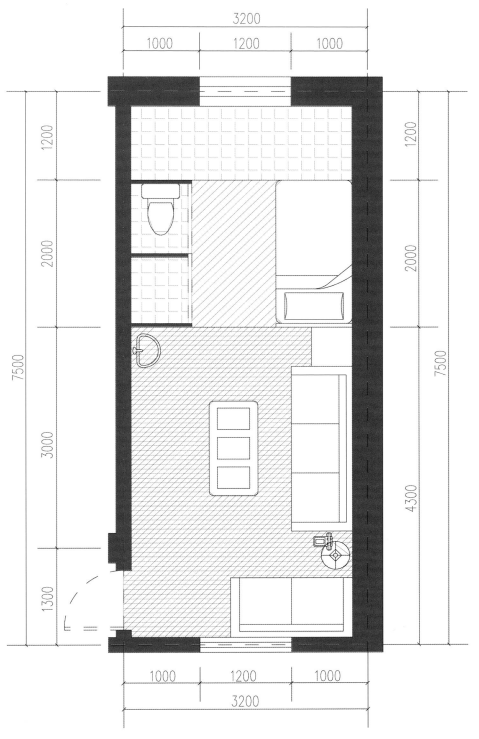

3200

1000 1200 1000

1200

2000

7500

3000

1300

1200

2000

7500

4300

1000 1200 1000

3200

图 4.7.4 F1-A 里院户型 2 平面布置图 李坤 绘

312

图 8.7.5 F1-B 里院户型 3 位置 李坤 绘

F1-B 里院户型 3

　　该户型位于 F1-B 里院。

　　该里院住宅面积偏小，但内部有一个面积较大的院落，采光尚可。

　　该户型位于 F1-B 里院中部的东边房间。虽然东西向地势有高差的起伏，但是里院内部是水平的。

　　该户型的轴线面积为 35.70m² 。

　　因为 F1-B 里院在众多里院中属于历史氛围浓厚的里院，且居住环境良好，因此具有极高的历史文化价值和生活价值。因此该里院中的住宅设计方向都是高级住宅，服务于中、高收入的人群。又因为轴线面积的限制，若要满足高级住宅的空间品质的要求，则该户型服务的人数应尽量为单人。

　　现将该户型的服务对象锁定为中、高收入的单身青年，受过高等教育，具备高级的审美素养。居住于此的目的是提供一个既能满足自己日常生活的场所，又能领略到青岛的里院所带来的历史文化的氛围。在这种情境下，该单身青年具备独处的能力和需求。因此其在房间内的社交需求会较低，同理，对厨房空间的需求也被降到一个只需满足偶尔做饭要求的场所即可。

　　综上所述，该户型住宅功能目标是：舒适的居住空间，满足个人对于居住空间品质的各种需求，在房间内不需要大型的社交或聚会的场所，只需具备满足个人使用的起居室即可。另外，该户型必须提供满足户主在房间内独自工作的书房空间或休闲的娱乐空间。

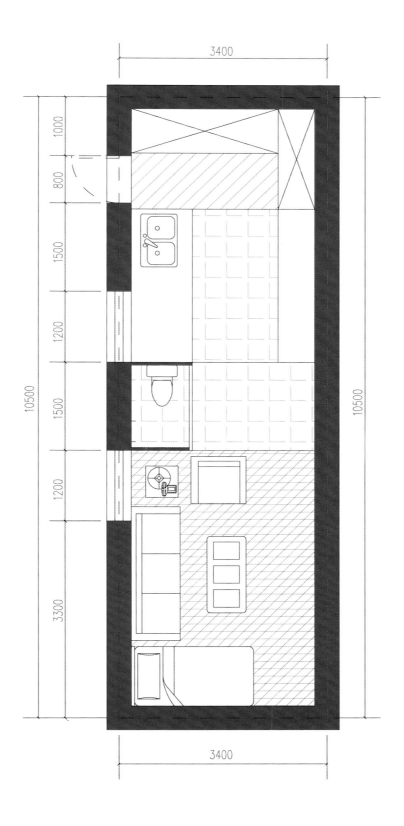

3400

1000

800

1500

1200

1500

1200

3300

10500

10500

3400

图 4.7.6 F1-B 里院户型 3 平面布置图 李坤 绘

轴线面积：34.41m²
服务对象：中、高收入单身青年
户型功能确定：卧室、起居室、厨房、餐厅、卫生间

图 4.7.7 F1-B 里院户型 4 位置 李坤 绘

F1-B 里院户型 4

该户型位于 F1-B 里院。

该里院住宅面积偏小，但内部有一个面积较大的院落，采光尚可。

该户型位于 F1-B 里院北部二层的东边房间。虽然东西向地势有高差的起伏，但是里院内部是水平的。

该户型的轴线面积为 34.41m²。

因为 F1-B 里院在众多里院中属于历史氛围浓厚的里院，具有极高的历史文化价值，因此该里院中的住宅设计方向都是高级住宅，服务于中、高收入的人群。又因为轴线面积的限制，若要满足高级住宅的空间品质的要求，则该户型服务的人数应尽量为单人。

现将该户型的服务对象锁定为中、高收入的单身青年，受过高等教育，具备高级的审美素养。居住于此的目的是提供一个既能满足自己日常生活的场所，又能领略到青岛的里院所带来的历史文化的氛围。在这种情境下，该单身青年具备独处的能力和需求。因此其在房间内的社交需求会较低，同理，对厨房空间的需求也被降到一个只需满足偶尔做饭要求的场所即可。

综上所述，该户型住宅功能目标是：舒适的居住空间，满足个人对于居住空间品质的各种需求，在房间内不需要大型的社交或聚会的场所，只需具备满足个人使用的起居室即可。另外，该户型必须提供满足户主在房间内独自工作的书房空间或休闲的娱乐空间。

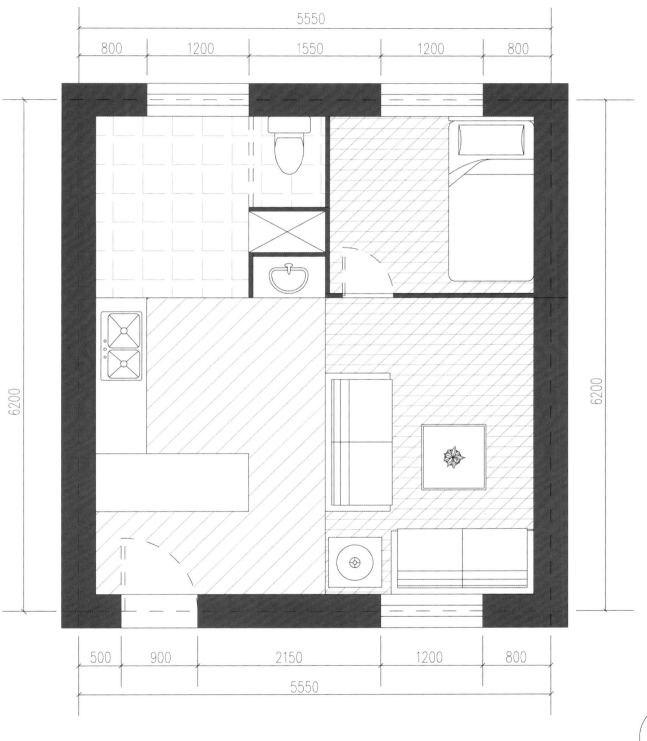

5550

800 1200 1550 1200 800

6200

6200

500 900 2150 1200 800

5550

图 4.7.8 F1-B 里院户型 4 平面布置图 李坤 绘

图 4.7.9 F1-B 里院户型 5 位置 李坤 绘

F1-B 里院户型 5

该户型位于 F1-B 里院。

该里院住宅面积偏小，但内部有一个面积较大的院落，采光尚可。

该户型位于 F1-B 里院北部二层的中间房间。虽然东西向地势有高差的起伏，但是里院内部是水平的。

该户型的轴线面积为 49.60m²。

因为 F1-B 里院在众多里院中属于历史氛围浓厚的里院，具有极高的历史文化价值，因此该里院中的住宅设计方向都是高级住宅，服务于中、高收入的人群。又因为轴线面积的限制，若要满足高级住宅的空间品质的要求，则该户型服务的人数应尽量为单人。

现将该户型的服务对象锁定为中、高收入的单身青年，受过高等教育，具备高级的审美素养。居住于此的目的是提供一个既能满足自己日常生活的场所，又能领略到青岛的里院所带来的历史文化的氛围。在这种情境下，该单身青年具备独处的能力和需求。因此其在房间内的社交需求会较低，同理，对厨房空间的需求也被降到一个只需满足偶尔做饭要求的场所即可。

综上所述，该户型住宅功能目标是：舒适的居住空间，满足个人对于居住空间品质的各种需求，在房间内不需要大型的社交或聚会的场所，只需具备满足个人使用的起居室即可。另外，该户型必须提供满足户主在房间内独自工作的书房空间或休闲的娱乐空间。

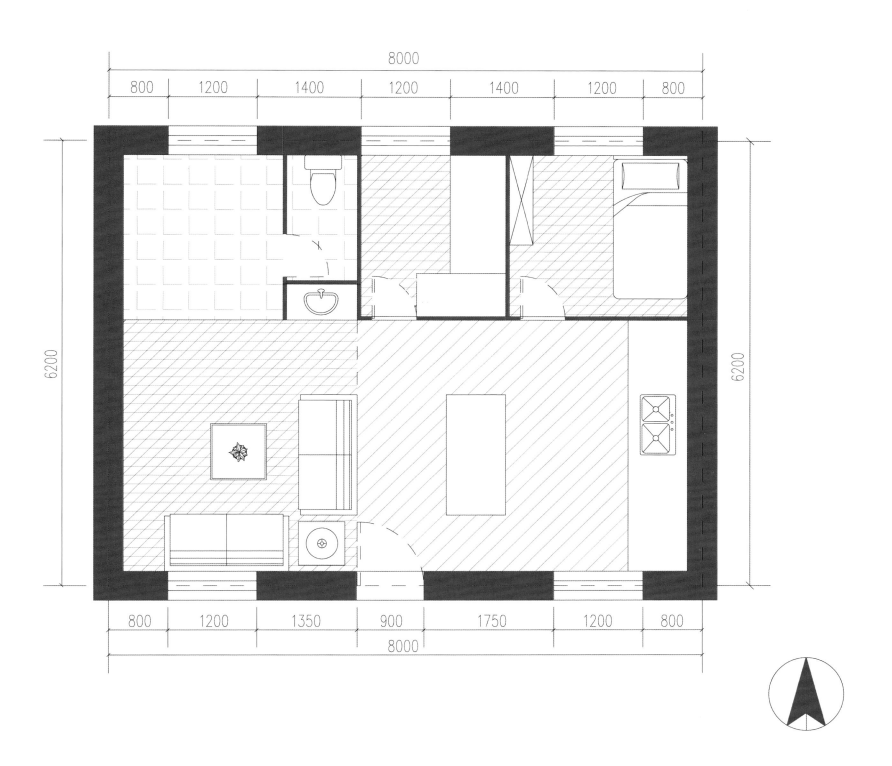

8000

800 1200 1400 1200 1400 1200 800

6200

6200

800 1200 1350 900 1750 1200 800

8000

图 4.7.10 F1-B 里院户型 5 平面布置图 李坤 绘

轴线面积：88.29m²
服务对象：中、高收入的三口之家
户型功能确定：卧室、起居室、厨房、餐厅、卫生间、书房、阳台

图 4.7.11 F1-B 里院户型 6 位置 李坤 绘

F1-B 里院户型 6

　　该户型位于 F1-B 里院。

　　该里院住宅面积偏小，但内部有一个面积较大的院落，采光尚可。

　　该户型位于 F1-B 里院北部二层的中间房间。虽然东西向地势有高差的起伏，但是里院内部是水平的。

　　该户型的轴线面积为 88.29 m²。

　　因为 F1-B 里院在众多里院中属于历史氛围浓厚的里院，具有极高的历史文化价值，因此该里院中的住宅设计方向都是高级住宅，服务于中、高收入的人群。又根据轴线面积的大小来看，若要满足高级住宅的空间品质的要求，则该户型服务的人数应为三到四人。

　　现将该户型的服务对象锁定为一个三口之家，均受过高等教育，具备高级的审美素养。居住于此是因为有一个既能满足家庭日常生活的需要，又能领略到青岛的里院所带来的历史文化的氛围的场所。在这种情境下，该家庭具备会客的需求。因此其在房间内的社交需求会较高，同理，对厨房空间的需求也被提升到一个必需满足经常做饭要求的场所。

　　综上所述，该户型住宅功能目标是：舒适的居住空间，满足家庭对于居住空间品质的各种需求，在房间内需要稍大型的社交或聚会的场所，满足家庭在房间内娱乐休闲空间。另外，该户型必须提供满足家庭主人在房间内工作的书房空间和休闲的娱乐空间。

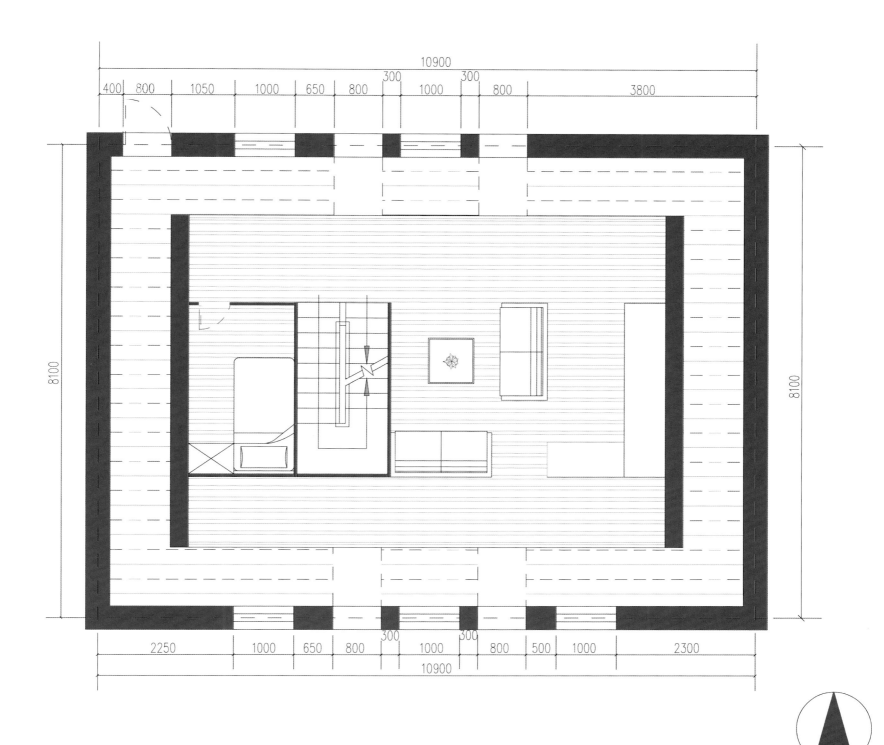

10900

400 800 1050 1000 650 800 300 1000 300 800 3800

8100

319

8100

2250 1000 650 800 300 1000 300 800 500 1000 2300

10900

图 4.7.12 F1-B 里院户型 6 平面布置图 李坤 绘

F1-A-易州路-C1

F1-A-易州路-M1

F1-A-易州路-M2

F1-A-易州路-Q1

320

图 4.7.13 F1-A-易州路原始立面 李坤 绘

编号	存在问题	解决策略
F1-A- 易州路 -C1	窗外私自搭建的阳台破旧不美观 原有的木窗都被替换，现在的窗是铝合金窗 现有的窗色彩和材质、建筑立面不搭，显得不搭 自己搭建的阳台很多，说明大部分居民都有这个需求	拆除私自搭建的部分 更换现有的铝合金窗，将之替换为色彩和材质更贴合建筑的材料 在尽量不破坏原有建筑墙面的基础上，设计新的阳台，提高居住者的生活品质
F1-A- 易州路 -M1	门上覆盖的招牌等杂物品质低下，大量杂乱的饰面遮挡了建筑立面，影响街道的整体氛围 现有铝合金的门在历史建筑的立面上显得不搭，破坏街道的整体氛围	拆除原有的广告牌和招牌，尽量暴露原始墙面。根据设计后的业态分布，重新进行统一的橱窗和广告牌设计。设计原则更加美观且符合历史街区风貌 将部分实体墙面改造为玻璃橱窗，以增加沿街商业与街道的接触面
F1-A- 易州路 -M2	门上覆盖的招牌等杂物品质低下，大量杂乱的饰面遮挡了建筑立面，影响街道的整体氛围 现有铝合金的门在历史建筑的立面上显得不搭，破坏街道的整体氛围	拆除原有的广告牌和招牌，尽量暴露原始墙面。根据设计后的业态分布，重新进行统一的橱窗和广告牌设计。设计原则更加美观且符合历史街区风貌 将部分实体墙面改造为玻璃橱窗，以增加沿街商业与街道的接触面
F1-A- 易州路 -Q1	墙面被饰面覆盖。饰面不美观，破坏了历史街区的风貌 墙面由局部自然受损和人为损坏的部分	采用局部修复的方式，将影响功能使用的损坏进行可拆除修复。对于不影响使用和街区风貌的部分进行保留 对现有饰面进行剥离处理，使原有的墙面暴露

321

图 4.7.14 F1-A- 易州路立面修复后 李坤 绘

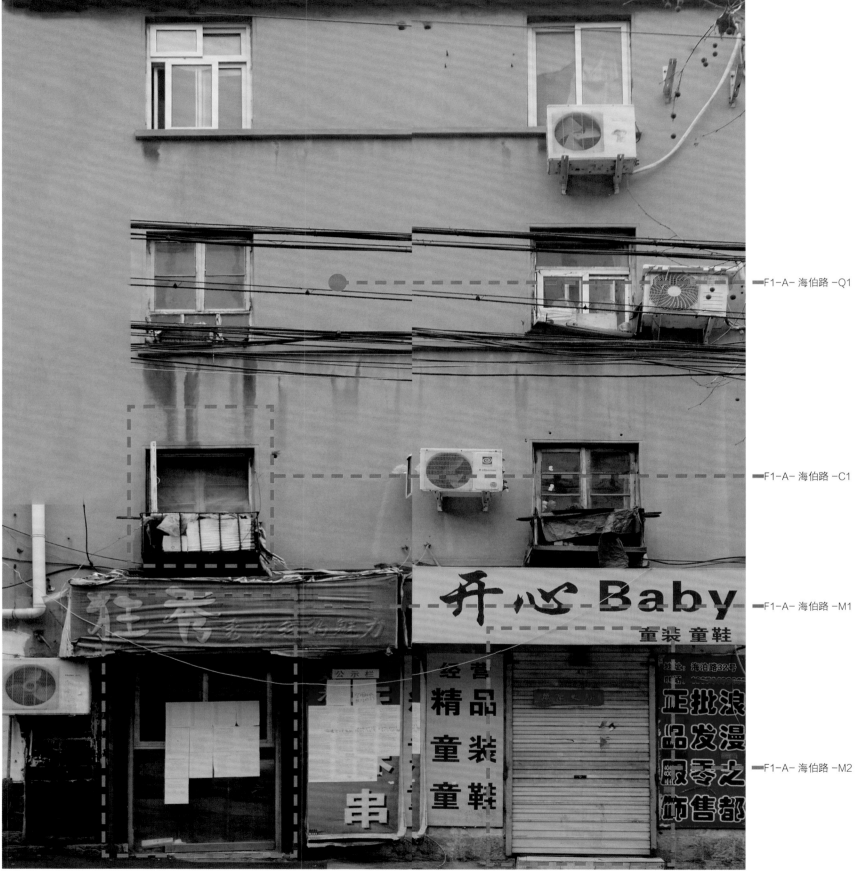

■F1-A- 海伯路 -Q1

■F1-A- 海伯路 -C1

■F1-A- 海伯路 -M1

■F1-A- 海伯路 -M2

图 4.7.15 F1-A- 海伯路原始立面 李坤 绘

编号	存在问题	解决策略
F1-A- 海伯路 -Q1	墙体表面有大量的电线和管道分布，破坏了建筑立面的历史氛围，降低了历史建筑立面的美感 墙体表面存在一些因自然或人为原因造成的破损	对于墙体表面分布的电线和管道全部重新布置。使各类布线不出现在历史建筑立面之上，将之巧妙隐藏 对于墙体表面的破损，凡是不影响功能使用和街道立面的氛围的都予以保留。影响功能使用或街道氛围的则予以可拆除、可识别修复
F1-A- 海伯路 -C1	窗外私自搭建的阳台破旧不美观 原有的木窗都被替换，现在的窗是铝合金窗 现有的窗色彩、材质和建筑立面不搭，显得很丑 自己搭建的阳台很多，说明大部分居民都有这个需求	拆除私自搭建的部分 更换现有的铝合金窗，将之替换为色彩和材质更贴合建筑的材料 在尽量不破坏原有建筑墙面的基础上，设计新的阳台，提高居住者的生活品质
F1-A- 海伯路 -M1	门上覆盖的招牌等杂物品质低下，大量杂乱的饰面遮挡了建筑立面，影响街道的整体氛围 现有铝合金的门在历史建筑的立面上显得很不搭，破坏街道的整体氛围	拆除原有的广告牌和招牌，尽量暴露原始墙面。根据设计后的业态分布，重新进行统一的橱窗和广告牌设计。设计原则更加美观且符合历史街区风貌 将部分实体墙面改造为玻璃橱窗，以增加沿街商业与街道的接触面
F1-A- 海伯路 -M2	门上覆盖的招牌品质低下，遮挡了建筑立面 现有铝合金的门在历史建筑的立面上显得很丑，破坏街道的整体氛围	拆除原有的招牌，尽量暴露原始墙面。根据设计后的业态分布，重新进行广告牌设计 将部分实体墙面改造为玻璃橱窗

323

图 8.7.16 F1-A- 海伯路立面修复后 李坤 绘

F1-C- 芝罘路 -Q1

F1-C- 芝罘路 -C1

F1-C- 芝罘路 -Q2

F1-C- 芝罘路 -Q3

图 4.7.17 F1-C- 芝罘路原始立面 李坤 绘

编号	存在问题	解决策略
F1-C-芝果路-Q1	墙体表面有大量的电线和管道分布,破坏了建筑立面的历史氛围,降低了历史建筑立面的美感 墙体表面存在一些因自然或人为原因造成的破损	对于墙体表面分布的电线和管道全部重新布置。使各类布线不出现在历史建筑立面之上,将之巧妙隐藏 对于墙体表面的破损,凡是不影响功能使用和街道立面的氛围的都予以保留。影响功能使用或街道氛围的则予以可拆除、可识别修复
F1-C-芝果路-C1	窗的外部挂了一层纱网。影响建筑立面的美观 窗饰木制的,虽然具有一定的历史价值和文化价值,但老旧的木制窗已经不能满足功能的使用,经常会漏风。窗框也不再坚固耐用	拆除原有窗外部的纱网 现有的木制窗虽然能够满足历史街区风貌的美观作用,但已经不满足功能的使用了。有必要更换新窗,解决窗的保温等问题。新窗的色彩和材质都必须保证修复的可拆除性和可识别性,同时又不能太突兀,影响街道氛围
F1-C-芝果路-Q2	墙体表面有电线和管道分布,破坏了建筑立面的历史氛围,降低了历史建筑立面的美感 原有的墙体表面被灰水泥粉刷过,与原有的立面风格不协调,影响整体立面的美观,降低了街道历史风貌的美感	采用局部修复的方法,将墙体表面的管道和电线清除 采用局部修复的方法,将灰水泥粉刷的墙面剥离,再用风格统一的材料重新粉刷一遍,保证整体街道的氛围
F1-C-芝果路-Q3	墙体表面被广告牌遮挡原有的建筑立面,破坏了良好的历史街区氛围 墙体表面存在一些因自然或人为原因造成的破损	拆除原有的招牌,尽量暴露原始墙面 对于墙体表面的破损,凡是不影响功能使用和街道立面的氛围的都予以保留。影响功能使用或街道氛围的则予以可拆除、可识别修复

325

图8.7.18 F1-C-芝果路立面修复后 李坤 绘

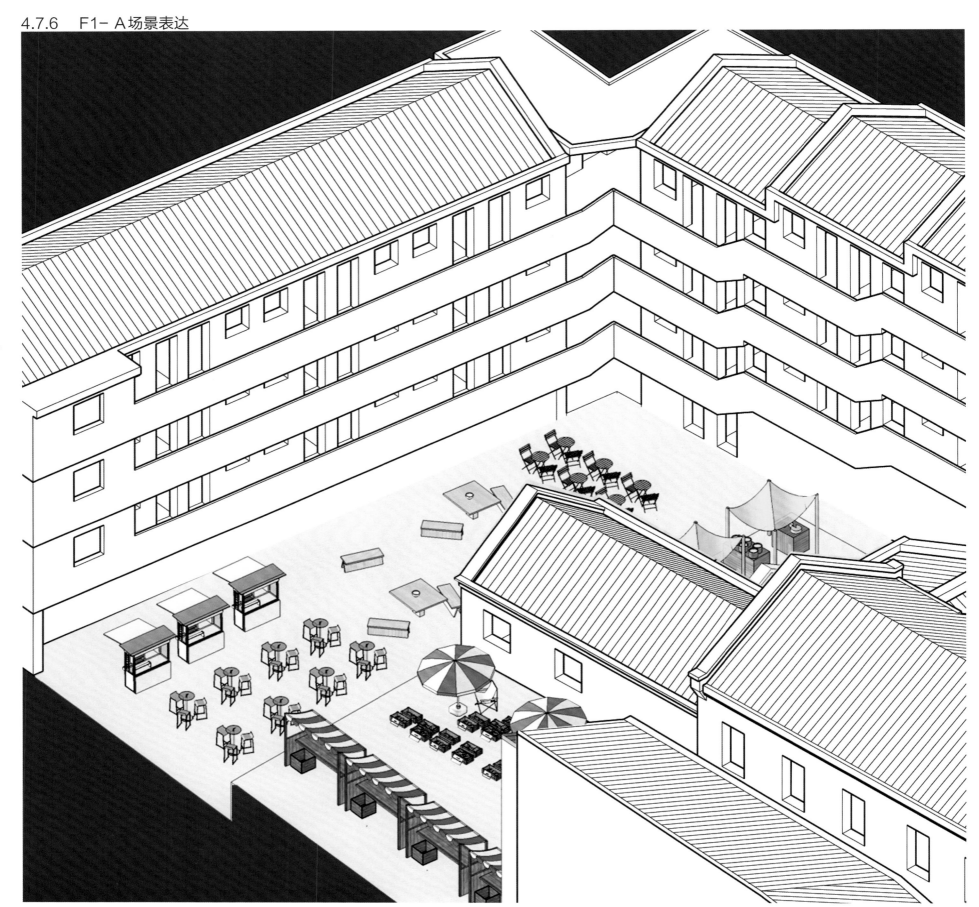

图 4.7.19 F1-A- 小吃街场景 李坤 绘

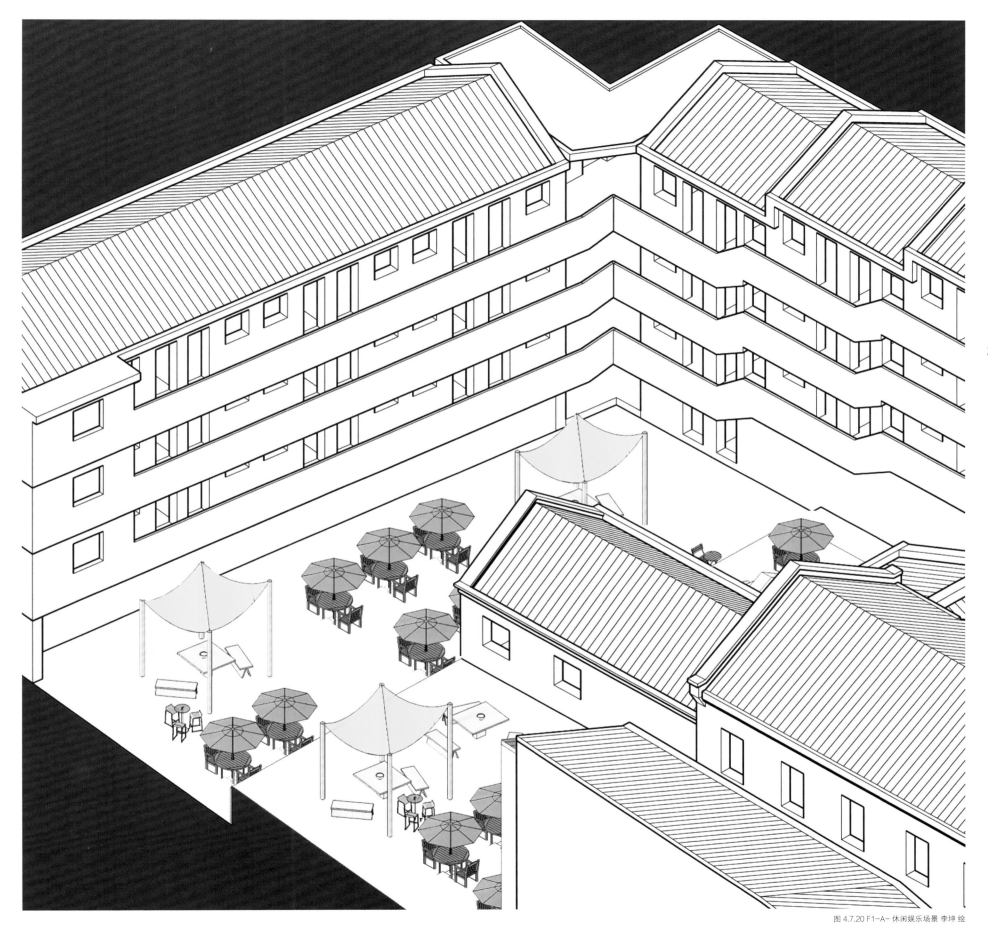

图 4.7.20 F1-A- 休闲娱乐场景 李坤 绘

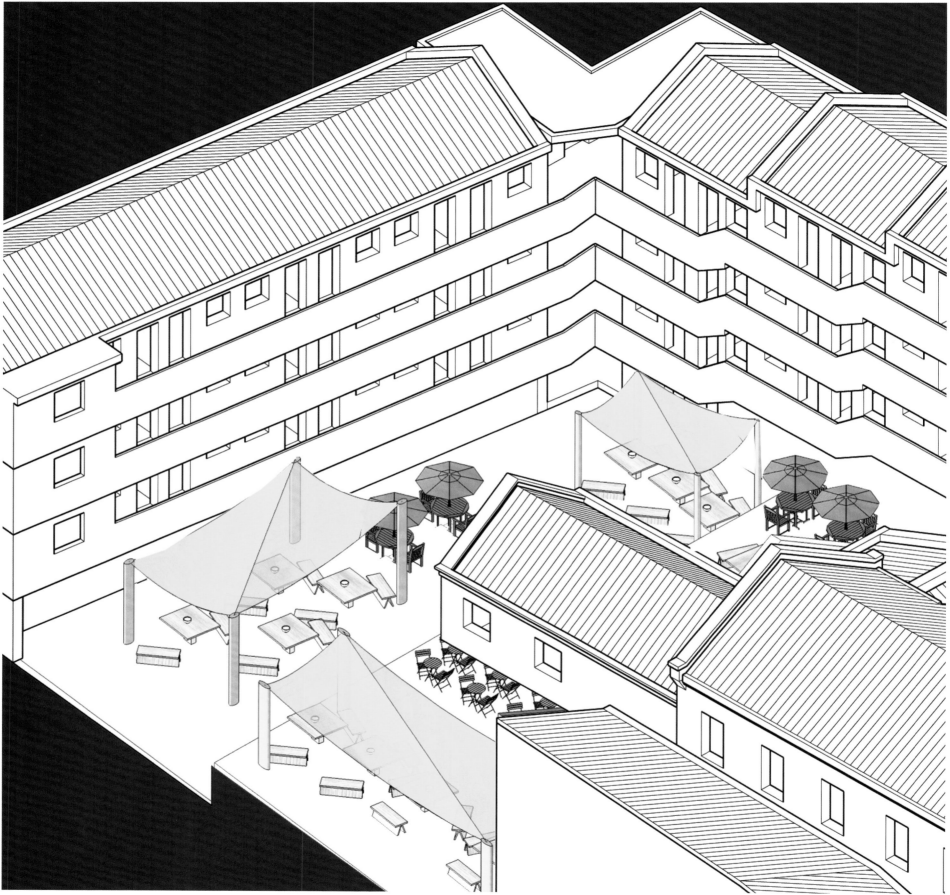

图 4.7.21 F1-A-party 聚会场景 李坤 绘

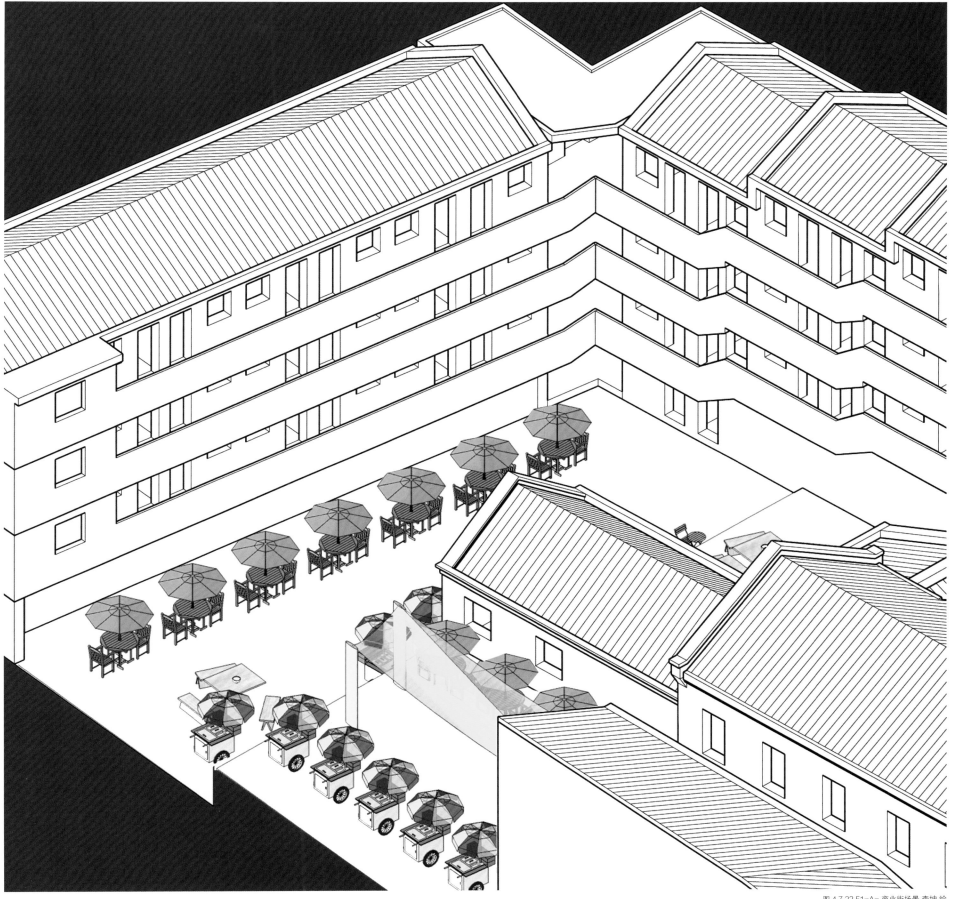

图 4.7.22 F1-A- 商业街场景 李坤 绘

图 4.8.1 基地鸟瞰图 邵波 绘

F2 区

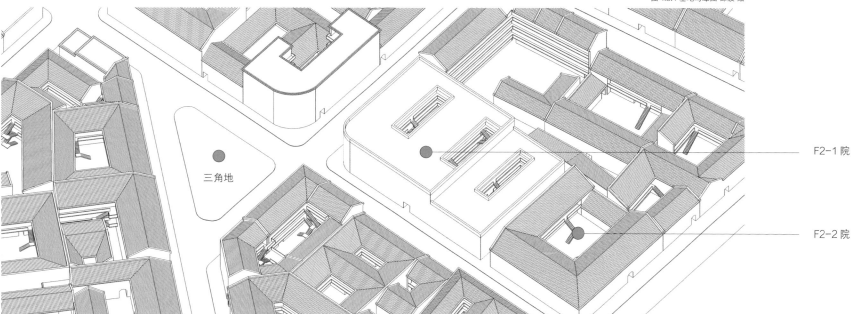

图 4.8.2 基地鸟瞰图 邵波 绘

三角地

F2-1 院

F2-2 院

4.8 F2 区
4.8.1 基地概况

F2-1 院为砖混结构，主要承重结构及围护墙体完整性较好，三联院的独特平面且楼层为四层使得它具有更大的利用价值。改造策略为一层布置商业或工作室，二、三、四层改造为住宅公寓，以对外出租的小户型为主。屋顶设置对外开放的屋顶花园。F2-2 院为砖木结构，各个木结构构件也较为完整，且使用率较高。改造策略为一层布置商业，二层设置大户型或超大户型的住宅，以出售为主。

4.8.2 F2-1平面改造设计

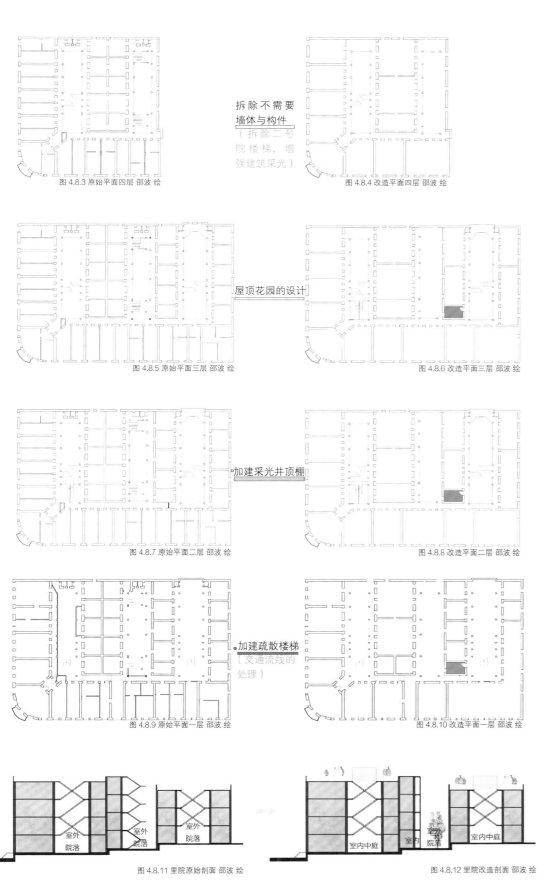

拆除不需要
墙体与构件
（拆除二号
院楼梯，增
强建筑采光）

图 4.8.3 原始平面四层 邵波 绘　　　　图 4.8.4 改造平面四层 邵波 绘

屋顶花园的设计

图 4.8.5 原始平面三层 邵波 绘　　　　图 4.8.6 改造平面三层 邵波 绘

加建采光井顶棚

图 4.8.7 原始平面二层 邵波 绘　　　　图 4.8.8 改造平面二层 邵波 绘

加建疏散楼梯
（交通流线的
处理）

图 4.8.9 原始平面一层 邵波 绘　　　　图 4.8.10 改造平面一层 邵波 绘

图 4.8.11 里院原始剖面 邵波 绘　　　　图 4.8.12 里院改造剖面 邵波 绘

图 4.8.13 改造后建筑功能示意 邵波 绘

图 4.8.14 F2-1 一层平面图 1:400 邵波 绘

1 —沙县小吃
2 —名人拉面
3 —lee 酒屋
4 —老青岛展览馆
5 —苏菲的书店
6 —南屿摄影工作室
7 —nirvana 时装
8 —红旗院食堂
9 —小智的外卖店
10 —小城零售
11 —手记咖啡
12 —内庭院
13 —居住

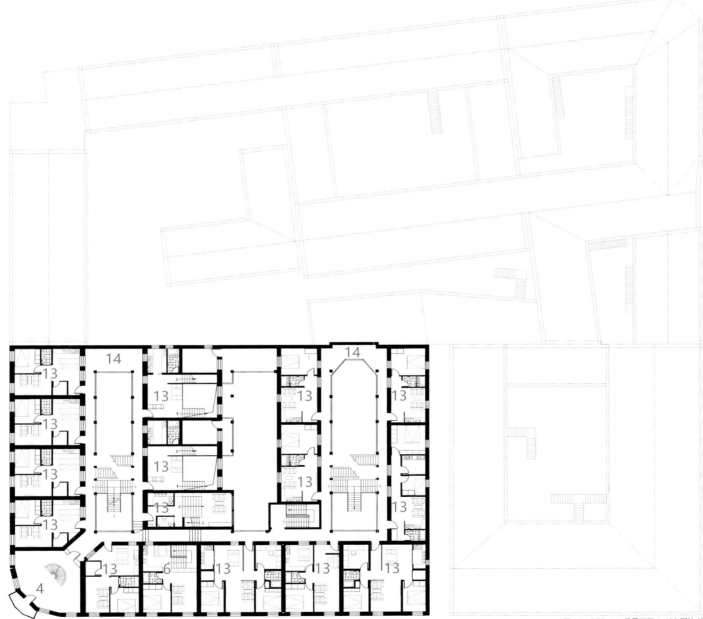

图 4.8.15 F2-1 二层平面图 1∶400 邵波 绘

4 一老青岛展览馆
6 一南屿摄影工作室
13 一居住
14 一走廊

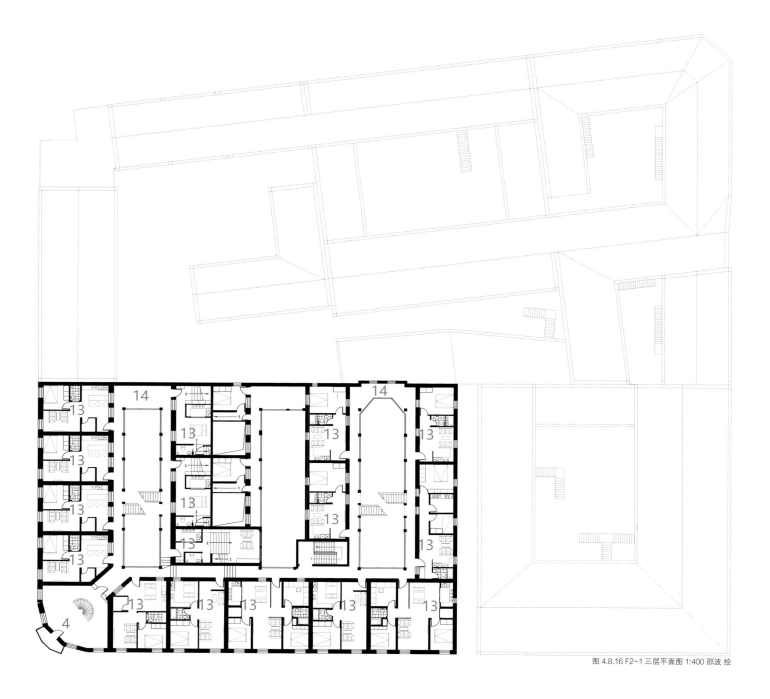

图 4.8.16 F2-1 三层平面图 1:400 邵波 绘

4 —老青岛展览馆
13 —居住
14 —走廊

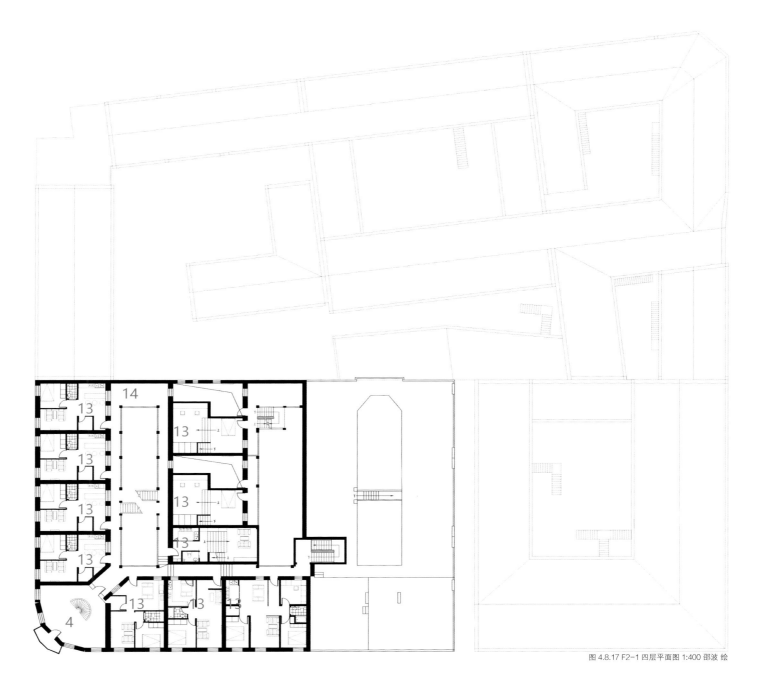

图 4.8.17 F2-1 四层平面图 1:400 邵波 绘

4 —老青岛展览馆
13 —居住
14 —走廊

336

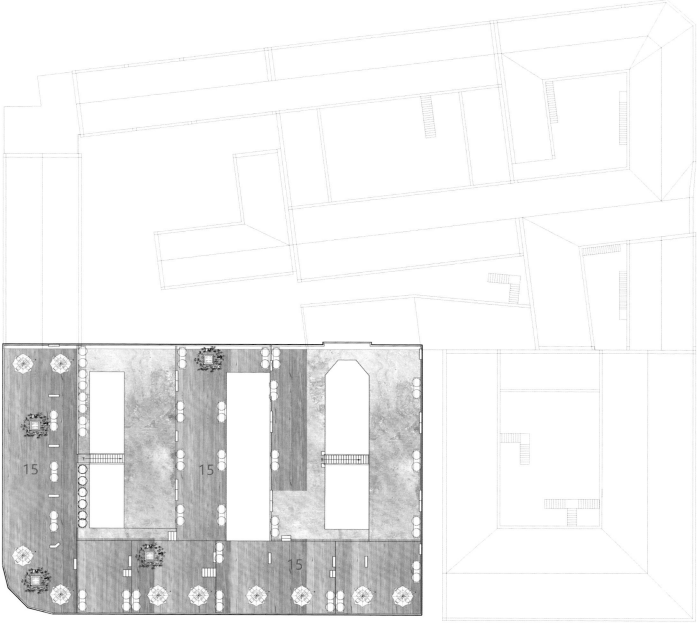

图 4.8.16 F2-1 三层平面图 1:400 邵波 绘

15 一屋顶花园

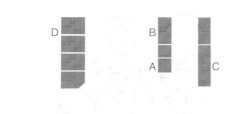

图 4.8.17 户型位置示意图 邵波 绘

东西面采光，住宅采光较差，且一侧受公共走廊影响较大，设计户型较小，60m² 以下，供出租，租金低廉，目标人群为 20~30 岁的青年。

图 4.8.19 户型位置示意图 邵波 绘

南面采光，北侧受公共走廊影响较小，设计户型面积在 55 ~ 110m²，供出租，或直接出售，租金较贵一些，目标人群为经济条件较好的青年夫妇或单身青年。

337

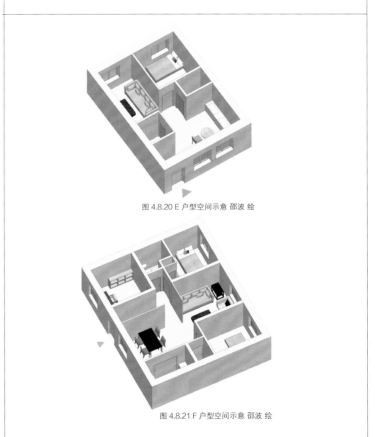

图 4.8.20 E 户型空间示意 邵波 绘

图 4.8.18 B 户型空间示意 邵波 绘

图 4.8.21 F 户型空间示意 邵波 绘

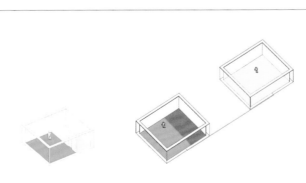

■ 商铺空间
■ 作坊、厨房空间
居住空间
■ 竖向交通

图 4.8.22 四种商住模式 邵波 绘

①前面商铺，后面居住，适合小型零售、裁缝店等，居住条件较差。

②居住与商铺在不同的地方，适合大部分商业类型。

③商住复合型模式，底层商业加办公，上层居住，适合于艺术家工作室、小型书屋、零售商店等。

④有套间的商住复合模式，适用于需要单独厨房的餐饮类商业类型。

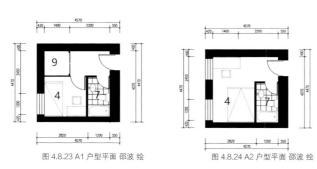

图 4.8.23 A1 户型平面 邵波 绘   图 4.8.24 A2 户型平面 邵波 绘

图 4.8.25 B 户型平面 邵波 绘

户型 A

一室一卫一储藏 / 一室一卫

面积：20m²

目标人群：学生租客，为在都市中奋斗的 20 ~ 30 岁青年人提供起步的居住和办公空间或作为钟点房出租。

户型 B

一室一卫一厨一厅

面积：39m²

目标人群：学生租客、普通打工族租住以及旅客租住

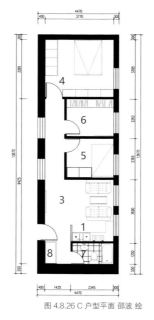

图 4.8.26 C 户型平面 邵波 绘

图 4.8.27 D 户型平面 邵波 绘

户型 C

二室一厅一厨一卫一书房

面积：60m²

目标人群：供学生、或在都市中独自打拼的青年合租，供无经济基础的新婚夫妇租用

户型 D

一室两厅一厨一卫一储藏

面积：50m²

目标人群：供无经济基础的新婚夫妇或单身青年租住

1—厨房
2—起居室
3—客厅
4—主卧
5—次卧
6—书房
7—卫生间
8—换鞋柜
9—储藏间

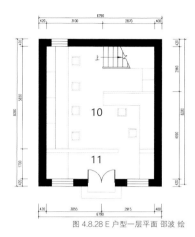

图 4.8.28 E 户型一层平面 邵波 绘

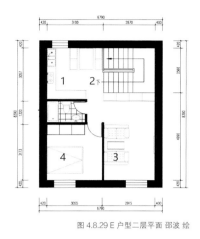

图 4.8.29 E 户型二层平面 邵波 绘

户型 E

一层工作室，二层一室两厅一厨一卫

面积：55+55=110m²

目标人群：创业青年或夫妇租用，可改造为不同的 loft 空间

图 4.8.29 F 户型平面 邵波 绘

户型 F

两室两厅一厨一卫一储藏一书房

面积：77m²

目标人群：供有一定经济基础的夫妇或三口之家长期居住（非租）

图 4.8.30 G 户型二层平面 邵波 绘

户型 G

一室两厅一厨一卫

面积：55m²

目标人群：经济条件较好的学生租客、打工者租住

1 — 厨房
2 — 起居室
3 — 客厅
4 — 主卧
5 — 次卧
6 — 书房
7 — 卫生间
8 — 换鞋柜
9 — 储藏间
10 — 工作室
11 — 走廊

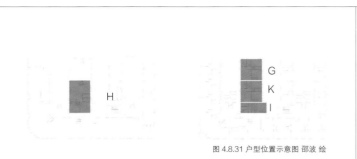

图 4.8.31 户型位置示意图 邵波 绘

将原本相互挨着的两栋互相独立的楼房墙体打通，使原本狭小的室内空间变大，小户型改大户型，并形成错层的室内空间。既解决了原来户型采光不足的问题，也有利于室内通风。

户型面积 60~110m²，适合于 20~30 岁的年轻群体。

如图 4.8.32 和 4.8.33 所示意，为错层居住单元改造的过程。

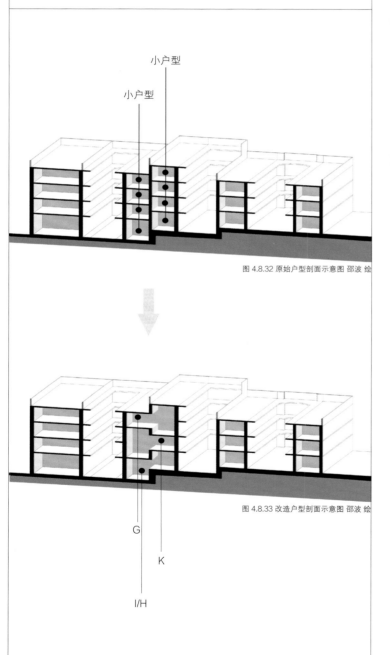

图 4.8.32 原始户型剖面示意图 邵波 绘

图 4.8.33 改造户型剖面示意图 邵波 绘

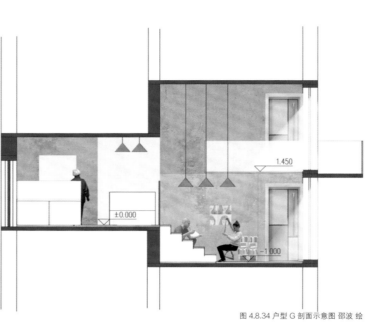

图 4.8.34 户型 G 剖面示意图 邵波 绘

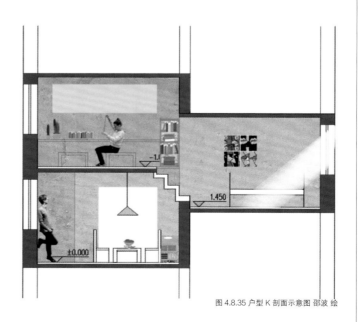

图 4.8.35 户型 K 剖面示意图 邵波 绘

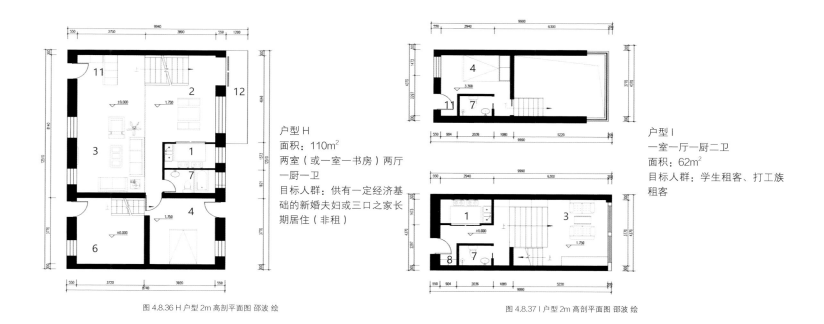

户型 H
面积：110m²
两室（或一室一书房）两厅
一厨一卫
目标人群：供有一定经济基
础的新婚夫妇或三口之家长
期居住（非租）

户型 I
一室一厅一厨二卫
面积：62m²
目标人群：学生租客、打工族
租客

图 4.8.36 H 户型 2m 高剖平面图 邵波 绘

图 4.8.37 I 户型 2m 高剖平面图 邵波 绘

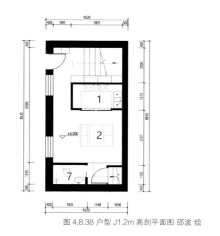

户型 J
一室两厅一厨一卫一书房一储
藏
面积：83m²
目标人群：：供学生、在都市
中独自打拼的青年合租，供无
经济基础的新婚夫妇租用

图 4.8.38 户型 J1.2m 高剖平面图 邵波 绘

图 4.8.39 户型 J3m 高剖平面图 邵波 绘

户型 K
两室两厅一厨一卫一储藏
面积：83m²
目标人群：供学生、或在都市
中独自打拼的青年合租，供无
经济基础的新婚夫妇租用

1 —厨房
2 —起居室
3 —客厅
4 —主卧
5 —次卧
6 —书房
7 —卫生间
8 —入口换鞋柜
9 —储藏间
10 —工作室
11 —入口玄关
12 —阳台

图 4.8.40 户型 K2m 高剖平面 邵波 绘

图 4.8.41 户型 K-0.5m 高剖平面 邵波 绘

图 4.8.42 F2-1 原始立面邵波 摄

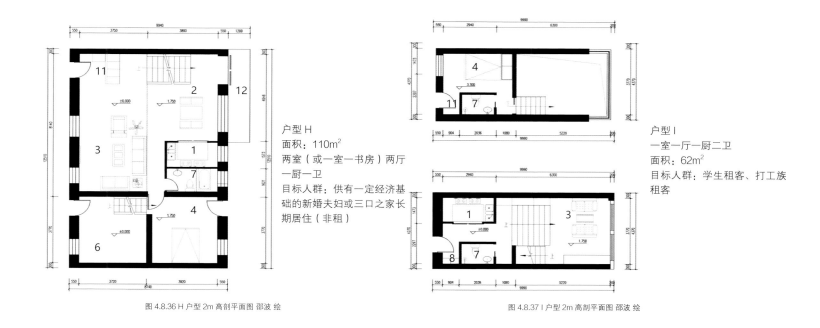

图 4.8.36 H户型 2m 高剖平面图 邵波 绘

户型 H
面积：110m²
两室（或一室一书房）两厅一厨一卫
目标人群：供有一定经济基础的新婚夫妇或三口之家长期居住（非租）

图 4.8.37 I户型 2m 高剖平面图 邵波 绘

户型 I
一室一厅一厨二卫
面积：62m²
目标人群：学生租客、打工族租客

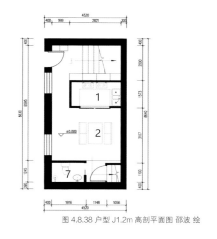

图 4.8.38 户型 J1.2m 高剖平面图 邵波 绘

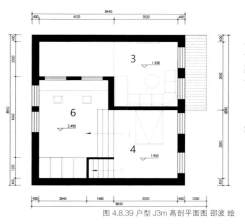

图 4.8.39 户型 J3m 高剖平面图 邵波 绘

户型 J
一室两厅一厨一卫一书房一储藏
面积：83m²
目标人群：：供学生、在都市中独自打拼的青年合租，供无经济基础的新婚夫妇租用

图 4.8.40 户型 K2m 高剖平面 邵波 绘

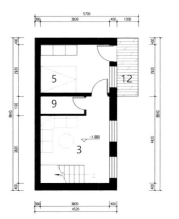

图 4.8.41 户型 K-0.5m 高剖平面 邵波 绘

户型 K
两室两厅一厨一卫一储藏
面积：83m²
目标人群：供学生、或在都市中独自打拼的青年合租，供无经济基础的新婚夫妇租用

1 —厨房
2 —起居室
3 —客厅
4 —主卧
5 —次卧
6 —书房
7 —卫生间
8 —入口换鞋柜
9 —储藏间
10 —工作室
11 —入口玄关
12 —阳台

图 4.8.42 F2-1 原始立面邵波 摄

图 4.8.43 F2-1 修复立面 邵波 绘

编号	存在问题	解决策略
F2-四方路-墙体	原有外墙饰面为墙面抹灰，做工精致，外观优美，但由于年久失修，雨水侵蚀等原因，部分抹灰脱落，如图所示 一些空调直接外挂在墙体上，不仅对墙体结构造成一定程度的损坏，而且不美观	修复破损饰面部分 拆除空调外挂，采用其他采暖方式或其他空调外挂方式
F2-四方路-落水管	原有外墙上的落水管较为完整，且正常使用，只有数量不多的落水管局部损坏	修复破损落水管部分，充分利用原有的排水设施

图 4.8.44 F2-1 墙面现状 邵波 摄

图 4.8.45 F2-1 墙面修复后效果 邵波 绘

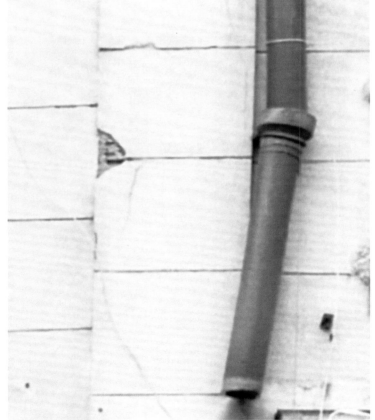

图 4.8.46 F2-1 落水管现状 邵波 摄

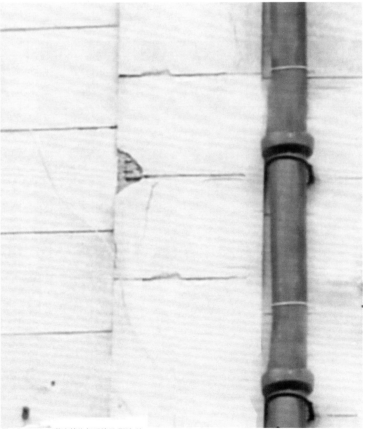

图 4.8.47 F2-1 落水管修复后效果 邵波 绘

编号	存在问题	解决策略
F2- 四方路 - 窗	原有外墙上的窗户有的由于年久失修，外观破烂不堪，且居民自发对窗户进行了改建，有的加了外窗台，更甚者竟直接做成了飘窗。还有的换了新的铝塑的窗户，和整体的建筑外观极不协调	将全部的窗户，改换成如图所示木窗

图 4.8.48 F2-1 窗户现状 邵波 摄

图 4.8.49 F2-1 窗户修复后效果 邵波 绘

编号	存在问题	解决策略
F2－四方路－底商立面	原有沿街立面一层商铺外观杂乱不堪，毫无秩序，且从建筑初建经过几十年的时间，门窗位置大都已被改动，墙体外饰面也早已破坏殆尽	将一层商铺层全部的门窗，改换成如图所示的现代化的门窗，以适应现代商业采光、展示等的需要

图 8.8.50 F2－1 底商原始立面 邵波 摄

图 4.8.51 F2－1 底商修复立面效果 邵波 绘

4.8.4 F2-2 平面改造设计

原来的里院居住户型大都是 60m² 以下的小户型，居住人口数量大，人口密度大，居民居住条件很差，且内部杂乱不堪，居民随意加建建筑物，墙体破败，拟改造如图 4.8.52 所示。

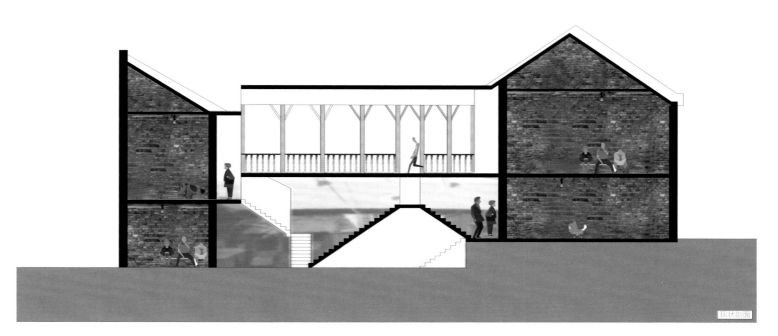

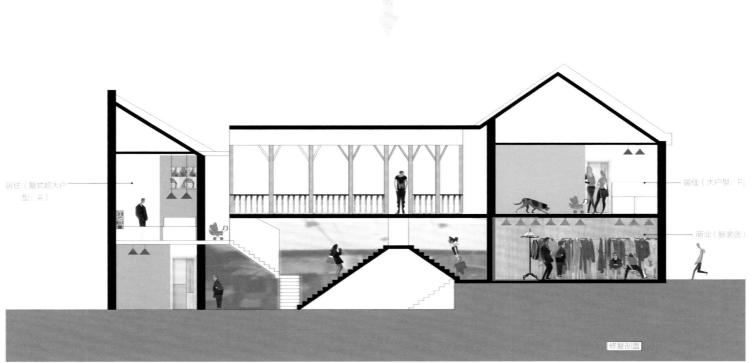

图 4.8.52 F2-2 平面改造设计策略示意 邵波 绘

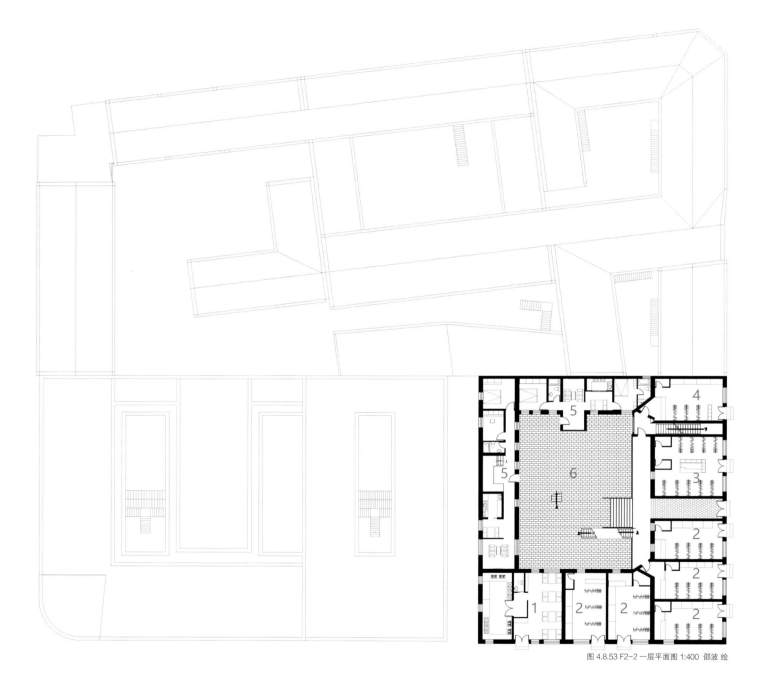

图 4.8.53 F2-2 一层平面图 1:400 邵波 绘

1—老青岛牛排
2—服装店
3—制衣店
4—上住下商的店面
5—居住
6—公共内院

图 4.8.54 F2-2 二层平面图 1:400 邵波 绘

5—居住

图 4.8.55 A/B 户型位置示意图 邵波 绘

A/B 户型：东西采光，设计成复式超大户型，都在 200m² 以上。

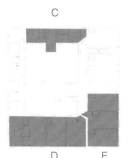

图 4.8.56 C/D/E 户型位置示意图 邵波 绘

C/D/E 户型：主要南侧采光，设计成大户型，160m² 以下。

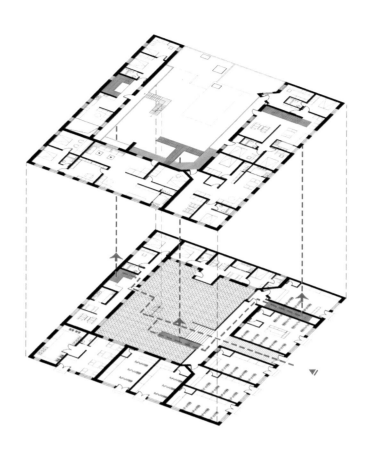

图 4.8.57 交通流线示意图 邵波 绘

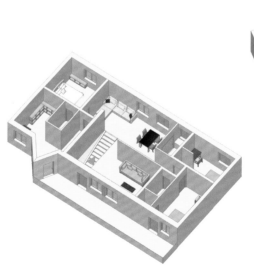

图 4.8.58 B 户型空间示意图 邵波 绘

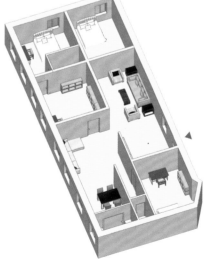

图 4.8.59 D 户型空间示意图 邵波 绘

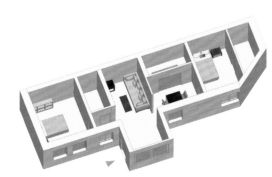

图 4.8.60 C 户型空间示意图 邵波 绘

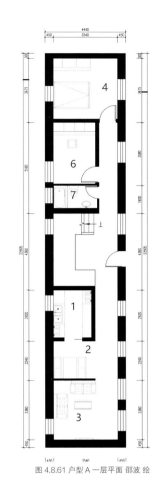

图 4.8.61 户型 A 一层平面 邵波 绘

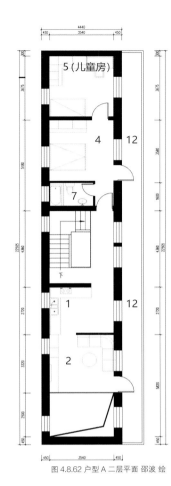

图 4.8.62 户型 A 二层平面 邵波 绘

户型 A
三室三厅二厨二卫一书房一储藏
面积：200m²
目标人群：供三口或四口之家居住（非租）或作为 Loft 空间供青年人合租居住

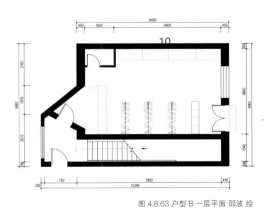

图 4.8.63 户型 B 一层平面 邵波 绘

1 —厨房
2 —起居室
3 —客厅
4 —主卧
5 —次卧
6 —书房
7 —卫生间
8 —入口换鞋柜
9 —储藏间
10 —工作室
11 —入口玄关
12 —阳台

户型 B
面积：212m²
一层商业二层居住
目标人群：供有创业意向的家庭（三口或四口之家）居住（非租）

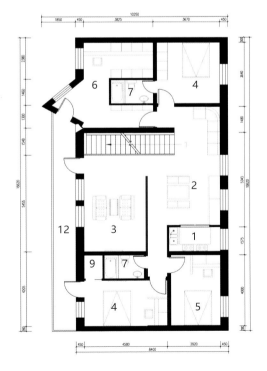

图 4.8.64 户型 B 二层平面 邵波 绘

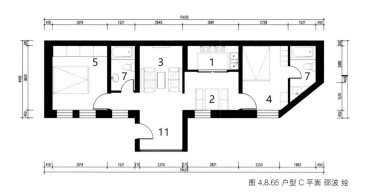

图 4.8.65 户型 C 平面 邵波 绘

户型 C
二室二厅一厨两卫
面积：68m²
目标人群：供三口之家居住（非租）

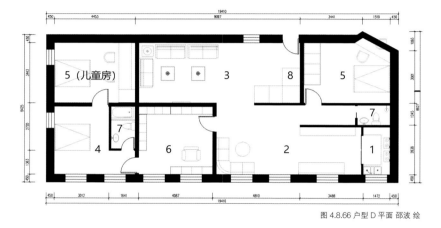

图 4.8.66 户型 D 平面 邵波 绘

户型 D
三室两厅一厨两卫一书房
面积：160m²
目标人群：供三口或四口之家居住（非租）

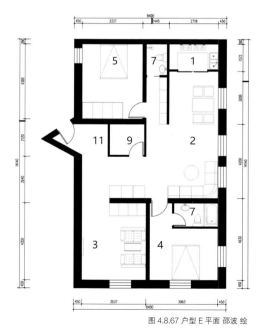

图 4.8.67 户型 E 平面 邵波 绘

户型 E
二室三厅一厨二卫一储藏
面积：120m²
目标人群：供三口或四口之家居住（非租）

1 —厨房
2 —起居室
3 —客厅
4 —主卧
5 —次卧
6 —书房
7 —卫生间
8 —入口换鞋柜
9 —储藏间
10—工作室
11—入口玄关

4.8.5　F2-2 保护修复设计

编号	存在问题	解决策略
F2-2—四方路—h1	里院走廊上的护栏大部分保存完整,只有栏杆局部构件损坏与缺失	如图4.8.69所示的栏杆修复立面效果修复栏杆的各个缺失构件

图 4.8.68 木栏杆现状 邵波 摄

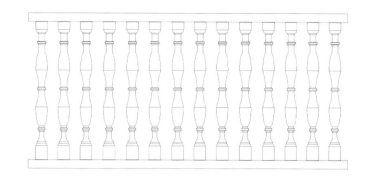

图 4.8.69 木栏杆修复 邵波 绘

编号	存在问题	解决策略
F2-2—四方路—h1	屋顶原有老虎窗经过多年使用,年久失修,大多已被弃用,并且难以适应现代化的生活需求。必须加以改造	改造为新式的老虎窗,如图4.8.71所示。相比于原有老虎窗保温/通风效果更好

图 4.8.70 老虎窗现状 邵波 绘

图 4.8.71 老虎窗修复 邵波 绘

编号	存在问题	解决策略
F2-2—四方路—h1	里院公共院落地面原有铺装如图4.8.72所示为长方形条石,大部分条石保存较好,局部地面铺装条石缺失,缺失约四分之一。这些条石铺装是此里院一大特色,极具艺术价值与历史价值	如图4.8.72所示,依照原有的条石的尺寸700cm×200cm定制条石 如图4.8.73所示,重做素土夯实与垫层,并按图中规则铺设条石铺装

图 4.8.72 地面铺装现状 邵波 绘

图 4.8.73 地面铺装修复 邵波 绘

354

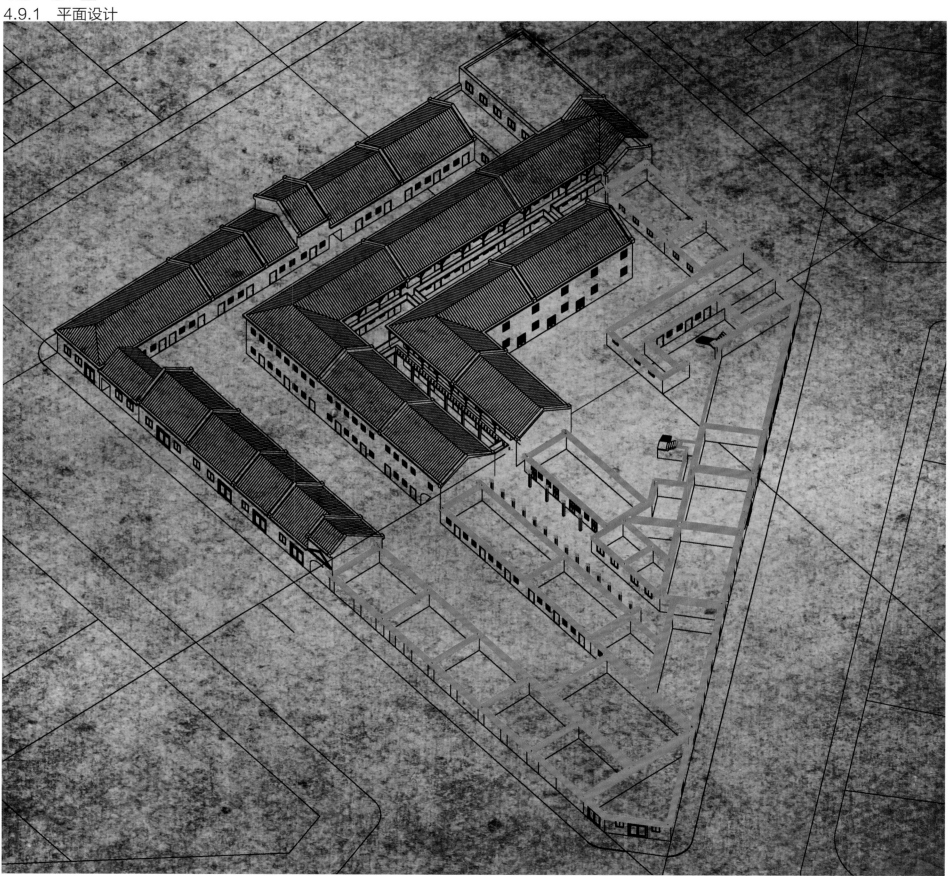

图 4.9.1 G1 区鸟瞰图 马祥鑫 绘

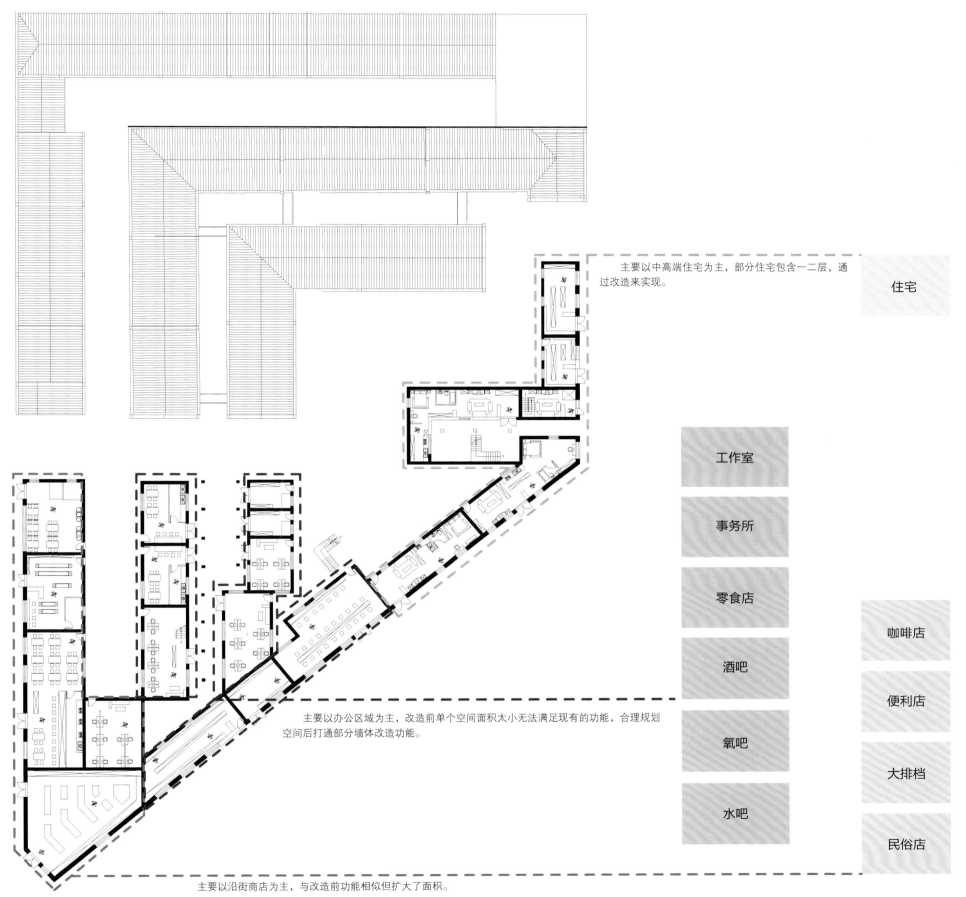

主要以中高端住宅为主，部分住宅包含一二层，通过改造来实现。

住宅

工作室

事务所

零食店

咖啡店

酒吧

便利店

氧吧

大排档

水吧

民俗店

主要以办公区域为主，改造前单个空间面积太小无法满足现有的功能，合理规划空间后打通部分墙体改造功能。

主要以沿街商店为主，与改造前功能相似但扩大了面积。

图 4.9.2 G1 区一层平面图 马祥鑫 绘

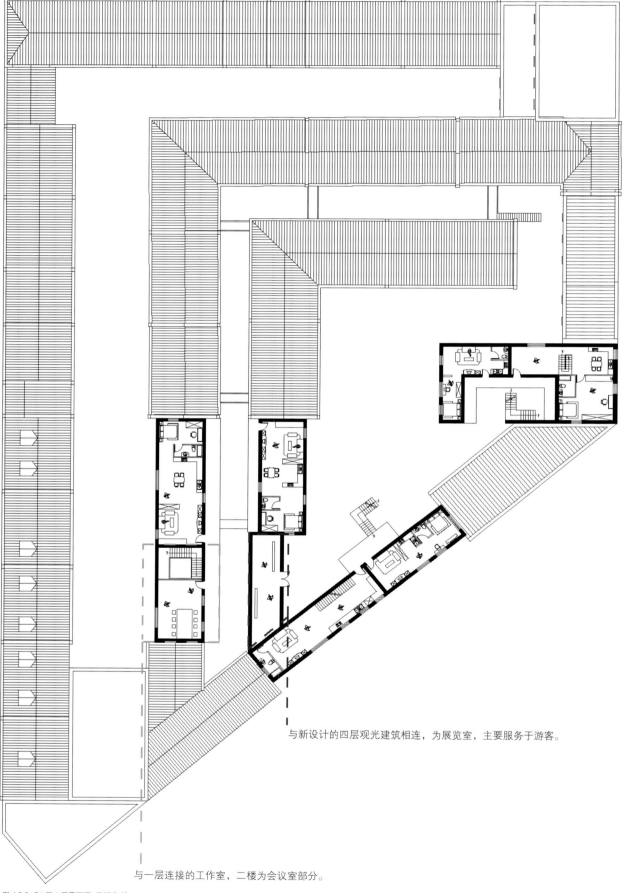

与新设计的四层观光建筑相连，为展览室，主要服务于游客。

与一层连接的工作室，二楼为会议室部分。

图 4.9.3 G1 区二层平面图 马祥鑫 绘

4.9.2　平面细节表达

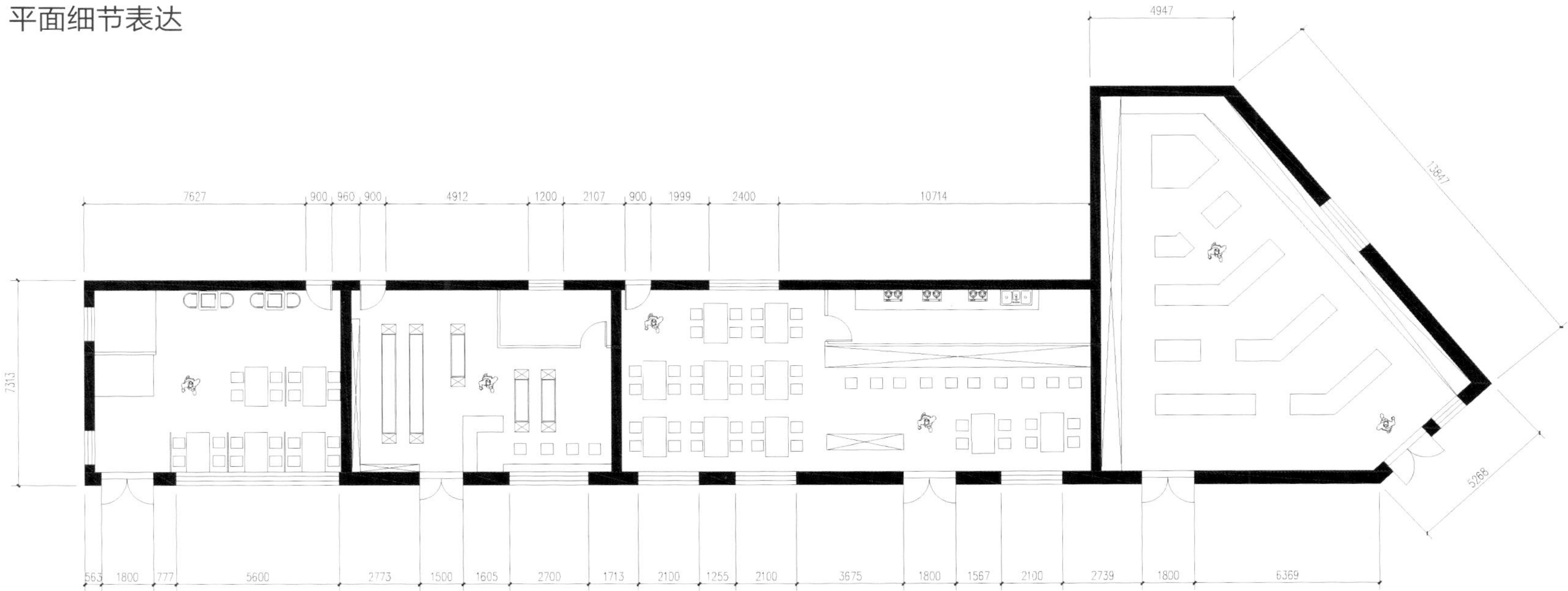

图 4.9.4　G1区 g1分区家具布置图　马祥鑫 绘

图 4.9.5　G1区 g1分区街景展示　马祥鑫 摄

图 4.9.6　G1区 g1分区效果图展示　马祥鑫 绘

　　沿街立面是整个区域破损最为严重的区域，因为只有一层，所以从地面到屋顶都受到了严重的损坏，但这又是一个比较有特色的区域，所以要让它焕发生机，老虎窗会按照构件的修复来处理，墙面要修复为原有涂料的颜色，现有的商铺比较落后，要把这个区域打造为中高端的文化特色区域，所以商店的品质也会随之提升，图 4.9.6 为简单的修复效果表达，意在表达这个立面修复后所应有的街区效果。

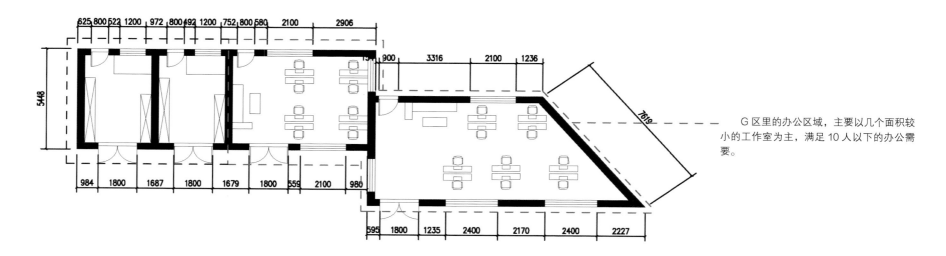

G 区里的办公区域，主要以几个面积较小的工作室为主，满足 10 人以下的办公需要。

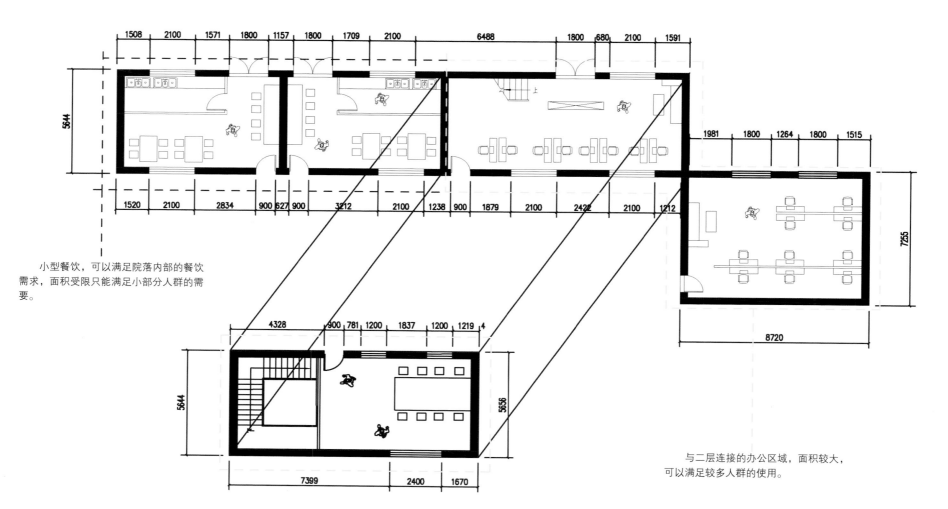

小型餐饮，可以满足院落内部的餐饮需求，面积受限只能满足小部分人群的需要。

与二层连接的办公区域，面积较大，可以满足较多人群的使用。

图 4.9.7 G1 区 g2 分区家居布置图 马祥鑫 绘

此区域是青岛中山路里院比较有特点的长廊式的建筑，形成了东西很长的连廊通道，之前被加建的部分挡住，造成中间走道部分狭窄，经过修复后可以变成很宽阔的空间，还原本来的历史原貌。

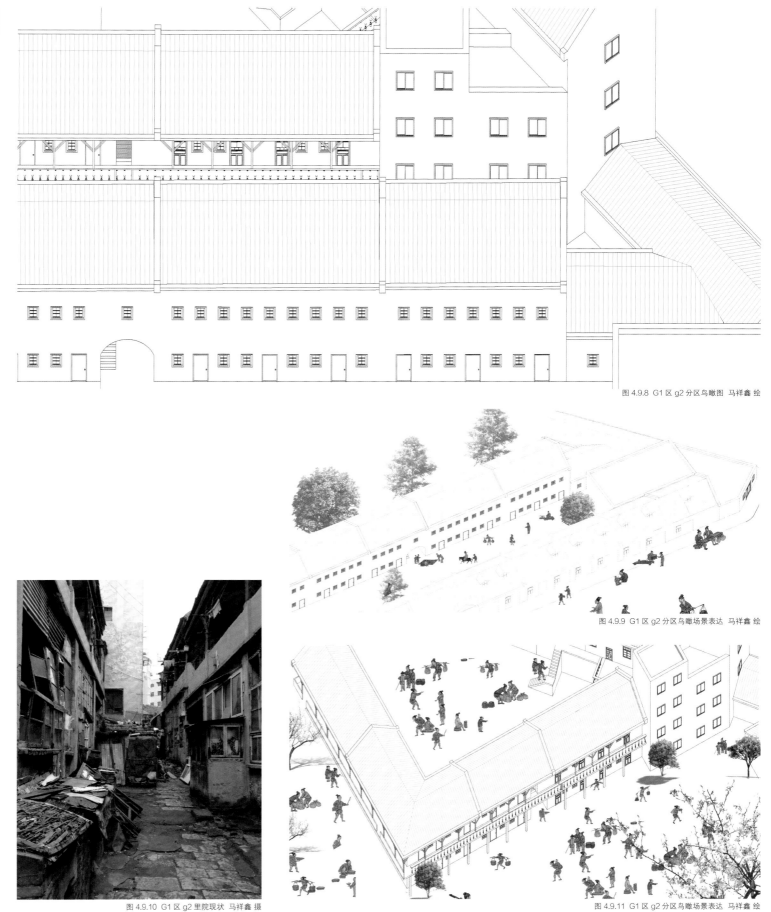

图 4.9.8 G1 区 g2 分区鸟瞰图 马祥鑫 绘

图 4.9.9 G1 区 g2 分区鸟瞰场景表达 马祥鑫 绘

图 4.9.10 G1 区 g2 里院现状 马祥鑫 摄

图 4.9.11 G1 区 g2 分区鸟瞰场景表达 马祥鑫 绘

图 4.9.12 G1 区 g2 分区立面修复效果表达 马祥鑫 绘

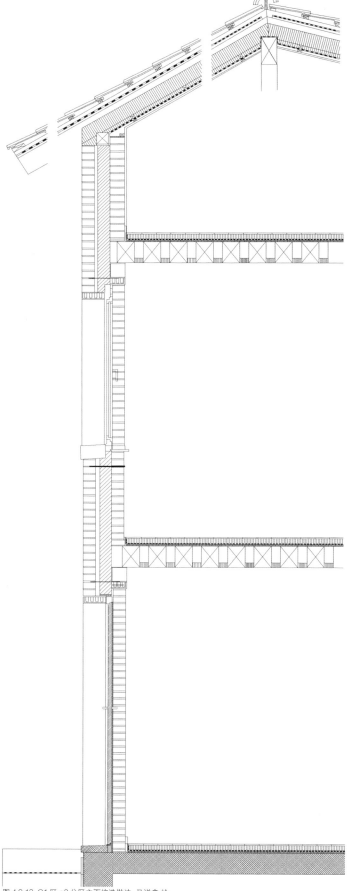

图 4.9.13 G1 区 g2 分区立面构造做法 马祥鑫 绘

图 4.9.14 G1 区 g2 分区场景展示 马祥鑫 绘

只有一层的沿街店铺，因为面积过小，无法满足现代社会的需要，所以进行了墙面打通，将本来的 5 个房间合并为 3 个房间，在不影响沿街立面效果以及结构的情况下进行处理，因为原本的外立面为大型卷帘门，所以门洞较大，可以在原卷帘门的位置开落地窗。

三个新的空间功能主要为休闲类的吧室，如酒吧水吧等，为年轻的人们提供驻足休息的空间，能够感受到院落的独特魅力。

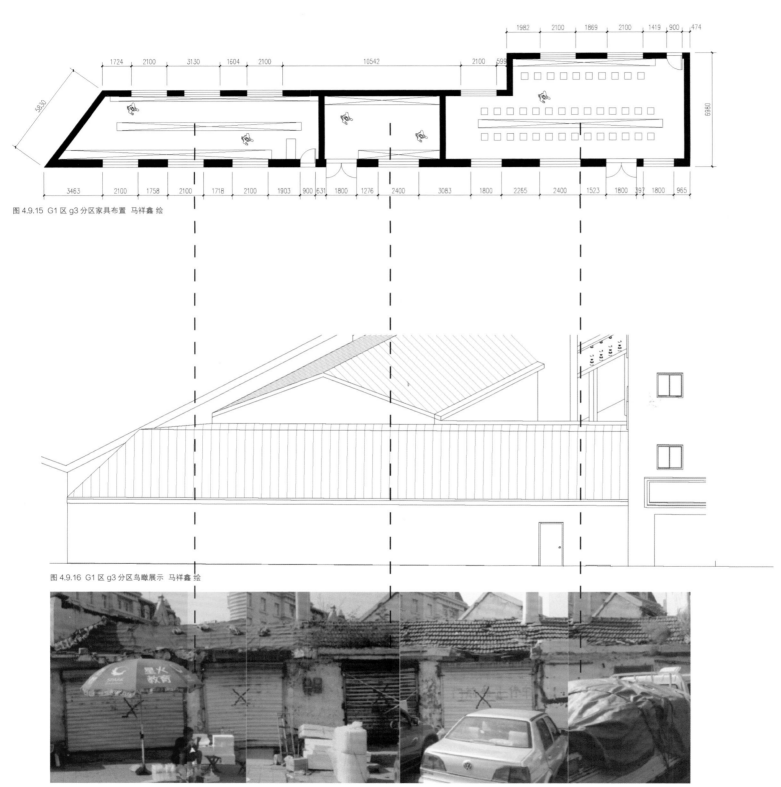

图 4.9.15 G1 区 g3 分区家具布置 马祥鑫 绘

图 4.9.16 G1 区 g3 分区鸟瞰展示 马祥鑫 绘

图 4.9.17 G1 区 g3 分区街景展示 马祥鑫 摄

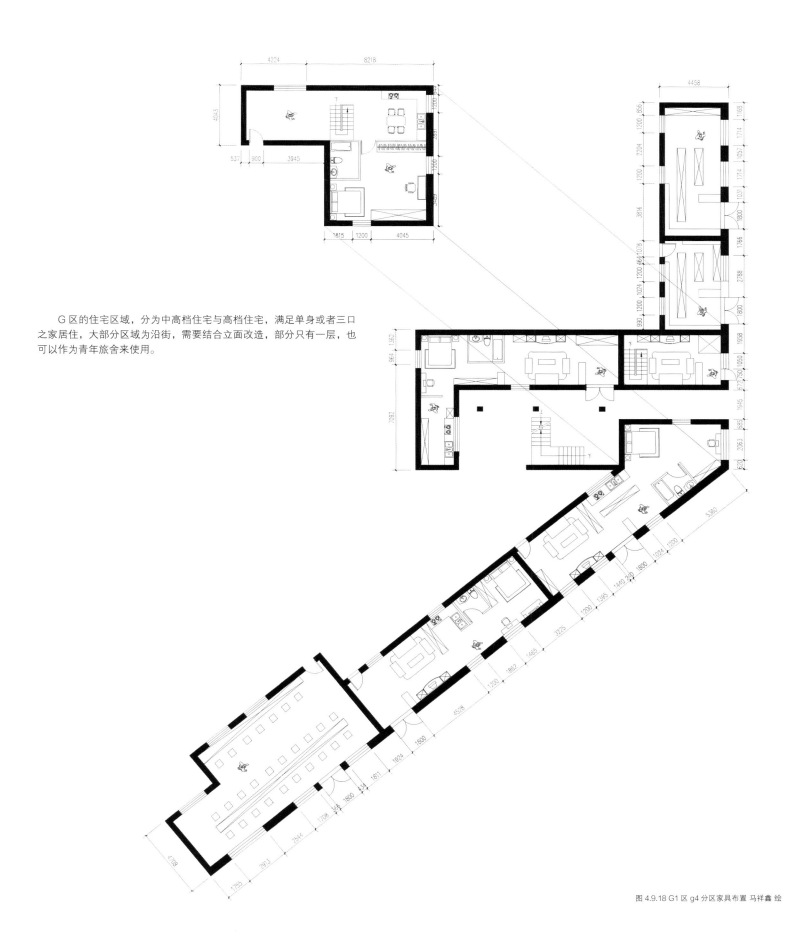

G区的住宅区域，分为中高档住宅与高档住宅，满足单身或者三口之家居住，大部分区域为沿街，需要结合立面改造，部分只有一层，也可以作为青年旅舍来使用。

图 4.9.18 G1 区 g4 分区家具布置 马祥鑫 绘

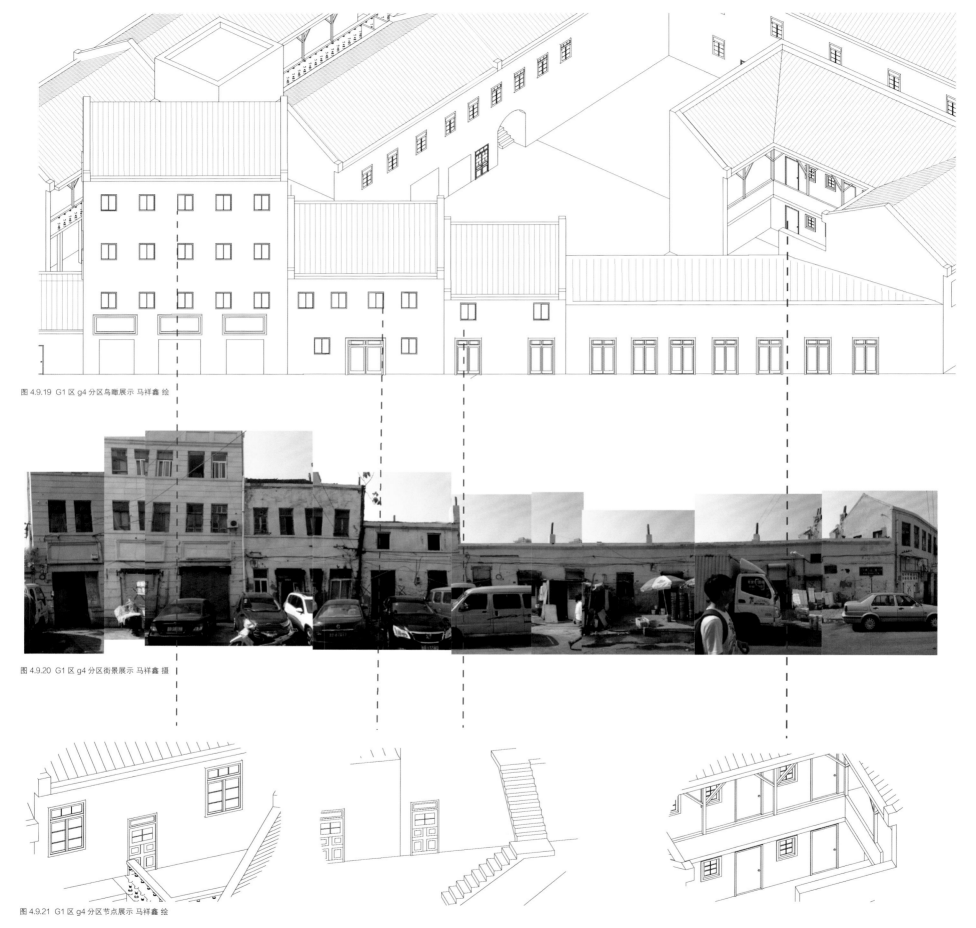

图 4.9.19 G1 区 g4 分区鸟瞰展示 马祥鑫 绘

图 4.9.20 G1 区 g4 分区街景展示 马祥鑫 摄

图 4.9.21 G1 区 g4 分区节点展示 马祥鑫 绘

这是此区域唯一一个4层的建筑，后面进行了改造设计，充分利用其地势高的特点。

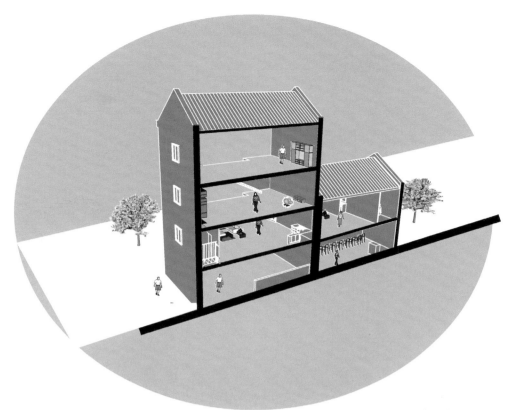

图 4.9.22 G1 区 g4 分区室内剖面表达 马祥鑫 绘

图 4.9.23 G1 区 g4 分区场景展示 马祥鑫 绘

图 4.9.24 G1 区 g4 分区院落场景展示 马祥鑫 绘

拆除了原有的一部分建筑，增加了该交通空间，颜色希望能在里院里新奇的红色，来当作一个全新的建筑构件，并且达到强烈的视觉冲击效果。

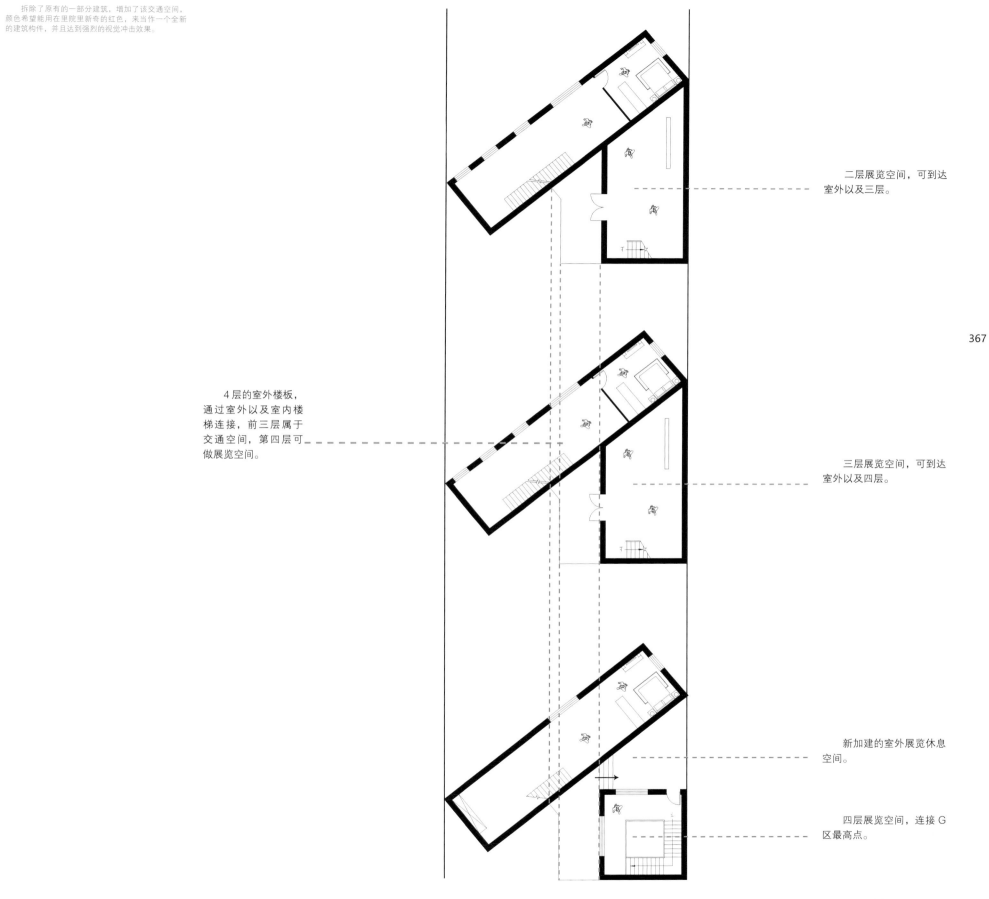

二层展览空间，可到达室外以及三层。

4 层的室外楼板，通过室外以及室内楼梯连接，前三层属于交通空间，第四层可做展览空间。

三层展览空间，可到达室外以及四层。

新加建的室外展览休息空间。

四层展览空间，连接 G 区最高点。

图 4.9.25 G1 区 g4 分区新加楼板平面 马祥鑫 绘

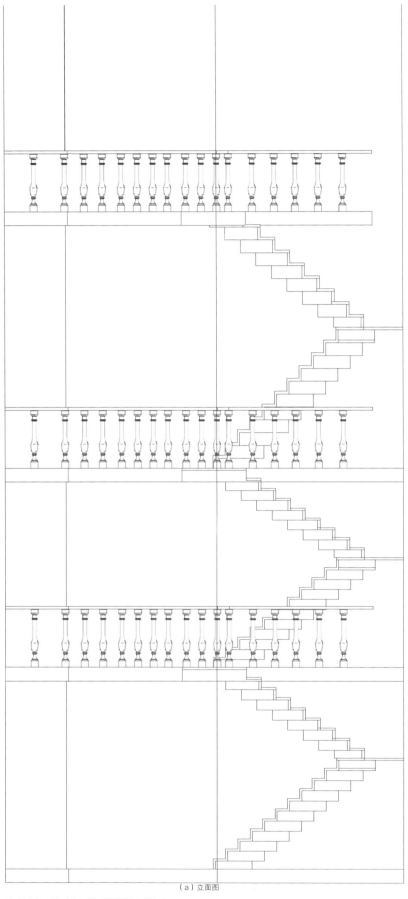

（a）立面图

图 4.9.27 G1 区 g4 分区 新加楼板展示 马祥鑫 绘

图 4.9.26 G1 区 g4 分区 新加楼板展示 马祥鑫 绘

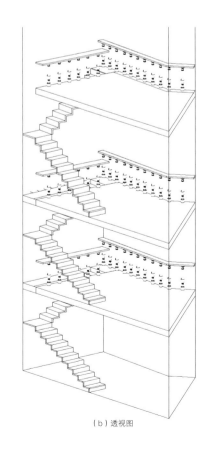

（b）透视图

G区有其他里院所不具备的建筑特点，从轴侧图上能明显看出这里更像一条条街道，而不是一个个里院，这就让这里具备了更多的可能性，我们在做修复设计的同时也在考虑这里的功能定位，由于里远的建筑特点，我们认为商业介入的时候这里更适合打造为一个特色的风情街道，让外面的街道与里面的街道环环相套，形成更开阔的里院空间。

人们可以在里院里的街道上休息，在这里又像马路，又像里院，会给人很特别的感觉，让来这里的游客以及居民获得更好的生活体验。

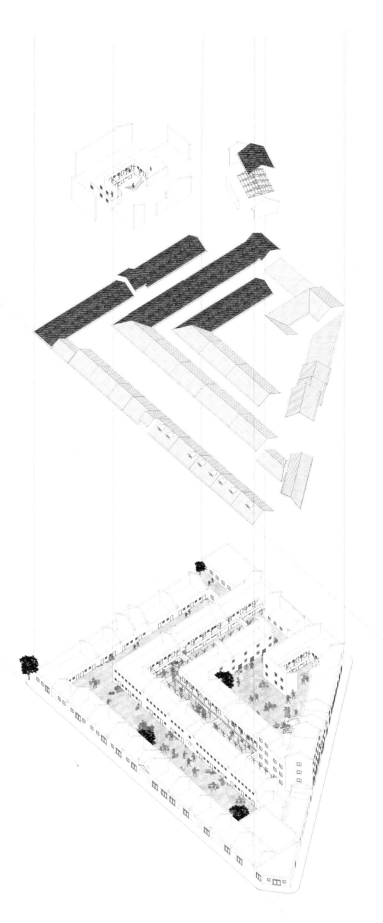

图 4.9.28 G1 区轴侧效果图 马祥鑫 绘

图 4.9.29 G1 透视图展示 马祥鑫 绘

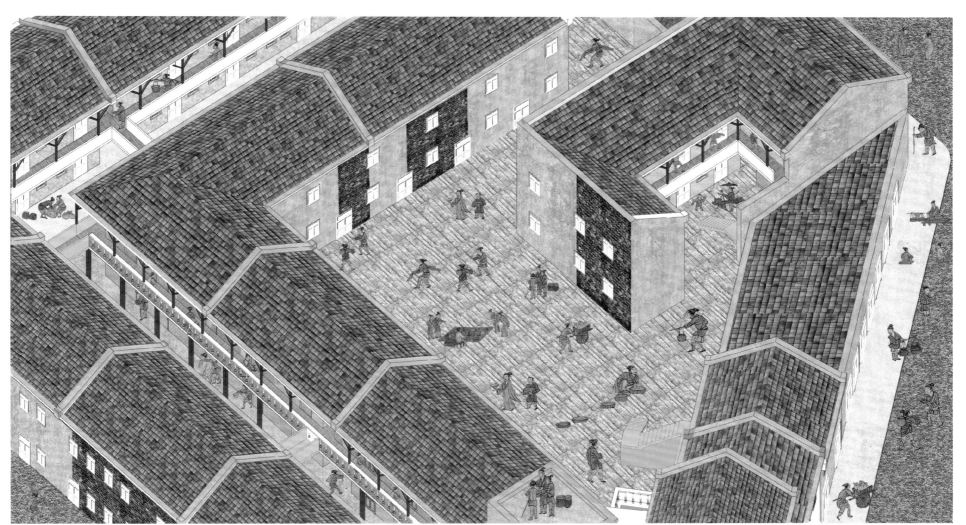

图 4.9.30 G1 院落效果展示 马祥鑫 绘

4.9.4 构建修复设计

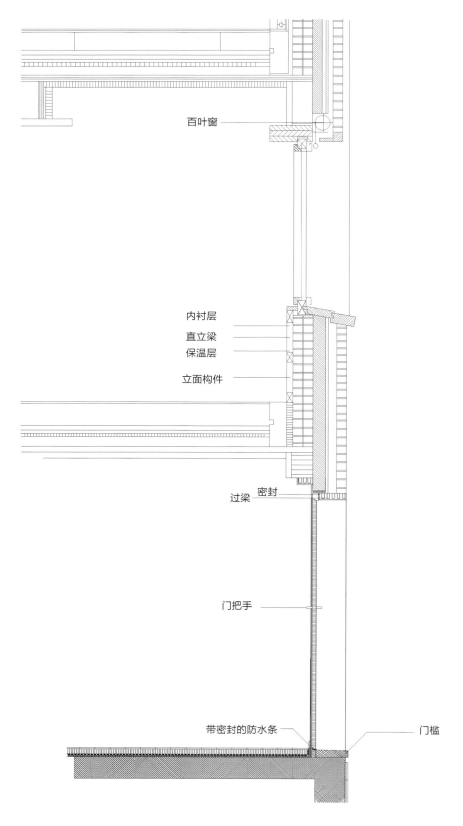

百叶窗

内衬层
直立梁
保温层
立面构件

过梁　密封

门把手

带密封的防水条　　　门槛

图 4.9.31 G1 门窗大样展示 马祥鑫 绘

图 4.9.32 G1 老虎窗 马祥鑫 摄

老虎窗的修复只修复窗户部分，结构部分只保留。

图 4.9.33 G1 街区展示 马祥鑫 摄

部分大面积的卷帘门，在户型改造中替换为玻璃橱窗，并减少入口，控制流线，丰富店面设置。

图 4.9.34 G1 门窗修复展示 马祥鑫 绘

天沟要满足可识别性原则、最小干预原则和可逆性原则。

图 4.9.35 G1 屋顶展示 马祥鑫 摄

图 4.9.36 G1 屋顶展示 马祥鑫 摄

图 4.9.37 G1 屋顶展示 马祥鑫 绘

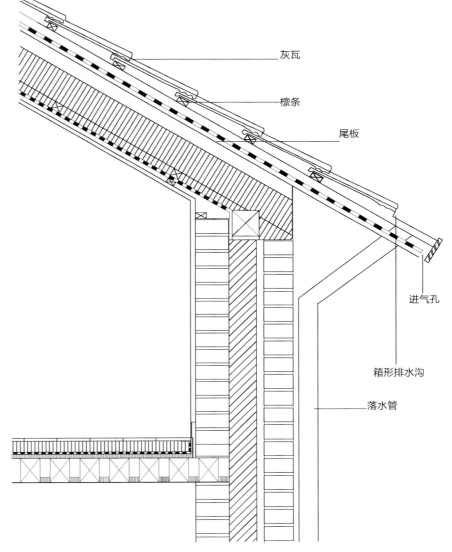

灰瓦

檩条

尾板

进气孔

箱形排水沟

落水管

图 4.9.38 G1 屋顶大样展示 马祥鑫 绘

福增里屋顶分为坡屋顶（大量）和平屋顶（少量），两种屋顶都没有设置有效的排水方式，坡屋顶破碎的瓦也无法做到有效的排水，为了保护大部分的木梁结构，需要设置有效的排水方式。

坡屋顶在屋外设置天沟排水，即吊挂檐槽，固定在屋檐下方，不要选择白色的 PVC 材料或者颜色与建筑出入太大的金属颜色。

平屋顶设置集水坑和沟槽，疏导屋顶的水流。

节点的连接可以选择用密封胶，可以达到黏附力，内聚力，弹性和抗风化的效果。

屋顶有两个明显的节点，瓦片与山墙的节点、烟筒节点。节点处由于材料的不连续而形成接缝，容易漏水，可以设置外包金属材料和泛水材料。

抹灰砖墙

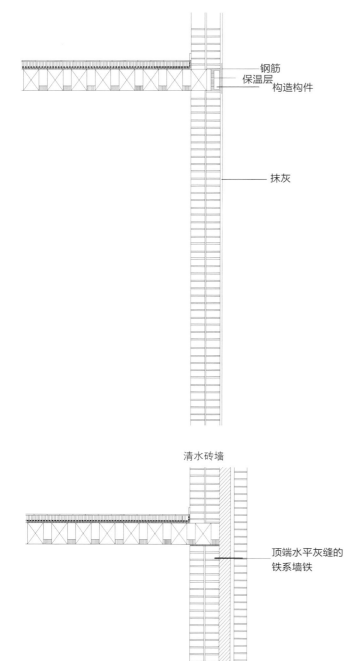

钢筋
保温层
构造构件

抹灰

清水砖墙

顶端水平灰缝的
铁系墙铁

毗邻楼板边缘处
水平灰缝加筋

图 4.9.39 G1 墙体大样展示 马祥鑫 绘

图 4.9.40 G1 院落墙体展示 马祥鑫 摄

图 4.9.41 G1 修复效果期望 马祥鑫 摄

　　G 区砖材砌法并不是完全按照规整的手法砌造而成，而是根据其实际情况来建造。

　　因为暴露出的红砖无法达到美观的效果，所以会将暴露的红砖重新用抹灰覆盖。

　　部分抹灰老化脱落，可以分块铲掉重新抹平或者部分抹平。

　　将部分砖体进行整体替换，替换为清水砖，既美观又能表达墙体构造。

水分能够导致木材胀缩。

图 4.9.42 G1 柱子展示一 马祥鑫 摄

当破坏范围较广时，也可以进行替换被破损的材料，关键是要考虑替换方法的视觉效果。

图 4.9.44 G1 柱子展示二 马祥鑫 摄

评估柱子的建造体系，是否牢靠：是。

在建筑物整体性损害方面，寻找造成柱子腐烂的原因：水分，真菌和昆虫。

对柱子的保护修缮从三个方面入手：减少水分和水分控制，杀虫剂和防腐剂，愈合剂和环氧基树脂。

柱子和排水的问题，由于柱子是纯木质结构，下雨天会出现雨水直接接触柱子，柱子的维修工作在还原原始形态的同时也要考虑到屋顶排水的问题。

图 4.9.43 所示区域，由于高差直接导致了屋檐的断开，水会顺着断开的部分直接留到下面的柱子上，直接腐蚀柱子和梁。

图 4.9.44 所示是柱子在下雨天不可避免地会接触雨水，所以也要从柱子的本身做到防水腐蚀，如：柱子本身涂水封漆、刷木器漆等，或者是在替换木材时选用防腐木。

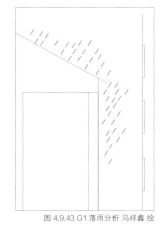

图 4.9.43 G1 落雨分析 马祥鑫 绘

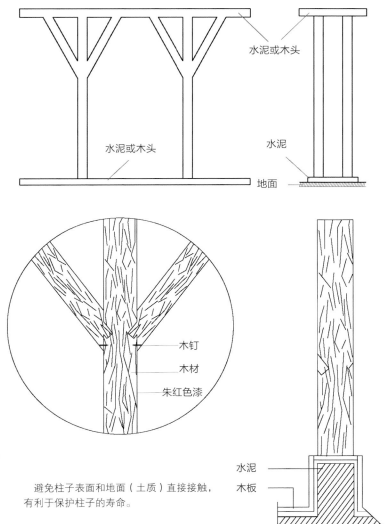

水泥或木头

水泥或木头

水泥

地面

木钉

木材

朱红色漆

水泥

木板

避免柱子表面和地面（土质）直接接触，有利于保护柱子的寿命。

图 4.9.45 G1 柱子大样展示 马祥鑫 绘

（a）顶视图

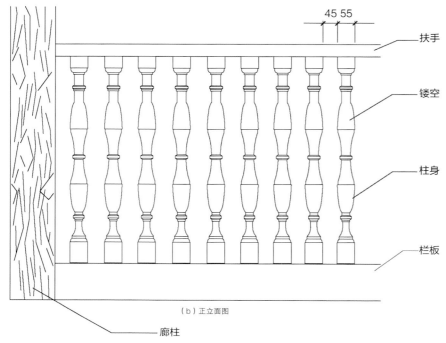

（b）正立面图

图 4.9.46 G1 栏杆样式展示 马祥鑫 绘

扶手

镂空

柱身

栏板

廊柱

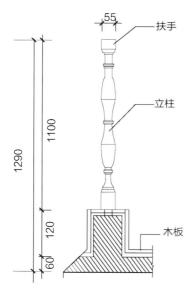

扶手

立柱

木板

图 4.9.47 G1 栏杆大样展示 马祥鑫 绘

图 4.9.48 G1 院落栏杆展示 马祥鑫 绘

基地两种栏杆的颜色类别，依照还原的准则，选用朱红色的栏杆进行设计。

依照真实性原则，水泥栏杆不具备材料、时间、文脉和文化传承任何一项价值。

还原栏杆的准则要依据完整性原则和真实性原则。

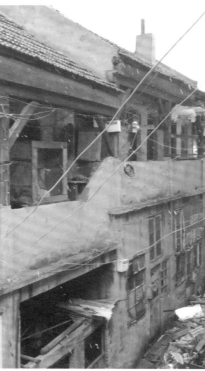

图 4.9.49 G1 院落栏杆展示 马祥鑫 摄

G 区的栏杆由于完全是水泥的形式，所以不需要做保护修缮工作，直接依照现存的照片和资料，还原木质的栏杆。

图 4.9.50 G1 线脚展示 马祥鑫 摄
为了不让雨水顺着墙面留下而设置的线脚。

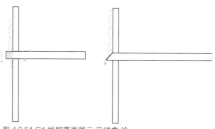

图 4.9.51 G1 线脚落雨展示 马祥鑫 绘

现有的水泥栏杆和一层的水泥墙不怕雨水的侵蚀，可设置这样的线脚。

4.10　G2 区
4.10.1　G2.1 区详细设计

G2.1.1 详细设计

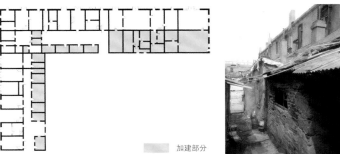

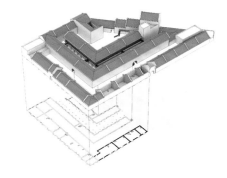

由于基地存在南高北低的坡度，G1 区的山墙也区分了屋顶的高度，与破败不堪的屋面相比，山墙具有更大的保留价值，因此 G1 区的这三面山墙被定为一定保留的部分。

图 4.10.4　保留山墙轴测图

加建部分

图 4.10.1　加建部分 谭平平 绘

图 4.10.5　入口的设置 谭平平 绘

图 4.10.2　保留的院落空间 谭平平 绘

通过对基地的实地踏勘可以确定图中橙色部分为加建部分，图 4.10.1 为实际照片的加建部分，后期使用过程中由于使用过程造成的损坏加建应当恢复原貌，因此橙色部分应该拆除。红色虚线表示的是保留的空间。

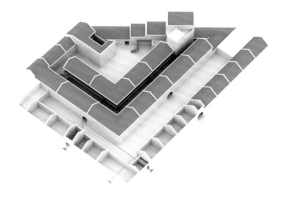

图 4.10.6　入口的设置 谭平平 绘

图 4.10.3　保留的山墙 谭平平 摄

图 4.10.6 中红色的部分表示的是要确定打通的入口，黄色为新打通的入口，三个入口都有依靠的山墙，为使人们能在入口体会时间走过的痕迹，因此保留了入口处的片墙。

377

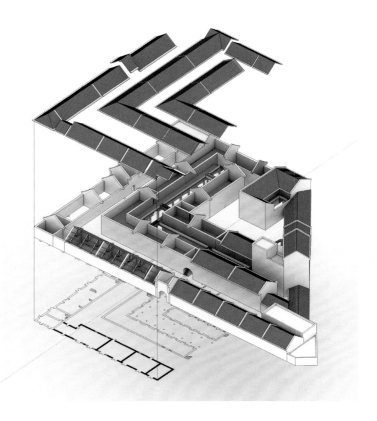

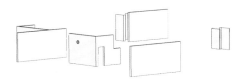

新隔断

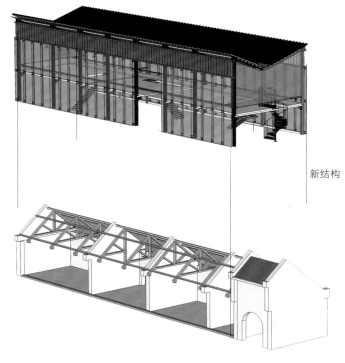

新结构

保留结构

图 4.10.8 G2.1 设计思路

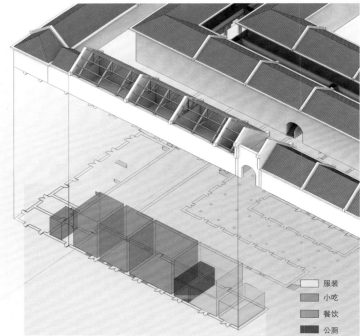

	服装
	小吃
	餐饮
	公厕

图 4.10.7 G2.1 保留部分及其功能设计 谭平平 绘

G2.1 区设计理念：由于 G2 区质量评估等级低，前期确定 G2 区为以改造为主的区域。主要改造措施为：将原有屋面破旧的瓦面屋顶移出，裸露其屋顶木框架结构，保留的山墙完全不动，沿街立面采用托梁换柱的手法将原有结构替换成新的结构。建立一套新的钢框架结构体系于原有结构有机结合。

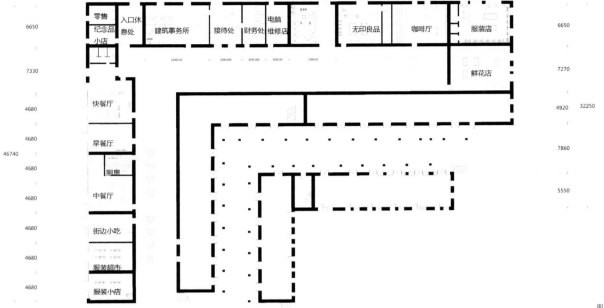

图 4.10.9 G2.1 一层平面图 谭平平 绘

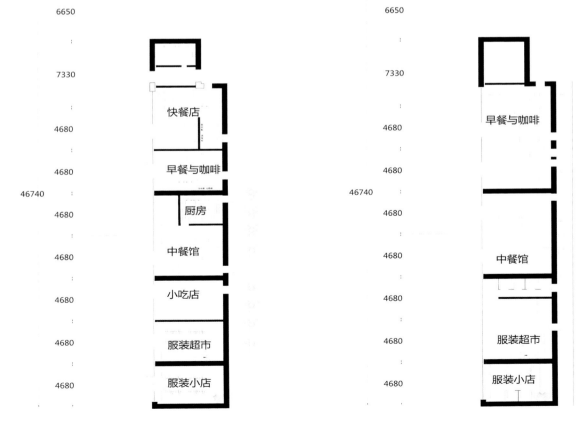

图 4.10.10 G2.1.1 一层与二层平面图 谭平平 绘

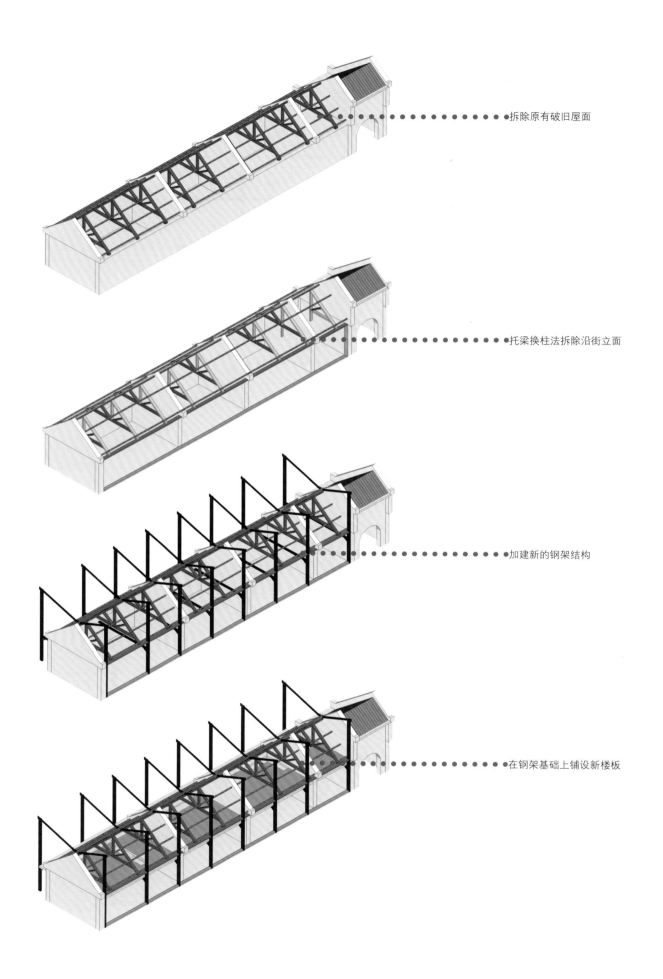

拆除原有破旧屋面

托梁换柱法拆除沿街立面

加建新的钢架结构

在钢架基础上铺设新楼板

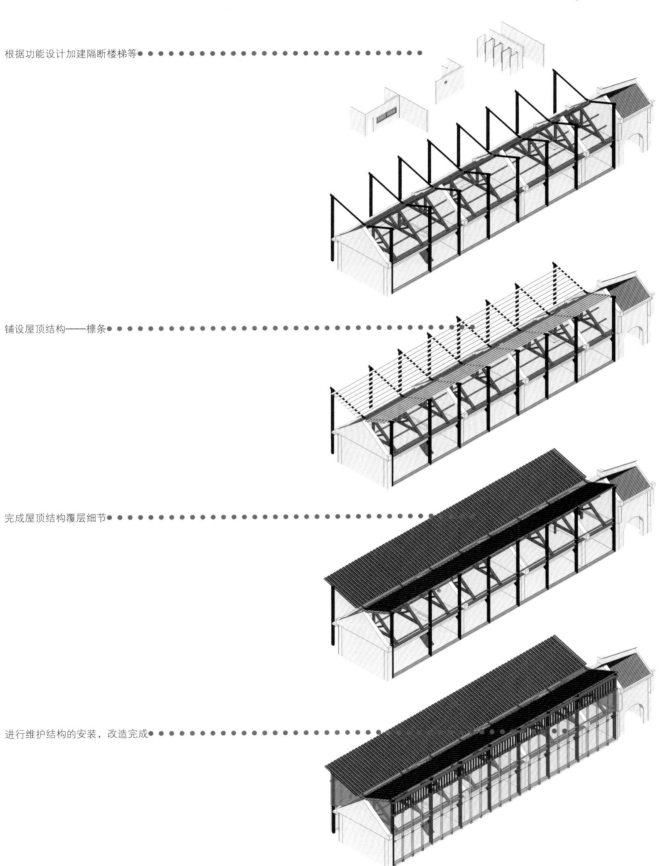

根据功能设计加建隔断楼梯等●‥‥‥‥‥‥‥‥‥‥‥‥‥‥

铺设屋顶结构——檩条●‥‥‥‥‥‥‥‥‥‥‥‥‥‥‥

完成屋顶结构覆层细节●‥‥‥‥‥‥‥‥‥‥‥‥

进行维护结构的安装，改造完成●‥‥‥‥‥‥‥‥‥

图 4 .10.11 G2.1.1 改造步骤 谭平平 绘

图 4.10.12 G2.1.1 新加建结构一次方案 谭平平 绘

图 4.10.13 G2.1.1 新加建结构二次方案 谭平平 绘

新加建结构采用的是钢架结构，用八榀钢架支撑起新加建的楼板，楼板为单元预制式安装在钢构架上，同时八榀钢架也撑起了整个屋顶结构，钢架用木椽子作为横向连接。

一次方案采用的是点支撑玻璃幕墙，其造价较高且性能较差，在二次方案的修改中采用框支撑玻璃幕墙，其密封性优于点支撑玻璃幕墙，且性价比较高。

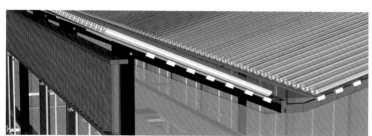

图 4.10.14 G2.1.1 钢梁承托屋面 谭平平 绘

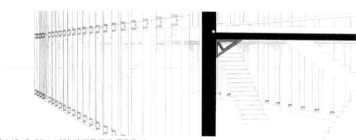

图 4.10.15 G2.1.1 新加建隔层楼板 谭平平 绘

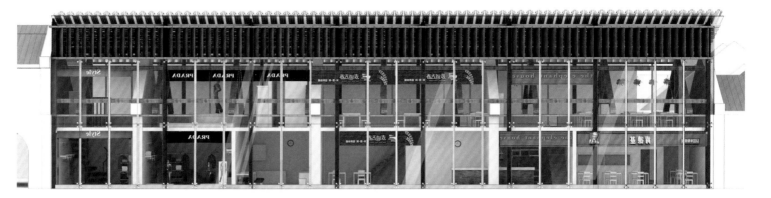

图 4.10.16 G2.1.1 改造后立面方案一次 谭平平 绘

图 4.10.17 G2.1.1 改造后立面方案二次

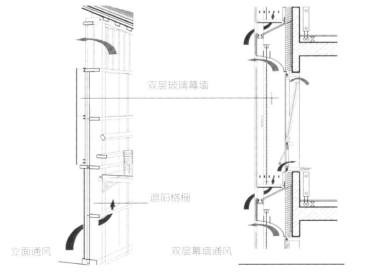

G2.1.1 西立面的结构设计理念是要充分展现原有的结构，当人们走在街道上就可以清晰地欣赏到内部的结构，新加建的玻璃幕墙同时可以倒影出对面街道的立面，加强了结构的统一。

新加建结构二次方案在玻璃墙的外侧做了防护层，有隔声保温的功效，在加建的二层采用了双层幕墙，仍然保证其通透性，以便展示其原有的内部结构，且内层玻璃幕墙为可开启结构可以进行良好的通风；上部木格栅主要起到通风作用，下部木格栅遮阳防止西晒。

图 4.10.18 G2.1.1 改造后通风设计 谭平平 绘

未打断的屋顶作
为室内分割，也可作
为室内装饰。

打断的原有屋
顶，人可通过，可做
室内装饰。

打断的原有屋
顶，人可通过，可做
室内装饰。

图 4.10.19 G2.1.1 原有木框架屋顶的改造 谭平平 绘

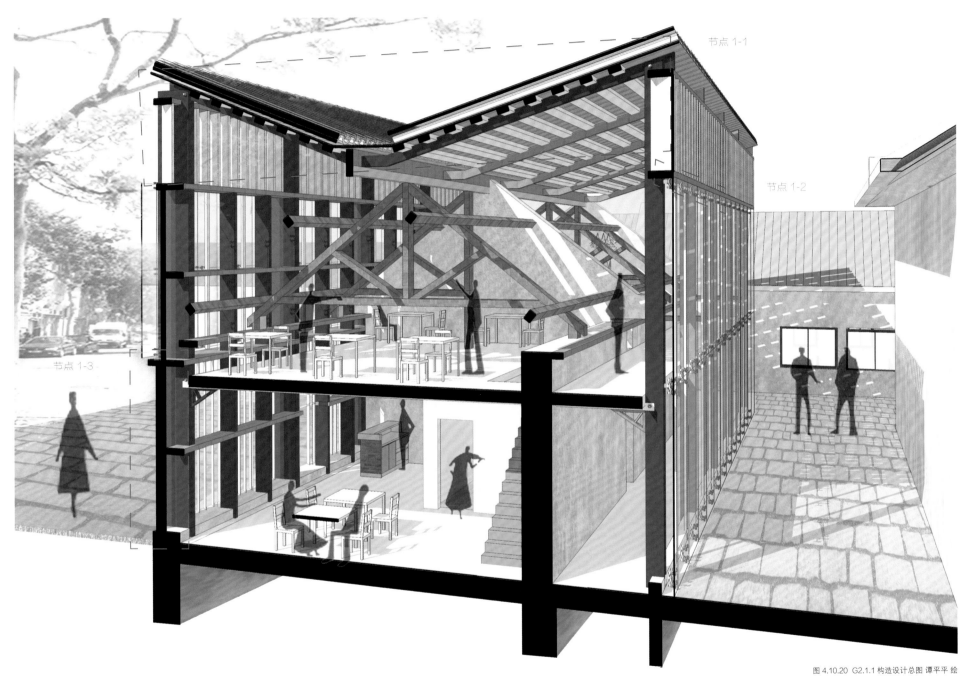

节点 1-1

节点 1-2

节点 1-3

图 4.10.20 G2.1.1 构造设计总图 谭平平 绘

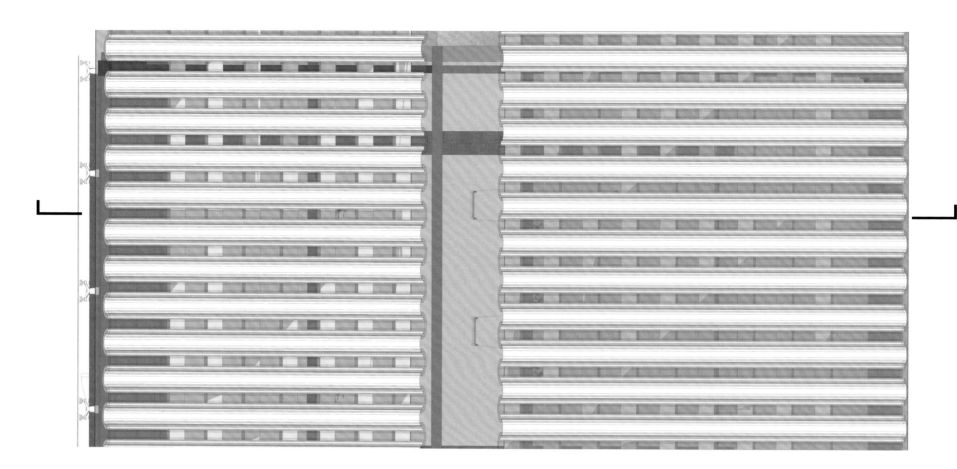

386

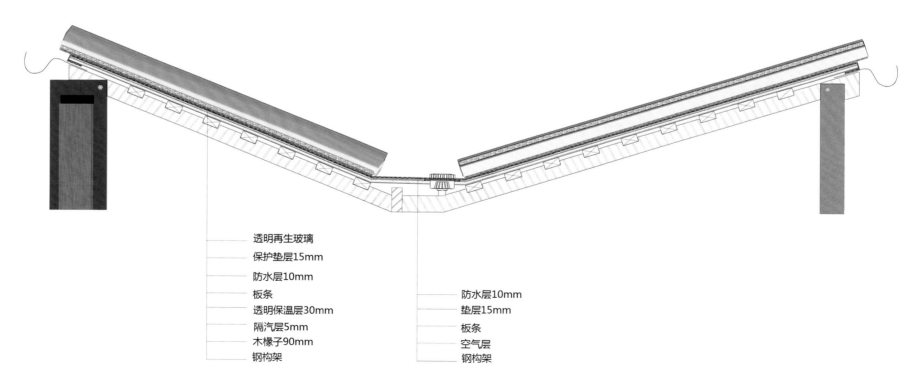

透明再生玻璃
保护垫层15mm
防水层10mm
板条   防水层10mm
透明保温层30mm   垫层15mm
隔汽层5mm   板条
木椽子90mm   空气层
钢构架   钢构架

图 4.10.21 G2.1.1 构造节点 1-1 谭平平 绘

图 4.10.31 G2.1.2 里院二层透视图 谭平 绘

4.10.2　G2.2 区详细设计

G2.2 区与 G2.3 区总体设计

392

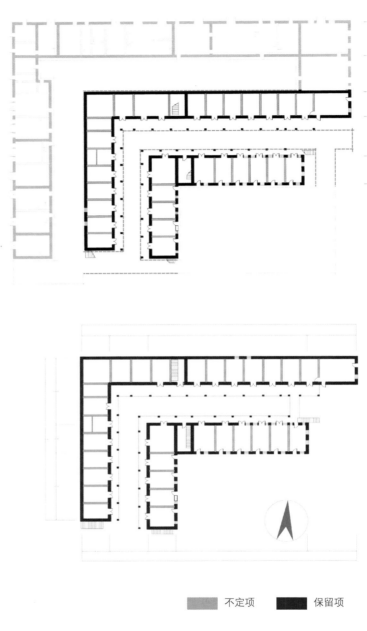

不定项　　保留项

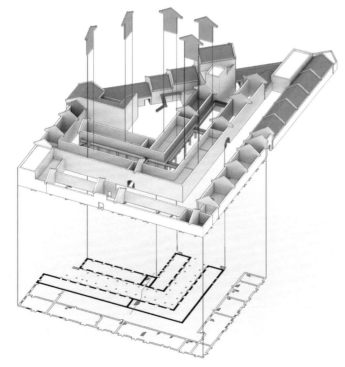

图 4.10.32　G2.2 区与 G2.3 区保留部分 谭平平 绘

　　G2 与 G3 区共同围合了一个典型的"L"型院落，且有内廊相对，是基地里极具特点的器物，着重保留和修复，基地中的拱形门保留较好，特点鲜明也作为特色器物进行修复。这样最大限度地保持室外的原有特征，室内赋予其新的功能。

　　为加强 G2 与 G3 的联系，在两个内廊之间设计了连通通道，方便流线和功能交流，为了尽量减少对里院原有风貌的影响，特将连廊设计成玻璃围栏，保持视线的通透性，削弱其存在感。

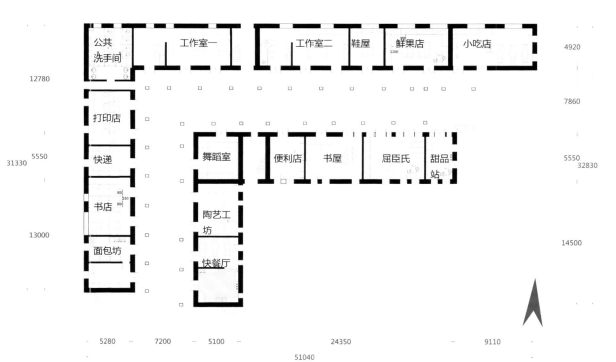

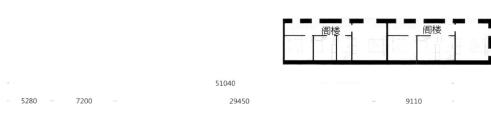

图 8.10.33 G2.2 与 G2.3 一层平面图 谭平平 绘

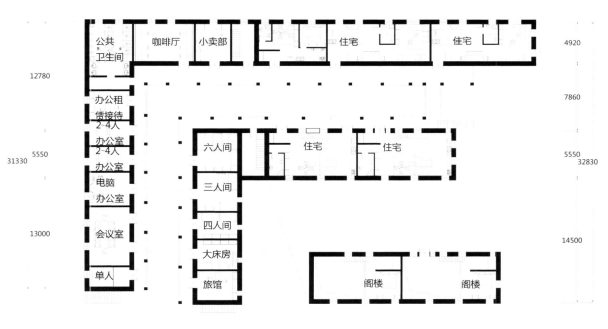

图 4.10.34 G2.2 与 G2.3 二层平面图 谭平平 绘

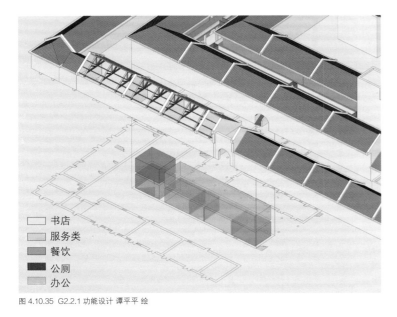

书店
服务类
餐饮
公厕
办公

图 4.10.35 G2.2.1 功能设计 谭平平 绘

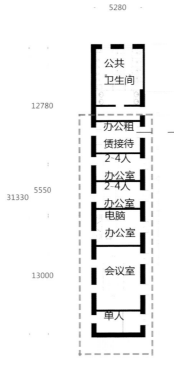

5280

12780

31330 5550

13000

公共
卫生间

办公租
赁接待
2-4人

办公室
2-4人

办公室
电脑

办公室

会议室

单人

5280   7200   5100

图 4.10.37 G2.2 二层平面图

G2.2.1 二层租赁办公系统人们可以根据需要提前预约选择不同的空间。

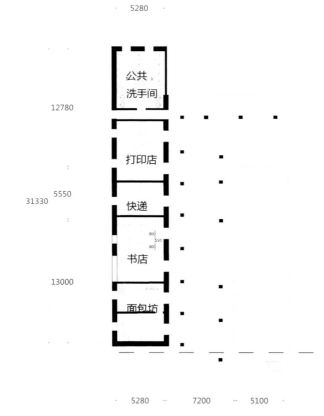

5280

12780

31330 5550

13000

公共
洗手间

打印店

快递

书店

面包坊

5280   7200   5100

图 4.10.36 G2.2.1 一层平面图 谭平平 绘

图 4.10.38 G2.2.1 入口空间

将入口处的覆层刮除，露出砖墙并用托梁换柱法
更新为清水砖墙。

增加
照明.

水泥拱面保留

原有石砌体仍保留
简单清洗.

砖砌尺寸 63×115×240.

线(电线)入口

图 4.10.39 G2.2.1 入口空间修复办法 谭平平 绘

395

将拆除加减后的墙体进行局部填补抹灰，保留明
显的痕迹，让墙体在使用过程中自由生长。

拆除加建.
间距为7m.

通风隔栅.

原两间立面进行简单
的清洗.

院路作为后退. 卡右 前包
左和 建右间堂与堂间

5.5m.

图 4.10.39 G2.2.1 拆除后墙面修复办法 谭平平 绘

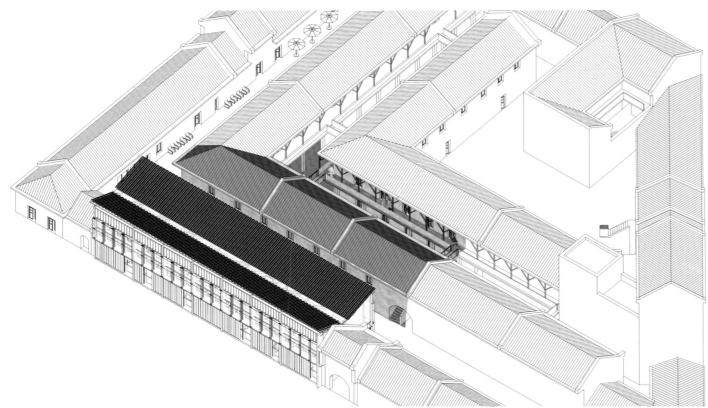

图 4.10.40 G2.2.1 院落鸟瞰图 谭平平 绘

图 4.10.41 G2.2.1 院落透视图 谭平平 绘

G2.2.2 区详细设计

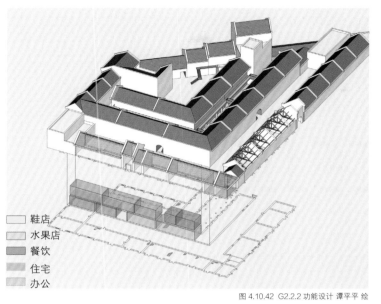

鞋店
水果店
餐饮
住宅
办公

图 4.10.42 G2.2.2 功能设计 谭平平 绘

图 4.10.42 G2.2.2 原有长院 谭平平 摄

拆除原有的门
露出原有的门

增加连廊 连接内
上两连接

G2.2 里院修复思路：拆除其加建部分，修复原有
的门窗，清洗翻新其柱子与栏杆等构件，复原里院的
原有风貌；两内廊之间加建联系走廊。

图 4.10.43 G2.2.2 里院修复思路 谭平平 绘

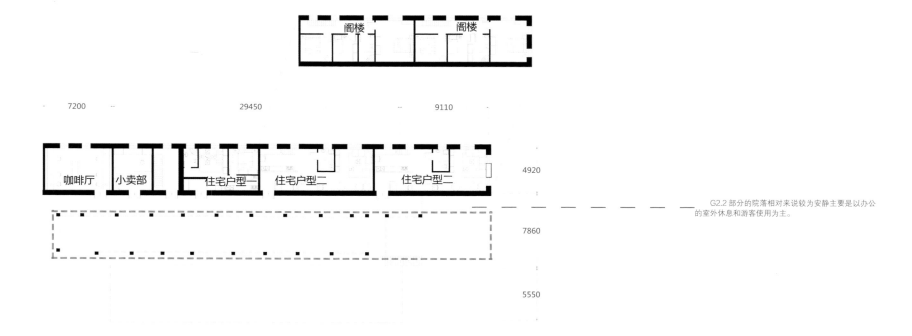

7200　29450　9110

工作室一　工作室二　鞋屋　鲜果店　小吃店

900
1200

4920

—G2.2 与街道连接大门的部分。

7860

5550

图 4.10.44　G2.2.2 一层平面图　谭平平 绘

阁楼　阁楼

7200　29450　9110

咖啡厅　小卖部　住宅户型一　住宅户型二　住宅户型二

4920

———— G2.2 部分的院落相对来说较为安静主要是以办公的室外休息和游客使用为主。

7860

5550

图 4.10.45　G2.2.2 二层平面图　谭平平 绘

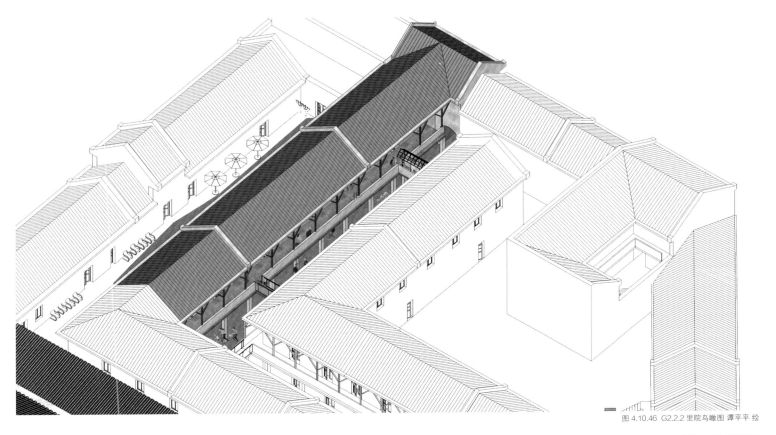

图 4.10.46 G2.2.2 里院鸟瞰图 谭平平 绘

图 4.10.47 G2.2.2 里院透视图 谭平平 绘

图 4.10.48 G2.2.2 入口透视图 谭平平 绘

图 4.10.49 G2.2.2 大门透视图 谭平平 绘

G2.2 部分出口与街道相连接的门，与内院的一层廊道形成了透视，构成了非常好的景观，远处的入口有明亮的光线作为提示，构成了多种层次，最后以一扇老窗作为透视的终结点。

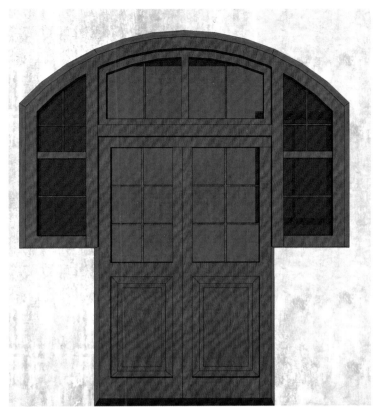

图 4.10.50 G2.2.2 原有门修复图 谭平平 绘

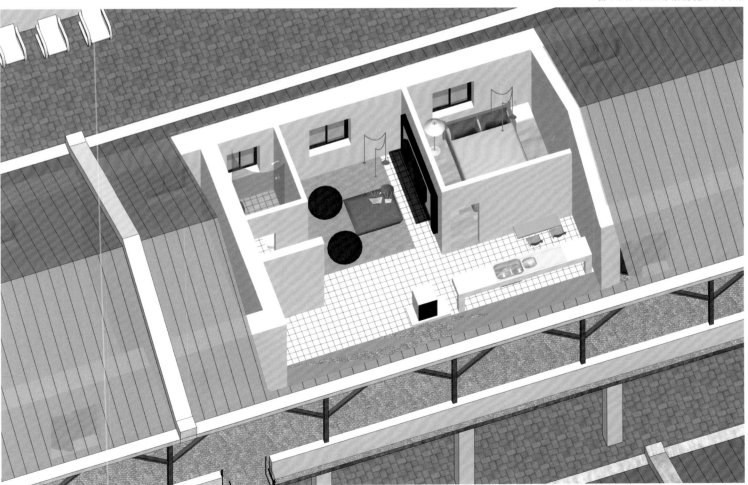

户型一是迷你户型，面积为 38 ㎡，其使用对象为刚毕业的大学生，空间利用率高，最多可供两人居住。

图 4.10.51 G2.2.2 户型一 谭平平 绘

户型二为两层，总面积为100 ㎡，可供一个三口之家居住，户型南北通透。卧室有飘窗，隔层空间有坡屋顶的老虎窗采光。

图 4.10.52 G2.2.2 户型二 谭平平 绘

4.10.3 G2.3 区详细设计

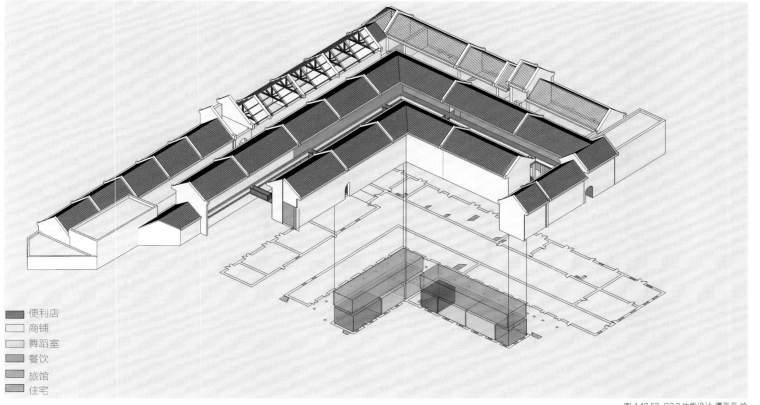

便利店
商铺
舞蹈室
餐饮
旅馆
住宅

图 4.10.53 G2.3 功能设计 谭平平 绘

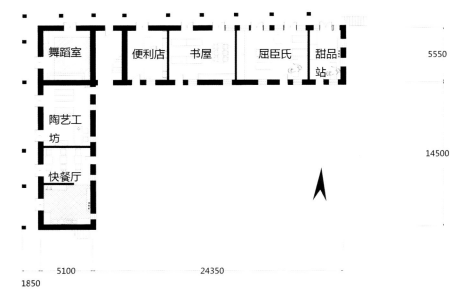

图 4.10.53 G2.3 一层平面图 谭平平 绘

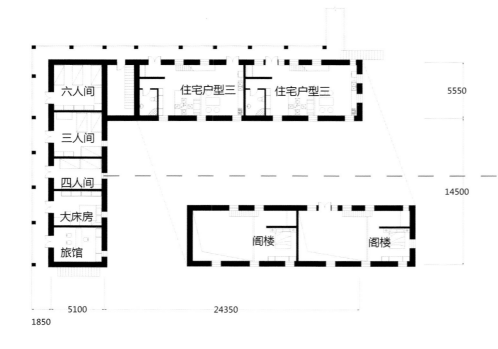

六人间

住宅户型三　住宅户型三

三人间

四人间

大床房

阁楼　阁楼

旅馆

5550

14500

G2.3 二层为青年旅社，设置了四种不同的房间供人们选择，满足不同人群的需求，也给了人们增加深入体验里院空间的机会。

5100

24350

1850

图 4.10.53　G2.3 二层平面图 谭平平 绘

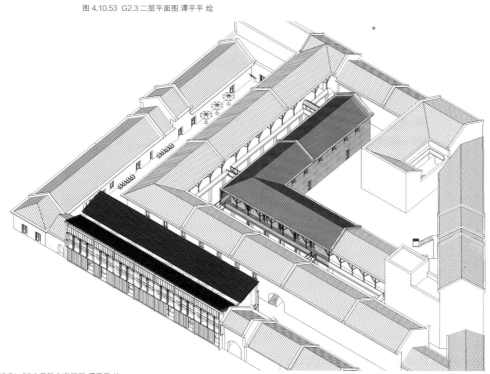

图 4.10.54　G2.3 里院鸟瞰图图 谭平平 绘

户型三的面积约为 70m²，其主要使用对象为两口之家，空间相对比较开放，空间体验性好。

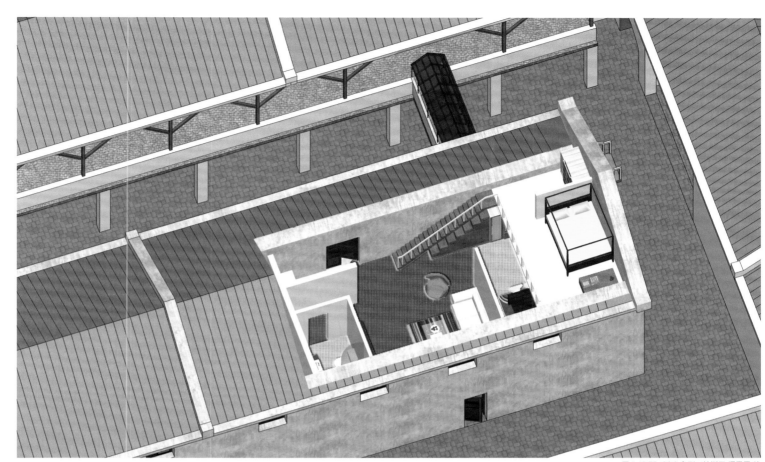

图 4.10.55 G2.3 户型三轴测图 谭平平 绘

图 4.10.57 G2.3 户型三透视图 谭平平 绘

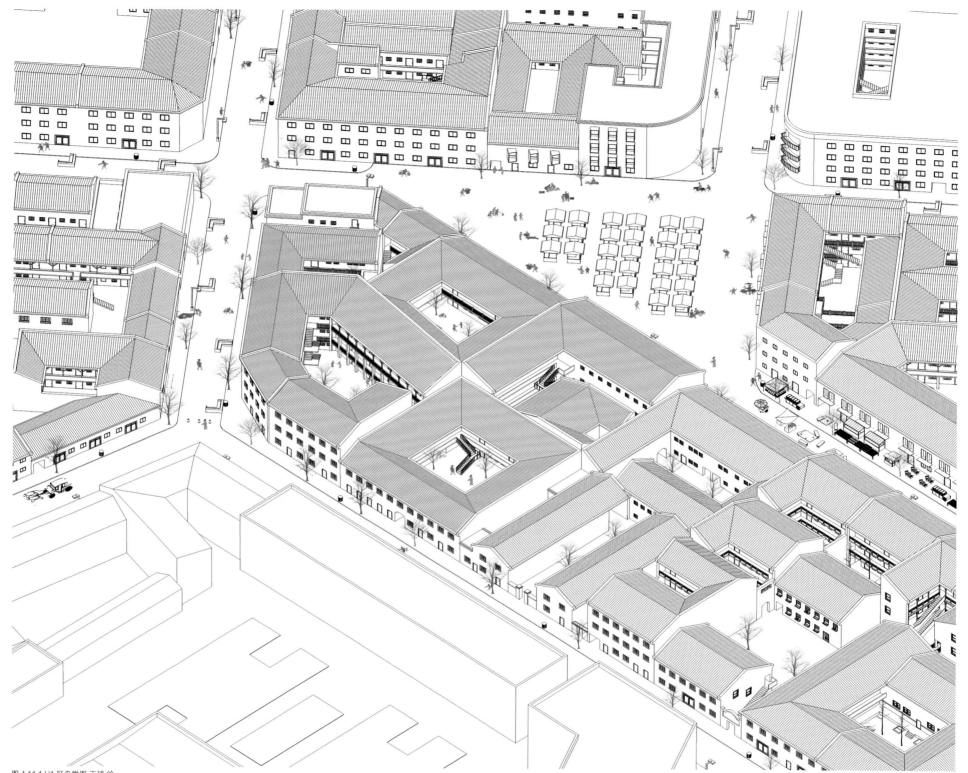

图 4.11.1 H1 区鸟瞰图 王硕 绘

4.11　H1 区

4.11.1　H1 区域鸟瞰图

整体概况

　　H1 区位置位于基地南部，H 区的最西部。北侧为黄岛路，西侧为博山路，南侧为平度路。H 区整体呈平行四边形，指向东南、西北方向，南北边长较长，约为 233m，东西向边较短，约为 53m，倾斜角度约为 35°。建筑密度较大，建筑之间较拥挤。

设计原则

　　总平面设计的基本原则是保留原有的城市肌理，在后期的方案中对 H 区进行里院与里院间的打通，拆除了一部分墙体和违章加建的建筑，对总平面图进行调整，但保持基本空间与建筑形态不变。

对里院中院落保留了原有的空间形态，但进行不同的铺装和功能设置，使院落不只具有采光的作用，而是具有更加多元化功能。室内与室外的关系更加紧密，并且加大绿植的设置。

4.11.2 改造节点

博山路步行街节点

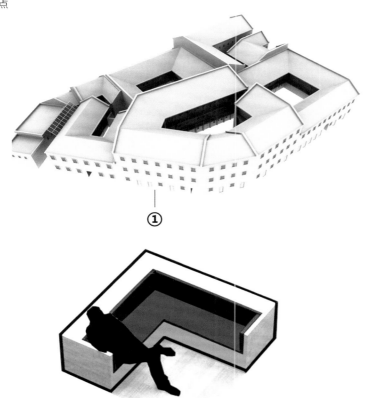

改造前的步行街

图 4.11.2 改造后的步行街 王硕 绘

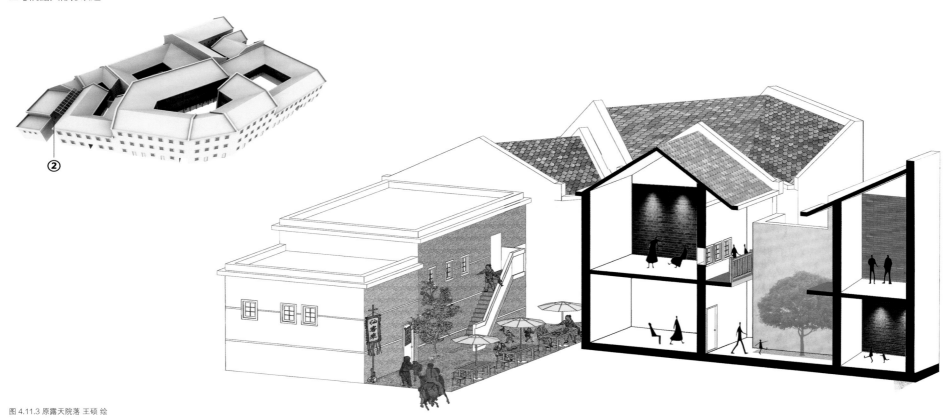

② 图 4.11.3 原露天院落 王硕 绘

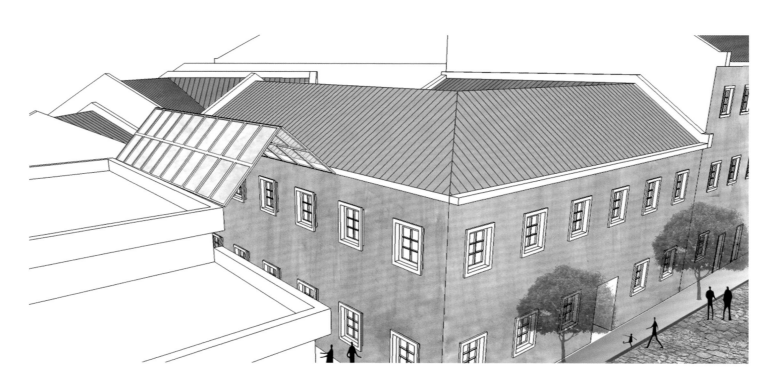

图 4.11.4 加建玻璃屋顶 王硕 绘

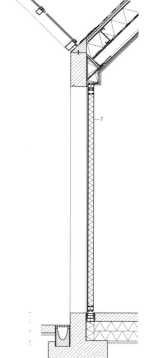

图 4.11.5 玻璃屋顶构造 王硕 绘

黄岛路店铺墙面改造

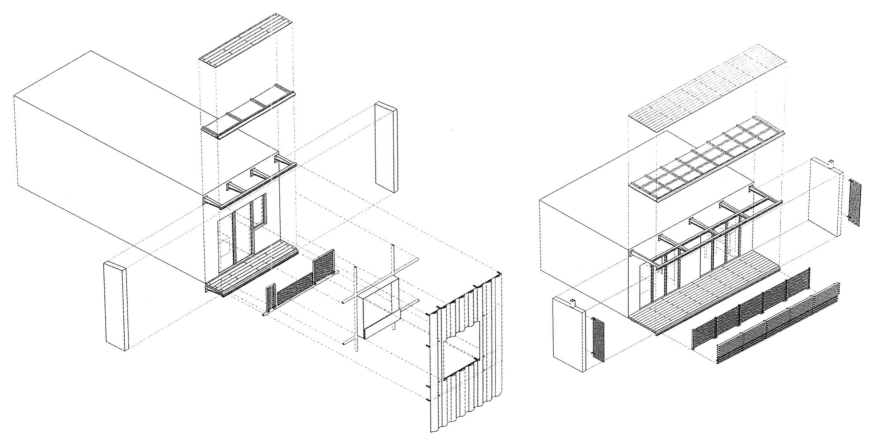

图 4.11.6 墙面的改造 王硕 绘

图 4.11.7 外立面的构造 王硕 绘

图 4.11.8 街道外立面的改造 王硕 绘

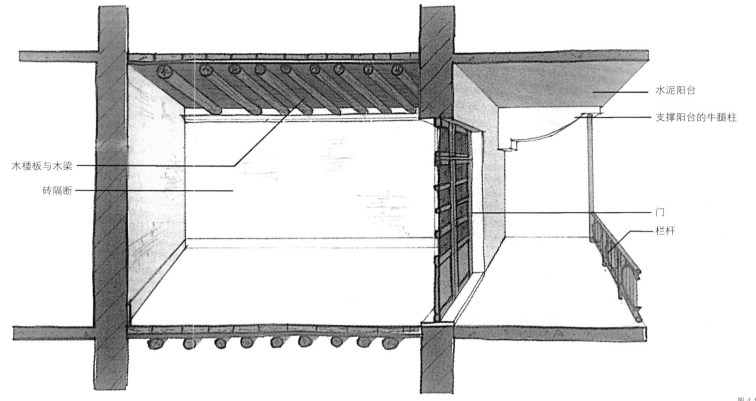

水泥阳台

支撑阳台的牛腿柱

木楼板与木梁

砖隔断

门

栏杆

图 4.11.9 房屋构造 王硕 绘

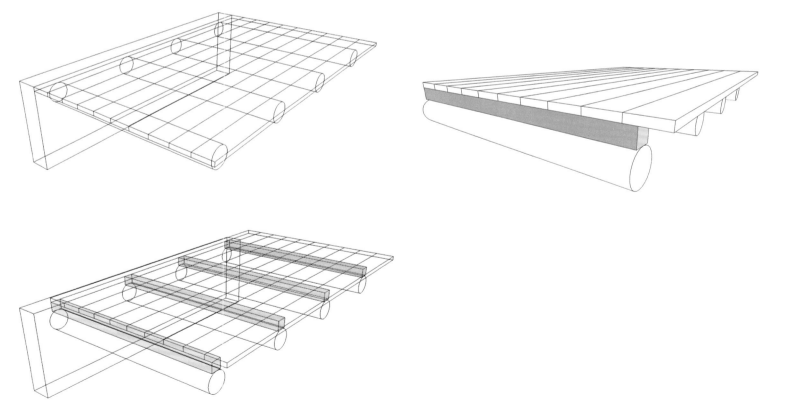

图 4.11.10 楼板修复 王硕 绘

4.11.3 剖面图

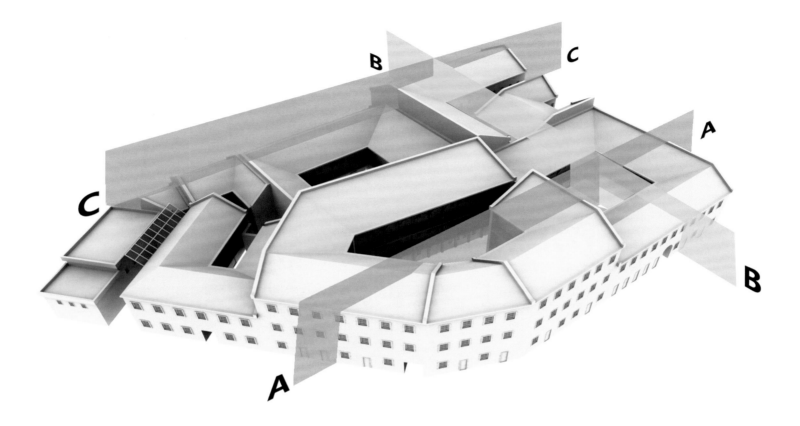

图 4.11.11 A–A 剖面图 王硕 绘

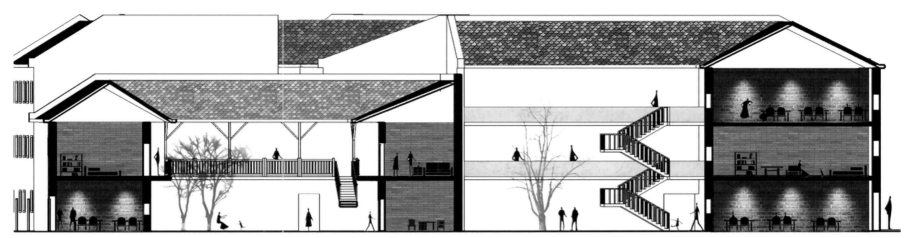

图 4.11.12 B–B 剖面图 王硕 绘

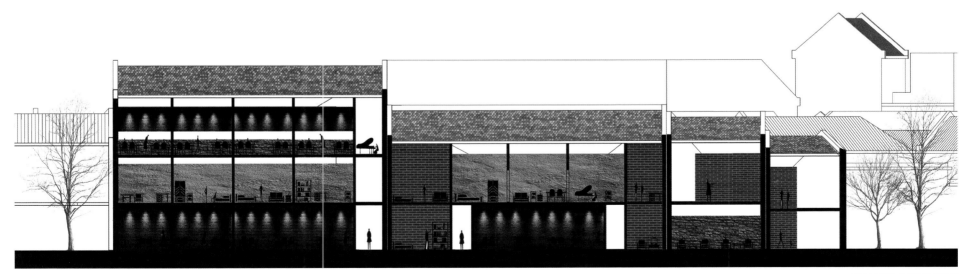

图 4.11.13 C–C 剖面图 王硕 绘

图 4.11.14 平度路立面 王硕 绘

图 4.11.14 黄岛路立面 王硕 绘

411.5 建筑平面图

1 号院平面图

图 4.11.15 1 号院平面图 1:400 王硕 绘

H1 区以居住功能为主，同时辅以商业、餐饮、幼儿活动、艺术展览等多种复合功能，使 H 区功能更加复杂丰富。

一层沿街主要为商铺及公共功能，二层主要以居住功能为主。居住功能由多种户型组成：独立住宅、单身公寓、一室一厅、两室一厅、三室两厅等，还有与艺术展览相结合的供艺术家居住的居住单元。

餐饮以中餐厅和咖啡厅组成，由于面积限制，餐厅为中小型餐厅。

商业只进行主观划分和简单家具摆放，具体商业模式应由业主进行选择，但可以确定的是绝不是由单一商业模式组成的。

在设计中，每个建筑情况各不相同，面对各种矛盾和冲突，需要进行一定的取舍。在 C 区中，设置了从 $30m^2$ 到 $150m^2$ 不等的各种面积和户型的住宅，满足一人居住或多人居住的多种情况。在满足使用功能和空间感受的基础上，尽量更加经济环保。

建筑面积： $637m^2$
建筑密度：   44%
预期居民户数： 14
预期商户数：   3
商户业态：服装店、饮品店、餐饮店

图 4.11.16 新旧院落空间 王硕 绘

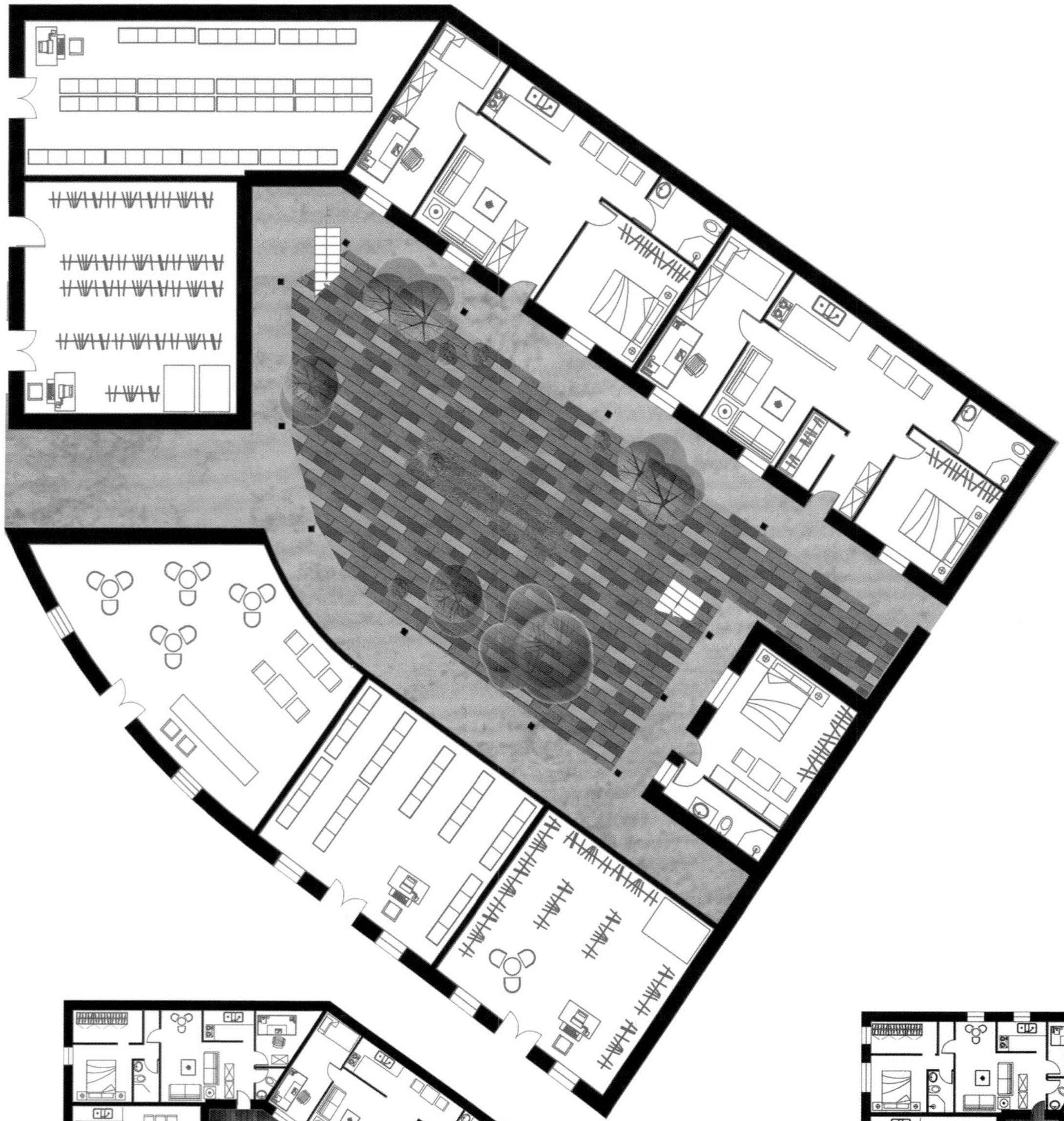

建筑面积：　　　1408m²
建筑密度：　　　63%
预期居民户数：　16
预期商户数：　　5
商户业态：服装店、便利店、餐饮店

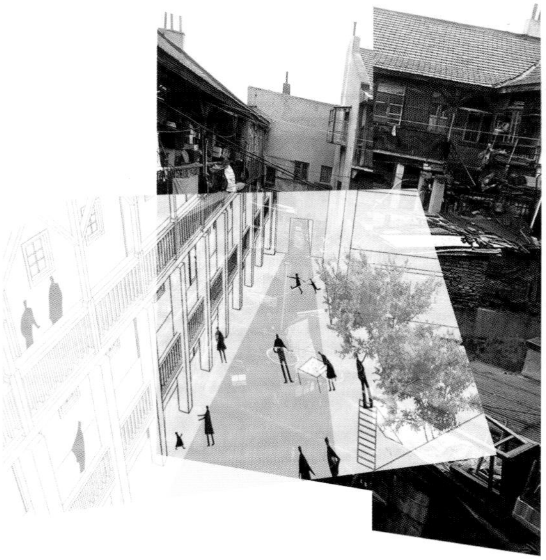

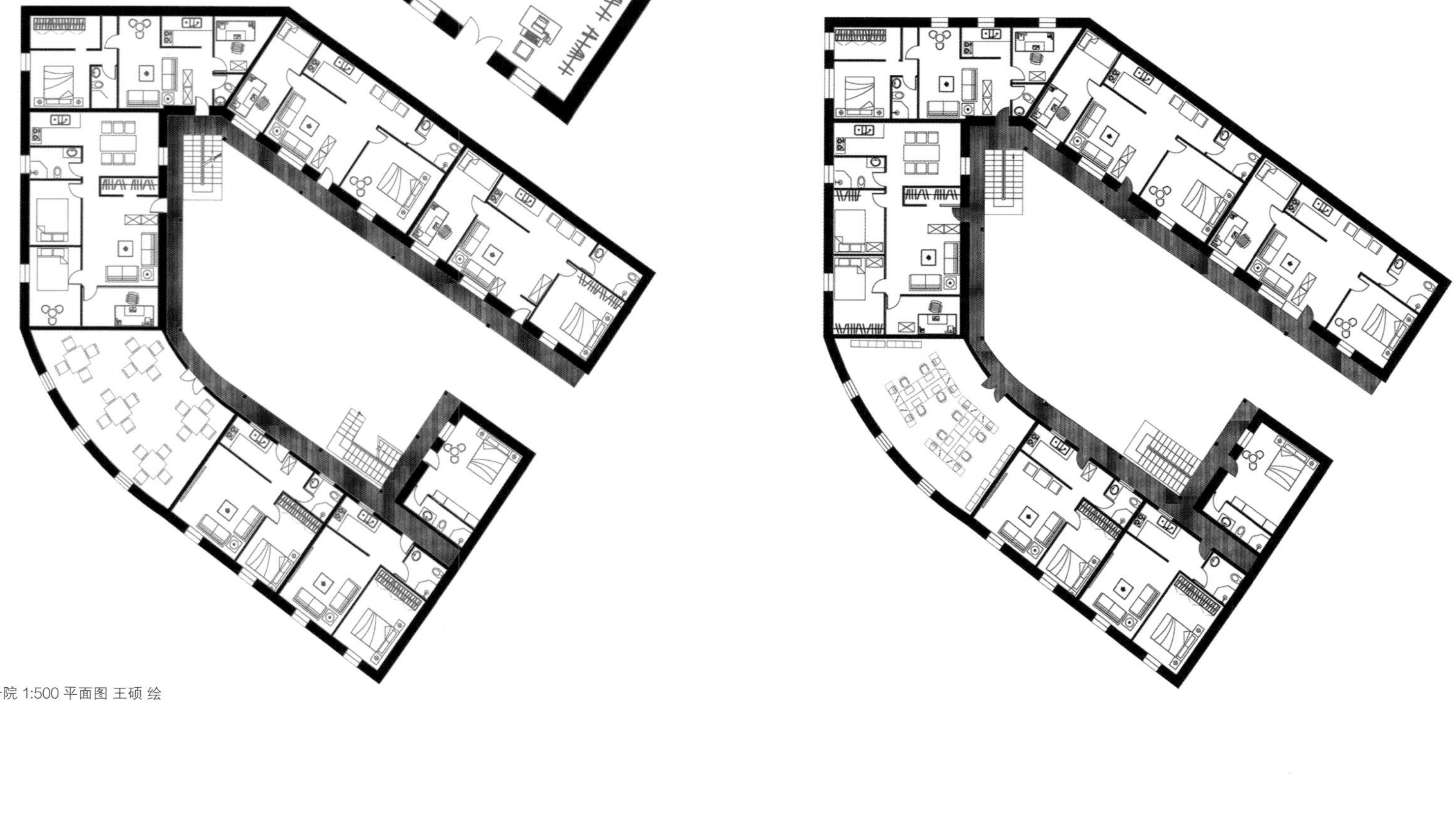

图 4.11.17　2 号院 1:500 平面图　王硕 绘

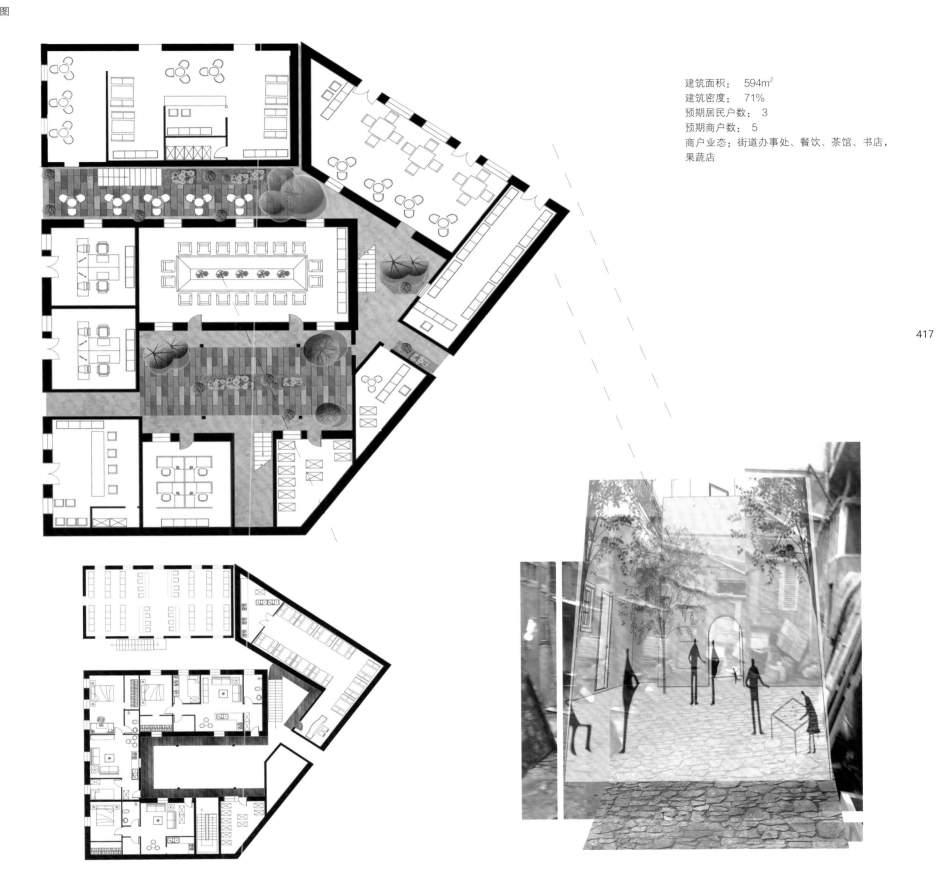

建筑面积：　594m²
建筑密度：　71%
预期居民户数：　3
预期商户数：　5
商户业态：街道办事处、餐饮、茶馆、书店、
果蔬店

图 4.11.18 3 号院 1:400 平面图 王硕 绘

图 4.11.19 3 号院院落空间 王硕 绘

4 号院平面图

418

建筑面积： 612m²
建筑密度： 68%
预期居民户数： 9
预期商户数： 3
商户业态：服装店、餐饮店

图 4.11.20 4 号院 1:400 平面图 王硕 绘

5 号院平面图

建筑面积： 1657m^2
建筑密度： 63%
预期居民户数： 14
预期商户数： 12
商户业态：服装店、书店、餐饮店、餐饮店、格子铺、
青年旅舍

图 4.11.21 5 号院 1:500 平面图 王硕 绘

4.11.6 室内简设

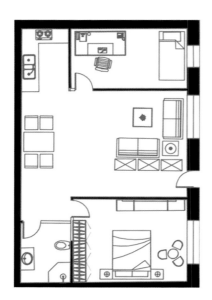

面积：61.6m²
两室两厅一厨一卫
适用于 2~3 人居住

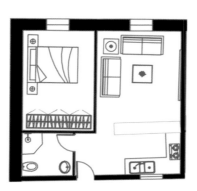

面积：36m²
一室一厅一厨一卫
适合单人居住

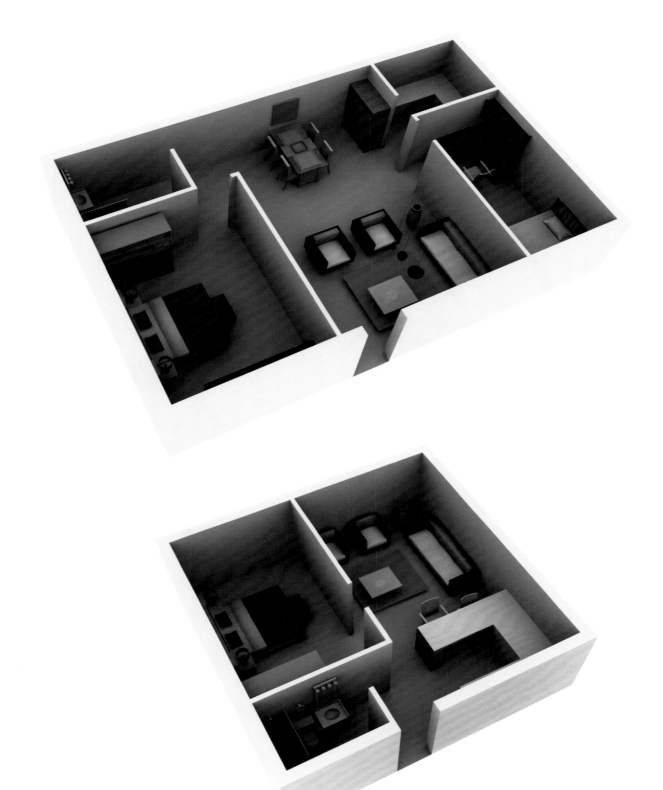

图 4.11.22 室内设计 王硕 绘

户型设计

历史街区建筑与新建建筑有很大的不同，限制条件更多也更复杂，但人们对居住条件的要求是基本一致的：要有良好的舒适度和尺度，考虑建筑面积与居住人数的关系；尽量不要出现单纯的交通空间；要给卧室、起居室创造更好的朝向；考虑居住环境中的私密程度和流线关系问题等。

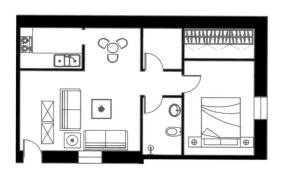

面积：45m²
一室一厅一厨一卫
适合单人居住

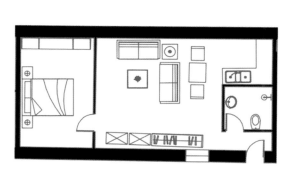

面积：46m²
一室一厅一厨一卫
适合单人居住

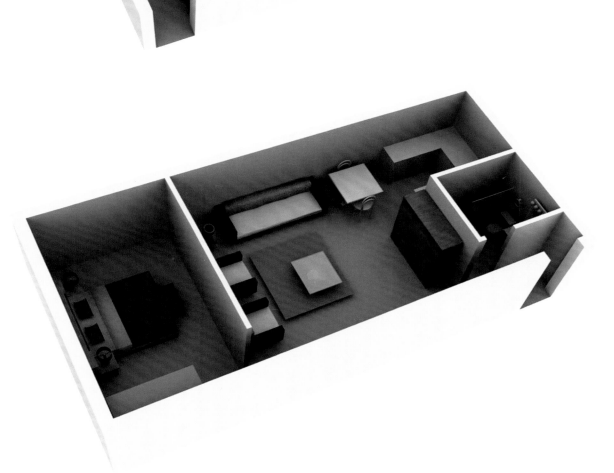

图 4.11.23 室内设计 王硕 绘

422

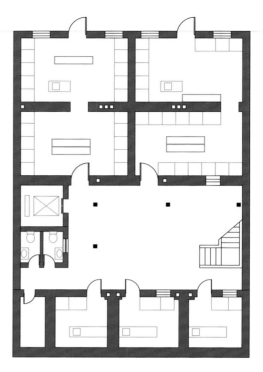

上

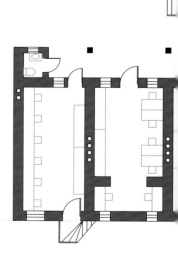

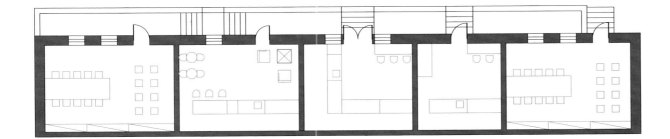

图 4.12.1 地下层平面图 1:200 胡博 绘

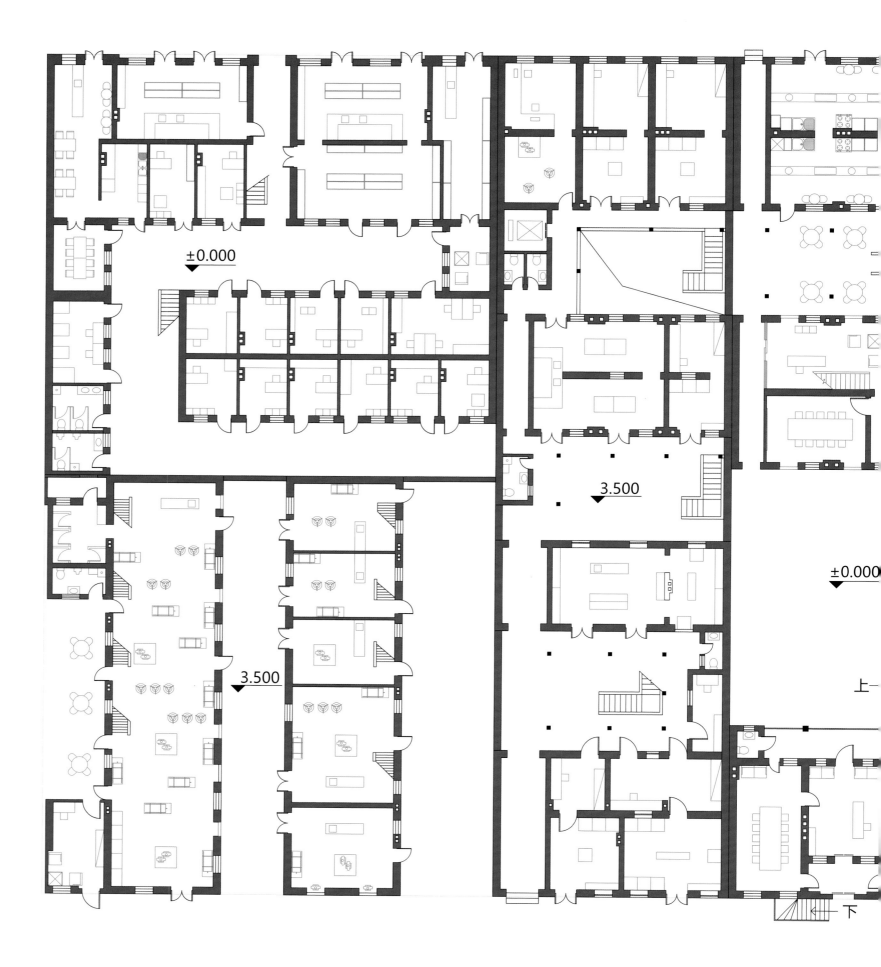

424

±0.000

3.500

3.500

±0.000

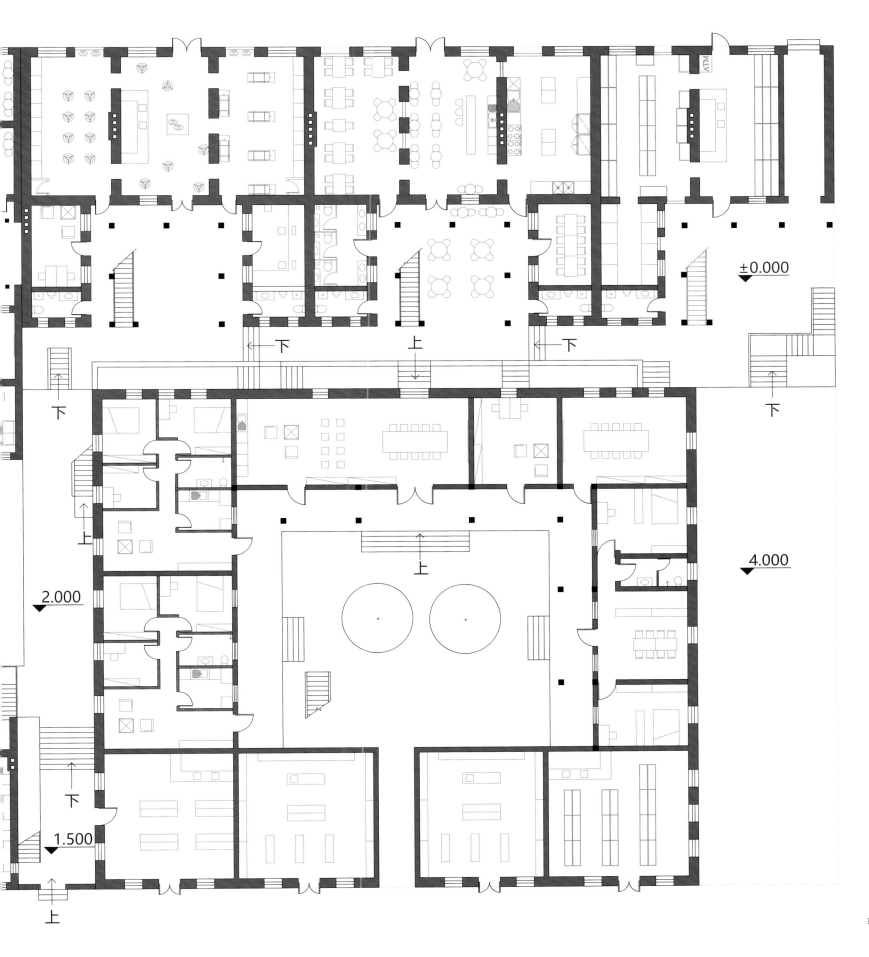

ATM

±0.000

425

2.000

4.000

1.500

下

上

下

下

下

上

上

下

上

图 4.12.2 一层平面图 1:200 胡博 绘

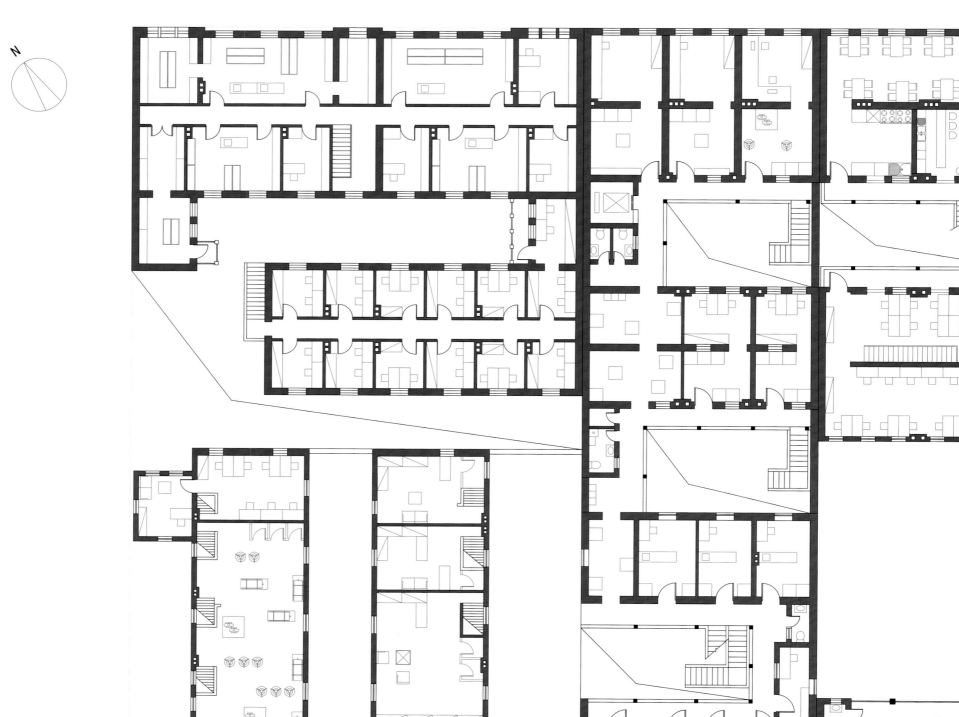

图 4.12.3 二层平面图 1:200 胡博 绘

428

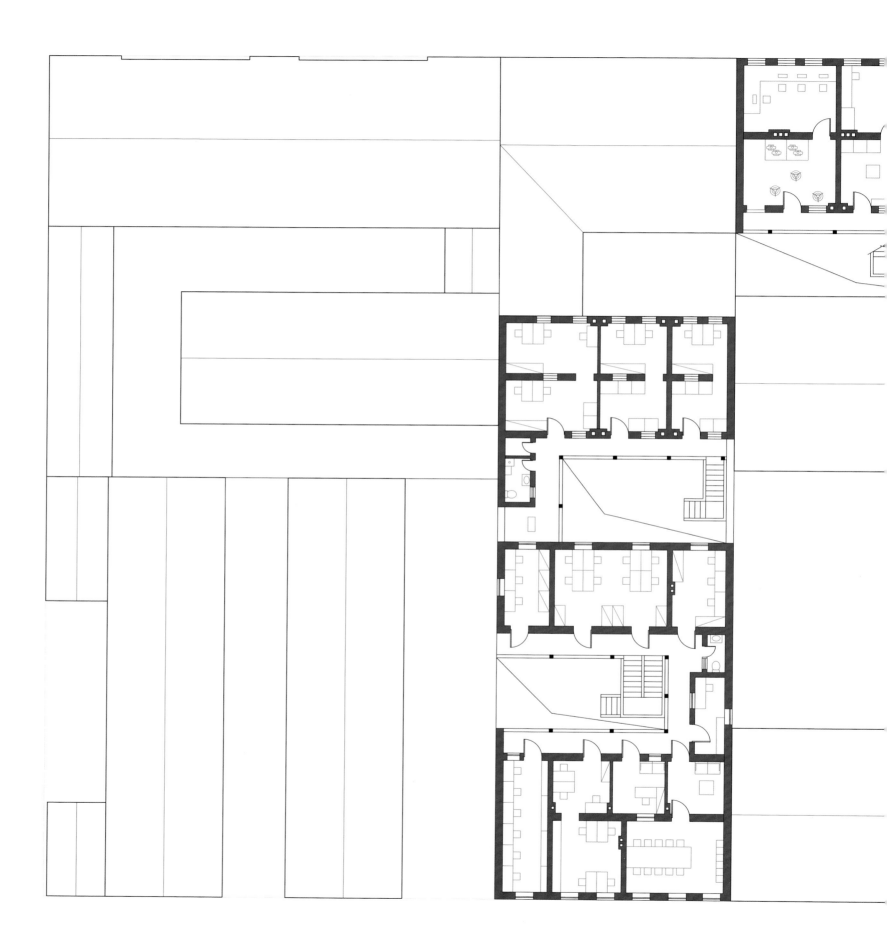

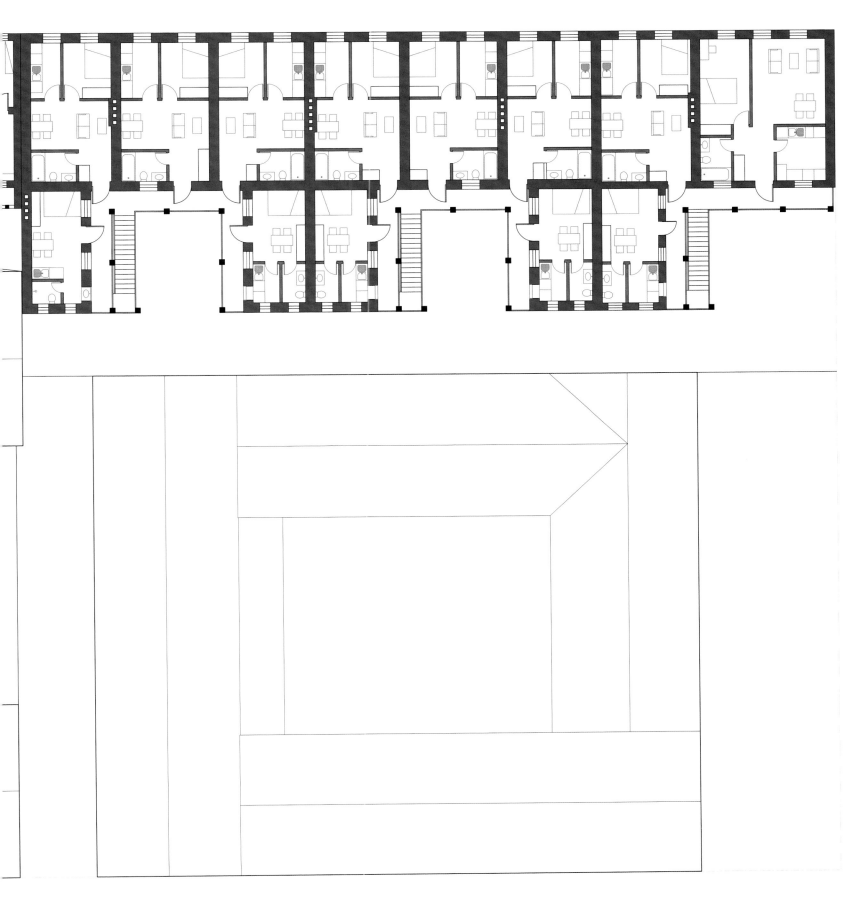

429

图 4.12.4 三层平面图 1:200 胡博 绘

4.12.2　设计说明

　　H2 地块总占地面积 4659m^2，北侧为黄岛路，南侧为平度路，建筑普遍为 2~3 层。在整理空间后得到较多完整的院落空间，因为地形原因院落之间的高差较大。在设计开始阶段将 H2 地块分为八个小地块进行分别设计。整个 H2 地块的设计原则是对原有建筑进行保护性改造使其尽可能地适应新的业态和功能；对于院落进行不完全格式化的整理，拆除乱搭乱建，然后根据各自特点分别设计对内和对外的不同形式的公共活动场所。

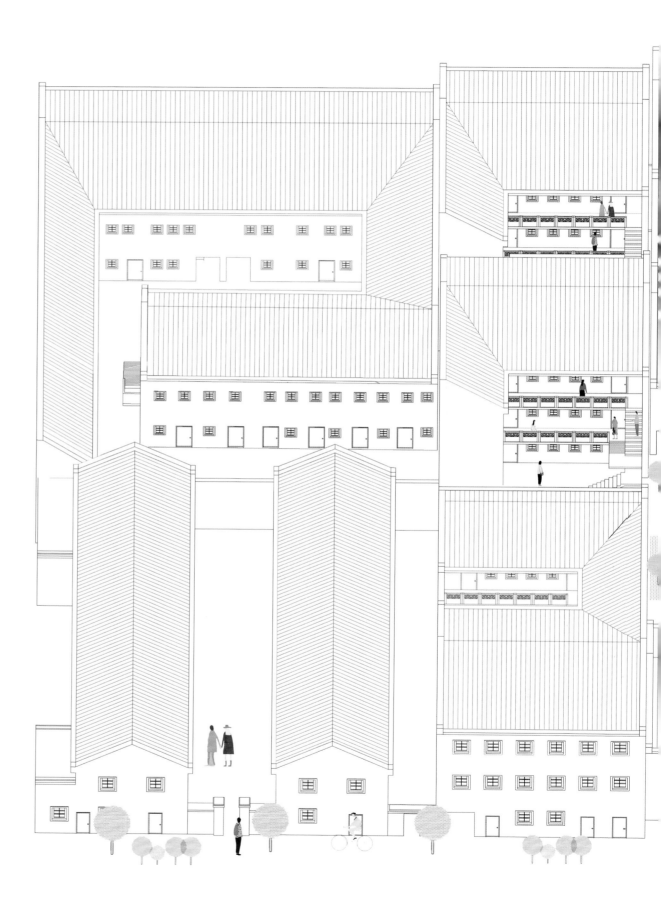

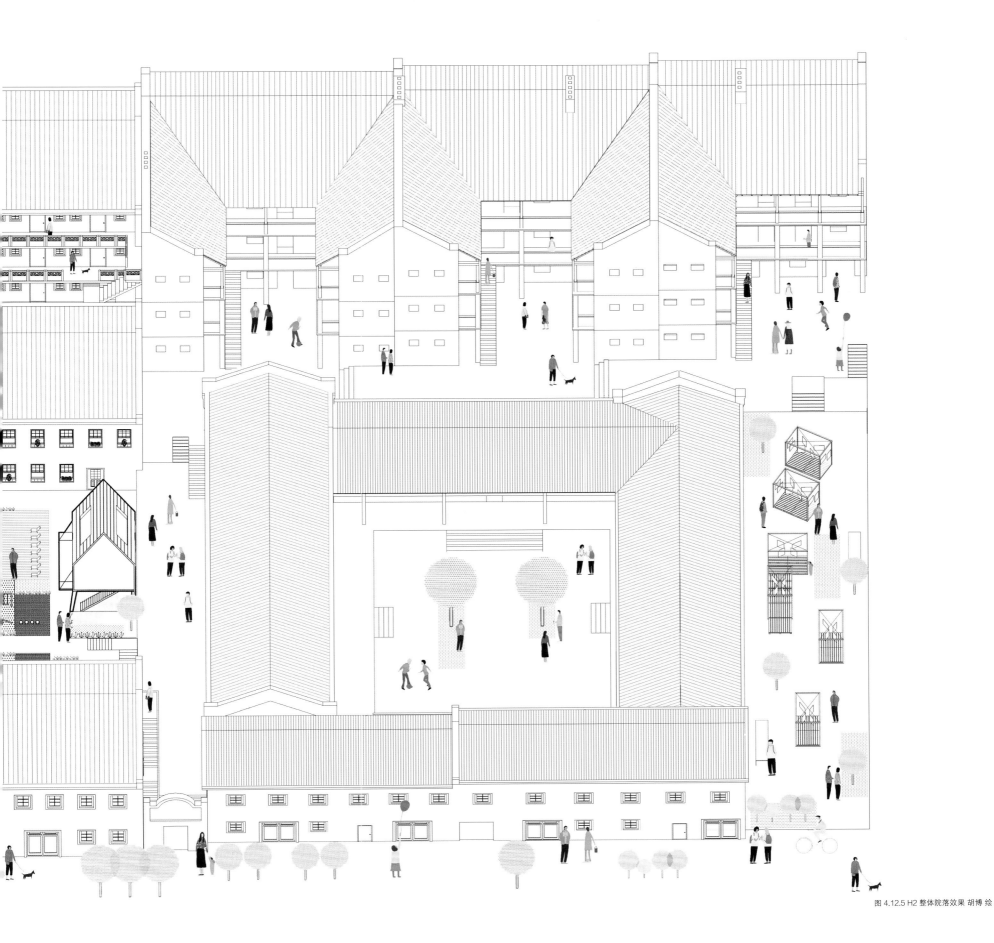

图 4.12.5 H2 整体院落效果 胡博 绘

4.12.3 H2a 地块

　　该地块在前期的城市设计中定义为拆除地块，在城市设计中这里作为一个贯穿平度路和黄岛路的走廊。作为走廊的功能以及作为老城区的特点，将装置性建筑在该地块进行嵌入式的改造，并赋予展览和通道的功能。

四合一床头五金件

80 目不锈钢网

60mm×40mm、60mm×60mm 落叶松木龙骨

1200mm×1000mm 木托盘

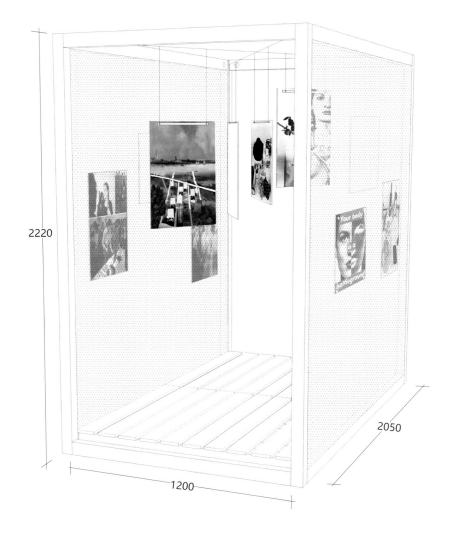

图 4.12.6 装置剖解图 胡博 绘

图 4.12.7 整体效果图 胡博 绘

4.12.4　H2b 地块

　　该地块的主要建筑是围绕一个院子展开的，院子中间的两颗水杉为整个院子行为活动限定了一个空间。对于该地块的改造思路：对原有砖木结构建筑进行修复和维护，并对院子进行整理和更新，充分发挥院落的原有空间属性。

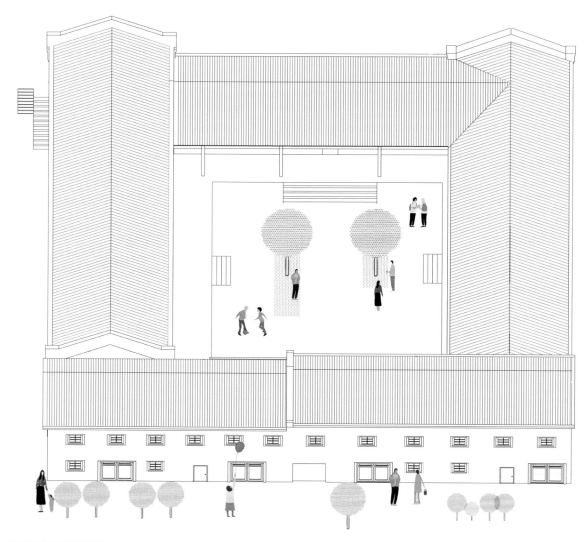

图 4.12.8 整体效果图 胡博 绘

修缮安装照明系统，并增加照明数量

对原有墙面进行线路整理，将电表等设备移入室内；对墙皮彻底清理，并进行重新粉刷。

将砖木结构墙体的外墙抹灰清楚，显现原有砖墙立面，经行修复鉴定后，露出表皮

更换门窗，修缮因多次更换门窗对墙体的破坏

拆除院内搭建，增加更多公共活动场地

平整地面青石板，对于破算严重的经行更换，保存较好的修复后继续使用

图 4.12.9 修复前门洞 胡博 绘

436

图 4.12.10 修复后门洞 胡博 绘

4.12.5　H2c 地块

　　该地块的原有搭建拆除后，为保持原有的里院形态，在该地块进行了新建，旨在营造一个现代、时尚、新建筑材料的里院微建筑，从而达到与里院外围老建筑形成一个感官的反差，一个外旧里新的院落。这个院子功能可以承担庆典活动，也可以作为社区人们娱乐、互动场所。

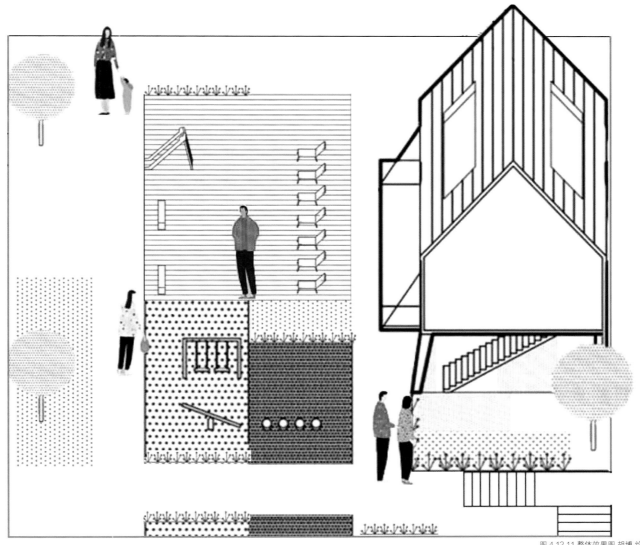

图 4.12.11 整体效果图 胡博 绘

4.12.6　H2d 地块

　　该地块的建筑形成三个连续院落，但是院落间的二层以上流线被阻隔，在该地块先加建了一个电梯，并且在二层的里院接触位置进行适当的打通，打通后原有房间变为交通的走廊，由于面积相对走廊来说较大，因此又将该走廊赋予展览的属性。展览主题为"里院"。

438

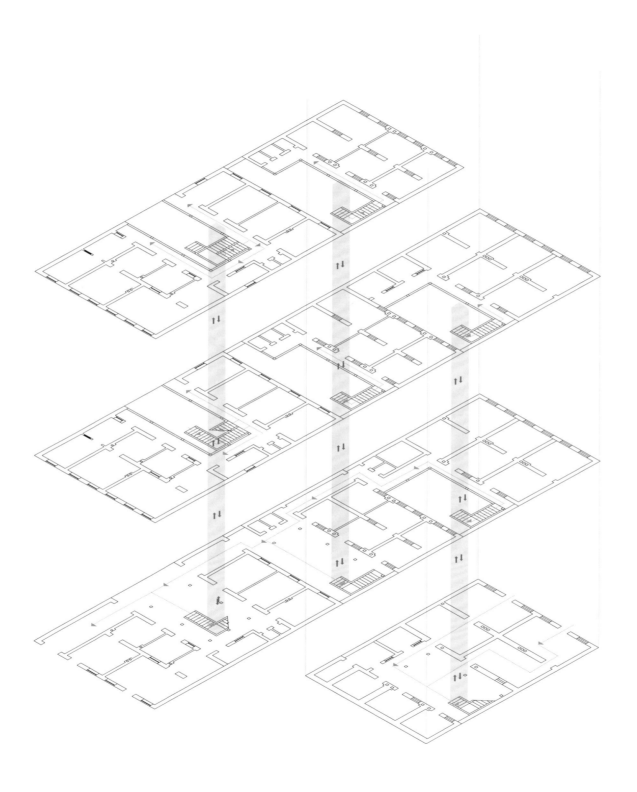

图 4.12.12 改造前流线图 胡博 绘

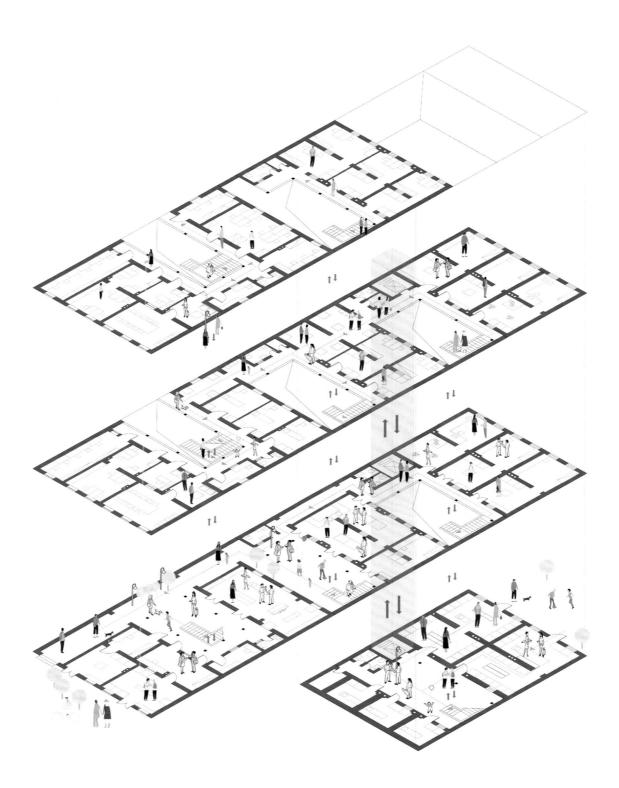

图 4.12.12 改造后流线图 胡博 绘

4.12.7　H2f 地块

为适应该地块的住宅要求，需对屋顶改造。

水泥地≈混凝土楼板

排水管位置 = 内檐沟排水

屋檐木结构 = 木结构屋架

档案馆测绘墙厚 600= 中空双层砖墙结构

图 4.12.13 结构推断图 胡博 绘

1 为屋顶构造
　　420mm×330mm×22.5mm 屋面瓦
　　40mm×60mm 板条
　　聚乙烯膜
　　夹在 100mm×315mm 椽之间的 280mm 矿棉保温层
　　聚乙烯隔汽层
　　25mm 刨花板
　　2×12.5mm 石膏板
2 为铰链式屋顶窗
　　铝框双层玻璃窗
3 为 25mm 镀锌钢格栅
　　20mm 网，内檐沟
4 为屋顶层楼板构造
　　25mm 烟熏橡木拼花地板条
　　55mm 砂浆层
　　聚乙烯膜
　　40mm 撞击声隔声层
　　聚乙烯膜
　　180mm 钢筋混凝土楼板
5 为墙体构造
　　20mm 外墙抹灰
　　240mm 砖墙
　　80mm 保温层

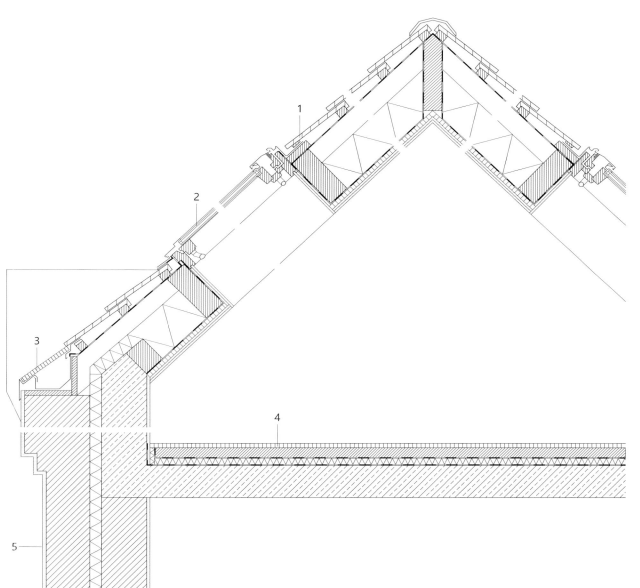

图 4.12.14 屋顶改造大样图 1:20 胡博 绘

4.13 H3 区
4.13.1 方案各层平面设计及分析

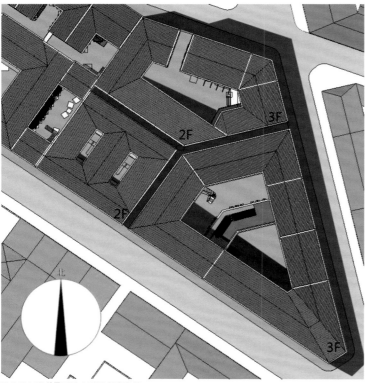

图 4.13.1 H3 总平面图 1:1000 周宫庆 绘

对于 H3 在内的里院建筑，虽然处于整个基地的南部，整体方案中基地南部以商业为主，但由于 H3 位置的独特性及优势性决定了其一层商业及餐饮为主，二层及以上居住办公为主的功能布置。原因在于：

H3 里院可以根据平面形式再细化分为三个部分，这三个里院相对于周围其他里院空间形式保存完整，后期加建没有破坏和阻隔院中过多的交通联系，居住者仍以老龄及本地住户为主，因此里院的原风原貌被很好地承载与保留。

H3 里面的三个里院都拥有各自完整的闭合院落空间，这样使得院内与院外，楼上与楼下都有了不同意义上的交流与联系，因此可以根据功能相应地改造里院内部院落或安静或喧嚣热闹的氛围。

H3 所处位置位于整个基地最南部，位于芝罘路和平度路的交界处，是诸多本地居民及游客进入整体基地环境的入口之一，但原貌里院高层完全以居住为主，为了呼应入口应该拥有的热闹环境，一层多为商业和餐饮。

基于这样的功能布局与考虑，综合之前调研部分对于整体里院墙体和功能的评估划分，得出了在标示拆建平面上结合功能，合理划分平面布局及空间的构思及设想。对于商业和餐饮部分，因其多在一层，为保证其正确的面向性，多朝向里院外街道布置；对于居住部分，是高一级住宅的设计，故对部分墙体打通联系，增加住宅面积，并合理布置其住宅功能。以下平面设计部分将展示 H3 各层平面设计图，并对布置商业、餐饮、居住、办公、交通空间的划分处理进行细节展示和分析。

方案设计中对设计部分不合理的地方进行了修改，具体修改部分在后面平面设计描述中进行详述。

功能细化设计

H3 区以居住及商业功能为主，同时辅以餐饮、社区活动办公的功能，H3 区功能相对 H 区其他部分较为灵活丰富。

通过上文叙述已知其各层功能的具体划分及联系，并对其功能的进一步细化做出了合理的猜想及解释，现将功能通过立体透视形式标注，对其功能间纵向的联系沟通，以及 H3 整体三个里院部分的功能联系进行分析。

通过功能进一步细化划分，可以看出：

H3-01 和 H3-02 部分餐饮功能区联系较近，两者可以通过里院间门洞沟通联系，餐饮经营上可以构思为一体的模式，一家经营餐饮的商家根据区域布置其餐位及厨房位置，使就餐者前来就餐的过程变为餐馆穿行里院的过程，可以达到一举两得的收益。

对于二层及以上的餐饮，商业功能由于与一层间纵向联系过小，无法考虑里院房间内增加楼梯等交通构件的方式，因此其二层的这些功能对交通通道的依赖及需求需优先考虑，并且 H3-01 区域楼梯部分联系从首层到三层，部分仅联系一层和二层，对三层到二层，三层到一层的联系构成阻碍，部分楼梯间距离也难以满足防火疏散要求，故考虑对部分楼梯仅联系一到二层的进行替换改为联系一到三层的形式，方式以平行双跑楼梯较为适宜。

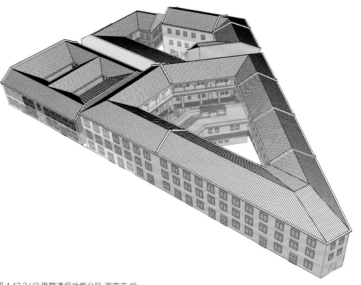

图 4.13.2 H3 里院透视功能分区 周宫庆 绘

商业

餐饮

居住

办公

服务

海鲜类商业
休闲类商业
餐饮
零售
高一级住宅
低一级住宅
办公
服务类

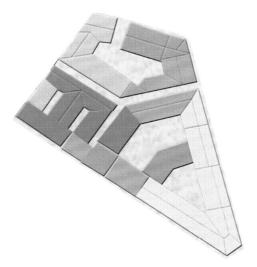

图 4.13.3 一层平面功能分区 周宫庆 绘

　　原有一层平面功能分区以商业及餐饮为主，由于面向各街道（平度路、芝罘路、黄岛路）人流较多。H3-01 部分商业与餐饮更能兼容，中间 L 形区域作为服务于周边商业的空间运作；H3-02 部分以海鲜市场和餐饮为主，餐饮与海鲜市场相互沟通联系；H3-03 由于面向南侧学校，且环境相对于其他部分较为安静，因而设置为低一级住宅以及与其相配合的餐饮空间。三部分分区较为重要的是解决餐饮区域中厨房和就餐区的位置及布置问题，商业区域与服务类的联系使用问题，及住宅内各个功能的分配问题。

图 4.13.4 二层平面功能分区 周宫庆 绘

　　二层功能中，H3-01 以居住为主，仍相应配给了部分商业功能，H3-02 以餐饮为主，南侧为商业，可以布置为符合其周边生活所需的超市形式，H3-03 二层以办公为主，因为相对安静的环境，可以将其布置为社区办公及活动中心的形式。较为重要的是处理住宅功能布置及商业部分内部平面的布置，已经办公部分使用流线的合理性问题。

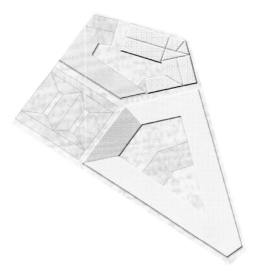

图 4.13.5 三层平面功能分区 周宫庆 绘

　　三层功能为如何处理住宅内功能布置问题，根据其独特的户型及房间走向将功能进行合理规划，并相应对其布置丰富住户生活的交流区域和活动空间。根据前期功能内容的确定和推敲，工作的主要方法是：将其合理的分化到现有平面图中，对其现有房间布置难以满足或无法满足的部分进行打通联系，使本区里院功能活化并得以发挥。

444

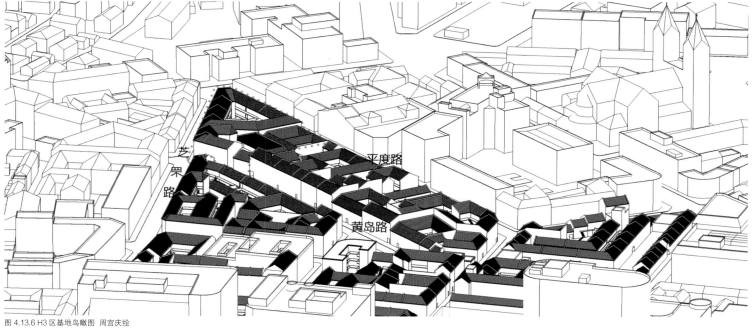

图 4.13.6 H3 区基地鸟瞰图 周宫庆绘

　　H3 区域划分为三个里院，由于三个里院之间各自所处方位、地形地势、残损程度和交通联系的不同，方案中所对应的其功能和平面布置、立面形式及残损程度修复各不相同，以下将功能规划布置到各层平面图细化分析，到平面中居住户型的形式及分析，再到立面修复和剖面的逻辑顺序进行描述。

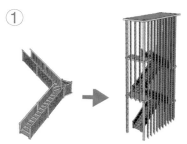

① 所处方位：H3-01

原有楼梯踏步残损严重，且仅联系一层和二层部分，三层部分交通联系则需要通过其他部分梯段，故对此梯段重新设计替换，由原折行双跑楼梯更改为平行双跑楼梯，由原楼梯联系一到二层改为联系一到三层。

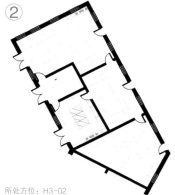

② 所处方位：H3-02
使用功能：商业和餐饮
建筑面积：227m²

此部分由于面向黄岛路市场，因此面向黄岛路相应的海鲜市场和餐饮是最佳选择，考虑到 H3-02 内部开敞式院落可以作为露天餐饮部分吸引外来游客，与之呼应的也仍需要部分室内餐饮空间，故根据原有房间面积，合理划分餐饮区和厨房区域，且海鲜市场和饭店内部也通过门来联系，使得新鲜海鲜可以迅速送入厨房，室内餐饮区为了能容纳更多食客前来尽量多排布餐桌及座椅。

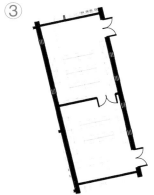

③ 所处方位：H3-03
使用功能：商业
建筑面积：92.7m²

作为商业区域且面向芝罘路，必要的需要一部分便利超市功能，在尽量保留原有完整房间基层上，呈现货架式的布置商品，并且由于其所在里院一层的位置因素，开门完全朝向里院外侧街道。

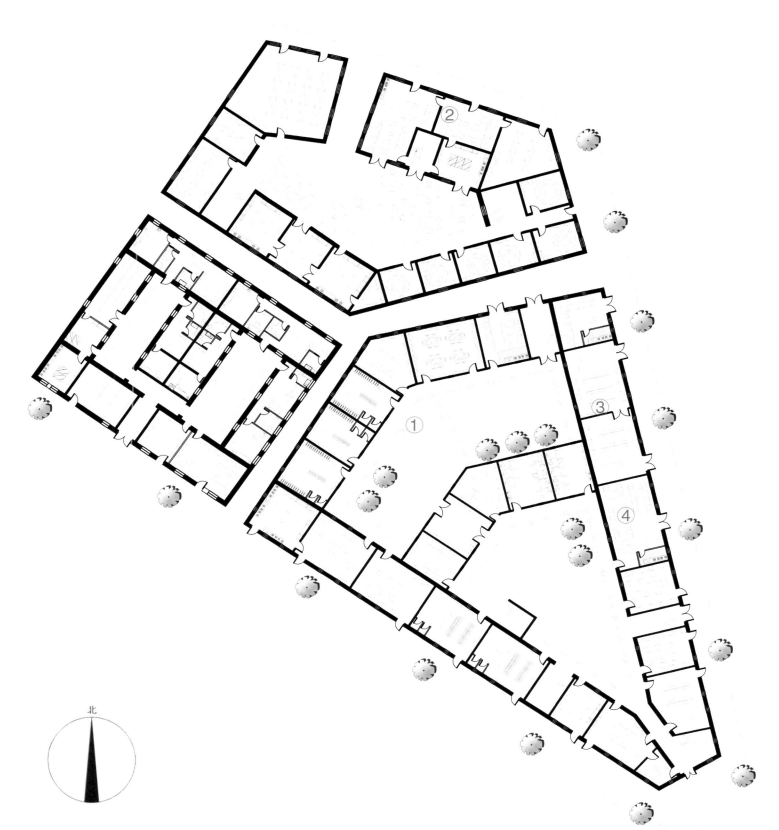

445

北

图 4.13.7 H3 一层平面设计图 1:400 周宫庆 绘

户型 1
所处方位：H3-03
建筑面积：104.5m²
功能定位：低一级住宅
　　由于 H3-03 独特位置，面向其南侧部分为办公单位和学校，作为学生及年轻人工作租住公寓较为适合，整体房间东西走向、南北开窗，且北面开窗较多，故在无法满足住宅主要功能南侧开窗情况下，将大面积开窗优先布置给它们，厕所采光忽略，故呈现如此布置，是各个功能区域互相联系合理，且互不干扰。

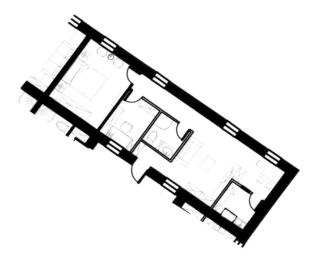

图 4.13.9 一层平面户型 1 周宫庆 绘

446

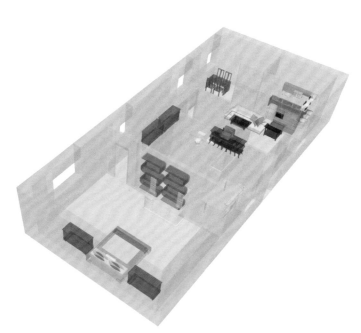

图 4.13.8 一层平面户型 1 透视效果 周宫庆 绘

户型 2
所处方位：H3-03
建筑面积：67.5m²
功能定位：低一级住宅
　　作为同样低一级住宅，原有房间面积平均为30m²，一间难以满足居住者的需要，故将两间打通，增强联系，对于南北走向、东西开窗的形式，将厕所及厨房布置在未开窗部分，优先保证客厅及主卧及玄关的大面积采光，使户型内部链接合理，各功能联系又互不干扰。

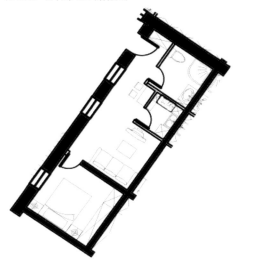

图 4.13.10 一层平面户型 2 周宫庆 绘

户型 3
所处方位：H3-03
建筑面积：73.5m²
功能定位：低一级住宅
　　与其他户型一样位于 H3-03 的一层，作为院落东南侧，东西向均有开窗，且原有里院内院落空间狭小，故西晒对房间影响较小，故户型布置与户型 2 较为相近，在布置上，两者为同样可以考虑的形式之一，供使用者们参考、实施。

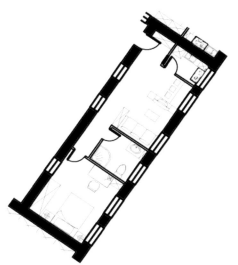

图 4.13.11 一层平面户型 3 周宫庆 绘

①

所处方位：H3-02
使用功能：餐饮
建筑面积：73.6m²
　　功能定位为二层的餐饮部分，由于此部分所处位置较佳，从楼上便可看到黄岛路市场的繁荣景象，因此根据面积划分为公共就餐区域和包间区域，这样方案中布置的二层厨房可以方便地向这里运送菜品，且送餐者流线和食客前来流线两者做到了最小的重叠，避免了过分交叉和阻碍，使其功能合理，靠北侧部分的公共就餐区虽然平面呈不规则的四边形，但出于尽量多布置餐位的原则，对其内部餐位沿东侧墙面平行布置，这样使其餐位更多。

②

所处方位：H3-01
使用功能：办公
建筑面积：64.6m²
　　作为办公功能，作为附近商业管理登记的地方，合理布置其办公室的办公桌及接待处的位置，通过临近楼梯与三层及一层进行联系，使此办公空间的使用具有很高的协调性和灵活性，便于使用者根据所需进行使用和调整。

③

所处方位：H3-03
使用功能：办公
建筑面积：24m²
　　此区域里院内部院落空间狭小，仅二层的层高设计，即使在楼上与里院外的联系也较为密切，因此规划为办公的功能需要可以作为附近的街道办事处或者社区中心使用，对其中代表性的房间进行规划设想，虽然房间面积较小，但足以满足作为办公室会议室之类的需要，且这些功能对采光的要求相对较小。

447

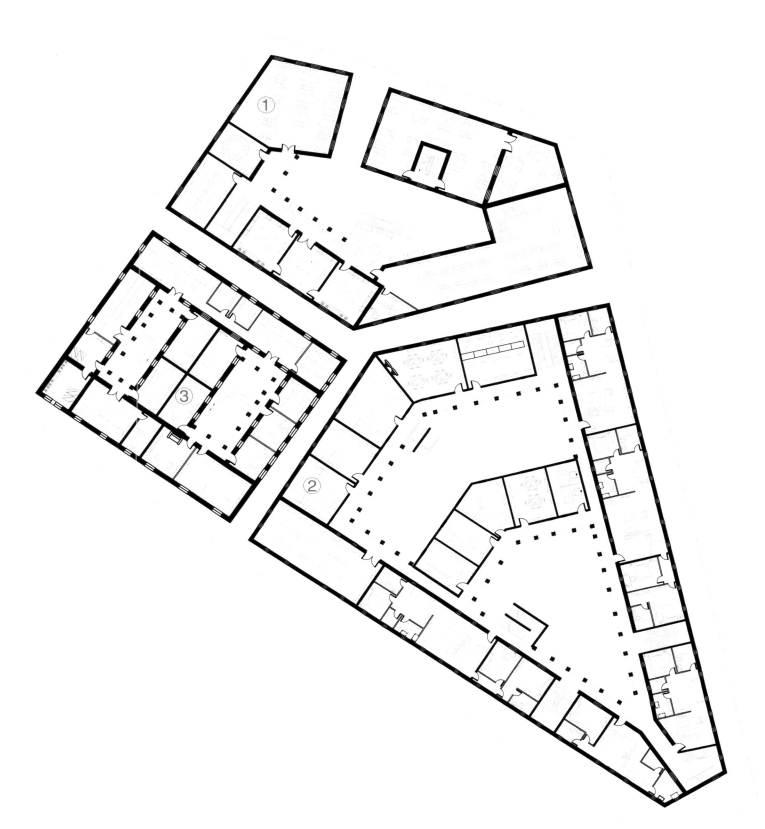

图 4.13.12 H3 二层平面设计图 1:400 周宫庆 绘

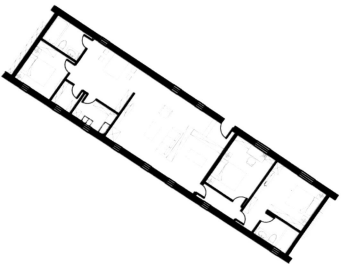

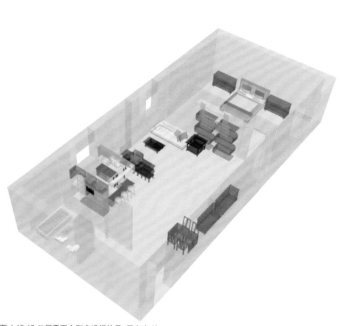

图 4.13.13 二层平面户型 3 透视效果 周宫庆 绘

图 4.13.14 二层平面户型 1 周宫庆 绘

户型 1
所处方位：H3-01
建筑面积：134.6m²
功能定位：高一级住宅
　　相对于一层 H3-03 中低一级的住宅规划，这里的高级住宅应当在各个方面更具完整性和舒适性。
　　由于原有房间形式的制约和限定，仍然采用相邻房间打通的原则，增强房间内部的联系，主入口通过玄关引向客厅的位置，客厅后侧藏有一个半围合的空间，是居住者玩赏摆放一些收藏或者室内运动的场所，各寝室和卫生间通过长廊链接，长廊尽头的门保证了休息区的私密性和安全性。

图 4.13.15 二层平面户型 2 周宫庆 绘

户型 2
所处方位：H3-01
建筑面积：74.5m²
功能定位：高一级住宅
　　由于户型外交通空间的制约，房间一侧呈现不规则图形平面，为了优先布置住宅中的主要功能，将次要的储藏及厨房空间布置在不规则的角落，从而使主要功能空间保持仍然方整完善，并且功能流线安排合理，便于居住者的使用居住，仍然对原有的房间内隔墙进行了部分打通。

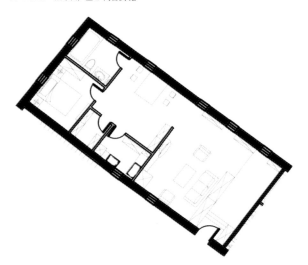

图 4.13.16 二层平面户型 3 周宫庆 绘

户型 3
所处方位：H3-01
建筑面积：65.5m²
功能定位：高一级住宅
　　由于整体处于 H3-01 角落部分，优先考虑保证主要功能部分的采光及住宅入口的位置，由于面积相对其他高一级住宅较小，将其设置为一室两厅的布置，客厅与入口门的位置通过转折的玄关承接，并将较小的采光不佳的空间设置为储藏室。

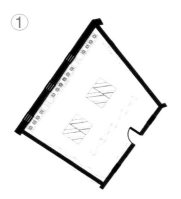

所处方位：H3-01
使用功能：餐饮
建筑面积：36.7m²

　　功能定位为三层的餐饮部分，目的是方便此处里院住宅的需要，现单独讨论其厨房的位置，出于对送餐及采购的需要，将其厨房位置布置靠近楼梯通道的位置，并且相比其他房间，将不规则位置分配给厨房功能是较为合理的安排。

所处方位：H3-01
使用功能：餐饮
建筑面积：57.4m²

　　丰富餐饮功能的需要，布置两间单独的包间形式，并且面对窗外窄巷的空间可以给以包间相对安静的氛围，并且房间面积较大可以容纳较多客人，方便就餐者的使用，且靠近于交通空间，在里院内也具有较好的指向性。

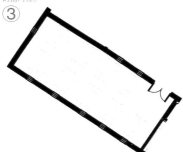

所处方位：H3-01
使用功能：餐饮
建筑面积：83.5m²

　　餐饮空间中公共就餐区的体现，为了容纳更多客人，尽可能布置就餐桌位，面向窗外平度路的热闹环境可以营造一种轻松休闲的氛围，吸引客人及周边住户前来就餐。

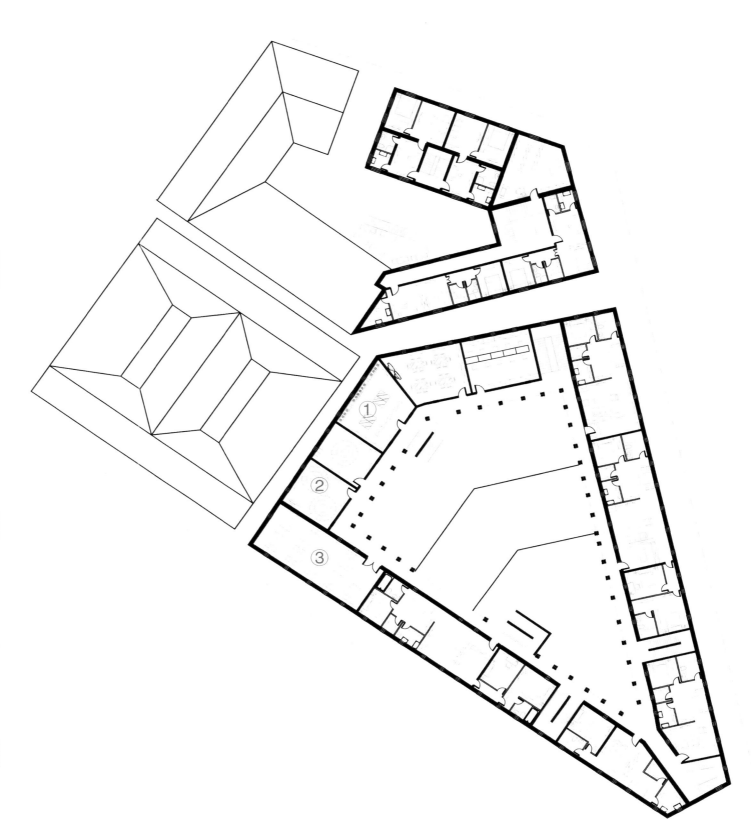

图 4.13.17 H3 三层平面设计图 1:400 周宫庆 绘

户型 1
所处方位：H3-02
建筑面积：84m²
功能定位：高一级住宅
　　原有平面对称为南北两个户型，因此方案形式也遵循原有形式，将面积及采光最佳的房间布置为卧室及客厅，卧室部分布置在整个户型最内部保证了私密性。

图 4.13.19 三层平面户型 1 周宫庆 绘

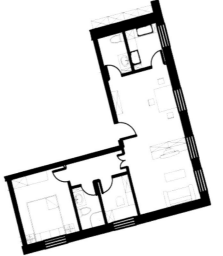

户型 2
所处方位：H3-02
建筑面积：120m²
功能定位：高一级住宅
　　三层的住宅区部分南侧，保留原有交通空间后划分居住区域，因为从面积方面考虑将其化为一层两户，然而此部分不得以平面变为 L 形的形式，因此根据其布置住宅功能，将南侧最好采光部分分配给寝室和书房功能，东侧布置为客厅及餐厅的功能。

图 4.13.20 三层平面户型 2 周宫庆 绘

图 4.13.18 三层平面户型 3 透视效果 周宫庆 绘

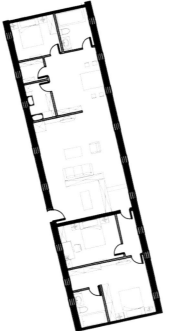

户型 3
所处方位：H3-01
建筑面积：137m²
功能定位：高一级住宅
　　位于 H3-01 东侧，且此户型与二层户型几乎相同，将相连房间内隔墙进行部分打通联系，由于平面户型南北跨度较大，故将寝室功能划分南北两侧布置，均保证了私密性和良好的采光性。并且，满足了居住者对于高一级住宅最好的面积需求。

图 4.13.21 三层平面户型 3 周宫庆 绘

4.13.2 剖面图设计及分析

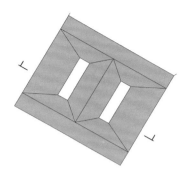

所处方位：H3-03
使用功能：居住，办公，餐饮
　　里院独特形式形成对称分布，故从中间剖断呈现
内部形式设想。

图 4.13.22 剖面图 1 1:250 周宫庆 绘

451

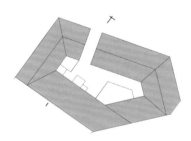

所处方位：H3-02
使用功能：商业，餐饮
　　此院落独特位置上文已多次说明及分析，故院落
部分布置形式与剖断处关系的设想及呈现如上图所示。

图 4.13.23 剖面图 2 1:250 周宫庆 绘

4.13.3　现状立面图、方案立面图设计及分析

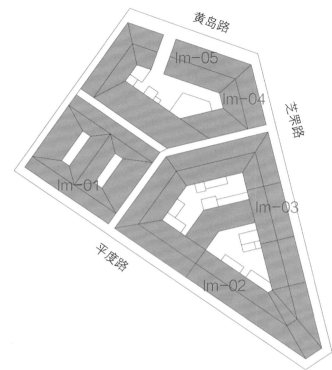

图 4.13.24 立面分布及周边道路 周宫庆 绘

H3 区所处位置及情况在调研部分已经进行相应介绍，现特对其所在部分的沿街立面进行讨论分析，因为其所处位置在三条主路的包围之中，在上述分析中已知黄岛路现状中为市场，其方案中业态布置也以商业和餐饮为主，是一条吸引游人及周边居民的热闹街道。平度路作为假设基地的一条分界线，街道一侧的基地部分小商店林立，对面面向学校及相关办公单位，车辆来往频繁，也是周边居民出行必经的路段。芝罘路一带绿树成荫，虽然小商铺众多但相对其他商业路段显得更加静谧。而且芝罘路和平度路交汇处也是具有一个整体基地"入口"的意义，它像一个门面一样吸引着外来游客。

对于这样三条各具特色的路段，H3 的业态也相应与之呼应，与之对应的现状立面中 H3-03 的沿街立面呈对称分布，原有木窗和木门或残损或掉落，后来居民多配以现代塑钢窗及铝合金门；墙面部分虽轻微残损但外表加装广告牌或涂刷漆面遮掩了原有立面外形。但总体来说相对于其他地区沿街立面，此部分可以算为保持最好的。

H3-02 的沿街立面分为面向黄岛路和面向芝罘路两部分面向黄岛路部分立面变化多样，西北侧墙面配以砖做装饰，样式独特美观，南侧与芝罘路段立面形式相近，但墙面残损严重，芝罘路部分立面如上文所述也存在墙面裂痕严重，抹灰脱落的问题，木门窗被后来商铺及饭店大量替换修改。

H3-01 的沿街立面分面向平度路和面向芝罘路两部分。面向平度路部分立面形式较为规整，但原有木窗门也残损严重，多被住户替换。三层立面虽地势由西北向东南侧上升也相应抬高呈现阶梯状，墙面抹灰脱落、私自乱拉电线及加建排水管影响了立面的美观。面向芝罘路部分立面形式由于建设时间不同原因分为两段，东南侧一段形式及存在问题与平度路侧立面相同，西北侧立面墙面抹灰脱落及残损严重，部分出现裂纹，木门窗也大部分被替换。

根据所分析存在问题，通过调研发现原有立面的形式各具特色且美观，后期的修改和随意加装破坏了其立面的完整性和美观性，因此对其立面样式进行恢复，初步推导出其立面该有的理想形式，在此进行表达，具体立面修复方式及方法将在后续内容进行详述。

图 4.13.25 lm-01 现状 周宫庆 绘

图 4.13.26 lm-05 现状 周宫庆 绘

图 4.13.27 lm-02 现状 周宫庆 绘

图 4.13.28 lm-03,04 现状 周宫庆 绘

通过现状立面图不难发现立面现状问题可以归为以下几类：

年久失护，墙面由于雨水侵蚀部分起泡褶皱脱落，部分墙面出现裂缝，门窗及木门褪色构件中玻璃、铆钉等脱落，部分问题甚至造成了安全隐患。

人为不合理加建修改，由于里院经历半个世纪以上的变迁，住户更替频繁，前文调研中曾提出 20 世纪 80、90 年代随着经济发展和转型以及居民谋生需求，里院居民构成进行了较大规模的更替，相对本地年轻人搬出较多，如今居民以久居于此的老人及外来打工谋生者居多，出于他们的需要对里院外门及窗户的改动也不在少数，主要是一层由于小商铺的需要对外门外窗的修改，二层及以上窗户的修改，由于是私自加建，加建无质量、良莠不齐、风格各异，并且为私自加建的衣架和搭接的电线打洞钻孔也比比皆是，破坏原有立面外墙，甚至有损于建筑结构。

鉴于上述分析对里院沿街外立面的修复和恢复，使其具有原有的风貌形式，参考现状立面的形式及残损现状，对其存在问题和解决策略进行归类和整理，得出以下较为完整的立面图效果设想。以下将以 4 组各沿街立面细部存在问题和解决方式进行细化，以表格形式进行分析，并将立面问题归结为建筑构件的墙（Q），窗（C），橱窗（CC），门（M）四个方面来进行分析。

图 4.13.29 lm-04 1:300　周宫庆 绘

图 4.13.30 lm-05 1:300　周宫庆 绘

图 4.13.31 lm-01 1:300　周宫庆 绘

图 4.13.32 lm-02 1:300　周宫庆 绘

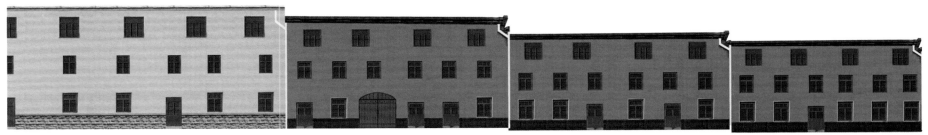

图 4.13.33 lm-03 1:300　周宫庆 绘

平度路—C1

平度路—Q1

平度路—Q2

平度路—M1

图 4.13.34 平度路立面现状局部　周宫庆 绘

编号	存在问题	解决策略
平度路—Q1	由于长期住户更替导致外墙乱拉及连接各种线路严重，影响墙面美观 长时间雨水冲刷，外加排水管道导致原有墙面装饰破损和缺失掉色，使外墙失去原有样貌	对外部拉接线路进行分析评估，去除多余线路，对必要线路采取改走墙内的方法进行替换和修改 采用局部修复的思路考究原有墙面装饰制作方式和方法，对外墙残损、褪色、脱落的装饰进行重新制作替换，加固处理
平度路—C1	原有木窗长期风吹日晒，轻则漆面脱落，木构出现裂缝；重则部分构件脱落，甚至整个木窗随着住户更替对于使用要求的变更而自行对其进行了更替，使立面窗户部分形式各异且不美观 外窗由住户需要私自加建烟囱，通风口及搭接各种线路，破坏部分原有窗框外墙面且形式不够美观	恢复原有木窗形式及样貌，对漆面脱落及改涂的统一还原有色彩，对相应残损构件进行替换 对外窗周边墙面残损及缺口进行剔补，窗台外悬挂电线去除并改走室内，对缺失铆钉补齐并加固
平度路—Q2	个人商铺私自加建广告牌，影响墙面美观并遮掩原有墙面形式	去除现状广告牌，根据广告牌设计理念进行重新设计并替换
平度路—M1	原有木门缺失后，根据住户所需自行替换了铁门，影响立面美观	恢复原有木门形式，对门框残损部分进行修复剔补，补齐缺失木门的铆钉构件

图 4.13.35 平度路立面修复后局部 周宫庆 绘

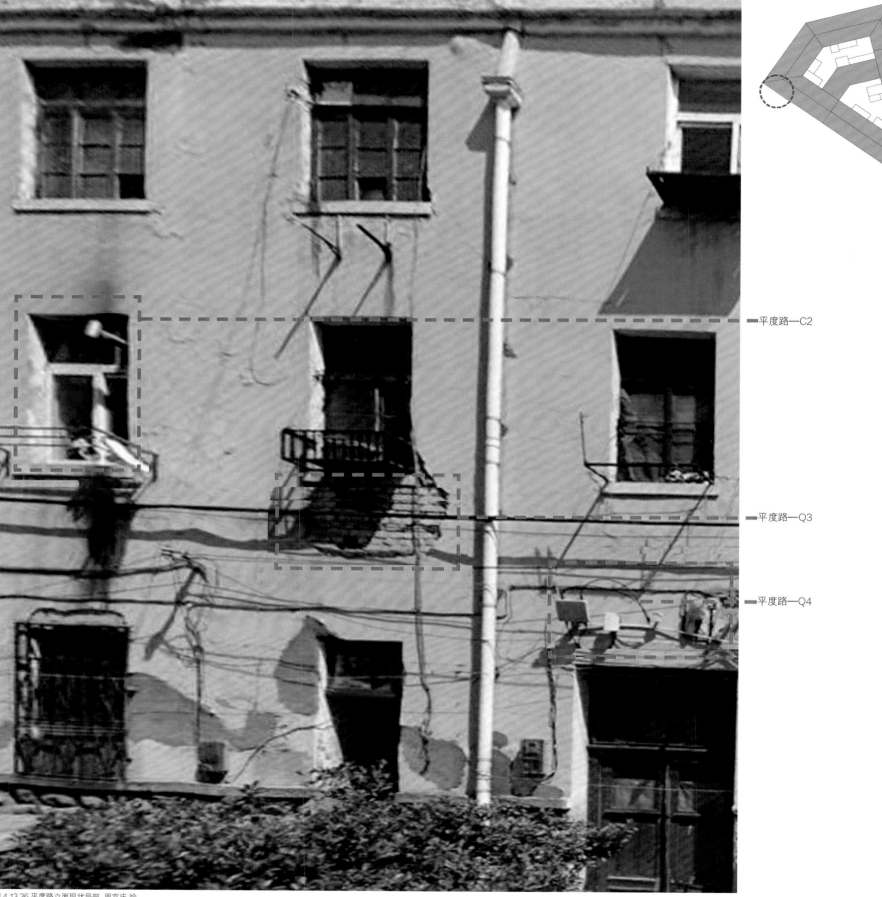

平度路—C2

平度路—Q3

平度路—Q4

图 4.13.36 平度路立面现状局部 周宫庆 绘

编号	存在问题	解决策略
平度路—C2	由于后期居户搬迁，原有木窗损坏后自行加填外窗，并根据不同家庭的需要有衍生出排风口和挂衣架等构件 加建对窗户周围墙面也造成损害，由于排烟口导致部分墙面被熏黑	恢复原有木窗形式及样貌，对漆面脱落及改涂的统一还原有色彩，对相应残损构件进行替换 对外窗周边墙面残损及缺口进行剔补，窗台外悬挂电线去除并改走室内，对缺失铆钉补齐并加固，排烟、排风等设施根据方案重新排布或去除
平度路—Q3	经调研得知原有商铺加建广告牌，后期拆除后导致墙面受到破坏，此处墙皮有大部分脱落，局部有起泡褶皱的现象，造成墙面斑驳。虽然饱经沧桑，但并不美观，有碍于立面的整体性和完整性 部分加建的挂衣架由于金属部分长期雨水侵蚀导致生锈，且锈迹也造成对墙面的侵蚀，也影响到了墙面的美观	对外部拉接线路进行分析评估，去除多余线路，对必要线路采取改走墙内的方法进行替换和修改 采用局部修复的方法，对外墙残损褪色脱落的装饰进行重新制作替换，并进行相应加固处理
平度路—Q4	个人住户私自加设的电子设备及乱搭线路纵横，影响墙面美观	去除现状中设备，根据方案，住户需要从屋顶平台统一布置架设

图 4.13.37 平度路立面修复后局部 周宫庆 绘

458

芝罘路—C1

芝罘路—Q1

芝罘路—Q2

芝罘路—M2

图 4.13.38 芝罘路立面现状局部 周宫庆 绘

编号	存在问题	解决策略
芝罘路—C1	原有木窗长期风吹日晒，轻则漆面脱落，木构出现裂缝；重则部分构件脱落。甚至整个木窗随着不同住户对于使用要求的变更而自行对其进行了更替，使立面窗户部分形式各异且不美观 外窗由住户所需要私自加建烟囱、通风口及搭接各种线路，破坏部分原有窗框外墙面且形式不够美观	恢复原有木窗形式及样貌，对漆面脱落及改涂的统一还原有色彩，对相应残损构件进行替换 对外窗周边墙面残损及缺口进行剔补，窗台外悬挂电线去除并改室内，对缺失铆钉补齐并加固
芝罘路—Q1	由于长期住户更替导致外墙乱拉及连接各种线路严重，影响墙面美观 长时间雨水冲刷，外加排水管道导致原有墙面装饰破损和缺失掉色，使外墙失去原有样貌	对外部拉接线路进行分析评估，去除多余线路，对必要线路采取改走墙内的方法进行替换 采用局部修复的思路考究原有墙面装饰制作方式和方法，对外墙残损、褪色、脱落的装饰进行重新制作替换，并进行相应加固处理
芝罘路—Q2	个人商铺私自加建广告牌，影响墙面美观并遮掩原有墙面形式	去除现状广告牌，根据广告牌设计理念进行重新设计并替换
芝罘路—M1	原有木门缺失后，根据住户所需自行替换了铁门，影响立面美观	恢复原有木门形式，对门框残损部分进行修复剔补，补齐缺失木门的铆钉构件

459

图 4.13.39 芝罘路立面修复后局部 周宫庆 绘

黄岛路—Q1

黄岛路—C1

黄岛路—Q2

黄岛—M1

图 4.13.40 黄岛路立面现状局部 周宫庆 绘

编号	存在问题	解决策略
黄岛路—Q1	由于长期住户更替导致外墙乱拉及连接各种线路严重，影响墙面美观 长时间雨水冲刷，外加排水管道导致原有墙面装饰破损和缺失掉色，使外墙失去原有样貌	对外部拉接线路进行分析评估，去除多余线路，对必要线路采取改走墙内的方法进行替换和修改 采用局部修复的思路考究原有墙面装饰制作方式方法，对外墙残损、褪色、脱落的装饰进行重新制作替换，并进行相应加固处理
黄岛路—C1	原有木窗长期风吹日晒，轻则漆面脱落，木构出现裂缝；重则部分构件脱落，甚至整个木窗随着不同住户对于使用要求的变更而自行对其进行了更替，使立面窗户部分形式各异且不美观。 外窗由住户需要私自加建烟囱、通风口及搭接各种线路，破坏部分原有窗框外墙面且形式不够美观	恢复原有木窗形式及样貌，对漆面脱落及改涂的统一还原有色彩，对相应残损构件进行替换 对外窗周边墙面残损进行剔补，窗台外悬挂电线去除并改走室内，对缺失铆钉补齐并加固
黄岛路—Q2	个人商铺私自加建广告牌影响墙面美观并遮掩原有墙面形式	去除现状广告牌，根据广告牌设计理念进行重新设计并替换
黄岛路—M1	原有木门缺失后，根据住户所需自行替换了铁门，影响立面美观	恢复原有木门形式，对门框残损部分进行修复剔补，补齐缺失木门的铆钉构件

461

图 4.13.41 黄岛路立面修复后局部 周宫庆 绘

4.13.5　相关节点设计

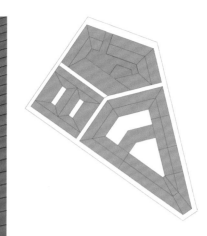

图 4.13.42 H3-02 院内节点效果 周宫庆 绘

　　H3-02 区域内的露天餐饮的构思，得益于特殊的位置，里院外就是黄岛路市场，使得在此经营餐饮可以获得最便利的运输和最新鲜的食材，现状中里院内堆放垃圾，私自加建严重，使得原有宽敞院落变得拥堵气氛阴沉，出现与外侧黄岛路市场热闹环境不对应的恶劣环境，方案改善后此区域里院相对其他部分较为热闹喧嚣，是有人驻足休息、品尝美味的好地方。

图 4.13.43 H3-03 院内节点效果 周宫庆 绘

　　H3-03 区域内对称院落由于屋顶限制，采光条件较差，内部空间较为拥挤，现状中，居民私自堆放生活垃圾更是加剧了其院落内的交通不畅，由于其功能定位具有居住和办公，相对安静的环境氛围较为适合此里院需求，因此方案改善后对院内堆放生活垃圾进行去除，对残损的窗扇位置进行替换和修复。

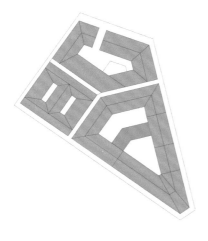

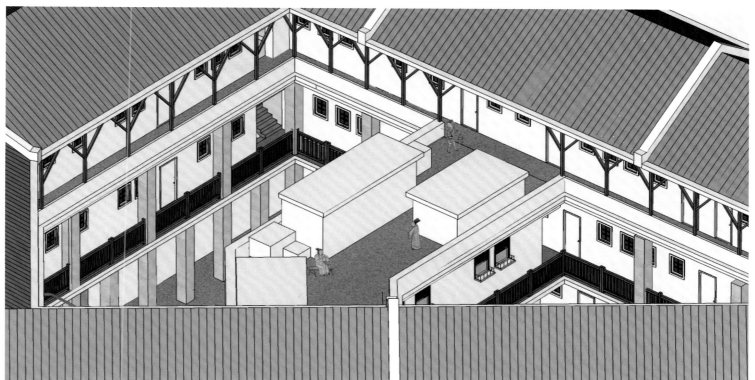

图 4.13.44 H3-01 院内节点现状 周宫庆 绘

　　H3-01 区现状中院内 L 型建筑屋顶多为加建平房和生活垃圾的堆放处，公厕的位置也在此处，使得原有宽敞沟通里院南北两侧的休闲空间及交通通道受阻，并且垃圾和旱厕造成异味严重，破坏上人屋顶环境。

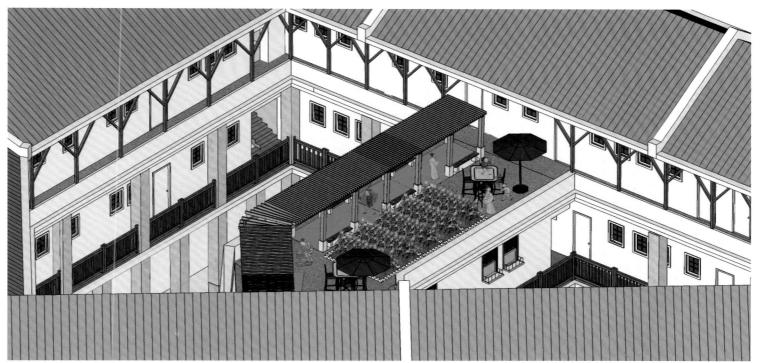

图 4.13.45 H3-01 院内节点效果 周宫庆 绘

　　方案中三层以居住为主，故此上人屋顶的功能用于丰富居住者生活环境及质量最为合适，有考虑到露天部分，因此在屋顶布置连廊、花坛及座椅的形式，简洁而又灵活，是居住者从休息室出来散步娱乐和交流的好地方。

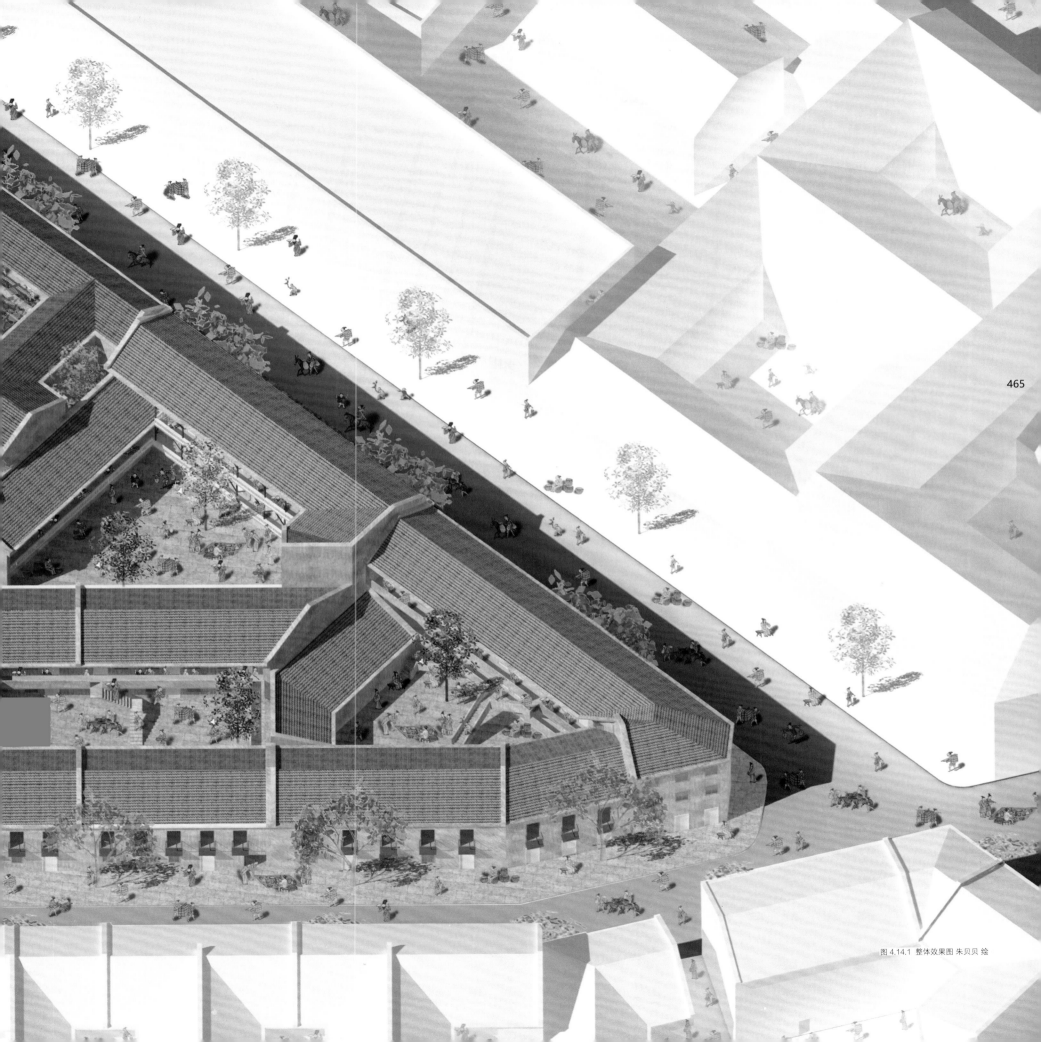

465

图 4.14.1 整体效果图 朱贝贝 绘

4.14.2 总平面图

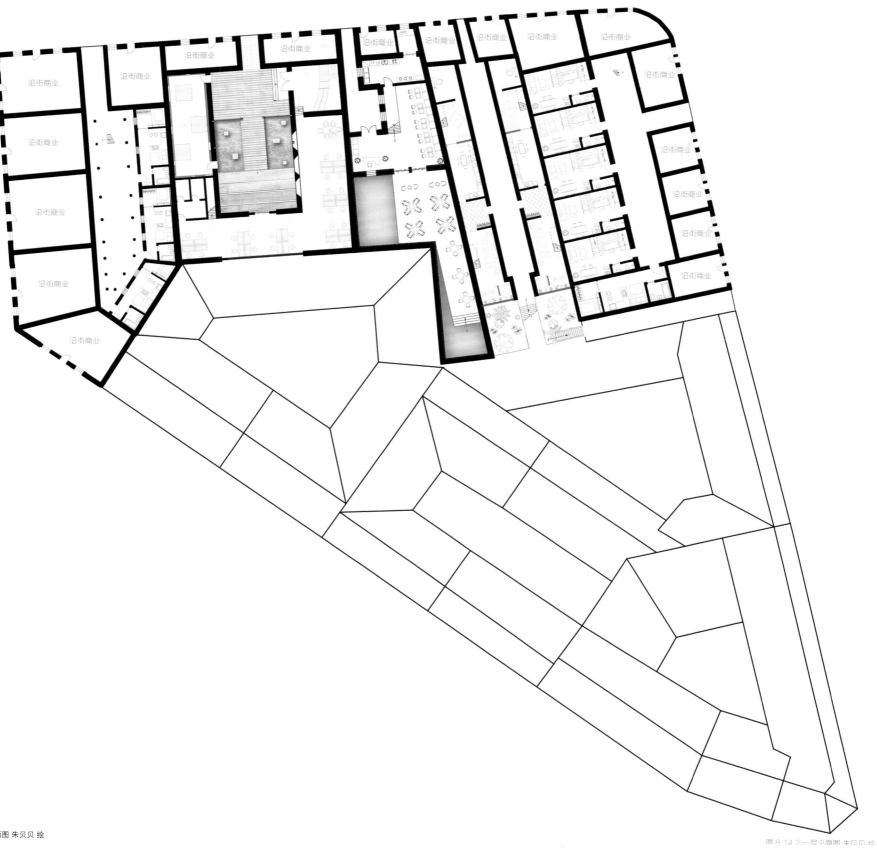

图 4.14.2 一层平面图 朱贝贝 绘

466

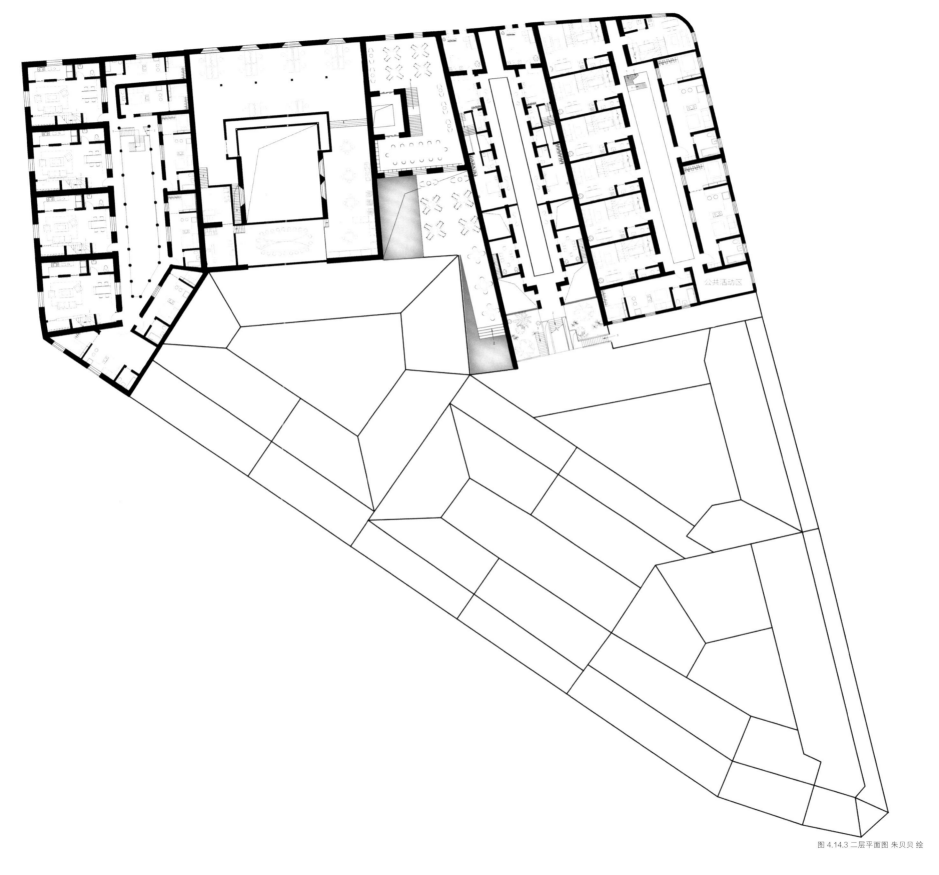

公共活动区

图 4.14.3 二层平面图 朱贝贝 绘

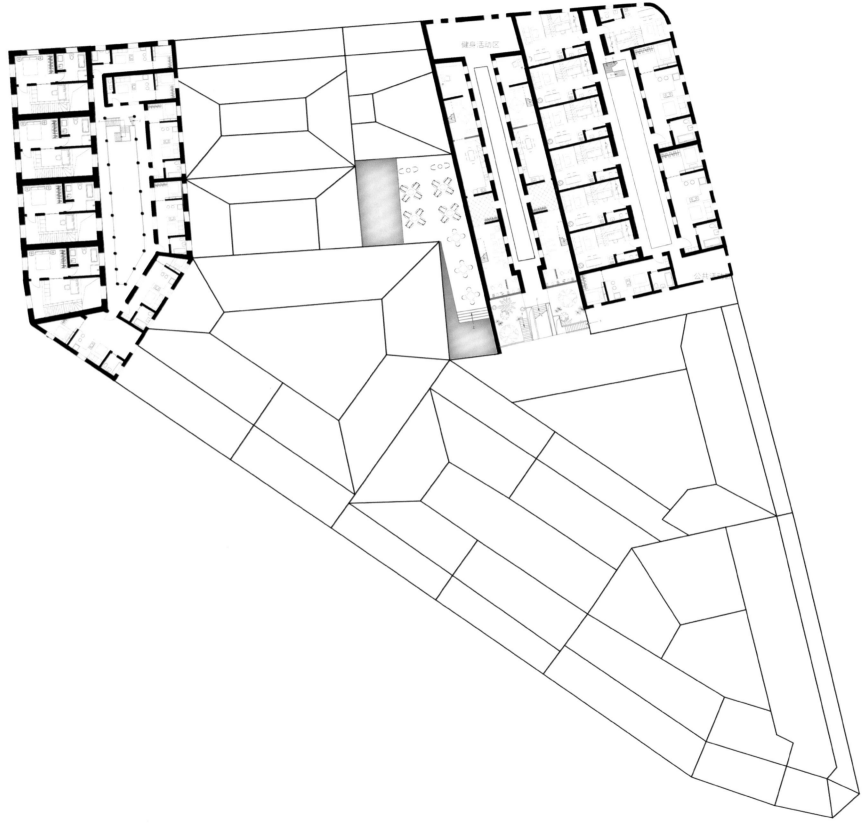

健身活动区

公共

468

图 4.14.4 三层平面图 朱贝贝 绘

图 4.14.4 三层平面图 朱贝贝 绘

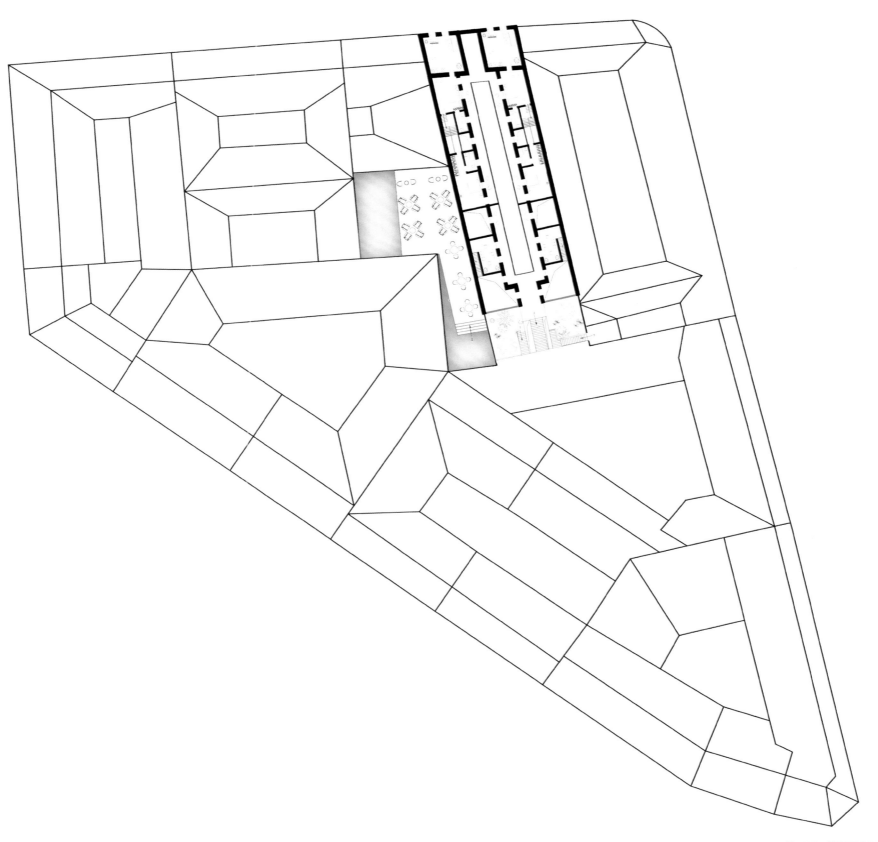

图 4.14.5 四层平面图 朱贝贝 绘

4.14.3   1号院方案设计

里院位置

总建筑面积：1500m²

户型类型与数量：一层有户型一 3 户，户型二 4 户，沿街商业 7 户
二层有户型一 5 户，户型二 4 户
三层有户型一 2 户，户型二 4 户

业主总体定位：多为单身青年或小两口

院落功能定位：以小户型为主的户型设置，同时具备高水准的生活品质，
充分利用 4.900m 的层高创造处丰富的空间变化

建 筑 面 积：25m²

业 主 定 位：单身青年 / 小两口

空间分隔方式：矮隔断 / 推拉门

整体空间感受：无需过多单独空间，多数空间均不够封闭，又不算开放

470

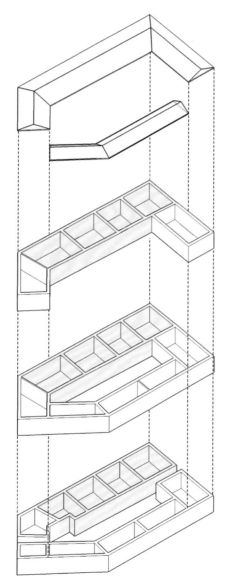

图 4.14.6 1 号院户型 1 位置示意图 朱贝贝 绘

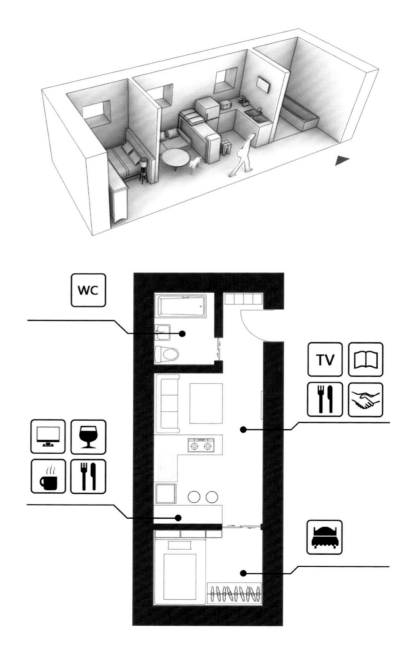

图 4.14.7 1 号院户型 1 平面图 朱贝贝 绘

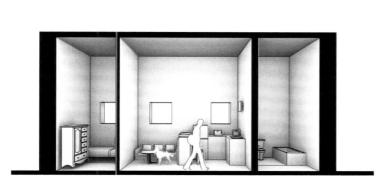

图 4.14.8 1 号院户型 2 一层剖面图 朱贝贝 绘

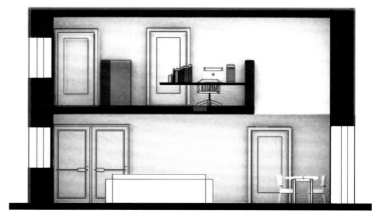

图 4.14.9 1 号院户型 2 二层剖面图 朱贝贝 绘

建 筑 面 积：6.5m×7m=45m²

业 主 定 位：小两口

空间分隔方式：楼梯 / 推拉门 / 隔墙 / 夹层楼板

整体空间感受：上下贯通空间与夹层小空间并存

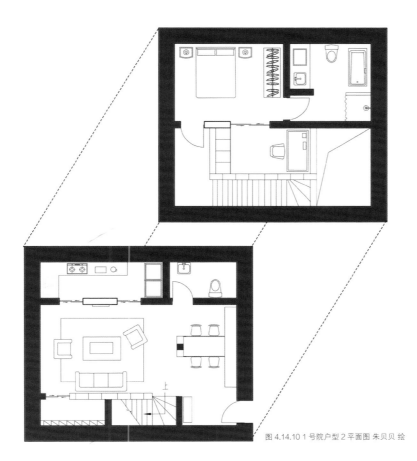

图 4.14.10 1 号院户型 2 平面图 朱贝贝 绘

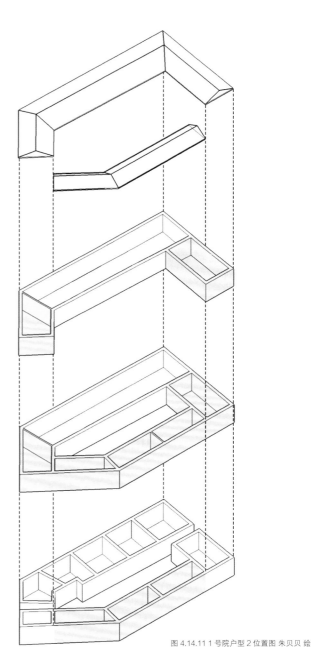

图 4.14.11 1 号院户型 2 位置图 朱贝贝 绘

472

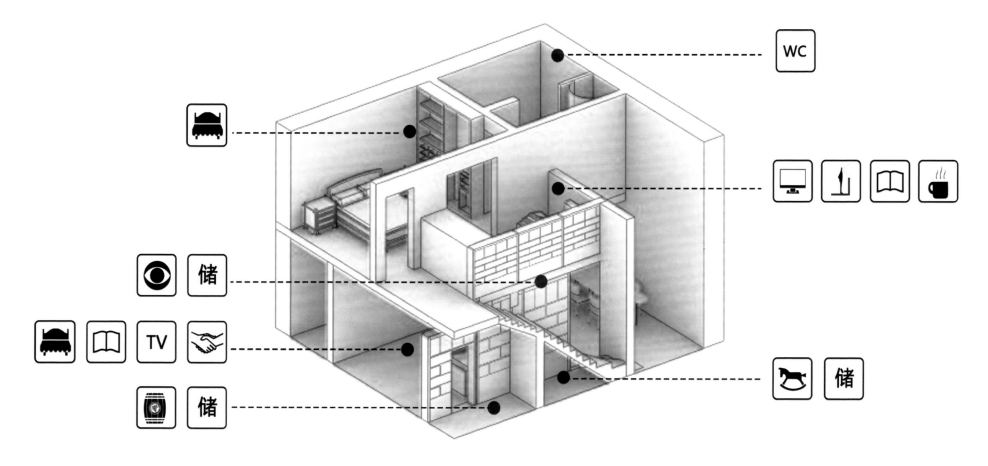

WC

图 4.14.12　1 号院户型 2 轴测图 朱贝贝 绘

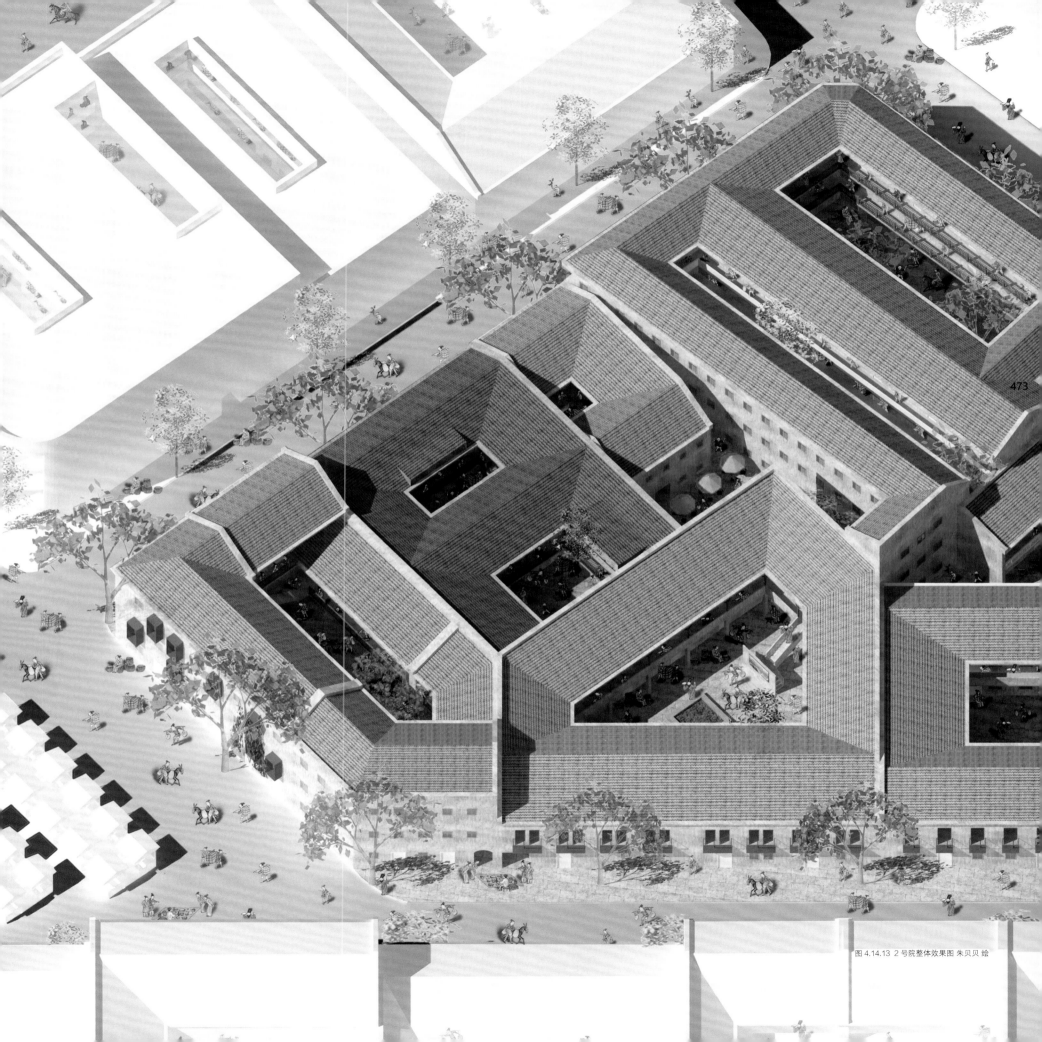

473

图 4.14.13 2号院整体效果图 朱贝贝 绘

4.14.4 2号院、3号院方案设计

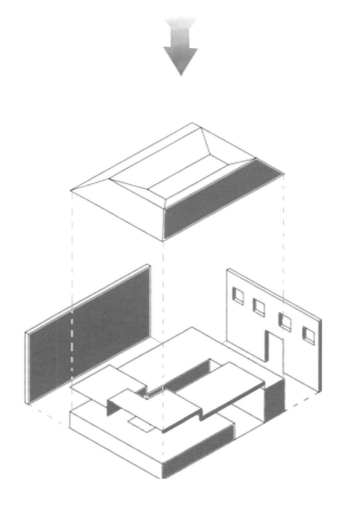

再造功能定位：办公
详细功能划分：建筑事务所
建筑面积：800m²
设计说明：

　　2号院室内空间的重新整合设计，在由保留墙体围合处的室内通透大空间内。

　　以植入多个高低错落的方盒子的形式限定处多个不同形性质的使用空间。涵盖集中办公区、展览区、会议区、打印茶水区等多功能空间。

图 4.14.14 方案生成 朱贝贝 绘

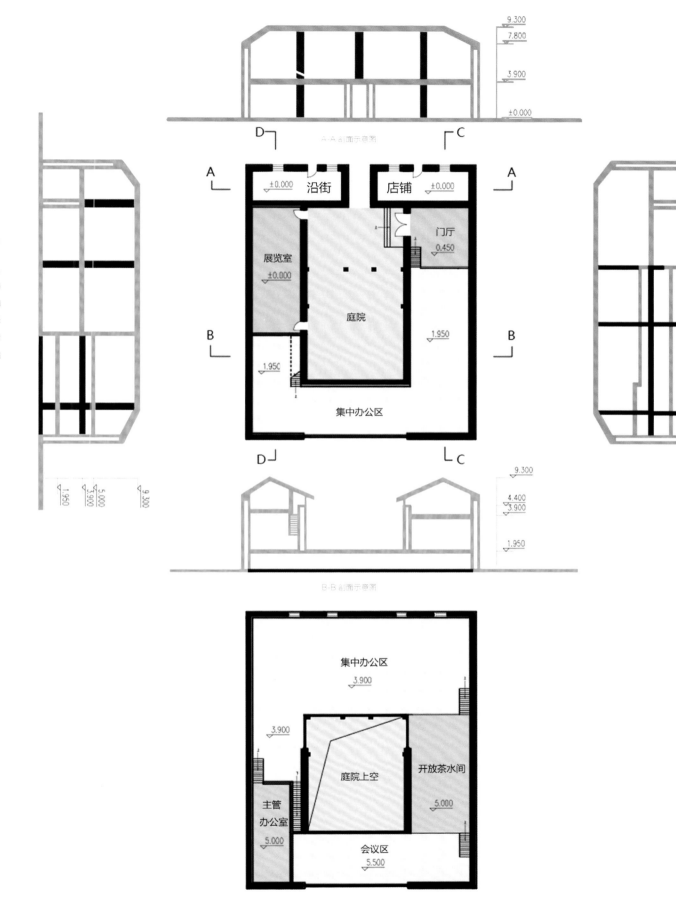

图 4.14.15 平面图、剖面图 朱贝贝 绘

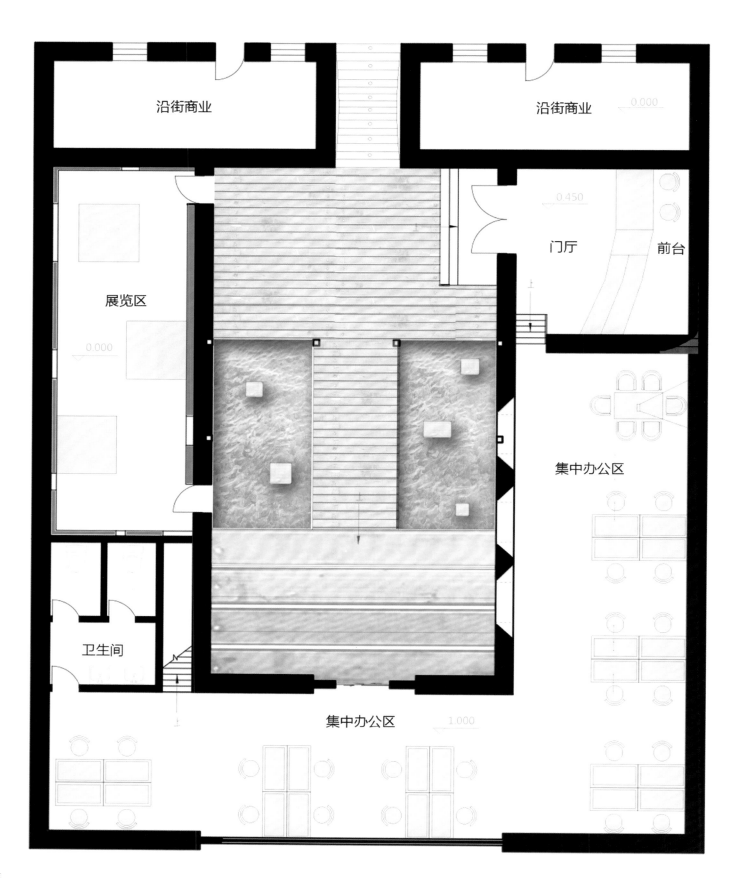

沿街商业　　　　　　　　　沿街商业　　　　0.000

门厅　　前台
0.450

展览区
0.000

集中办公区

卫生间

集中办公区　　1.000

图 4.14.16 一层平面图 朱贝贝 绘

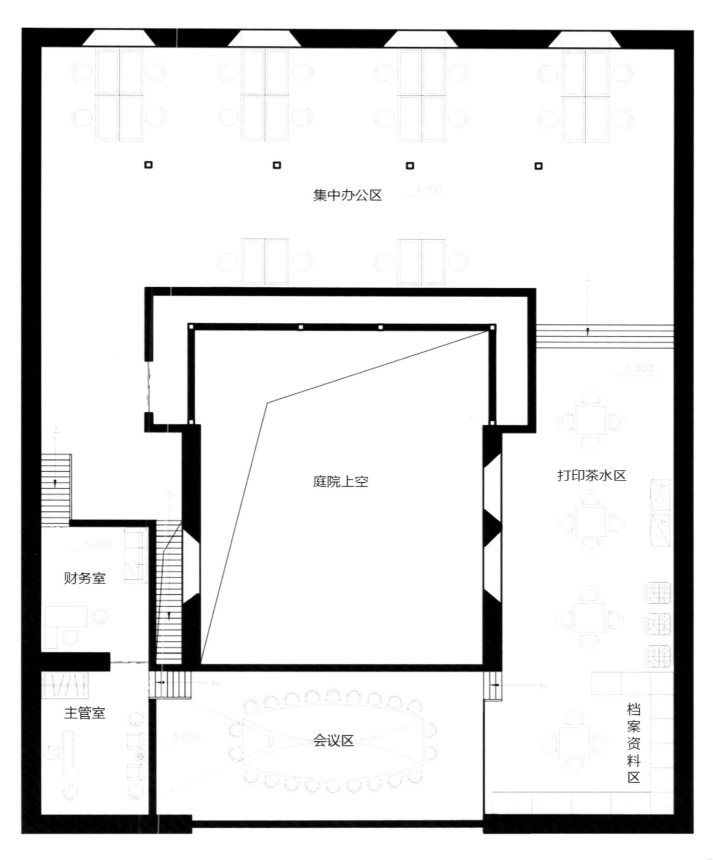

集中办公区

庭院上空

打印茶水区

财务室

主管室

会议区

档案资料区

图 4.14.17 二层平面图 朱贝贝 绘

屋顶天窗

①开在南侧屋顶的南坡，为下侧的会议区提供采光

②开在东侧屋顶的东坡，为下侧的休闲区提供采光

③开在北侧屋顶的南坡，为下侧的集中办公区提供采光

可能性一	可能性一
形制：现状栏杆样式	形制：历史栏杆样式
材料：水泥	材料：木材
栏板：实心	栏板：长方形镂空

478

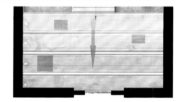

大台阶

交流　　交通　　休闲

室内楼梯，材料选取改造中拆下的老建筑旧木料，让老的历史语言与室内现代化的设施与装置交织，与屋顶暴露的原始结构相呼应。

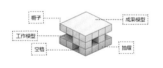

展板以点框的形式出现镂空，将老墙体以展品的方式与其他展品同时出现，让历史语言与现代语言作品交织。

模型展台

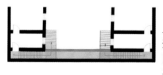

因南侧庭院为居住性质，且现状中两个里院公用此墙体，将公用墙体留给南侧庭院，通过加建方式实现与南侧居住院的结构脱离，同时产生的长条状空间也为两个里院的分别采光提供可能。

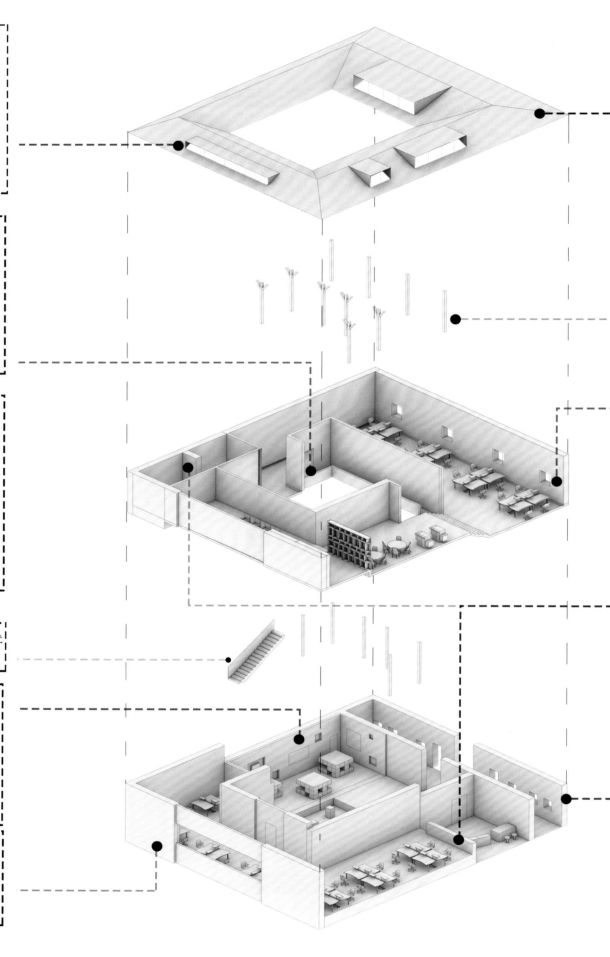

屋面维护具体措施：
　　①保证屋面的完整性，修复破损瓦片，替换异类瓦。②更换屋面接缝处的水泥檐沟的形式，置换为有组织排水。

　　优势：①在室内均可看到结构屋架，让现有新空间与原有历史语言交织。②增强通风力度，便于保存原始屋架。③再造后的后续使用中通过暴露结构可直观地发现原始屋架破损，方便修缮与后期维护。

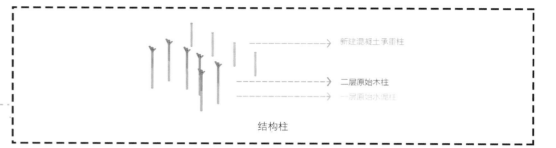

新建混凝土承重柱
二层原始木柱
一层原始水泥柱

结构柱

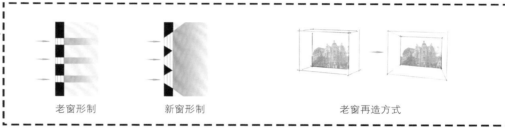

老窗形制　　　　新窗形制　　　　老窗再造方式

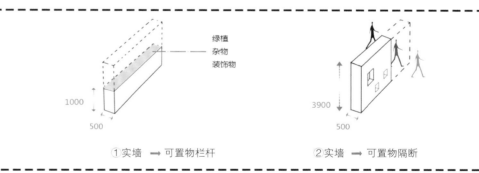

绿植
杂物
装饰物

1000
500

3900
500

①实墙 ➡ 可置物栏杆　　　　②实墙 ➡ 可置物隔断

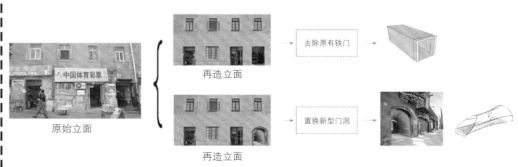

中国体育彩票

去除原有铁门

再造立面

原始立面

置换新型门洞

再造立面

外立面与门洞：
　　保留当下沿街立面的主要风貌，以清理与修缮为主要再造措施。一，去除现状中的铁质大门，保留原始门洞。二，置换新型门洞。

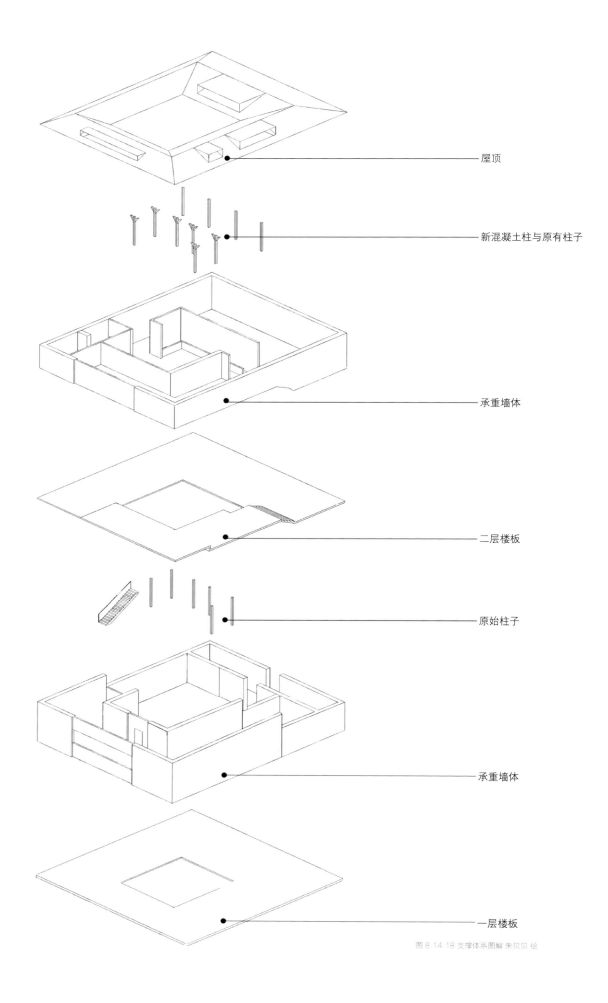

屋顶

新混凝土柱与原有柱子

承重墙体

二层楼板

原始柱子

承重墙体

一层楼板

480

图 4.14.18 支撑体系图解 朱贝贝 绘

图 8.14.18 支撑体系图解 朱贝贝 绘

通过确定各类建筑材料，定位出建筑整体与室内
的空间氛围。

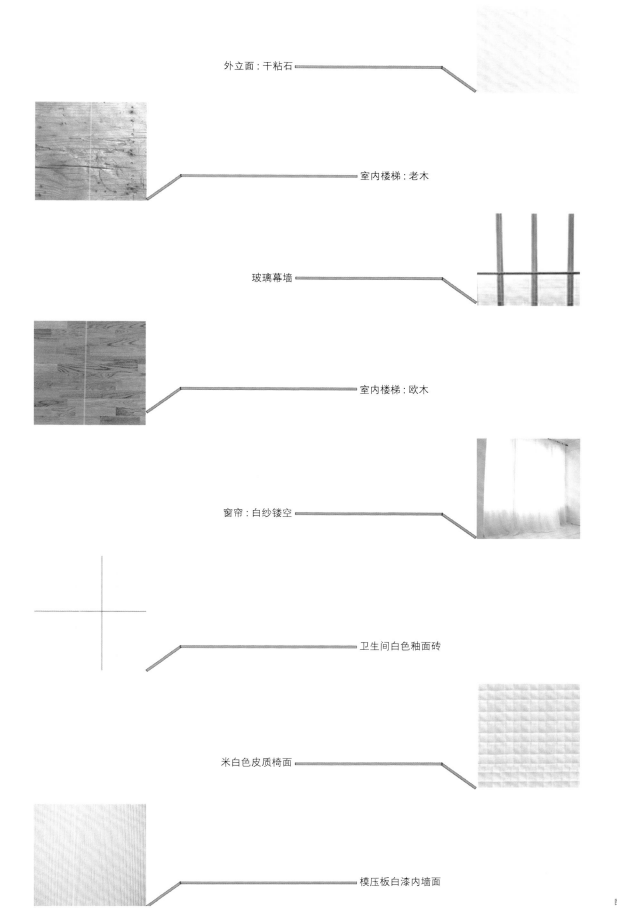

外立面：干粘石

室内楼梯：老木

玻璃幕墙

室内楼梯：欧木

窗帘：白纱镂空

卫生间白色釉面砖

米白色皮质椅面

模压板白漆内墙面

图 4.14.19 材料说明图解 朱贝贝 绘

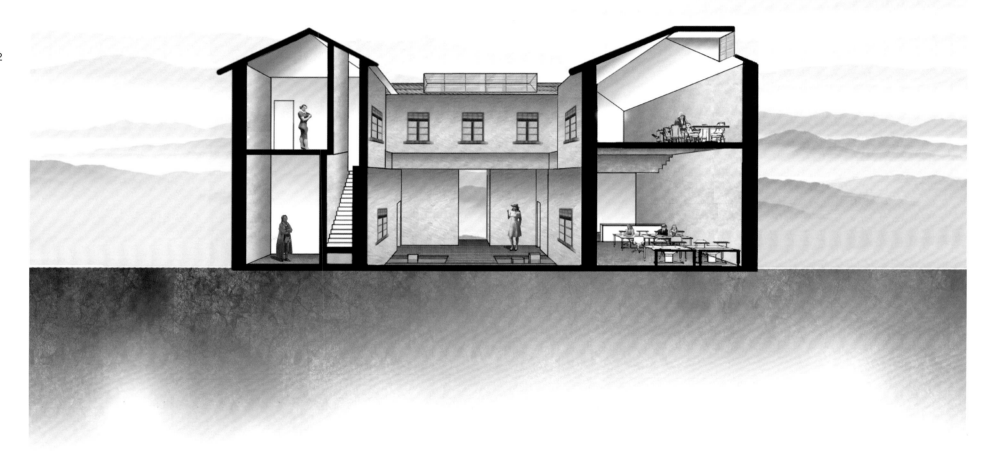

图 4.14.20 A-A 剖面图 朱贝贝 绘

图 4.14.21 B-B 剖面图 朱贝贝 绘

结构与构造

2号院多数空间的承重方式以墙体承重为主，特殊大空间则为框架结构混合墙体承重，在整体结构上无过多再造，以加固与修复为主。

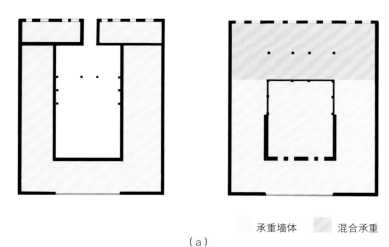

承重墙体 ▨ 混合承重

（a）

484

1. 基础加固措施

原有建筑物基础已经使用年限较长，故采用树根柱形进行加固，如图（b）所示，树根桩与原基础共同受力，使得基础的承重力有所提高。

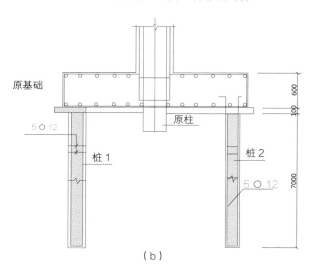

原基础
原柱
5○12
桩1
桩2
5○12

（b）

2. 框架柱加固措施

框架柱采用了加大截面法进行加固处理。

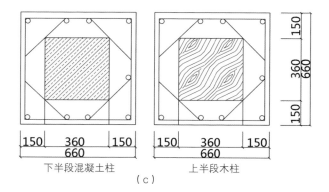

下半段混凝土柱
上半段木柱

（c）

3. 楼板加固措施

由于原有楼板承受力有限，故采用了剔除楼面构造层，在支座处重新配置负筋，然后浇筑40mm厚混凝土增加板厚的方法。

4. 新增楼层梁与原柱节点处理措施

在新增楼板梁的负筋中有两根从原框架柱两层通过，形成贯通支座的钢筋，其余负筋则锚固在增大截面后的后浇混凝土柱内，同时人为增加支座负筋的配筋量，减少钢筋的应力。

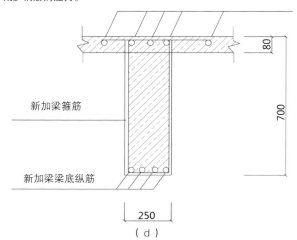

新加梁箍筋
新加梁梁底纵筋
80
700
250

（d）

5. 原有砖墙抹面加固

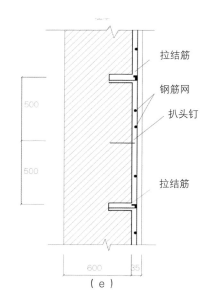

拉结筋
钢筋网
扒头钉
拉结筋
500
500
600 35

（e）

6. 新层夹层楼板

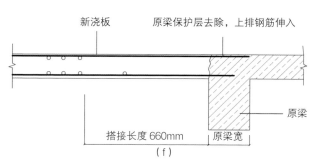

新浇板
原梁保护层去除，上排钢筋伸入
原梁
搭接长度660mm
原梁宽

（f）

图4.14.22 构造详图 朱贝贝 绘

4.14.5 4号院、5号院方案设计

里院位置

里院性质： 餐厅

商业定位： 咖啡厅

经营模式： 外带式兼内座式

经营内容： 咖啡＋糕点＋书吧 —— 复合式咖啡厅

建筑面积： ≈ 260m²

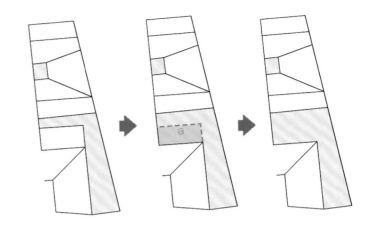

① 现状院落空间形态　② 拆除a处建筑　③ 现有院落空间形态

图 4.14.23 景观与遮蔽之间的恰当平衡 朱贝贝 绘

图 4.14.24 再造前后院落空间层次变化 朱贝贝 绘

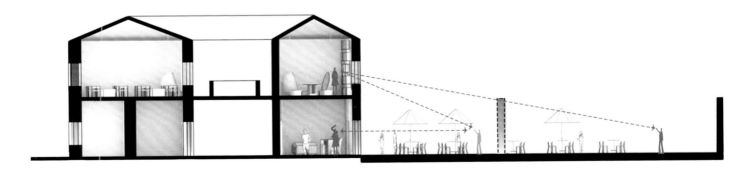

图 4.14.25 相邻空间的视线交流 朱贝贝 绘

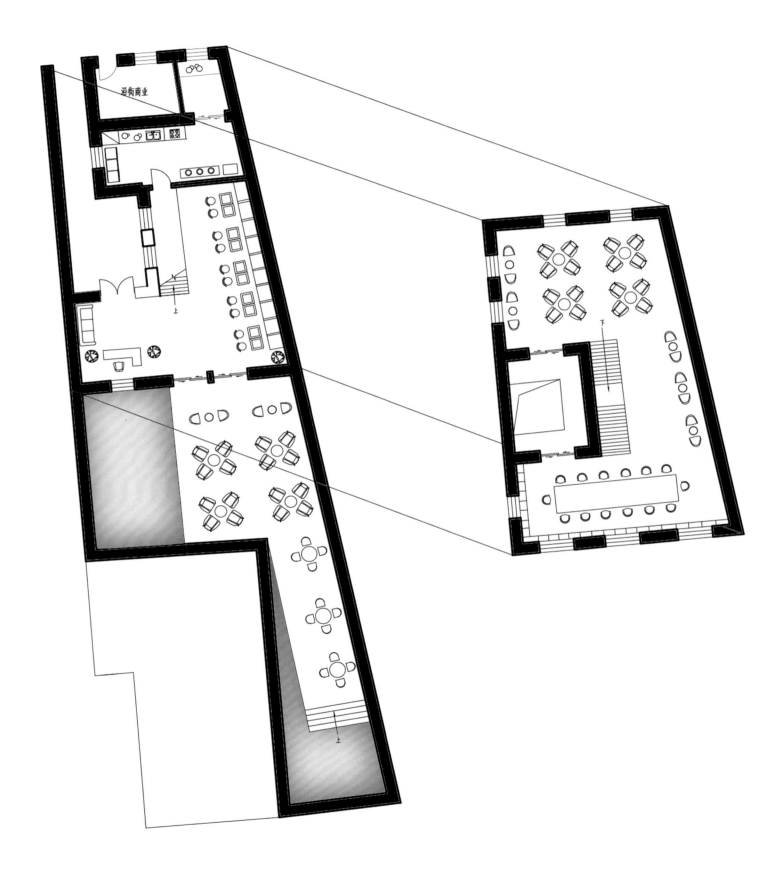

沿街商业

图 4.14.26 平面图 朱贝贝 绘

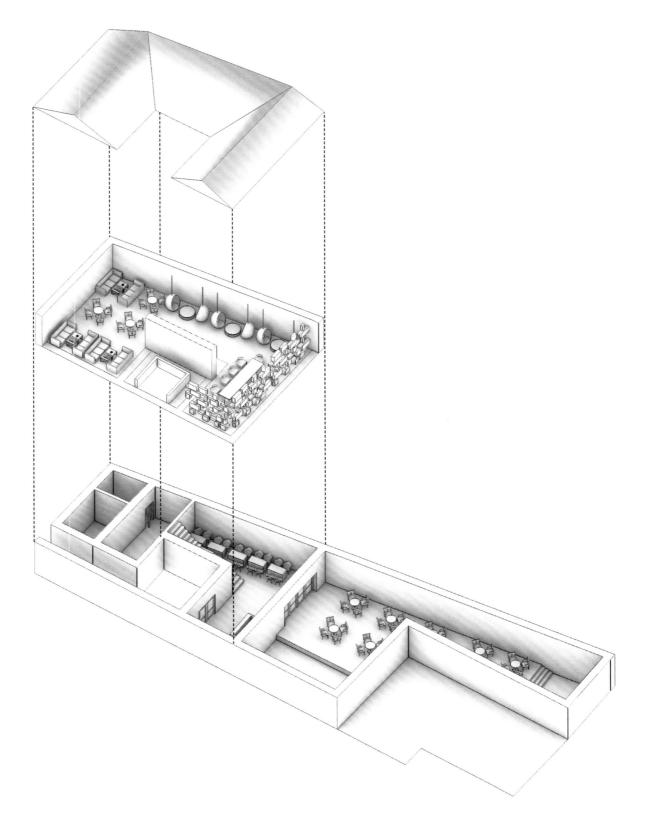

图 4.14.27 轴测示意图 朱贝贝 绘

4.14.6　6号院方案设计

6号院户型定位

住宅定位：　能满足家庭较高水平的休闲生活工作需求的高级住宅

建筑面积：　每层 90m² × 2=180m²

户　　型：　4 户

业主定位：　三、五口之家
　　　　　　业主多从事艺术设计类职业

户型样式：　复式

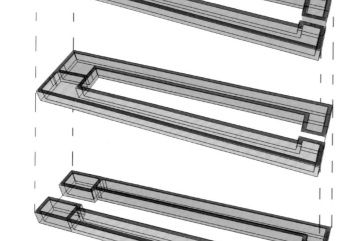

图 4.14.28 整体户型分布 朱贝贝 绘

由门厅的位置望向两侧，视线所到达的区域依次递减，视线穿透性逐步下降，视线方向性逐步曲折化。

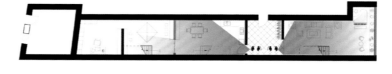

图 4.14.29 视线穿透性分析 朱贝贝 绘

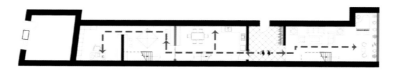

图 4.14.30 视线方向性分析 朱贝贝 绘

在水平方向上，由门厅向两侧，私密性逐步增强，开放性随之减弱。

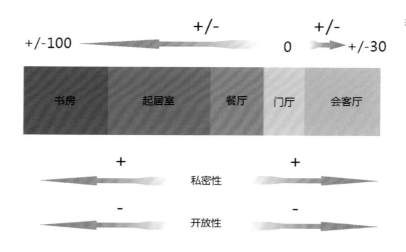

图 4.14.31 水平方向 朱贝贝 绘

在竖直方向上，由一层至二层，私密性逐步增强，开放性随之减弱。

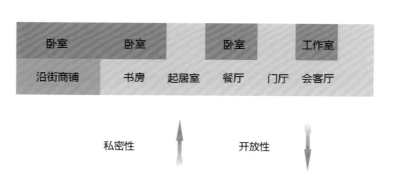

图 4.14.32 竖直方向 朱贝贝 绘

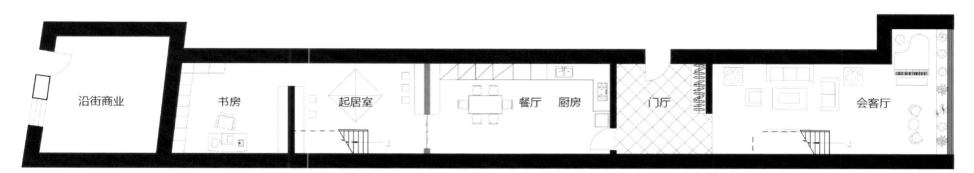

图 4.14.33 6 号院一层平面图 朱贝贝 绘

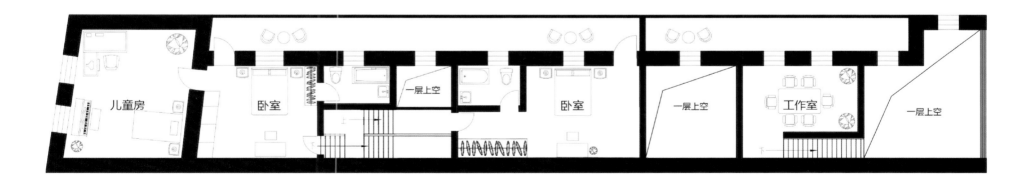

图 4.14.34 6 号院二层平面图 朱贝贝 绘

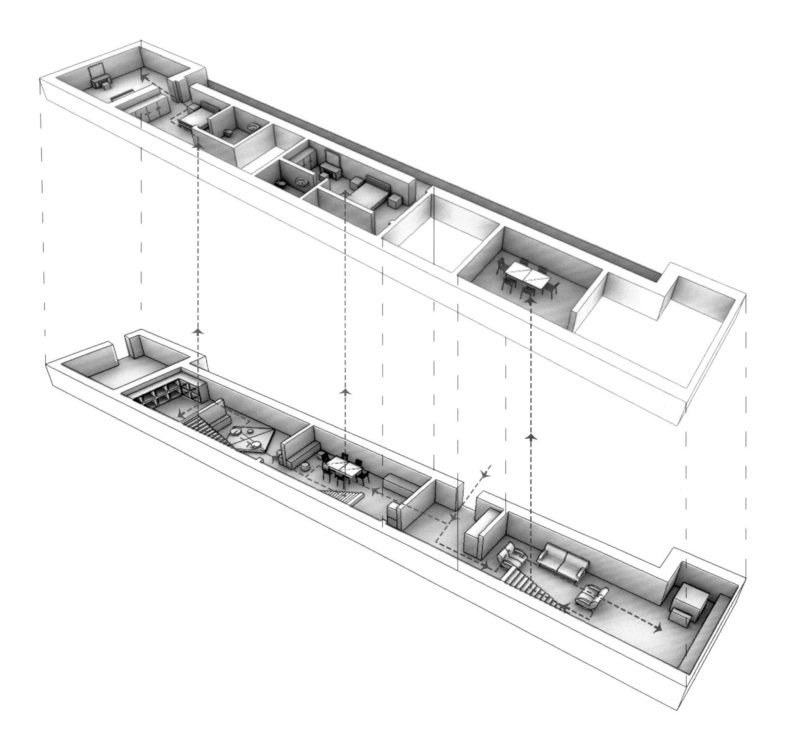

访客
业主

图 4.14.35 业主与访客流线分析 朱贝贝 绘

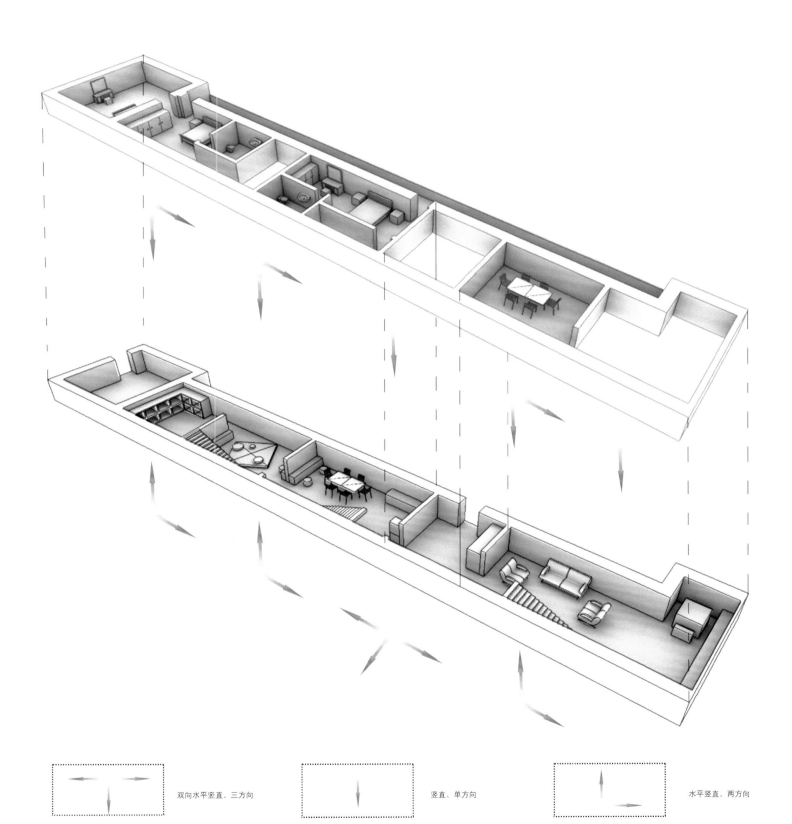

双向水平竖直、三方向

竖直、单方向

水平竖直、两方向

图 4.14.36　空间的方向性分析 朱贝贝 绘

图 4.14.37 6 号院南立面图 朱贝贝 绘

图 4.14.38 6 号院东内立面图 朱贝贝 绘

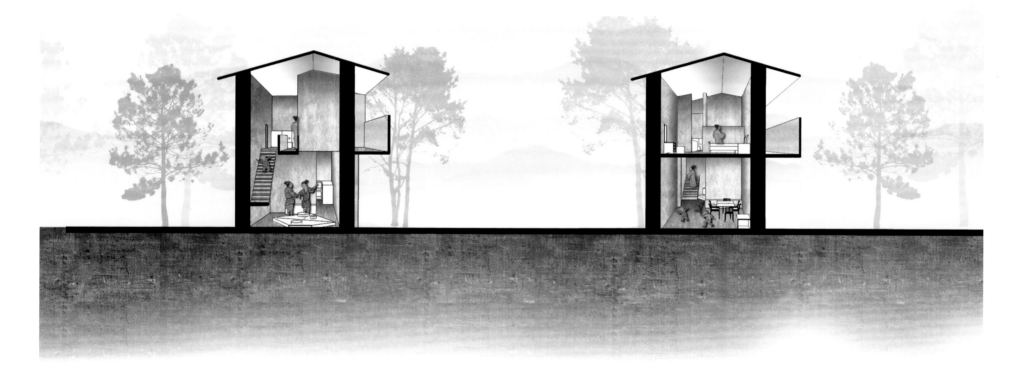

图 4.14.39 A-A 剖面图 朱贝贝 绘　　　　　　　　　　　　　　　　　　　　图 4.14.40 B-B 剖面图 朱贝贝 绘

图 4.14.41 C-C 剖面图 朱贝贝 绘

4.14.7　7号院方案设计

里院位置：

总建筑面积：500m² × 3层 = 1500m²

户型类型与数量：一层有户型一1户，户型二3户，沿街商业8户
　　　　　　　　二层有户型一8户，户型二3户
　　　　　　　　三层有户型一8户，户型二3户

业主总体定位：多为单身青年或小两口

再造氛围定位：以小户型为主的户型设置，但具备高水准的生活品质，
　　　　　　　同时有与业主定位相匹配的健身室棋牌室等配套设施，
　　　　　　　增强生活丰富度的同时加强独居业主间的沟通与联系。

户型一：

建筑面积：25m²

业主定位：单身青年／小两口

空间分隔方式：矮隔断／推拉门

整体空间感受：无需过多单独空间，多数空间均不够封闭又不算开放

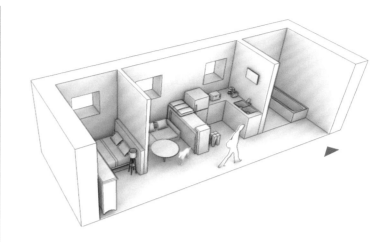

住宅　　休闲　　商业

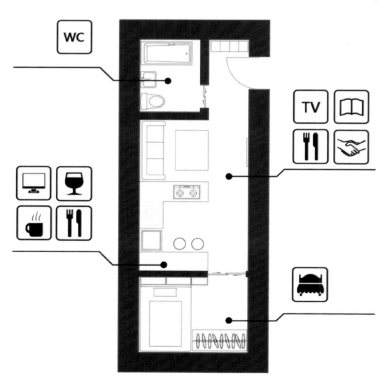

图 4.14.42 户型一平面图 朱贝贝 绘

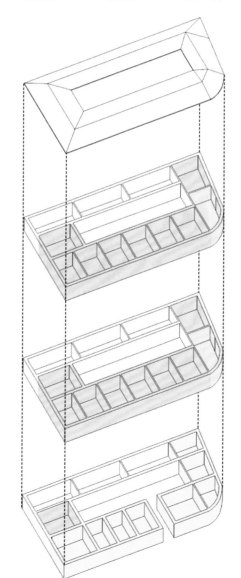

图 4.14.42 户型一位置示意图 朱贝贝 绘

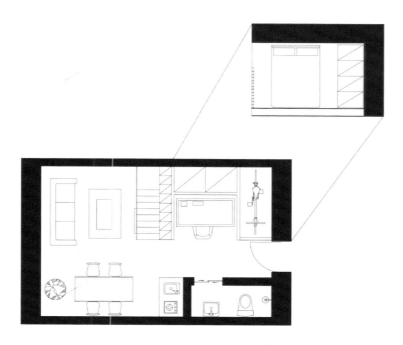

户型二：

建 筑 面 积：35m²

业 主 定 位：单身青年／小两口

空间分隔方式：木格栅／推拉门

整体空间感受：充分利用 4.900m 的层高，在竖直方向上划分空间

图 4.14.44 户型二平面图 朱贝贝 绘

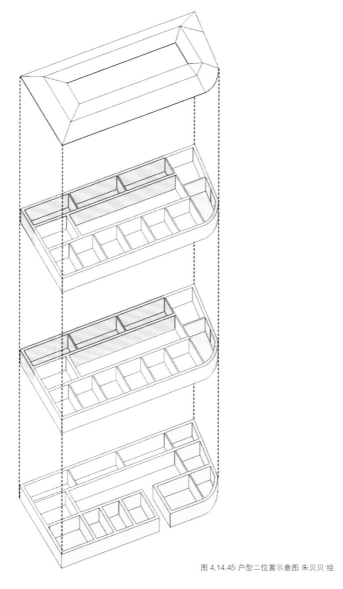

图 4.14.45 户型二位置示意图 朱贝贝 绘

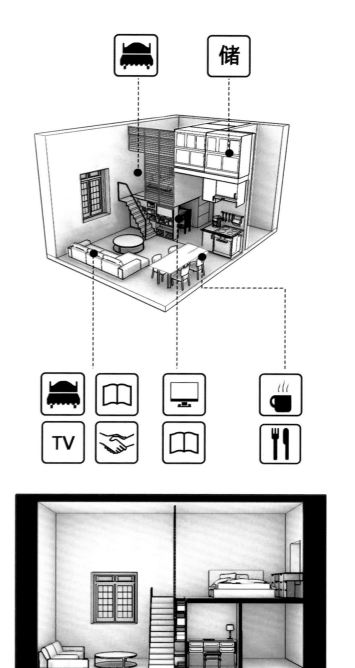

图 4.14.46 户型二剖面图 朱贝贝 绘

图 4.14.47 室内效果图 朱贝贝 绘

图 4.14.48 室外效果图 朱贝贝 绘

I1—四方路—C1

I1—四方路—Q1

I1—四方路—M1

图 4.14.49 四方路立面现状局部 朱贝贝 绘

编号	存在问题	解决策略
I1—四方路—M1	现状为铁门，破损严重，安全性、可使用性、识别性均较差，且材质与周边门窗不符	置换为新型门洞，详细平面剖面图借鉴2号院方案分析
I1—四方路—Q1	干粘石脱落严重，墙面部分被侵蚀破损，商家私自张贴广告纸张，各类设备无设计的乱拉乱装	处理污垢泥土，全面恢复干粘石抹面 清理电线电箱等设备，集中安放 划分固定区域供商家张贴招牌广告等 统一规划雨水管形式与安置位置

图 4.14.50 四方路立面修复后局部 朱贝贝 绘

502

I1—四方路—Q2

I1—四方路—C2

I1—四方路—M2

图 4.14.51 四方路立面现状局部 朱贝贝 绘

编号	存在问题	解决策略
I1—四方路—M2	门的材质不一，互不匹配，颜色与形制也不统一，门板上乱涂乱画严重	置换与新型橱窗相匹配的门扇，提高门的可识别性
I1—四方路—Q2	被多处锈渍与污渍污染，电线乱扯乱拉严重，空调外机箱等设备无规划随处安放	恢复所有立面的石板贴面处理，更换破损石板，清除水泥与污渍，统一规划各类设备的安放于与处理，拆除原有杂乱的招牌与广告，划分固定区域供其悬挂与张贴

503

图 4.14.52 四方路立面修复后局部 朱贝贝 绘

504

505

图 4.15.1 整体效果图 陈保成 绘

4.15.2 各层平面图

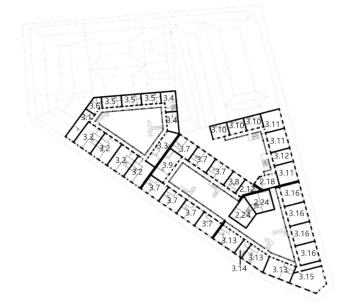

图 4.15.2 负一层平面图 陈保成 绘

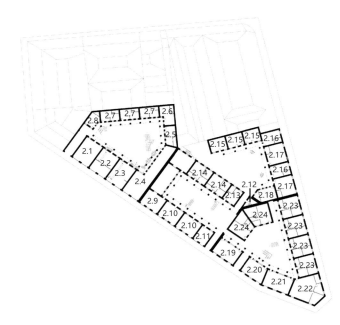

图 4.15.3 一层平面图 陈保成 绘

图 4.15.3 二层平面图 陈保成 绘

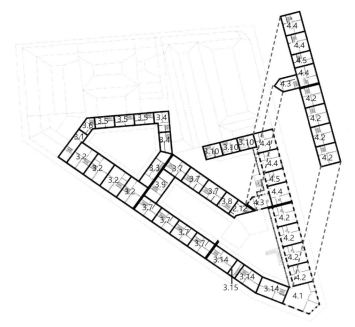

图 4.15.4 三层平面图 陈保成 绘

1.1 —2.2 的地下储藏室
1.2 —2.3 的地下储藏室
1.3 —2.4 的地下储藏室
1.4 —2.9 的地下储藏室

2.1 —海鲜超市
2.2 —海鲜超市 + 餐厅
2.3 —海鲜餐厅
2.4 —便利超市 + 咖啡厅
2.5 —户型 8-1；1~2 人
2.6 —户型 8-2；1~2 人
2.7 —户型 8-3；1~2 人
2.8 —户型 8-4；1 人
2.9 —餐厅
2.10 —海鲜超市
2.11 —便利超市
2.12 —户型 9-1；1~2 人
2.13 —户型 9-2；1~2 人
2.14 —户型 9-3；2~3 人
2.15 —办公室 / 工作室
2.16 —户型 10-1；1~2 人
2.17 —户型 10-2；1~2 人
2.18 —户型 10-3；1~2 人
2.19 —海鲜餐厅
2.20 —海鲜超市
2.21 —便利超市
2.22 —户型 11-1；2~3 人
2.23 —户型 11-2；2~3 人
2.24 —户型 11-3；2~3 人

3.1 —户型 8-5；1~2 人
3.2 —户型 8-6；2~3 人
3.3 —户型 8-7；2~3 人
3.4 —户型 8-8；1~2 人
3.5 —户型 8-9；1~2 人
3.6 —户型 8-10；1~2 人
3.7 —户型 9-4；2~3 人
3.8 —户型 9-4；1~2 人
3.9 —户型 9-5；2~3 人
3.10 —户型 10-4；1~2 人
3.11 —零食店 / 纪念品店 / 青岛特产店
3.12 —便利超市
3.13 —户型 11-4；2~3 人
3.14 —户型 11-5；1~2 人
3.15 —青岛特产店
3.16 —零食店 / 纪念品店 / 鞋店 / 服装店

4.1 —户型 11-6；2~3 人
4.2 —户型 11-7；2~3 人
4.3 —户型 10-6；1~2 人
4.4 —户型 10-7；2~3 人
4.5 —户型 10-8；1~2 人

4.15.3　户型设计平面图

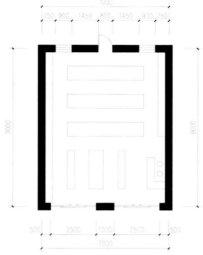

图 4.15.5 海鲜超市一层平面图　陈保成 绘

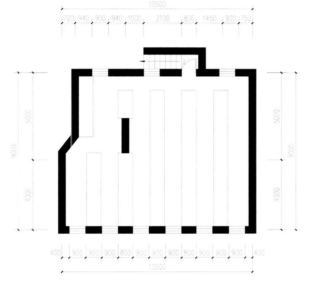

图 4.15.6 2.2 的地下储藏室平面图　陈保成 绘

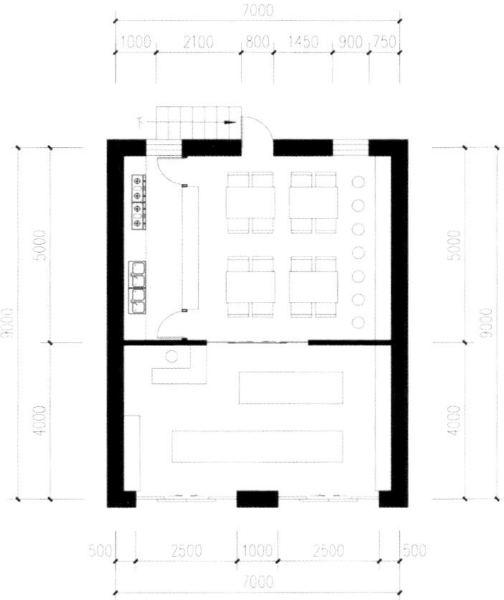

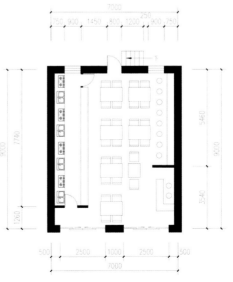

图 4.15.7 海鲜超市 + 餐厅一层平面图　陈保成 绘

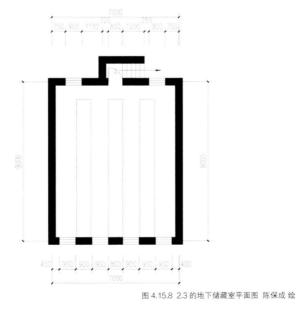

图 4.15.8 2.3 的地下储藏室平面图　陈保成 绘

图 4.15.9 海鲜餐厅一层平面图　陈保成 绘

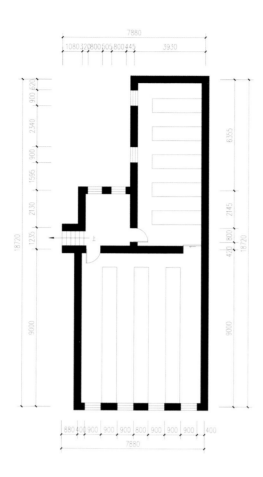

图 4.15.10 2.4 的地下储藏室平面图 陈保成 绘

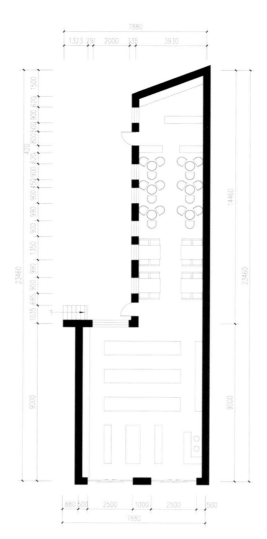

图 4.15.11 便利超市 + 咖啡厅一层平面图 陈保成 绘

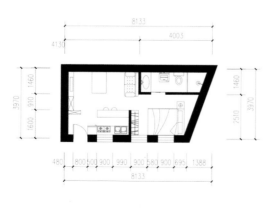

图 4.15.12 户型 8-1 一层平面图 陈保成 绘

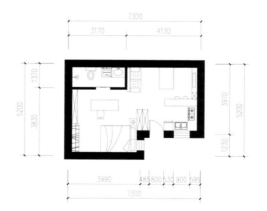

图 4.15.13 户型 8-2 一层平面图 陈保成 绘

图 4.15.14 户型 8-3 一层平面图 陈保成 绘

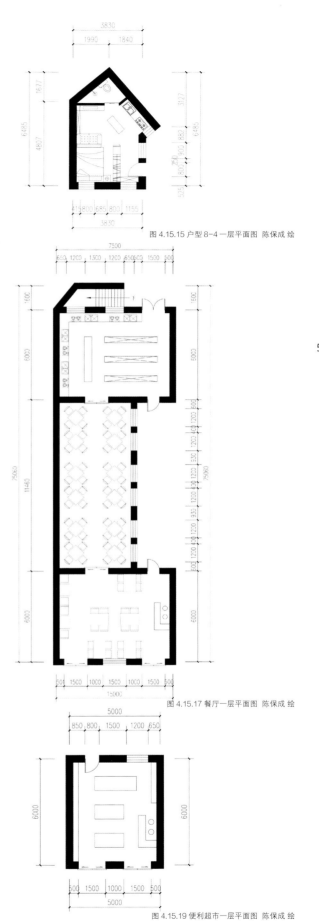

图 4.15.15 户型 8-4 一层平面图 陈保成 绘

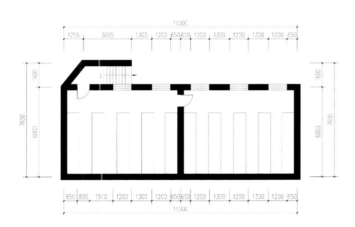

图 4.15.16 2.9 的地下储藏室平面图 陈保成 绘

图 4.15.17 餐厅一层平面图 陈保成 绘

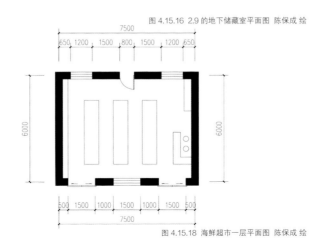

图 4.15.18 海鲜超市一层平面图 陈保成 绘

图 4.15.19 便利超市一层平面图 陈保成 绘

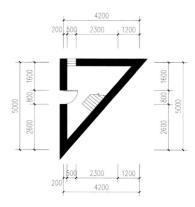

图 4.15.20 户型 9-12 一层平面图 陈保成 绘

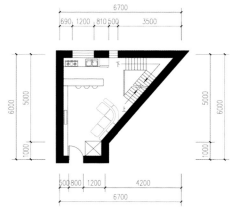

图 4.15.21 户型 9-12 二层平面图 陈保成 绘

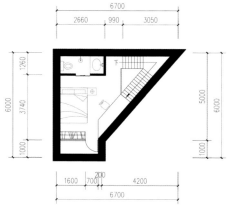

图 4.15.22 户型 9-12 三层平面图 陈保成 绘

510

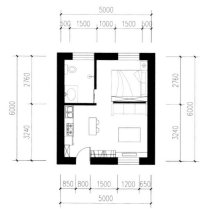

图 4.15.23 户型 9-13 一层平面图 陈保成 绘

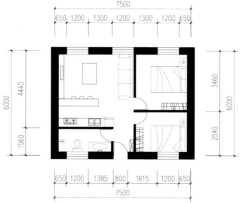

图 4.15.24 户型 9-14 一层平面图 陈保成 绘

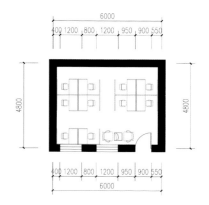

图 4.15.25 办公室/工作室一层平面图 陈保成 绘

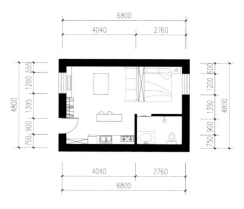

图 4.15.26 户型 10-1 一层平面图 陈保成 绘

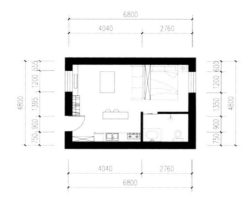

图 4.15.27 户型 10-2 一层平面图 陈保成 绘

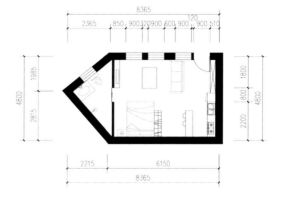

图 4.15.28 户型 10-3 一层平面图 陈保成 绘

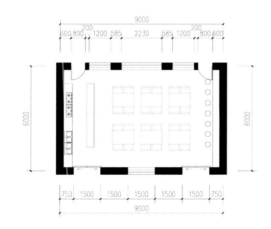

图 4.15.29 海鲜餐厅一层平面图 陈保成 绘

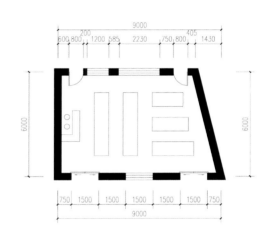

图 4.15.30 海鲜超市一层平面图 陈保成 绘

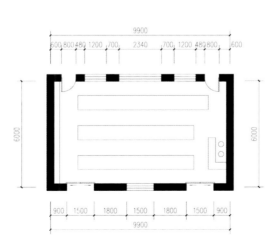

图 4.15.31 便利超市一层平面图 陈保成 绘

图 4.15.32 户型 11-1 一层平面图 陈保成 绘

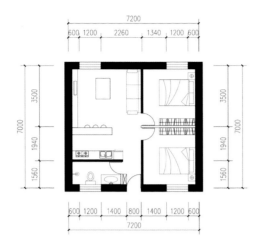

图 4.15.33 户型 11-2 一层平面图 陈保成 绘

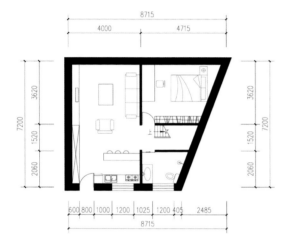

图 4.15.34 户型 11-3 一层平面图 陈保成 绘

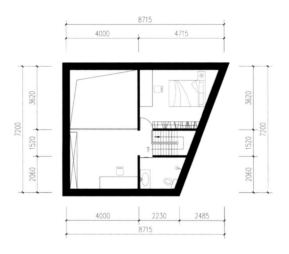

图 4.15.35 户型 11-3 阁楼平面图 陈保成 绘

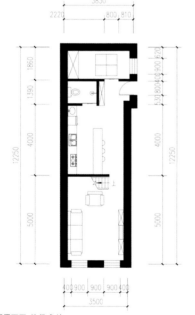

图 4.15.36 户型 8-5 二层平面图 陈保成 绘

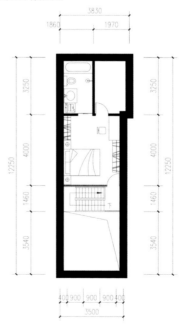

图 4.15.37 户型 8-5 阁楼平面图 陈保成 绘

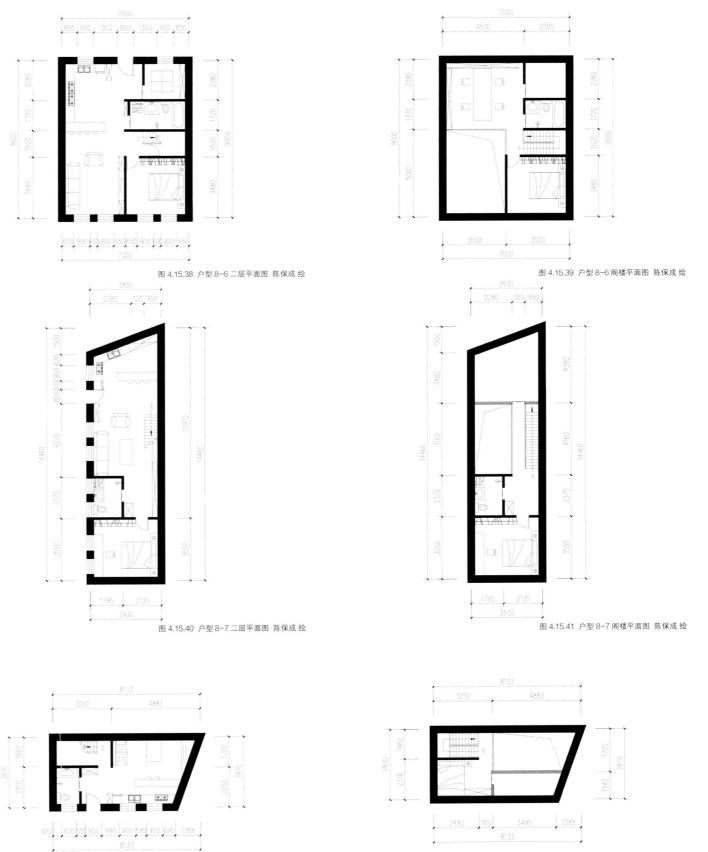

图 4.15.38 户型 8-6 二层平面图 陈保成 绘

图 4.15.39 户型 8-6 阁楼平面图 陈保成 绘

图 4.15.40 户型 8-7 二层平面图 陈保成 绘

图 4.15.41 户型 8-7 阁楼平面图 陈保成 绘

图 4.15.42 户型 8-8 二层平面图 陈保成 绘

图 4.15.43 户型 8-7 阁楼平面图 陈保成 绘

图 4.15.44 户型 8-9 二层平面图 陈保成 绘

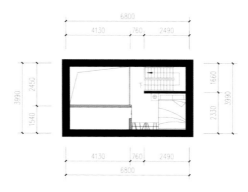

图 4.15.45 户型 8-9 阁楼平面图 陈保成 绘

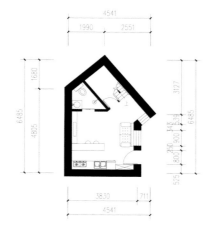

图 4.15.46 户型 8-10 二层平面图 陈保成 绘

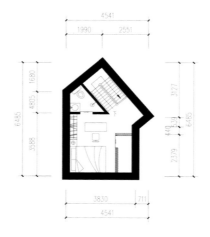

图 4.15.47 户型 8-10 阁楼平面图 陈保成 绘

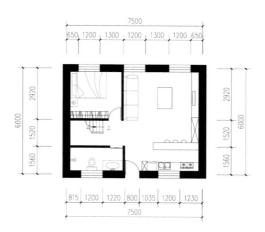

图 4.15.48 户型 9-4 二层平面图 陈保成 绘

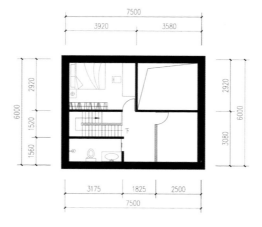

图 4.15.49 户型 9-4 阁楼平面图 陈保成 绘

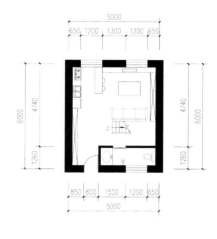

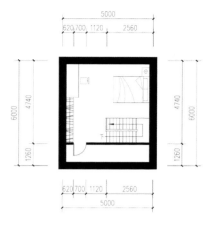

图 4.15.50 户型 9-4 二层平面图 陈保成 绘   图 4.15.51 户型 9-4 阁楼平面图 陈保成 绘

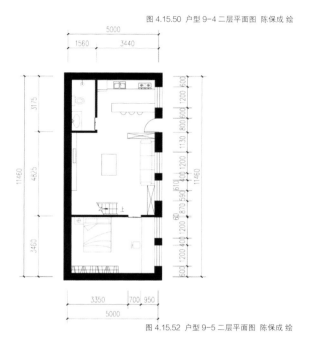

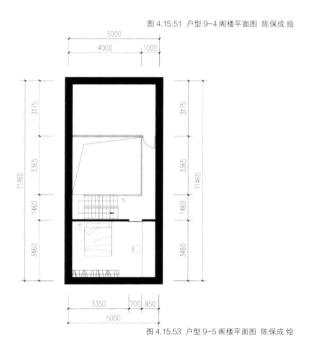

图 4.15.52 户型 9-5 二层平面图 陈保成 绘   图 4.15.53 户型 9-5 阁楼平面图 陈保成 绘

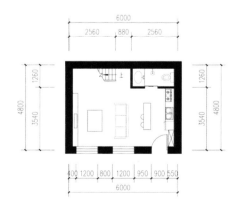

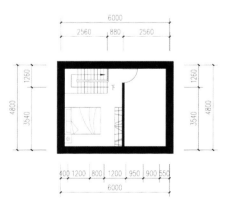

图 4.15.54 户型 10-4 二层平面图 陈保成 绘   图 4.15.55 户型 10-4 阁楼平面图 陈保成 绘

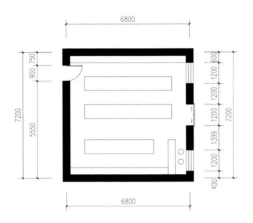

图 4.15.56 零食店 / 纪念品店 / 青岛特产店二层平面图 陈保成 绘

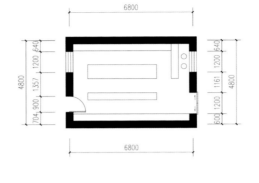

图 4.15.57 便利超市二层平面图 陈保成 绘

516

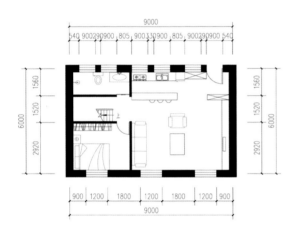

图 4.15.58 户型 11-4 二层平面图 陈保成 绘

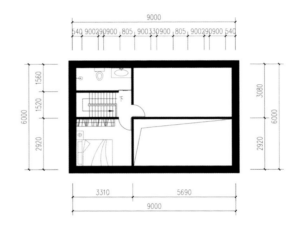

图 4.15.59 户型 11-4 阁楼平面图 陈保成 绘

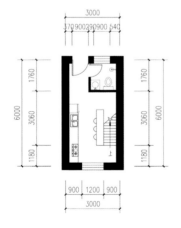

图 4.15.60 户型 11-5 二层平面图 陈保成 绘

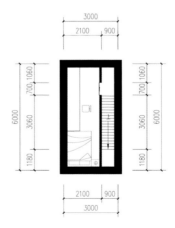

图 4.15.61 户型 11-1 阁楼平面图 陈保成 绘

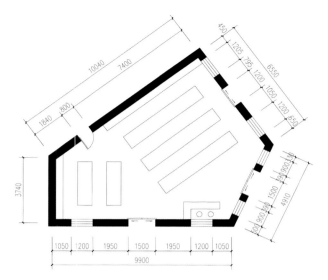

图 4.15.62 青岛特产店二层平面图 陈保成 绘

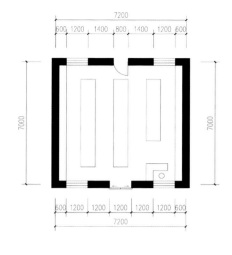

图 4.15.63 零食店 / 纪念品店 / 鞋店 / 服装店二层平面图 陈保成 绘

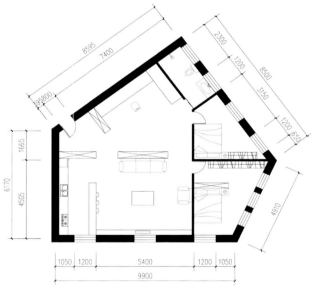

图 4.15.64 户型 11-6 三层平面图 陈保成 绘

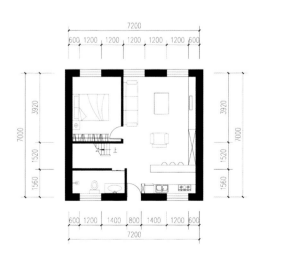

图 4.15.65 户型 11-7 三层平面图 陈保成 绘

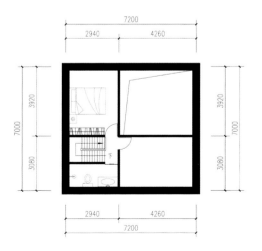

图 4.15.66 户型 11-7 阁楼平面图 陈保成 绘

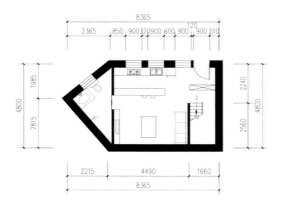

图 4.15.67 户型 10-6 三层平面图 陈保成 绘

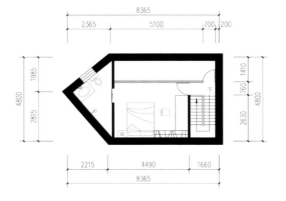

图 4.15.68 户型 10-6 阁楼平面图 陈保成 绘

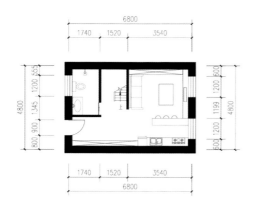

图 4.15.69 户型 10-7 三层平面图 陈保成 绘

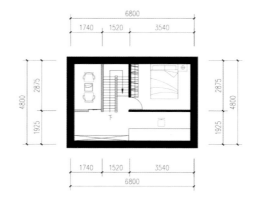

图 4.15.70 户型 10-7 阁楼平面图 陈保成 绘

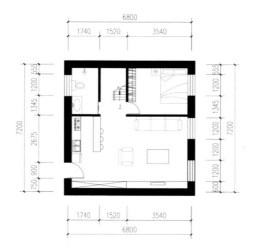

图 4.15.71 户型 10-8 三层平面图 陈保成 绘

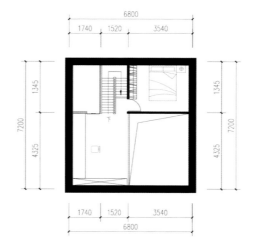

图 4.15.72 户型 10-8 阁楼平面图 陈保成 绘

4.15.4 典型户型设计

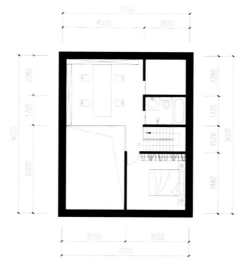

图 4.15.73（3.2 户型 8-6）阁楼平面图 陈保成 绘

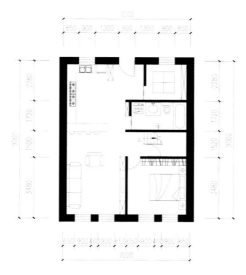

图 4.15.74（3.2 户型 8-6）二层平面图 陈保成 绘

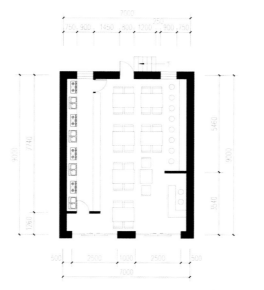

图 4.15.75（2.3 海鲜餐厅）一层平面图 陈保成 绘

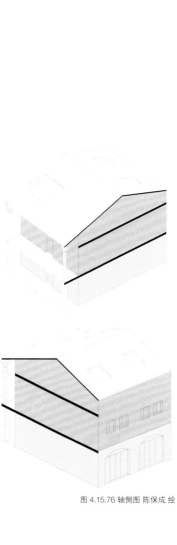

图 4.15.76 轴侧图 陈保成 绘

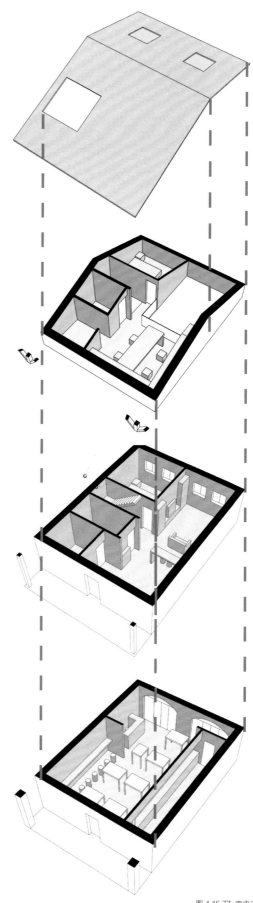

图 4.15.77 室内透视图 陈保成 绘

I2- 芝罘路 -C1

I2- 芝罘路 -Q1

I2- 芝罘路 -C2

I2- 芝罘路 -M1

图 4.15.78 芝罘路立面现状局部 陈保成 绘

520

编号	存在问题	解决策略
I2- 芝罘路 -C1	由原来的居民自行更换为白色塑料窗框，不够美观而且与整个立面的历史风貌不符 玻璃为单层玻璃，无法达到很好的保温与隔声效果	由于门窗大都用木材质，因此选取与立面颜色靠近的木质窗户 新更换的窗户选用双层玻璃，以达到更好的保温和隔热效果
I2- 芝罘路 -C2	原有木窗上添加金属保护网，而且原有木窗已经部分糟朽 玻璃为单层玻璃，无法达到很好的保温与隔声效果	按原有样式，更替木窗框架 新更换的窗户选用双层玻璃，以达到更好的保温和隔热效果
I2- 芝罘路 -Q1	立面墙面干粘石基本全部脱落，墙面部分侵蚀破损，现在已被粉刷多种颜色，而且墙面被商家私自张贴广告纸张 各类设备无设计的乱拉乱装	采用局部修复的方法，将覆盖的涂料进行铲除，下部恢复成原始花岗岩立面，上部墙面恢复干粘石抹面 清理电线等，集中处理放置 划分固定区域供商家张贴广告牌
I2- 芝罘路 -M1	现状为矩形木门，破坏了原有的拱形门洞，而且木门稍有糟朽、掉漆，无法满足保温、隔声	恢复拱形门洞，根据门洞来重新制作木门，并使用双层玻璃

图 4.15.79 芝罘路立面修复后局部 陈保成 绘

521

I2- 黄岛路 -C1

I2- 黄岛路 -Q1

I2- 黄岛路 -M1

图 4.15.80 黄岛路立面现状局部 陈保成 绘

编号	存在问题	解决策略
I2-黄岛路-C1	由原来的居民向外加建窗体，不够美观而且与整个立面的历史风貌不符 玻璃为单层玻璃，无法达到很好的保温与隔声效果	拆除加建的窗体，恢复原有的木质窗户 新更换的窗户选用双层玻璃，以达到更好的保温和隔热效果
I2-黄岛路-Q1	立面墙面干粘石基本全部脱落，墙面部分侵蚀破损，现在已被粉刷多种颜色，而且墙面被商家私自张贴广告纸张 各类设备无设计的乱拉乱装 私搭乱建的卷帘门、电线等严重影响了墙体立面美观	采用局部修复的方法，将覆盖的涂料进行铲除，下部恢复成原始花岗岩立面，上部墙面恢复干粘石抹面 清理电线、管道等，集中处理放置 划分固定区域供商家张贴广告牌
I2-黄岛路-M1	现状为矩形木门，破坏了原有的拱形门洞，而且木门稍有糟朽、掉漆，无法满足保温、隔声	恢复拱形门洞，根据门洞来重新制作木门，并使用双层玻璃

523

图 4.15.81 黄岛路立面修复后局部 陈保成 绘